普通高等教育力学"十四五"规划教材

# 理论力学

## 学习指导

主编 苗同臣 张智慧 徐文涛

郑州大学出版社

郑州

**图书在版编目(CIP)数据**

理论力学学习指导／苗同臣，张智慧，徐文涛主编. — 郑州：郑州大学出版社，2021.3
ISBN 978-7-5645-7719-3

Ⅰ. ①理… Ⅱ. ①苗…②张…③徐… Ⅲ. ①理论力学 – 高等学校 – 教学参考资料 Ⅳ. ①031

中国版本图书馆 CIP 数据核字(2021)第 026791 号

**理论力学学习指导**
LILUNLIXUE XUEXI ZHIDAO

| | | | |
|---|---|---|---|
| 策划编辑 | 袁翠红 | 封面设计 | 苏永生 |
| 责任编辑 | 杨飞飞 | 版式设计 | 凌 青 |
| 责任校对 | 崔 勇 | 责任监制 | 凌 青 李瑞卿 |

| | | | |
|---|---|---|---|
| 出版发行 | 郑州大学出版社有限公司 | 地 址 | 郑州市大学路 40 号(450052) |
| 出 版 人 | 孙保营 | 网 址 | http://www.zzup.cn |
| 经 销 | 全国新华书店 | 发行电话 | 0371-66966070 |
| 印 刷 | 郑州龙洋印务有限公司 | | |
| 开 本 | 787 mm×1 092 mm 1／16 | | |
| 印 张 | 21.5 | 字 数 | 509 千字 |
| 版 次 | 2021 年 3 月第 1 版 | 印 次 | 2021 年 3 月第 1 次印刷 |
| 书 号 | ISBN 978-7-5645-7719-3 | 定 价 | 49.00 元 |

# 前　言

　　理论力学是大部分工科专业的专业基础课,理论性较强而又与工程密切相关。要想学好这门课,不仅要仔细理解每一个基本概念,而且还必须做大量习题,"理论易懂做题难"是学生学习过程中的普遍感受。

　　为适应新的教学形势,更好地帮助学生学好理论力学课程,编者在长期教学实践的基础上,参考多种教材和相关资料,编写了本教材。

　　本书具有以下特点:

　　(1)对每一篇、每一章的学习重点和难点概念进行分析指导,并给出"基本内容概述"等内容,包括重点概念、理论等。

　　(2)为扩大知识量,题目的求解方法步骤也尽可能简洁(像平时的作业要求一样),不像教材例题和其他习题解答那样对每一个题目的求解都进行详细的文字分析和叙述。

　　(3)对每一章的解题方法步骤进行总结。这是理论力学做题的基本要求,学生要从以往(特别是物理)"抽象推理、文字分析"的做题方法,转变到"结构化、规范化、公式化"的工程问题求解方法。

　　(4)对所有概念题和习题做出解答,一题多解时给出多种解法,题型相同的题只给出解题步骤和答案,容易出错的概念题给出相关的知识范围(知识点)。

　　(5)对题目求解中需要注意的概念和容易出现的错误做出分析和提示。

　　本书主要编写人员:郑州大学苗同臣教授、徐文涛副教授和辽宁工程技术大学张智慧副教授。在编写过程中得到了很多兄弟院校老师的鼓励和帮助,并提出了很多宝贵意见和建议,在此表示衷心的感谢。

　　本书可作为工科各专业理论力学和工程力学课程学习的参考书,也是硕士研究生入学考试的重要复习资料。

　　由于编者水平有限,书中可能仍有错误之处,敬请广大读者批评指正。

编　者

2021 年 3 月

# 目　　录

## 静　力　学

## 运　动　学

# 动 力 学

# 静 力 学

## ❖ 基本要求

1. 能将简单的工程实际问题简化为力学计算模型；
2. 对一般的力学问题,能正确选取研究对象,画出受力图；
3. 掌握力和力偶的性质及作用效应,掌握力系简化的原理和过程；
4. 能正确运用平衡方程求解静力学问题。

## ❖ 重点

1. 物体的受力分析与受力图；
2. 力的投影与力矩的计算；
3. 平面力系物体系平衡问题的求解(含摩擦)。

## ❖ 难点

1. 物体的受力分析与受力图；
2. 摩擦角与自锁的概念,摩擦角在平衡问题中的应用；
3. 空间力系物体系平衡问题的求解。

## ❖ 静力学平衡问题作题步骤

1. 选择研究对象；
2. 对研究对象进行受力分析,画出受力图；
3. 选择合适的形式,列出平衡方程；
4. 解方程,分析结果。

## ❖ 注意的问题

1. 力的矢量和代数量表示(何时用矢量,何时用代数量)；
2. 一般不能将力进行分解,要表示物体的原始受力状况。

# 第 1 章　静力学公理与物体的受力分析

## 一、基本要求、重点与难点

### 1. 基本要求

(1)深入理解力、刚体、平衡和约束等重要概念;
(2)深入理解静力学公理;
(3)熟练掌握光滑接触面、柔性体、光滑铰链、二力构件等约束的受力特征;
(4)熟练掌握物体与物体系统的受力分析,正确画出受力图。

### 2. 重点

(1)刚体、平衡、力和约束的概念;
(2)静力学公理及适用条件;
(3)常见约束与约束力的特性;
(4)物体的受力分析与受力图。

### 3. 难点

(1)物体系统的受力分析与受力图;
(2)二力构件(二力杆)概念的掌握,光滑铰链约束力的分析。

## 二、主要内容与解题指导

### 1. 基本概念

**平衡**　物体相对惯性参考系保持静止或惯性运动的状态。对质点为相对惯性参考系(如地面)保持静止或做匀速直线运动的状态。对刚体则为相对惯性参考系(如地面)保持静止或作匀速直线平动或做匀速转动的状态。

**刚体**　在力的作用下不变形的物体。或表述为在力的作用下其内部任意两点间的距离始终保持不变的物体。

**力**　物体之间的相互作用。

**力的作用效应**　运动(包括移动和转动)和变形。

**力的三要素**　大小、方向和作用点。要完整地表述一个力,必须用矢量表示,如 $\vec{F}$ ,印刷中矢量通常用黑体表示。

**力系**　作用于研究对象的多个力的组合。

**平衡力系**　满足平衡条件的力系。

**力系的简化**　用简单的力系等效替换一个复杂的力系。

**合力与分力**　若一个力系简化后可以等效为一个力,则这个等效后的力为合力,原力系中的力为分力。

**自由体与非自由体**　运动受到限制的物体为非自由体,否则为自由体。需要说明的是,运动是绝对的,静止和自由是相对的,不同的场合、不同的研究内容和目的,自由体与非自由体是可以变化的。

**约束**　对非自由体起限制作用的周围物体(注意:与第14章虚位移原理中的约束定义有差别)。

**约束力(约束反力)**　约束对被约束体产生的作用力。约束力的方向与该约束所阻碍的运动或运动趋势方向相反。

**受力分析**　对物体受力的多少、大小、方向等进行分析的过程。

**力的简单分类**　主动力、约束反力、集中力、分布力等。

**施力体与受力体**　受力体即研究对象;施力体为对研究对象施加力的周围物体。

**受力图**　表示研究对象受力状况的简图。

**2. 静力学公理**

**公理1　力的平行四边形规则**

作用在物体上同一点的两个力,可以合成为一个合力。合力的作用点在该点,合力的大小和方向由这两个力为边构成的平行四边形的对角线确定。

**公理2　二力平衡条件**

作用在刚体上的两个力,使刚体保持平衡的必要和充分条件是这两个力大小相等、方向相反、且在同一直线上(简述为等值、反向、共线)。

**公理3　加减平衡力系公理**

在已知力系上加上或减去任意的平衡力系,并不改变原力系对刚体的作用。

**推理1　力的可传性**

作用于刚体上某点的力,可以沿其作用线移到刚体内任意其他点,并不改变该力对刚体的作用。这样,作用于刚体上力的三元素可说成:大小、方向、作用线。

**推理2　三力平衡汇交定理**

作用于刚体上三个相互平衡的力,必在同一平面内,且汇交于同一点。逆定理不成立(即:在同一平面内且汇交于同一点的三个力不一定平衡)!

**公理4　作用和反作用定律**

物体之间的作用力和反作用力,总是大小相等、方向相反、作用线相同,分别作用在两个相互作用的物体上。同时出现,同时消失。

**公理5　刚化原理**

假设变形体在某一力系作用下处于平衡,如将此变形体刚化为刚体,其平衡状态保持不变。

"平行四边形法则"和"作用与反作用定律"适用于任何物体,其他公理及其推论只适用于刚体。

### 3. 几种常见的约束与约束力

**光滑接触面约束** 约束力沿接触面(点)的公法线方向指向被约束体(受压)。一般加下标 N 表示,如 $\vec{F}_N$。

**柔性体约束** 约束力沿柔性体的轴线背离被约束体(受拉)。一般加下标 T 表示,如 $\vec{F}_T$。

**光滑铰链约束** 包括向心轴承(径向轴承)、圆柱铰链和固定铰链支座等。此类约束力的作用线一般不能预先定出,通常表示为互相垂直并通过铰链中心的两个分力,如 $\vec{F}_x$、$\vec{F}_y$。

**滚动支座** 约束力垂直于支撑面,指向被约束体(受压)。一般加下标 N 表示,如 $\vec{F}_N$。

**光滑球形支座(铰链)、止推轴承** 此类约束力的作用线一般不能预先定出,通常表示为互相垂直的三个力,如 $\vec{F}_x$、$\vec{F}_y$、$\vec{F}_z$。

### 4. 二力构件

在两个力(或两个合力)作用下处于平衡的构件称为二力构件或二力杆。二力构件的受力沿受力点的连线方向,满足二力平衡公理,与构件形状无关。

需要说明的是,不计自重的刚体在两个力(或两个合力)作用下无论是否处于平衡状态,都是二连杆。这在动力学中尤为重要。

### 5. 物体的受力分析和受力图

受力分析和受力图是理论力学的重点和难点,必须熟练掌握。

分离体法画受力图的步骤:

(1)选择研究对象;

(2)解除与研究对象相连的所有约束,取分离体;

(3)在分离体上画出所有的主动力和约束力。

### 6. 画受力图需要注意的问题

(1)研究对象可以是单个物体,也可以是几个物体组成的系统;

(2)受力图上的所有力必须有施力体,若找不到施力体,则所分析的力不存在;

(3)二力构件的受力图一般无须单独画出;

(4)受力图必须画在分离体(研究对象)上,不能画在原图上;

(5)未解除的约束,约束反力不能画;

(6)同一结构不同受力图上的作用与反作用力必须画成"等值、反向、共线",力的符号要一致,如 $\vec{F}$、$\vec{F}'$。

# 三、概念题

**【1-1】**说明下列式子的意义和区别：

(1) $\vec{P_1} = \vec{P_2}$，　　(2) $P_1 = P_2$，　　(3) 力 $\vec{P_1}$ 等效于力 $\vec{P_2}$

答：(1)表示两力矢量相等(大小和方向)，(2)表示两力数值相等(大小)，(3)表示两力完全等效(大小、方向和作用点)。

【知识点：力的三要素】

**【1-2】**二力平衡条件与作用与反作用定律都是说二力等值、反向、共线，区别是什么？

答：二力平衡条件是同一刚体作用的两个力；作用与反作用定律是互相接触的两物体上接触点的力，分别作用在两个不同的刚体上。

**【1-3】**试区别 $\vec{P_R} = \vec{P_1} + \vec{P_2}$ 和 $P_R = P_1 + P_2$ 代表的意义。

答：$\vec{P_R} = \vec{P_1} + \vec{P_2}$ 表示力矢量 $\vec{P_1}$ 和 $\vec{P_2}$ 相加(即平行四边形法则合成)，合力为 $\vec{P_R}$。$P_R = P_1 + P_2$ 表示力 $P_1$ 和 $P_2$ 数值相加，效果和 $\vec{P_R}$ 不等效。

【知识点：平行四边形法则】

**【1-4】**凡两端铰接的构件都是二力杆吗？凡不计自重的构件都是二力杆吗？凡在二力作用下的构件都是二力杆吗？

答：只有不计自重的两端铰接的构件才是二力杆。只有不计自重的只受两个力(或两合力)作用且平衡的构件才是二力杆。

【知识点：二力构件】

**【1-5】**如概念题 1-5 图所示，$AB$ 杆自重不计，在 5 个力作用下处于平衡，则作用于 $B$ 点的 4 个力的合力 $\vec{F_B}$ 大小方向如何？

答：根据二力平衡条件，$\vec{F_B}$ 与 $\vec{F_A}$ 等值、反向、共线。

【知识点：二力平衡条件】

**【1-6】**刚体 $A$、$B$ 自重不计，在光滑斜面上接触，受力如概念题 1-6 图所示，$\vec{F_1} = -\vec{F_2}$，问 $A$、$B$ 能否平衡？

答：不能平衡。因 $A$、$B$ 在光滑斜面上接触，反力与接触面垂直，则反力方向与 $\vec{F_1}$、$\vec{F_2}$ 不共线，根据二力平衡条件，$A$、$B$ 不能平衡。

【知识点：二力平衡条件】

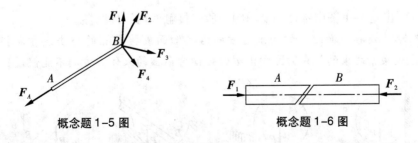

概念题 1-5 图　　　　　　　　概念题 1-6 图

**【1-7】**如概念题 1-7 图所示 $AB$ 杆，能否在 $B$ 点加一力使 $AB$ 平衡？

答：不能。在 $B$ 点不可能加一个与 $\vec{F}$ 共线的力。

【知识点：二力平衡条件】

【1-8】如概念题1-8图所示三铰拱,不计刚架自重,将$BC$上的力$\vec{F}$沿其作用线移到$AC$上,对$A$、$B$、$C$三处的约束力有无影响?

**答:**有影响。根据力的可传性,力可以在刚体内沿其作用线移动,但不能移到其他刚体上。而图中$AC$、$BC$是不同的刚体。                【知识点:力的可传性】

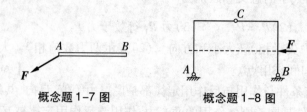

概念题1-7图          概念题1-8图

【1-9】充分发挥你的想象、分析和抽象能力,将如下问题抽象化为力学模型,并画出它们的力学简图和受力图。

(1)用两根绳将日光灯吊挂在天花板上;

(2)水面上的一块浮冰;

(3)一本打开的书静止于桌面上;

(4)一个人坐在一只足球上。

**答:**(1)日光灯可以简化为刚性杆,受到铅垂向下的重力和两根绳索拉力(沿绳索轴线方向),绳索拉力的合力与重力等值、反向、共线。(图略)

(2)浮冰视为刚体,受到铅垂向下的重力和水的分布作用的压力和浮力。(图略)

(3)书受到铅垂向下的重力(打开的书两侧重力大小不同,应分别画出)和桌面向上的分布约束力。(图略)

(4)足球为变形体,重力可忽略不计,受到人施加的向下的压力和地面向上的反力(均为分布力);人受到的力有重力、地面作用于两脚的向上的反力和足球对臀部的向上的反力。(图略)

# 四、习 题

【1-1】画出题1-1图中物体的受力图。所有接触面均不计摩擦。

**【知识点:**光滑接触面约束的约束力方向沿接触面或接触点的公法线方向指向被约束体。柔性体或柔索约束的约束力方向沿柔索方向背离被约束体。方向不能假设】

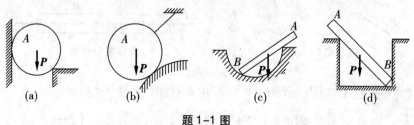

(a)          (b)          (c)          (d)

题1-1图

解：

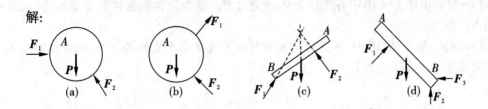

**【1-2】**画出题1-2图的受力图。杆重力不计,铰链不计摩擦。

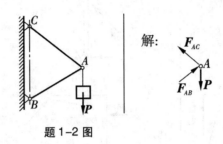

题1-2图

【知识点:铰链连接的是二力杆时,必须按二力杆分析受力。而二力杆的受力图一般无须画出,因此本题只需画铰链A的受力图】

**【1-3】**画出题1-3图中各物体的受力图。未标注重力的物体的重量均不计,所有铰链均不计摩擦。

【知识点:固定铰链支座的约束力画成互相垂直的两个分力,方向可任意假设。图(b)中的AB杆,B点的约束力可以画成互相垂直的两个力,也可以按照三力平衡汇交定理画成合力形式】

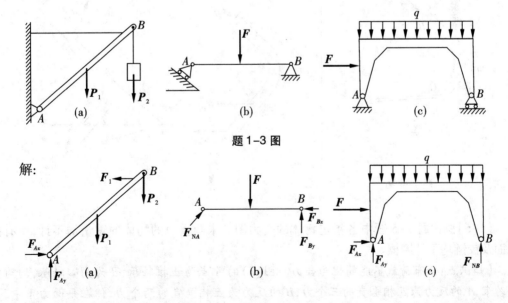

题1-3图

解：

【1-4】画出题1-4图中各指定物体的受力图。未画重力的物体的重量均不计,所有铰链均不计摩擦。

【知识点:图中的 AB 杆,A 点的约束力可以画成互相垂直的两个力,也可以按照三力平衡汇交定理画成合力形式】

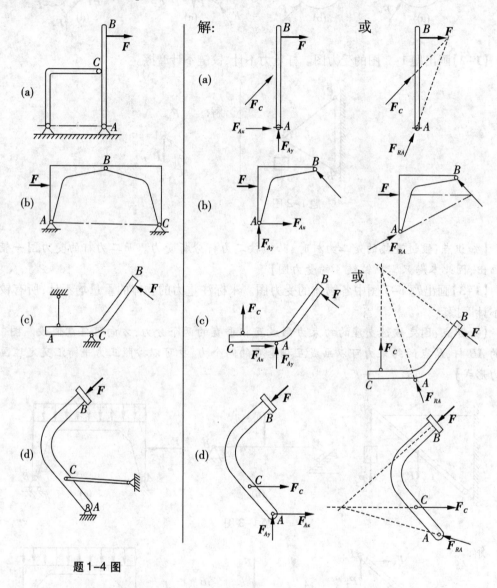

题1-4 图

【1-5】画出题1-5图中各指定物体的受力图。未画重力的物体的重量均不计,所有接触面及铰链均不计摩擦。

【知识点:分布荷载不能简化为合力。图(c)的 A 点为止推轴承,B 为向心轴承,均为空间约束,A 的反力为互相垂直的三个力,B 的反力为互相垂直的两个力,但在平面力系中,垂直于纸面的力可不画】

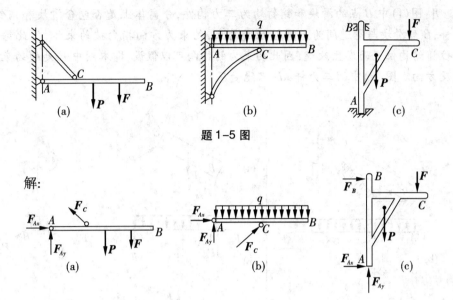

题 1-5 图

**【1-6】**画出题 1-6 图中各指定物体的受力图。未画重力的物体的重量均不计,所有接触面及铰链均不计摩擦。

**【知识点:作用与反作用力必须画成等值、反向、共线,而且符号要一致】**

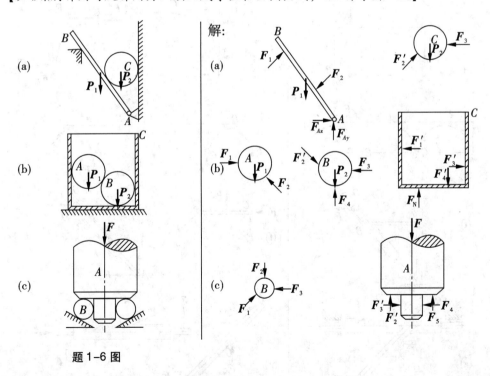

题 1-6 图

**【1-7】**画出题 1-7 图中各指定物体的受力图。未标注重力的物体的重量均不计,所有接触面及铰链均不计摩擦。

【说明：图(f)中 B 点的滑块和销钉均为二力构件，分离体上是否包含滑块和销钉，受力图都一样，B 处滑块与滑道间为光滑接触面约束，约束力方向指向被约束体，但此结构的接触面方位随结构位置而发生改变，因此约束力的指向可以假设，即本图中 B 处的约束力可以画成相反方向。图(g)中的二力杆 AD 只能受压】

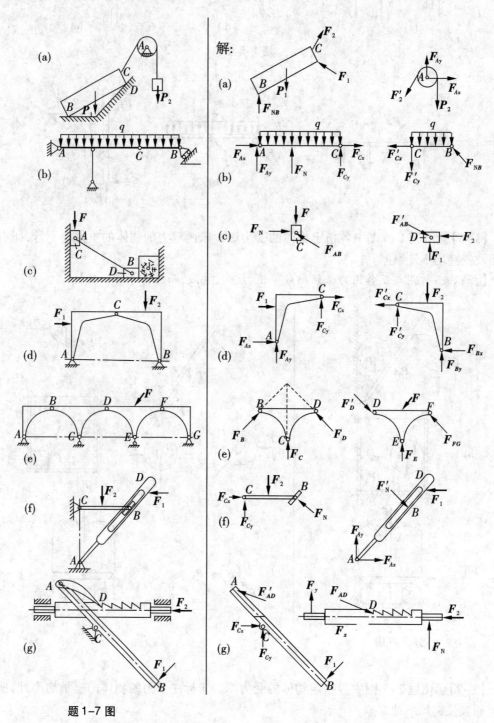

题 1-7 图

【1-8】画出题1-8图中各指定物体的受力图。未画重力的物体的重量均不计,所有接触面及铰链均不计摩擦。

【知识点:(1)对铰链约束,当销钉只连接两个构件且铰链上不受力时,销钉相当于二力构件,只起到传递力的作用,研究对象上是否包含销钉,受力图是一样的,如前面的题目和本题(a)(b)(c)图。当销钉连接三个以上构件或连接两个构件但销钉上受力时,此时销钉不是二力构件,研究对象上是否包含销钉,受力图不一样,如本题(d)图。包含销钉时,为解除的构件销钉孔对销钉的约束力,不包含销钉时,为销钉对研究对象上销钉孔的约束力。

(2)对于滑块或销钉在滑槽内滑动(例如活塞在汽缸内滑动)这类结构,按光滑接触面约束分析,具体滑块或销钉与滑槽在哪一侧接触,不易判断,因此约束力方向垂直于接触面,指向可以假设,如本题(c)图及1-7题(f)图。但要注意,一般光滑接触面的约束力方向和指向都是不能假设的】

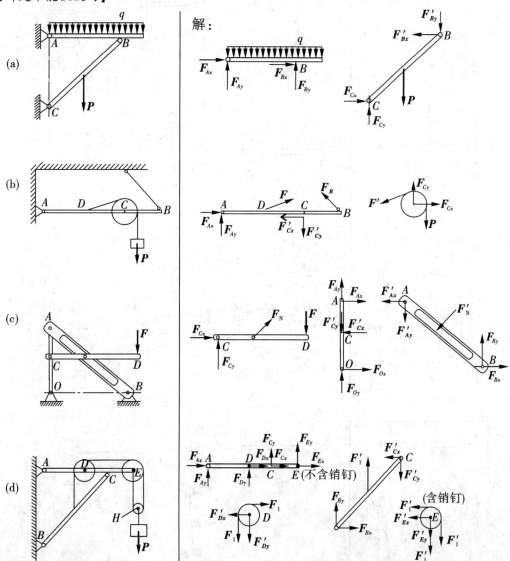

题1-8图

【1-9】画出题1-9图中各指定物体的受力图。未标注重力的物体的重量均不计,所有接触面及铰链均不计摩擦。

【说明:(1)图(a)中,销钉$C$连接两个构件但受力$F$作用,此时销钉不是二力构件,研究对象上是否销钉,受力图不一样。左图中$AC$上的$C$点受到$BC$上$C$点销钉孔的约束力;中间图中$BC$上$C$点包含销钉,受到$AC$上$C$点销钉孔的约束力;右图中$BC$上$C$点不包含销钉,受到$AC$上$C$点销钉的约束力。

(2)图(c)中,$D$点为辊轴,为二力构件;$B$点为铰链。

(3)图(d)中,$AB$杆和轮$B$在$B$点均不含销钉,受到销钉给予销钉孔的约束力】

解:

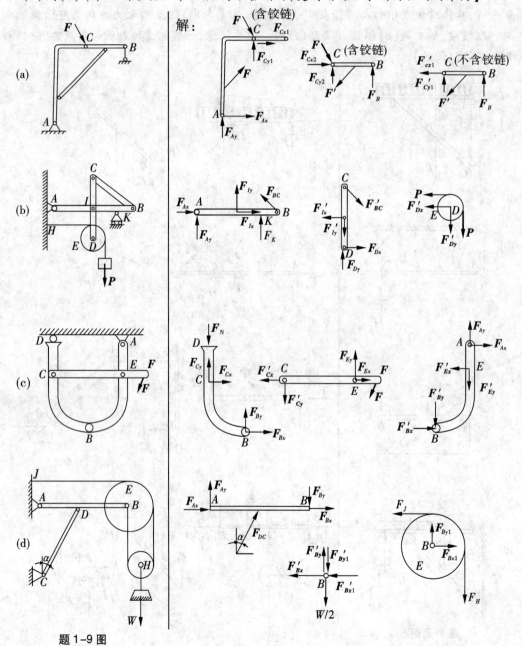

题1-9图

【1-10】画出题1-10图中各指定物体的受力图。未标注重力的物体的重量均不计，所有接触面及铰链均不计摩擦。

【说明:(1)图中各研究对象，未注明者均未包含销钉。(2)本题各图结构及约束较为复杂，要认真仔细理解各个受力图的画法。(3)图(a)中，整体受力图中的 $A$ 点，若不含销钉，则应画成二力杆的两个力 $F_{AB}$、$F_{AD}$ 的反作用力。(4)图(c)中，整体受力图中的 $A$ 点，若不含销钉，则应画成三个力 $F_{AB}$、$F_{Ax}$、$F_{Ay}$】

解：

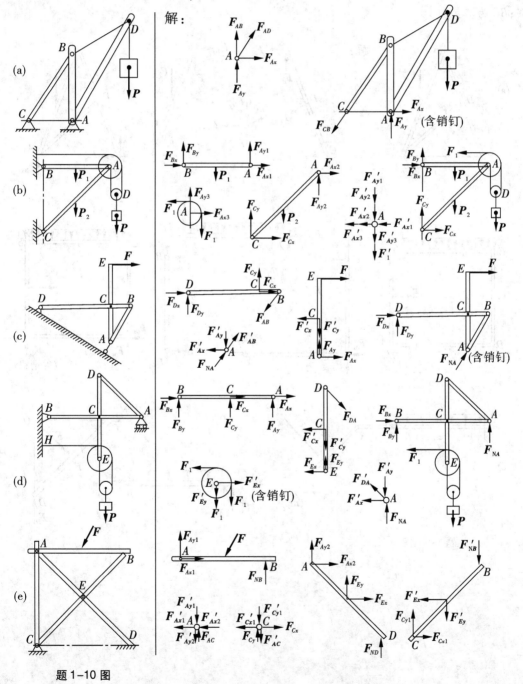

题 1-10 图

**【1-11】**画出题 1-11 图中各指定物体的受力图。未标注重力的物体的重量均不计,所有接触面及铰链均不计摩擦。

**【说明:**(1)图中各研究对象,未注明者均未包含销钉。(2)图(a)受力图的说明参阅题 1-10 图(a)和图(c)的说明。(3)图(b)中,分布载荷对销钉没有影响,则销钉 *B* 和 *C* 只连接两个构件,受力图上是否包含销钉,结果都一样。*AD* 和 *CD* 杆固连在一起,通过销钉和基础相连。(4)图(c)中,*A* 为平面固定端约束,必须画成互相垂直的两个约束力和一个约束力偶;*BC* 为二力杆**】**

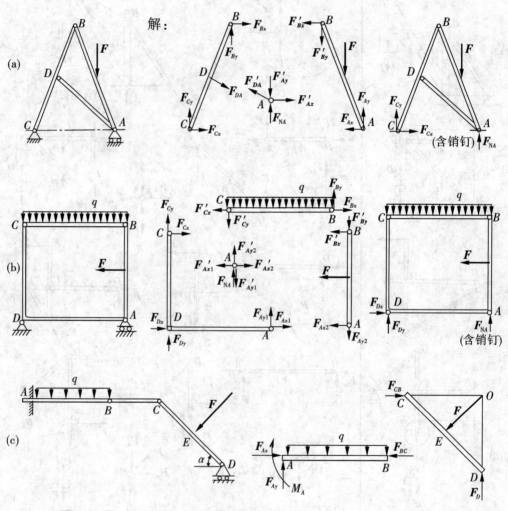

题 1-11 图

# 第2章　平面力系

本章是静力学的重点内容。利用本章的理论和方法可求解下面三类结构的平衡问题：

(1)物体所受所有力的作用线均在同一平面内；

(2)物体所受所有力均对称于物体的纵向对称面(例如,汽车),这时将所有力向对称面内简化,得到作用于对称面内的平面力系；

(3)物体所受所有力沿纵向均匀分布(例如,堤坝)。这时取单位长度物体,研究横截面的受力,即平面力系。

## 一、基本要求、重点与难点

### 1. 基本要求

(1)熟练掌握力在轴上的投影,合力投影定理；

(2)了解平面汇交力系合成的矢量法,掌握平面汇交力系合成与平衡的解析法；

(3)熟练掌握平面力对点之矩的概念与计算,利用合力矩定理计算力矩；

(4)掌握力偶和力偶矩、平面内力偶的等效条件、力偶的性质；平面力偶系的合成和平衡方程；

(5)理解力线平移定理；平面任意力系向作用面内一点简化的主矢和主矩；了解平面任意力系的简化结果；

(6)熟练运用平衡方程求解物体系的平衡问题；

(7)了解静定和静不定的概念；

(8)了解平面简单桁架的基本假设,掌握平面桁架杆件内力计算的节点法与截面法。

### 2. 重点

(1)力在坐标轴上的投影；

(2)力对点的矩,合力矩定理的应用；

(3)物体系平衡问题的求解；

(4)平面简单桁架的计算。

### 3. 难点

(1)主矢与主矩的概念；

(2)物体系平衡问题的求解。

# 二、主要内容

### 1. 力在坐标轴上的投影

和数学平面矢量的投影一样,设力 $\vec{F}$ 与正交坐标系 $x$ 方向的夹角为 $\theta$,则

$$F_x = F\cos\theta \ , \ F_y = F\sin\theta \ 。$$

### 2. 力对点之矩

力矩是度量力对物体产生的转动效应大小的物理量。

设 $h$ 为力 $F$ 的作用线到矩心 $O$ 的距离(称为力臂),则力 $F$ 对点 $O$ 的矩为

$$M_O(\vec{F}) = \pm Fh \ 。$$

一般规定力矩逆时针转向为正。

合力矩定理:如果力系有合力,则合力的矩等于各分力矩之和。

### 3. 平面汇交力系

物体所受的所有力都在同一平面内且汇交于一点。

(1)几何法合成

将力系中的所有力矢量首位相连,最后从第一个力矢量的起点到最后一个力矢量终点得到的矢量即为汇交力系的合力矢量,由这些力组成的多边形称为力多边形。

结论:平面汇交力系可简化为一合力,其合力的大小与方向等于各分力的矢量和,合力的作用线通过汇交点

$$\vec{F}_R = \vec{F}_1 + \vec{F}_2 + \cdots + \vec{F}_n = \sum_{i=1}^{n} \vec{F}_i \ 。$$

注意:合成结果与合成顺序无关,力多边形的形状与合成顺序有关。

(2)解析法合成

$$\vec{F}_R = \sum \vec{F}_i = \sum \left( F_{ix}\vec{i} + F_{iy}\vec{j} \right) = \left( \sum F_{ix} \right)\vec{i} + \left( \sum F_{iy} \right)\vec{j} = F_{Rx}\vec{i} + F_{Ry}\vec{j} \ ,$$

$$F_{Rx} = \sum F_x, F_{Ry} = \sum F_y \ 。$$

合力的大小和方向余弦

$$F_R = \sqrt{F_{Rx}^2 + F_{Ry}^2} = \sqrt{\left( \sum F_x \right)^2 + \left( \sum F_y \right)^2} \ ,$$

$$\cos(\vec{F}_R, \vec{i}) = \frac{F_{Rx}}{F_R} = \frac{\sum F_x}{F_R}, \cos(\vec{F}_R, \vec{j}) = \frac{F_{Ry}}{F_R} = \frac{\sum F_y}{F_R} \ 。$$

(3)平衡方程

$$\sum F_x = 0, \sum F_y = 0 \ 。$$

两个独立方程,可求解两个未知量。

4.平面力偶系

（1）力偶与力偶矩

力偶：等值、反向、互相平行的一对力组成的特殊力系。力偶中两力之间的距离 $d$ 称为力偶臂，力偶所在的平面称为力偶的作用面。

力偶的作用效应只有转动。

力偶的性质：无合力，不能用一个力等效或平衡。

力偶矩：力偶转动效应大小的度量。

$$M = \pm Fd$$

一般规定逆时针为正。力偶矩与矩心无关。

（2）同平面内力偶的等效定理

同平面内两力偶等效的条件为力偶矩相等。

任一力偶可以在其作用面内任意移转，而不改变它对刚体的作用。只要保持力偶矩的大小和力偶的转向不变，可以同时改变力偶中力的大小和力偶臂的长短，而不改变力偶对刚体的作用。

（3）平面力偶系的合成和平衡条件

平面力偶系：物体所受的所有力都在同一平面内且均组成力偶。

合成：$M = \sum M_i$。

平衡方程：$\sum M = 0$。

平面力偶系只能求解一个未知量。

5.平面任意力系

物体所受的所有力都在同一平面内。

（1）力的平移定理

作用在刚体上点 $A$ 的力 $F$ 可以平行移动到任一点 $B$，但必须同时附加一个力偶 $M$，其力偶矩等于原来的力 $F$ 对新作用点 $B$ 的矩。$M = M_B(\vec{F})$

（2）平面任意力系向作用面内一点 $O$ 简化的主矢与主矩

主矢　　$\vec{F_R'} = \vec{F_1'} + \vec{F_2'} + \cdots + \vec{F_n'} = \sum \vec{F_i'} = \sum \vec{F_i}$。

主矩　　$M_O = M_1 + M_2 + \cdots + M_n = \sum M_O(\vec{F_i})$。

平面任意力系的最终简化结果：平衡、合力、合力偶。

（3）平衡方程

基本形式　　$\sum F_x = 0$，　　$\sum F_y = 0$，　　$\sum M_O(\vec{F}) = 0$。

二矩式　　$\sum F_x = 0$，$\sum M_A(\vec{F}) = 0$，$\sum M_B(\vec{F}) = 0$，两个矩心 $A$、$B$ 的连线不能与投影轴 $x$ 轴垂直。

三矩式　　$\sum M_A(\vec{F}) = 0$，　　$\sum M_B(\vec{F}) = 0$，　　$\sum M_C(\vec{F}) = 0$，三个矩心 $A$、$B$、$C$ 不能在一

直线上。

平面任意力系有三个独立平衡方程,可求解三个未知量。

### 6. 平面简单桁架的内力计算

桁架是一种由杆件彼此在两端用铰链连接而成的结构,且受力后几何形状不变。桁架中杆件的铰链接头称为节点。

理想桁架:桁架的杆件均为直杆,节点为光滑铰链,所受的力(载荷)都作用在节点上,杆件的重量略去不计或平均分配在杆件两端的节点上。则理想桁架的杆件都是二力杆。

节点法求内力:取节点为研究对象,桁架内力构成平面汇交力系,所以每取一个节点只能求出两个杆件内力。

截面法求内力:假想用截面把桁架截开,考虑其中一部分的平衡,则这部分桁架的内力构成平面任意力系,所以每次截取桁架能求出三个杆件内力。

### 7. 静定与静不定的概念

通过静力平衡方程可以求出所有未知量的结构为静定结构。未知量不能够通过静力平衡方程全部求出的结构为静不定结构。

# 三、解题指导

(1)力的投影为代数值,与坐标轴同向时为正;力偶在轴上关于力的投影为零;

(2)力矩的计算:力臂不易计算时,通常利用合力矩定理,将力分解为互相垂直的两分力分别计算力矩,然后再叠加;力偶对任意点的矩都是力偶矩本身;

(3)求解平衡问题时,在约束允许的情况下,未知反力的方向可以先假设,最后根据求解结果的正负号判断实际方向,负号表示与假设方向相反;

(4)平衡方程中的两个投影轴方向可以不垂直,但不能平行;方程中的所有力均为代数量,不能写成矢量形式;

(5)力多边形自行封闭只是汇交力系平衡的必要充分条件,对其他力系不适用;

(6)力偶的等效条件只适用于同一刚体;力偶在其作用面内可以画在同一刚体的任何位置,效果相同;

(7)力偶系可以看作一般力系的特例,其平衡方程即一般力系的力矩方程;

(8)力的平移定理是力系简化的基础,此定理验证了力可以使物体产生移动和转动两种效应;

(9)主矢、主矩、合力、合力偶的区别:合力与原力系等效,合力偶与原力偶系等效,主矢和主矩的共同作用效果与原力系等效;主矢不是合力,与简化中心无关,主矩不是合力偶,与简化中心有关;

(10)求解物体系统的平衡问题时,为避免出现多余的未知量,应尽量少拆分;所列平衡方程的数目不要多于研究对象的独立平衡方程数目,多写无效;

（11）固定端约束必须画成互相垂直的两个约束力和一个约束力偶；

（12）列平衡方程时，均匀分布荷载和三角形（线性）分布荷载的合力与合力作用线位置可以作为已知量直接使用；

（13）平衡问题的解题步骤：

1）选择研究对象。研究对象可以是单个物体，也可以是几个物体组成的系统，研究对象中一般应同时包含已知量和未知量；

2）取分离体画出研究对象的受力图；

3）列平衡方程，求解。根据受力特点，选择合适的平衡方程形式。有投影方程时，必须标出相应的坐标系。

# 四、概念题

【2-1】概念题 2-1 图中两个力三角形中三个力的关系是否一样？

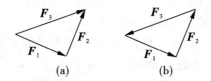

概念题 2-1 图

答：不一样。图（a）表示 $\vec{F}_3 = \vec{F}_1 + \vec{F}_2$，若为汇交力系，则 $\vec{F}_3$ 是 $\vec{F}_1$ 和 $\vec{F}_2$ 的合力；图（b）表示三力的矢量和为 0，即 $\vec{F}_1 + \vec{F}_2 + \vec{F}_3 = 0$。若为汇交力系则平衡，若为一般力系则主矢为零。

【知识点：汇交力的几何法合成】

【2-2】用解析法求平面汇交力系的合力时，若取不同的直角坐标系，所求得的合力是否相同？

答：相同。合力只与原力系有关，与坐标系及求解方法无关。

【2-3】用解析法求平面力系的平衡问题时，当 $x$ 与 $y$ 轴不垂直时建立的方程 $\Sigma F_x = 0$，$\Sigma F_y = 0$ 能满足力系平衡条件吗？

答：平衡方程 $\Sigma F_x = 0$，$\Sigma F_y = 0$ 中，坐标轴 $x$ 与 $y$ 可以不垂直，但不能平行。

【2-4】（1）能否用两个力矩方程 $\sum M_A(\vec{F}) = 0$ 与 $\sum M_B(\vec{F}) = 0$ 求解平面汇交力系的平衡问题？矩心 $A$、$B$ 与汇交点 $O$ 之间有何限制条件？

（2）能否用一个投影方程 $\sum F_x = 0$ 和一个力矩方程 $\sum M_A(\vec{F}) = 0$ 求解平面汇交力系的平衡问题？有何限制条件？

答：（1）能。矩心 $A$、$B$ 与汇交点 $O$ 不能共线。

（2）能。汇交点 $O$ 和矩心 $A$ 的连线与投影轴 $x$ 不能垂直。

【2-5】输电线跨度相同时，电线下垂量越小，电线越易被拉断，为什么？

答:电线杆处电线的拉力最大,两拉力的合力等于电线的自重,电线下垂量越小,电线杆处的电线越接近水平,根据平面汇交力系的平衡方程,电线的拉力越大。

【2-6】 概念题2-6图(a)示的三种结构,自重不计,忽略摩擦,问铰链 A 处的约束力是否相同?

答:根据三力平衡汇交定理画出三个结构的受力图(b)。

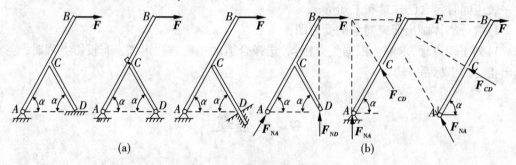

(a)　　　　　　　　　　　　　　　　(b)

概念题2-6图

【2-7】 试比较力矩和力偶矩二者的异同。

答:相同点:①都是衡量转动效应大小;②量刚相同(力×长度)。不同点:①力矩衡量力的转动效应,力偶矩衡量力偶的转动效应;②力矩的大小与矩心有关,力偶矩与矩心无关;③力偶矩能完全描述一个力偶的转动效应,力矩不能完全描述一个力的转动效应。

【2-8】 如概念题2-8图所示,用手拔钉子拔不动,为什么用羊角锤就容易拔起? 力加在锤把上的什么方向最省力?

答:设拔起钉子时锤子与平面的交点为 A,则力 F 对 A 的矩等于拔钉子的力对 A 点的矩,而力 F 的力臂最大为 300 mm(一般<300 mm),钉子阻力的力臂为 30 mm,所以拔钉子的力 F 远小于钉子的阻力。为保证拔钉子用的力最小,就应使力 F 的力臂最大,则力加在与锤把垂直的方向最省力。

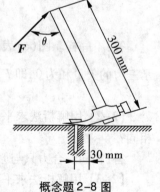

概念题2-8图

【2-9】 如概念题2-9图所示,刚体上 A、B、C、D 四个点组成一个平行四边形,如在此四个点上加四个力且组成封闭的力多边形,此刚体是否平衡? 若 $\vec{F_1}$、$\vec{F_1'}$ 都改变方向,此刚体是否平衡?

答:$\vec{F_1}$、$\vec{F_1'}$ 和 $\vec{F_2}$、$\vec{F_2'}$ 分别组成两个同向力偶,所以刚体不平衡。若 $\vec{F_1}$、$\vec{F_1'}$ 都改变方向,则 $\vec{F_1}$、$\vec{F_1'}$ 和 $\vec{F_2}$、$\vec{F_2'}$ 分别组成两个反向力偶,若力偶矩大小相等,则合力偶为零,刚体平衡。

【知识点:力多边形自行封闭只是汇交力系平衡的必要充分条件,其他力系不适用】

【2-10】 如概念题2-10图所示,由力偶理论知道,一个力不能和力偶平衡,但为什么螺旋压榨机上力偶似乎可以用被压榨物体的反力 $F_N$ 来平衡[图(a)]? 为什么图(b)所示轮子上的力偶 M 似乎和物体上的力 P 相平衡呢?

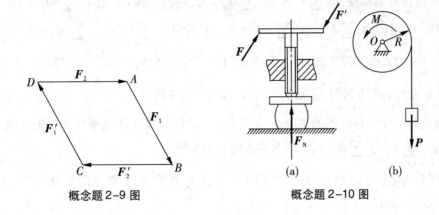

概念题 2-9 图　　　　　　概念题 2-10 图

答:图(a)中,$F_N$和螺旋压榨机螺杆与螺母的摩擦力的轴向分力相平衡,压榨机上的力偶和摩擦力的环向分力组成的摩擦力偶相平衡。图(b)中,$P$ 和轴承 $O$ 的铅垂反力相平衡,$P$ 与 $O$ 的铅垂反力组成的力偶和 $M$ 相平衡。因此原图中力与力偶的平衡只是表面现象。

【2-11】判断正误:

(1)平面一般力系主矢为零,则该力系必可简化成一个合力偶;

(2)一平面力系对其面内某点主矩为零,则该力系不可能简化成一合力偶;

(3)平面力系向某点简化为力偶时,如向另一点简化则结果相同;

(4)平面力系向某点简化得一合力,则一定存在适当的简化中心使该力系简化成一力偶。

答:(1)错。有可能平衡。(2)对。若能简化成合力偶,则原力系一定是力偶系且不平衡,此时对任何点求矩都不会为零。(3)对。因为此时无主矢。(4)错。因为主矢与简化中心无关,向任何点简化都不可能只有力偶(主矩)。　　【知识点:力系的简化、力偶的特性】

【2-12】某平面任意力系向点 $A$ 简化得一个力 $\vec{F}'_{RA}(F_{RA} \neq 0)$ 与一个矩为 $M_A \neq 0$ 的力偶,$B$ 为平面内另一点,问:向点 $B$ 简化

(1)仅得一力偶,是否可能? (2)仅得一力,是否可能? (3)得 $\vec{F}'_{RA} = \vec{F}'_{RB}$,$M_A \neq M_B$ 是否可能? (4)得 $\vec{F}'_{RA} = \vec{F}'_{RB}$,$M_A = M_B$ 是否可能? (5)得 $\vec{F}'_{RA} \neq \vec{F}'_{RB}$,$M_A = M_B$ 是否可能? (6)得 $\vec{F}'_{RA} \neq \vec{F}'_{RB}$,$M_A \neq M_B$ 是否可能?

答:(1)(5)(6)不可能,主矢与简化中心无关;(2)可能,简化为合力的情况;(3)可能,主矩与简化中心有关;(4)可能,$A$、$B$ 两点的连线与 $\vec{F}'_{RA}$ 矢量共线。

【2-13】力偶无合力,即力偶的合力为零?

答:不对。"力偶无合力"表示力偶不能等效为一个力,"合力为零"表示力系和零等效,而力偶不和零等效。

【2-14】概念题 2-14 图中 $OABC$ 为一边长为 $a$ 的正方形。(1)已知某平面力系向点 $A$ 简化得一大小为 $F'_{RA}$ 的主矢与一主矩,主矩大小、方向未知。又已知该力系向点 $B$ 简化得一合力,合力指向点 $O$。给出该力系向点 $C$ 简化的主矢(大小与方向)和主矩(大小与转向)。

（2）若某平面任意力系满足 $\sum F_y = 0$，$\sum M_B = 0$，判断正误：A. 必有 $\sum M_A = 0$。B. 必有 $\sum M_C = 0$。C. 可能有 $\sum F_x = 0$，$\sum M_O \neq 0$。D. 可能有 $\sum F_x \neq 0$，$\sum M_O = 0$。

答：（1）由力系简化理论知，合力大小方向与 $\vec{F}'_{RA}$ 完全相同，即 $F_R = F'_{RA}$。将合力向 $C$ 点简化得主矢大小和方向与 $\vec{F}'_{RA}$ 完全相同，即 $\vec{F}'_{RC} = \vec{F}'_{RA}$，主矩 $M_C = F_R \dfrac{\sqrt{2}}{2} a = F'_{RA} \dfrac{\sqrt{2}}{2} a$（顺时针转向）。（2）此时存在两种可能的情况，一是平衡，一是合力通过 $B$ 点平行于 $x$ 轴。则 A 错；B 对；C、D 错，$\sum F_x$ 与 $\sum M_O$ 或同时为零或同时不为零。

【2-15】如概念题 2-15 图所示，作用于平面内 $A$、$B$、$C$、$D$、$E$ 各点的力分别以矢量 $\vec{F}_1 \sim \vec{F}_5$ 表示，则 $\vec{F}_5$ 是否力系 $\vec{F}_1 \sim \vec{F}_4$ 的合力。

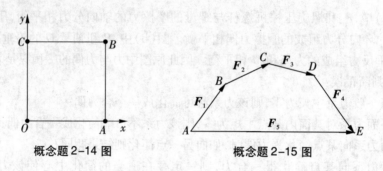

概念题 2-14 图　　　　概念题 2-15 图

答：$\vec{F}_5$ 既不是力系 $\vec{F}_1 \sim \vec{F}_4$ 的合力，也不是 $\vec{F}_1 \sim \vec{F}_4$ 的主矢，他们只是组成平面力系。

【2-16】保持力偶矩大小、转向不变，是否可以将概念题 2-16 图中的平面力偶 $M$ 由 $D$ 处移至 $E$ 处？

答：不能。力偶的移转特性只适用于同一刚体，而图中 $D$、$E$ 点分别在两个刚体 $CD$、$AC$ 上。

概念题 2-16 图

【2-17】概念题 2-17 图（a）中的两个力能否用图（b）的两个力代替？

答：不能。表面上看，图（a）中的两个力组成力偶，其矩与图（b）的力偶矩相同，但必须注意：组成力偶的两个力一定要在同一刚体上，而图（a）中的两个力分别作用在 $AC$ 和 $CD$ 上。

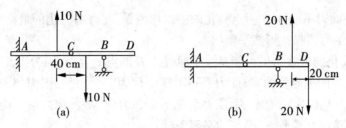

概念题 2-17 图

【2-18】讨论概念题 2-18 图中六种机构的平衡、受力等情况。不计自重和摩擦。

答：扫码进入。

概念题 2-18

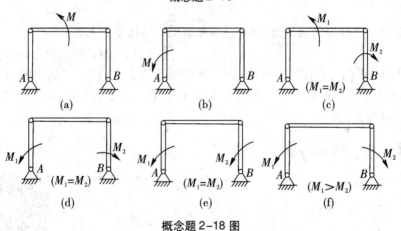

概念题 2-18 图

【2-19】在同一圆盘上，受力如概念题 2-19 图所示，试指出哪些图的力系互相等效。

答：三个图的力系虽然转动矩（转动效应）都一样，但图（c）为力矩，支座有反力，图（a）和图（b）为力偶，不引起支座反力。因此图（a）和图（b）等效，两力组成的力偶大小、转向相同。

概念题 2-19 图

**【2-20】**某平面力系向 $A$、$B$ 两点简化的主矩均为零,此力系简化的最终结果可能是一个力吗? 可能是一个力偶吗? 可能平衡吗?

答:此力系简化的最终结果可能是一个通过 $A$、$B$ 两点的合力,因为当此力正好通过 $A$、$B$ 两点时对 $A$、$B$ 两点的主矩均为零;此力系不可能简化为一个力偶,因力偶与简化中心无关,只要向任意一点简化的主矩为零,则该力系就不会和力偶等效;此力系可能平衡,因为力系对任何点的矩为零均可能平衡(平衡的必要条件)。

【知识点:**力系的简化与平衡方程**】

**【2-21】**平面汇交力系向汇交点以外一点简化,其结果可能是一个力吗? 可能是一个力偶吗? 可能是一个力和一个力偶吗?

答:可能是一个力,此力通过简化中心和汇交点;不可能是一个力偶,因汇交力系的简化结果是合力或平衡,而这两种情况均不可能用一个力偶等效;可能是一个力和一个力偶,当力系不平衡时,合力通过汇交点,将此合力向汇交点以外一点平移后,得到一个力和一个力偶。

【知识点:**力系的简化、力的平移定理、力偶的等效特性**】

**【2-22】**某平面力系向同平面内任一点简化的结果都相同,此力系简化的最终结果可能是什么?

答:可能是一个合力偶或平衡,只有这两种情况与简化中心无关。

【知识点:**力系的简化,力偶的等效特性**】

**【2-23】**用力系向一点简化的分析方法,证明概念题 2-23 图示二同向平行力简化的最终结果为一合力 $F_R$,且有 $F_1/F_2=CB/AC$。若 $F_1>F_2$,且二者方向相反,简化结果又如何?

证明:扫码进入。

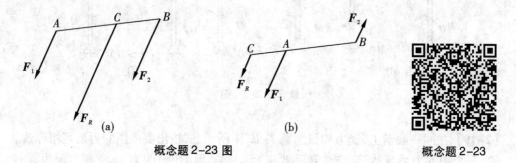

概念题 2-23 图            概念题 2-23

**【2-24】**概念题 2-24 图(a)(b)所示的力 $\vec{F}$ 和力偶($\vec{F'}$,$\vec{F''}$)对轮的作用有何不同? 设轮的半径均为 $r$,且 $F'=F/2$。

答:转动效应相同,但图(a)有移动效应,$A$ 点产生与 $\vec{F}$ 反方向的反力,图(b)没有移动效应,$B$ 点无约束力。

【知识点:**力矩与力偶矩的特性**】

**【2-25】**在刚体上 $A$、$B$、$C$ 三点分别作用三个力 $F_1$、$F_2$、$F_3$,各力的方向如概念题 2-25 图所示,大小恰好与三角形 $ABC$ 的边长成比例。问该力系是否平衡? 为什么?

答:不平衡。向任何点简化的主矢为零,主矩不为零,则简化的结果是合力偶。

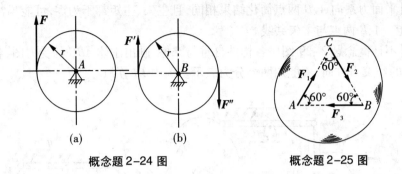

概念题 2-24 图                概念题 2-25 图

**【2-26】**工程中修各种桥梁时,有双柱墩设计与单柱墩设计之分,如概念题 2-26 图所示。若不考虑桥梁自重,只考虑车辆载荷 $P_1$,载荷超过设计极限时,将产生什么情况? 在桥同宽的情况下,若只考虑桥是否侧翻,哪种方案设计更合理? 而若考虑桥梁自重 $P_2$,在桥同宽的情况下,只考虑桥是否侧翻,哪种设计方案更合理?

**答:**图示情况下,若不考虑桥梁自重,只考虑车辆载荷 $P_1$,双柱墩设计的右侧柱子与单柱墩设计的柱子承受的压力大小相近,载荷超过设计极限时,双柱墩设计的柱子截面尺寸比单柱墩设计的柱子小,因此双柱墩设计的桥梁先压坏。若只考虑桥是否侧翻,无论是否考虑桥梁自重 $P_2$,都是双柱墩设计更合理,因为荷载引起的翻倒力矩双柱墩设计比单柱墩设计小得多。

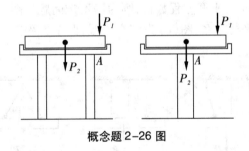

概念题 2-26 图

**【2-27】**概念题 2-27 图所示为工程中常用的一种攻螺纹的工具,称为丝锥,操作规范要求用两只手,且两手用力要均匀,否则攻出的螺纹不合格,为什么?

**答:**概念类似概念题 2-24,若两手用力均匀,则此二力形成力偶,不产生附加外力;反之,若两手用力不均匀,则对被加工的螺纹杆产生附加反力,影响加工精度。

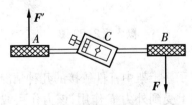

概念题 2-27 图

【2-28】平面力系向 $A$、$B$ 两点简化结果相同,且主矢、主矩都不为零,可能吗?

答:可能。$A$、$B$ 两点与主矢共线。

【2-29】不计概念题 2-29 图中各构件自重与摩擦,画出刚体 $ABC$ 的受力图,各铰链处均需画出确切的约束力方向,不能用两个分力表示。图中 $DE /\!/ FG$。

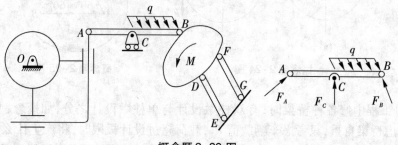

概念题 2-29 图

答:刚体 $ABC$ 上 $A$ 点相连的杆受三个力作用,两个滑道受力垂直于滑道汇交于 $O$ 点,利用三力平衡汇交定理可判断出 $A$ 点受力 $F_A$ 沿 $AO$ 方向;刚体 $BDF$ 受主动力偶作用,$DE$ 和 $FG$ 为二力杆,则 $B$、$D$、$F$ 三点的力互相平行组成力偶,即 $B$ 点受力 $F_B /\!/ FG$。

【2-30】怎样判断静定和静不定问题? 概念题 2-30 图所示的六种情形中哪些是静定问题,哪些是静不定问题?

答:若未知量总数多于总平衡方程数目,则为静不定问题。图(a)(e)为静定问题,其他为静不定问题;图(b)为平行力系,图(c)为汇交力系,两个方程三个未知量;图(d)和图(f)三个方程四个未知量。

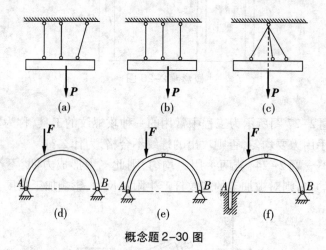

概念题 2-30 图

【2-31】概念题 2-31 图表示一桁架中杆件铰接的几种情况。设图(a)和(c)的节点上没有载荷作用。图(b)的节点 $B$ 上受到外力 $F$ 作用,该力作用线沿水平杆。问图中七根杆件中哪些杆的内力一定等于零? 为什么?

答:由平面汇交力系的平衡条件可判定 $F_1$、$F_2$、$F_4$、$F_7$ 一定为零(零力杆)。

【知识点:桁架零力杆的判定】

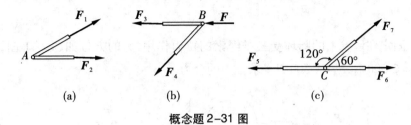

(a)　　　　(b)　　　　(c)

概念题 2-31 图

【2-32】用上题的结论,直接找出概念题 2-32 图示行架中内力为零的杆件。

答:图(a)中 3、11、9 杆为零力杆;图(b)中 1、2、3、4 为零力杆。

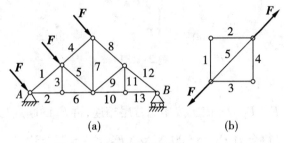

(a)　　　　(b)

概念题 2-32 图

【2-33】以下说法是否正确:(1)在平面简单桁架中,零杆受力既然为零,去掉它不影响整个桁架的平衡;(2)零杆因为不受力因而是无用杆,它的存在与否对桁架结构没有影响;(3)零杆只是特定受力情况下出现的,改变受力情况,可使零杆变成非零杆,故不可以取消。

答:当桁架载荷方向改变时,原受力为零的杆不再为零。因此(1)正确,但桁架为不稳定平衡;(2)错;(3)正确。

【2-34】如概念题 2-34 图示结构,$AC = BC$,连接均为光滑,现将 $AB$ 杆中点 $D$ 处截断后添加一节点加上 $CD$ 杆,这样能否减小 $AC$、$BC$ 杆中受力?

答:不能。$CD$ 为零力杆,故不影响原图构件受力。

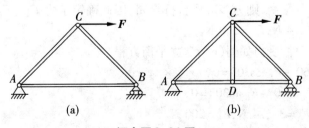

(a)　　　　(b)

概念题 2-34 图

# 五、习题

【2-1】 固定在墙壁上的圆环受三条绳索的拉力作用,力的方位如题 2-1 图,大小 $F_1 = 2\,000$ N,$F_2 = 2\,500$ N,$F_3 = 1\,500$ N。求三力的合力。

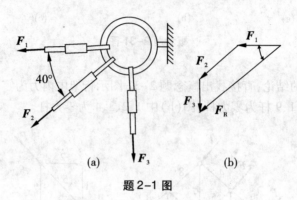

(a)    (b)

题 2-1 图

**解**:几何法。将力 $\vec{F}_1$、$\vec{F}_2$、$\vec{F}_3$ 依次按比例首尾相连,再 $\vec{F}_1$ 的起点与 $\vec{F}_3$ 的终点相连,即做出力多边形如图(b),量得合力 $F_R = 5\,000$ N,$\angle(\vec{F}_R, \vec{F}_1) = 38°28'$。

解析法。建立坐标系 $Oxy$,$x$ 向右为正,$y$ 向上为正(图中未画)。先求合力投影

$\sum F_x = -F_1 - F_2\cos 40° = -3\,915.11$ N,

$\sum F_y = -F_3 - F_2\sin 40° = -3\,106.97$ N,

则合力大小 $F_R = \sqrt{(\sum F_x)^2 + (\sum F_y)^2} = 5\,000$ N,

方向 $\cos\angle(\vec{F}_R, \vec{i}) = \left|\dfrac{\sum F_x}{F_R}\right| = 0.783\,0$,$\angle(\vec{F}_R, \vec{i}) = -38.46°$。

【2-2】 工件放在 V 形铁内,如题 2-2 图所示。若已知压板夹紧力 $F = 400$ N,不计工件自重,求工件对 V 形铁的压力。

**解**:几何法。先画力 $\vec{F}$,再从 $\vec{F}$ 的起点和终点作 $A$、$B$ 点约束力 $\vec{F}_A$、$\vec{F}_B$ 的平行线,相交后组成力多边形,因工件平衡,则力多边形自行封闭,因此确定了力 $\vec{F}_A$、$\vec{F}_B$ 的具体方向,如图(b)。量得 $F_A = 346.4$ N,$F_B = 200$ N。

解析法。研究工件,受力如图(c),建立平衡方程

$\sum F_x = 0$    $F_A\cos 60° - F_B\cos 30° = 0$,

$\sum F_y = 0$    $-F + F_A\sin 60° + F_B\sin 30° = 0$,

代入数据解得 $F_A = 346.4$ N,$F_B = 200$ N。

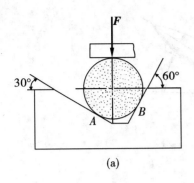 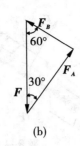 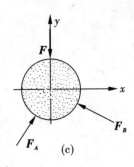

题 2-2 图

**【2-3】** 如题 2-3 图所示,物体重 $P=20$ kN,用绳子挂在支架的滑轮 $B$ 上,绳子的另一端接在绞车 $D$ 上,轮和各杆自重不计,摩擦不计,求系统平衡时杆 $AB$、$BC$ 受力。

**解:** 研究滑轮,受力如图(b)。建立平衡方程

$\Sigma F_x=0$　$-F_{AB}+F_{BC}\cos30°-P\cos60°=0$,

$\Sigma F_y=0$　$-P+F_{BC}\sin30°-P\sin60°=0$,

代入数据解得　$F_{AB}=54.64$ kN,$F_{BC}=74.64$ kN。

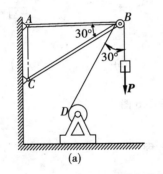 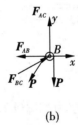

题 2-3 图

**【2-4】** 火箭沿与水平面成 $\beta=25°$ 角的方向做匀速直线运动,如题 2-4 图所示。火箭的推力 $F_1=100$ kN 与运动方向成 $\alpha=5°$ 角。如火箭重 $P=200$ kN,求空气动力 $F_2$ 和它与飞行方向的交角 $\gamma$。

**解:** 研究火箭,建立坐标系如图,列平衡方程

$\Sigma F_x=0$　$F_1\cos(\alpha+\beta)+F_2\cos(\gamma+\beta)=0$,

$\Sigma F_y=0$　$-P+F_1\sin(\alpha+\beta)+F_2\sin(\gamma+\beta)=0$,

代入数据解得　$F_2=-173.2$ kN,$\gamma=-85°$。

**【注意:** (1)火箭做匀速直线运动,满足平衡方程。(2)列方程时,角度取第一象限,力 $F_2$ 按正向。结果在 $\gamma=-85°$ 方向(顺时针方向)的力为 $F_2=-173.2$ kN,表明图中在 $\gamma=+95°$ 方向(逆时针方向)的力为 $F_2=+173.2$ kN**】**

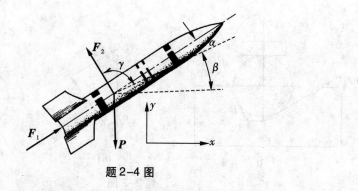

题2-4 图

【2-5】题2-5 图为弯管机的夹紧机构的示意图,已知:压力缸直径 $D=120$ mm,压强 $p=6$ MPa。设各杆重量和各处摩擦不计,试求在 $\alpha=30°$ 位置时所能产生的夹紧力 $F$。

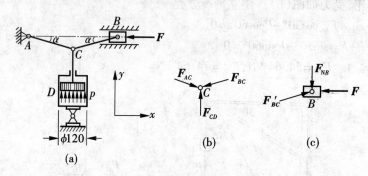

题2-5 图

**解:**先研究 $C$ 铰链,受力如图(b)。列方程

$\sum F_x = 0 \quad F_{AC}\cos\alpha - F_{BC}\cos\alpha = 0$,

$\sum F_y = 0 \quad -F_{AC}\sin\alpha - F_{BC}\sin\alpha + F_{CD} = 0$,

这里 $F_{CD} = \dfrac{1}{4}\pi \times 0.12^2 \times 6\,000 = 67.9$ kN,

代入方程解得 $F_{BC} = 67.9$ kN。

再研究滑块 $B$,受力如图(c)。列方程

$\sum F_x = 0 \quad -F + F'_{BC}\cos\alpha = 0$,

解得 $F = 58.77$ kN。

【2-6】题2-6 图所示为一拔桩装置。在木桩的点 $A$ 上系一绳,将绳的另一端固定在点 $C$,在绳的点 $B$ 系另一绳 $BE$,将它的另一端固定在点 $E$。然后在绳的点 $D$ 用力向下拉,使绳的 $BD$ 段水平,$AB$ 段竖直,$DE$ 段与水平线、$CB$ 段与竖直线间成等角 $q=0.1$ rad(当 $q$ 很小时 $\tan q \approx q$)。如向下的拉力 $F=800$ N,求绳 $AB$ 作用于桩上的拉力。

**解:**研究 $D$,受力如图(a)。列平衡方程

$$\sum F_x = 0 \quad F_{BD} - F_{ED}\cos\theta = 0,$$

$$\sum F_y = 0 \qquad -F + F_{ED}\sin\theta = 0,$$

解得 $F_{BD} = F\cot\theta$。

再研究 $B$，受力如图（b）。列平衡方程

$$\sum F_x = 0 \qquad F_{CB}\sin\theta - F'_{BD} = 0,$$

$$\sum F_y = 0 \qquad F_{CB}\cos\theta - F_{AB} = 0,$$

解得 $F_{AB} = F'_{BD}\cot\theta = F\cot^2\theta = 80 \text{ N}$。

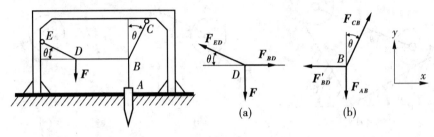

题2-6 图

【2-7】如题 2-7 图所示，三根相同的钢管各重 $P$，放在悬臂的槽内。设下面两根钢管中心的连线恰好与上面的钢管相切，试分别就 $\theta = 90°$、$60°$ 和 $30°$ 三种情形求槽底点 $A$ 所受的压力 $F$。

**解：**扫码进入。

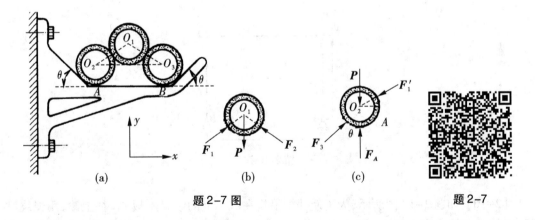

题2-7 图　　　　　题2-7

【2-8】如题 2-8 图所示，在杆 $AB$ 的两端用光滑铰链与两轮中心 $A$、$B$ 连接，并将它们置于互相垂直的两光滑斜面上。设两轮重量均为 $P$，杆 $AB$ 重量不计，试求平衡时角 $\theta$ 之值。如轮 $A$ 重量 $P_A = 300 \text{ N}$，欲使平衡时杆 $AB$ 在水平位置（$\theta = 0$），轮 $B$ 重量 $P_B$ 应为多少？

**解：**先研究轮 $A$，受力如图（b），列平衡方程

$$\sum F_x = 0 \qquad F_{NA}\cos 60° - F_{AB}\cos\theta = 0,$$

$$\sum F_y = 0 \qquad -P_A + F_{NA}\sin 60° - F_{AB}\sin\theta = 0,$$

再研究轮 $B$,受力如图(c),列平衡方程

$$\sum F_x = 0 \quad -F_{NB}\cos30° + F'_{AB}\cos\theta = 0,$$

$$\sum F_y = 0 \quad -P_B + F_{NA}\sin30° + F'_{AB}\sin\theta = 0,$$

令 $P_B = P_A = P$,联立求得 $\theta = 30°$。

令 $\theta = 0, P_A = 300$ N,求得 $P_B = 100$ N。

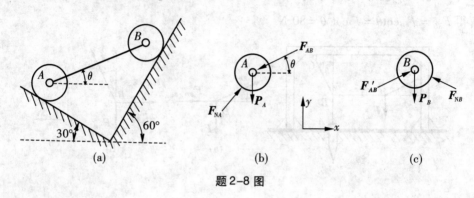

题 2-8 图

【2-9】如题 2-9 图所示,刚架上作用力 $F$。试分别计算力 $F$ 对点 $A$ 和 $B$ 的力矩。

**解:**利用力矩定义求对 $A$ 点的矩 $\quad M_A(F) = -Fb\cos\theta$;

将力分解为水平和铅垂方向两个分力,利用合力矩定理求对 $B$ 点的矩

$$M_B(F) = -(F\cos\theta)b + (F\sin\theta)a。$$

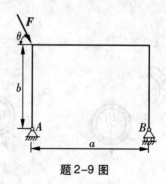

题 2-9 图

【2-10】如题 2-10 图所示,为了使油桶沿搭在汽车上的倾斜木板 $AB$ 往上滚,用绳绕过桶,绳的一端拴在车上,另一端作用一个与 $AB$ 平行的拉力 $F$。已知油桶重 1 500 N,$AB = 2.4$ m,高度 $BC = 1.2$ m。力 $F$ 至少应多大才能将油桶拉上汽车?

**解:**由几何尺寸知,$AB$ 与水平方向夹角为 $30°$,要使桶向上滚,则力 $F$ 对桶与 $AB$ 相切的点之矩必须大于桶重力之矩,

设桶的半径为 $R$,临界状态

$$\sum M_D = 0 \quad F \times 2R - 1\ 500 \times R\sin30° = 0,求得最小拉力 \quad F = 375 \text{ N}。$$

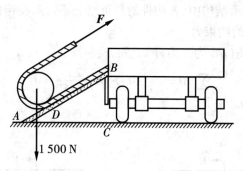

题 2-10 图

【**2-11**】如题 2-11 图所示,两水池由闸门板分开,此板与水平面成 $60°$ 角,板长 2 m,板的上部沿水平线 A–A 与池壁铰接。左池水面与 A–A 线相齐,右池无水。水压力垂直于板,合力 $F_R$ 作用于 C 点,大小为 16.97 kN。如不计板重,求能拉开闸门板的最小铅直力 $F$。

**解:**力 $F$ 对 A 点之矩必须大于闸门受的水压力之矩,即

$F×2\cos60°≥F_R×1.33$,求得 $F≥22.63$ kN。

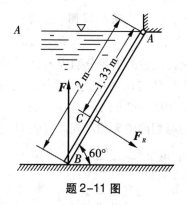

题 2-11 图

【**2-12**】四块相同的均质板,各重 $P$,长 $2b$,叠放如题 2-12 图所示。在板 I 右端点 A 挂着重物 B,其重为 $2P$。欲使各板都平衡,求每块板可伸出的最大距离。

**解:**扫码进入。

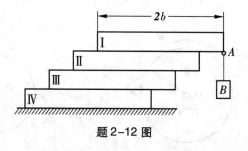

题 2-12 图

题 2-12

【2-13】在题 2-13 图示结构中,各构件的自重略去不计。在构件 $AB$ 上作用一力偶矩为 $M$ 的力偶,求支座 $A$ 和 $C$ 的约束力。

**解**:研究 $AB$,受力如图($BC$ 为二力杆)。列方程

$$\sum M = 0 \quad -M + F_A \times \frac{2a}{\cos 45°} = 0$$

解得 $F_A = F_B = \dfrac{M}{2\sqrt{2}\,a}$。

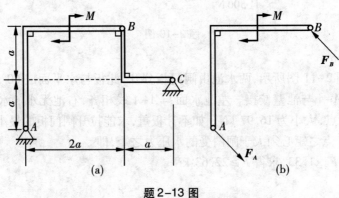

题 2-13 图

【2-14】如题 2-14 图所示,两齿轮的半径分别为 $r_1$、$r_2$,作用于轮 I 上的主动力偶的力偶矩为 $M_1$,齿轮的啮合角为 $\alpha$,不计两齿轮的重量。求使二轮维持匀速转动时齿轮 II 的阻力偶之矩 $M_2$ 及轴承 $O_1$、$O_2$ 的约束力大小和方向。

**解**:齿轮的啮合角为啮合力与切向的夹角。先研究轮 $O_1$,受力如图(c)。列方程

$$\sum M = 0 \quad M_1 - F_N \times r_1 \cos\alpha = 0, 得 F_N = \frac{M_1}{r_1 \cos\alpha}。$$

再先研究轮 $O_2$,受力如图(b)。列方程

$$\sum M = 0 \quad M_2 - F'_N \times r_2 \cos\alpha = 0, 得 M_2 = F'_N r_2 \cos\alpha = M_1 \frac{r_1}{r_2}。$$

根据力偶系的受力特点知,$O_1$、$O_2$ 的约束力的大小均为 $F_N = \dfrac{M_1}{r_1 \cos\alpha}$,方向如图(b)(c)中 $O_1$、$O_2$ 点所示。

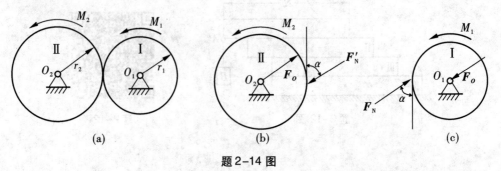

题 2-14 图

【**2-15**】如题 2-15 图所示,铰链四杆机构 $OABO_1$ 在图示位置平衡。已知:$OA = 0.4$ m,$OB = 0.6$ m,作用在 $OA$ 上的力偶的力偶矩 $M_1 = 1$ N·m。各杆的重量不计。试求力偶矩 $M_2$ 的大小和杆 $AB$ 所受的力 $F$。

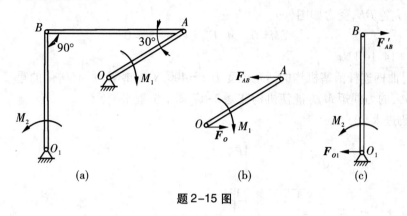

题 2-15 图

**解:**先研究 $OA$,受力如图(b)。列方程

$$\sum M = 0 \quad -M_1 + F_{AB} \times OA \sin 30° = 0$$

代入数据求得 $F_{AB} = 5$ N。

再先研究 $O_1B$,受力如图(c)。列方程

$$\sum M = 0 \quad M_2 - F'_{AB} \times O_1B = 0$$

得 $M_2 = 3$ N·m。

【**2-16**】直角弯杆 $ABCD$ 与直杆 $DE$ 及 $EC$ 铰接如题 2-16 图所示,作用在 $DE$ 杆上力偶的力偶矩 $M = 40$ kN·m,不计各杆件自重,不考虑摩擦,尺寸如图。求支座 $A$、$B$ 处的约束力及 $EC$ 杆受力。

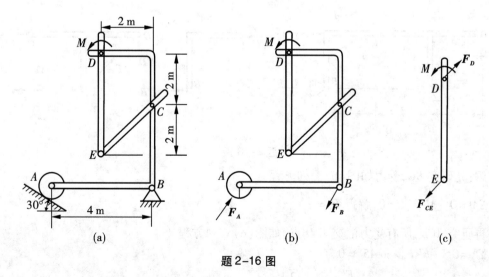

题 2-16 图

**解**：先研究整体,受力如图(b)。列方程

$$\sum M = 0 \quad M - F_A \times 4 \cos 30° = 0$$

代入数据求得 $F_A = F_B = 11.55$ kN。

再先研究轮 $DE$,受力如图(c)。列方程

$$\sum M = 0 \quad M - F_{CE} \times 4 \cos 45° = 0$$

得 $F_{CE} = 14.14$ kN。

【2-17】曲柄连杆活塞机构的活塞上受力 $F = 400$ N。如不计所有构件的重量,试问在曲柄上应加多大的力偶矩 $M$ 方能使机构在题 2-17 图示位置平衡?

**解**：扫码进入。

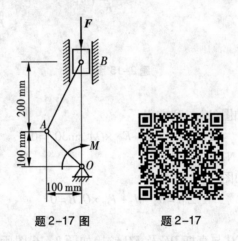

题 2-17 图      题 2-17

【2-18】在题 2-18 图所示结构中,各构件的自重略去不计,在构件 $BC$ 上作用一力偶矩为 $M$ 的力偶,各尺寸如图。求支座 $A$ 的约束力。

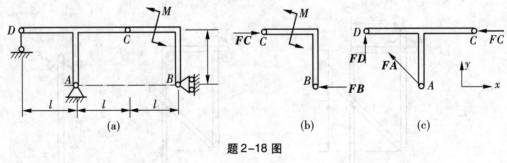

题 2-18 图

**解**：先研究 $BC$,受力如图(b)。列方程

$\sum M = 0 \quad M - F_C l = 0$,解得 $F_C = \dfrac{M}{l}$;

再研究 $ACD$,所有受力汇交于 $D$ 点,如图(c)。列方程

$\sum X = 0 \quad -F_C' - F_A \times \cos 45° = 0$,

代入数据求得 $F_A = -\dfrac{F_C'}{\cos 45°} = -\dfrac{\sqrt{2}M}{l}$。

【2-19】在题 2-19 图所示机构中,曲柄 $OA$ 上作用一力偶,其矩为 $M$;另在滑块 $D$ 上作用

水平力 F。机构尺寸如图所示,各杆重量不计。求当机构平衡时,力 F 与力偶矩 M 的关系。

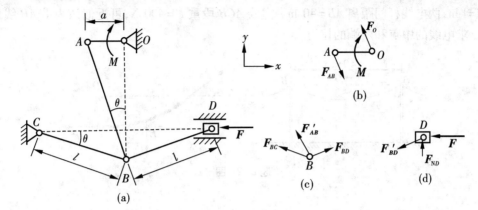

题 2-19 图

**解:**先研究 OA,受力如图(b)。列方程

$$\sum M = 0 \quad -M + aF_{AB}\cos\theta = 0,$$

解得　$F_{AB} = \dfrac{M}{a\cos\theta}$ ；

再研究 B 点,受力如图(c)。列方程

$$\sum F_x = 0 \quad F_{BD}\cos\theta - F_{BC}\cos\theta - F'_{AB}\sin\theta = 0,$$

$$\sum F_y = 0 \quad F_{BD}\sin\theta + F_{BC}\sin\theta + F'_{AB}\cos\theta = 0,$$

代入数据求得　$F_{BD} = -\dfrac{M}{a\cos\theta\tan2\theta}$ ；

再研究滑块 D,受力如图(d)。列方程

$$\sum F_x = 0 \quad -F'_{BD}\cos\theta - F = 0, \text{所以 } F = \dfrac{M}{a\tan2\theta}。$$

**【2-20】**悬索结构如题 2-20 图,承受的荷载看作水平均布荷载,集度设为 q,两端 AB 固定,跨度 l,垂度 $f_A$、$f_B$ 均已知。求:(1)悬索任意点的拉力;(2)最低点的拉力;(3)AB 点的拉力;(4)任意点的垂度。

**解:**扫码进入。

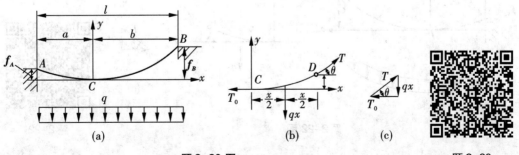

题 2-20 图　　　　　　　　　　　　　　　　　题 2-20

【2-21】如题 2-21 图所示,输电线 ACB 架在两电线杆之间,形成一下垂曲线,下垂距离 $CD=f=1$ m,两电线杆间距离 $AB=40$ m。电线 ACB 段重 $P=400$ N,可近似认为沿 AB 线均匀分布。求电线的中点和两端的拉力。

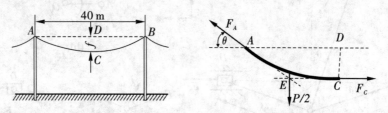

题 2-21 图

**解法 1**:$q=\dfrac{400}{40}=10$ N/m,利用题 2-20 式(a)(c)计算得

$$F_C=T_0=\frac{10\times40^2}{2\times(1+1)^2}=2\,000 \text{ N},\quad F_A=F_B=\sqrt{2\,000^2+(10\times20)^2}=2\,010 \text{ N}。$$

**解法 2**:取 AC 段为研究对象,受力如图所示。在水平 $x$ 方向和铅垂 $y$ 方向列出汇交力系的平衡方程

$$\sum F_x=0 \quad F_C-F_A\cos\theta=0,$$

$$\sum F_y=0 \quad -\frac{P}{2}+F_A\sin\theta=0,$$

其中 $\sin\theta=\dfrac{1}{\sqrt{1+10^2}}=\dfrac{1}{\sqrt{101}}$,$\cos\theta=\dfrac{10}{\sqrt{101}}$,可由图中的几何关系确定。代入上述方程可解得 $F_C=2\,000$ N,$F_A=F_B=2\,010$ N。

【2-22】悬索结构如题 2-22 图所示,承受的荷载看作沿索均布分布,集度设为 $q$,两端 A、B 固定,跨度 $l$、垂度 $f_A$、$f_B$ 均已知。求:(1)悬索任意点的拉力;(2)最低点的拉力;(3)AB 点的拉力;(4)任意点的垂度。(注意和题 2-20 比较)

**解**:扫码进入。

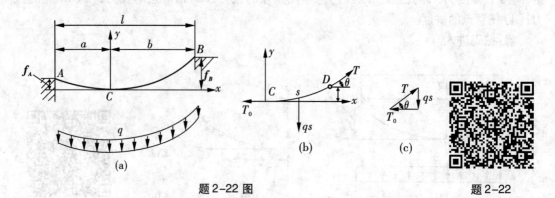

题 2-22 图        题 2-22

【2-23】如题2-23图所示,已知$F_1 = 150$ N,$F_2 = 200$ N,$F_3 = 300$ N,$F = F' = 200$ N。求力系向点$O$的简化结果,并求力系合力的大小及其与原点$O$的距离$d$。

**解:** 主矢投影 $\quad F'_{Rx} = -F_1 \frac{1}{\sqrt{2}} - F_2 \frac{1}{\sqrt{10}} - F_3 \frac{2}{\sqrt{5}} = -437.64$ N,

$$F'_{Ry} = -F_1 \frac{1}{\sqrt{2}} - F_2 \frac{3}{\sqrt{10}} + F_3 \frac{1}{\sqrt{5}} = -161.64 \text{ N},$$

主矢 $\quad F'_R = \sqrt{(F'_{Rx})^2 + (F'_{Ry})^2} = 466.54$ N(指向左下方),

主矩 $\quad M_O = -0.08F + \frac{F_1}{\sqrt{2}} \times 0.1 + \frac{F_3}{\sqrt{5}} \times 0.2 = 21.44$ Nm,

则合力$F_R = 466.54$ N,作用线在$O$点右侧,距$O$的距离

$$d = \frac{M_O}{F'_R} = 0.045\ 95 \text{ m} = 45.95 \text{ mm}。$$

【注意:力系简化的步骤:(1)计算主矢的投影$F'_{Rx}$、$F'_{Ry}$,然后计算主矢$F'_R$;(2)计算主矩,一般用合力距定理,如本题将各力的水平和铅垂投影分别对简化中心求距;(3)求合力及作用线位置】

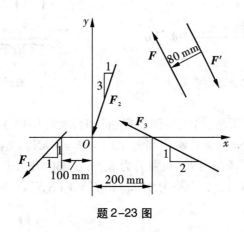

题2-23图

【2-24】如题2-24图所示平面任意力系中,$F_1 = 40\sqrt{2}$ N,$F_2 = 80$ N,$F_3 = 40$ N,$F_4 = 110$ N,$M = 2\ 000$ Nmm。各力作用位置如图所示,图中尺寸的单位为mm。求:(1)力系向$O$点简化的结果;(2)力系的合力的大小、方向及合力作用线方程。

**解:** 主矢投影 $\quad F'_{Rx} = F_1 \cos45° - F_2 - F_4 = -150$ N,$F'_{Ry} = F_1 \sin45° - F_3 = 0$,

主矩 $\quad M_O = -M + 30F_2 + 50F_3 - 30F_4 = -900$ Nmm,

则合力 $\quad F_R = 150$ N(向左),作用线位置为$900 \div 150 = 6$ mm(在$O$点下侧)。

合力作用线方程为 $\quad y = -6$ mm。

【注意:主矩顺时针为负值,则由合力矩定理知,本题合力对$O$点产生顺时针的矩,因此合力在$O$点下侧】

【2-25】某桥墩顶部受到两边桥梁传来的铅直力$F_1 = 1\ 940$ kN,$F_2 = 800$ kN,水平力$F_3 = 193$ kN,桥墩重量$P = 5\ 280$ kN,风力的合力$F = 140$ kN。各力作用线位置如题2-25图所示。

求将这些力向基底截面中心 $O$ 的简化结果;如能简化为一合力,试求出合力作用线的位置。

**解**:主矢投影 $F'_{Rx}=-F_3-F=-333$ kN, $F'_{Ry}=-F_1-F_2-P=-8\,020$ kN,

主矩 $M_O=-F\times10.7+21\times F_3+F_3\times0.5-0.5\times F_2=6\,121$ kNm;则合力

$$F_R=\sqrt{(F'_{Rx})^2+(F'_{Ry})^2}=8\,027 \text{ kN(向左下)}$$

$$\cos(\vec{F_R},\vec{i})=\frac{333}{8\,027}=0.041\,52,\angle(\vec{F_R},\vec{i})=180°+87.6°=267.6°$$

合力作用线位置距 $O$ 点的 $x$ 坐标为

$$x=\frac{M_O}{F'_{Ry}}=-0.763 \text{ m(在左侧)。}$$

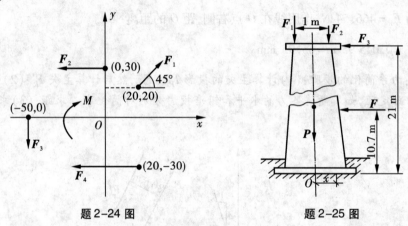

题 2-24 图　　　　　　　　题 2-25 图

【**2-26**】如题 2-26 图所示,当飞机作稳定航行时,所有作用在它上面的力必须相互平衡。已知飞机的重量为 $P=30$ kN,螺旋桨的牵引力 $F=4$ kN。飞机的尺寸: $a=0.2$ m, $b=0.1$ m, $c=0.05$ m, $l=5$ m。求阻力 $F_x$、机翼升力 $F_{y1}$ 和尾部的升力 $F_{y2}$。

【解法同前。研究整体列出三个平衡方程解得 $F_x=4$ kN, $F_{y1}=28.73$ kN, $F_{y2}=1.269$ kN】

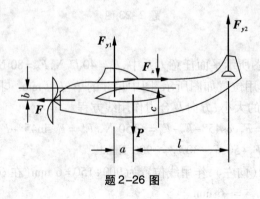

题 2-26 图

【**2-27**】在题 2-27 图示刚架中,已知 $q=3$ kN/m, $F=6\sqrt{2}$ kN, $M=10$ kN·m,不计刚架自重。求固定端 $A$ 处的约束力。

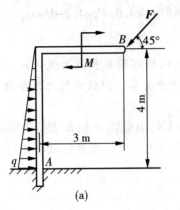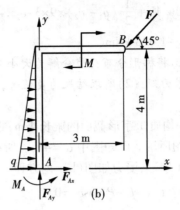

题 2-27 图

**解**:研究整体,受力如图,列方程

$$\sum F_x = 0 \quad F_{Ax} - F\cos 45° + \frac{1}{2} 4q = 0, 解得 F_{Ax} = 0,$$

$$\sum F_y = 0 \quad F_{Ay} - F\sin 45° = 0, 解得 F_{Ay} = 6 \text{ kN},$$

$$\sum M_A = 0 \quad M_A - 2q \times \frac{4}{3} + F\cos 45° \times 4 - F\sin 45° \times 3 - M = 0, 解得 M_A = 12 \text{ kNm}。$$

【注意:固定端约束的约束力必须画成互相垂直的两个力和一个力偶;求分布荷载的力矩时用合力矩定理】

【**2-28**】如题 2-28 图所示,飞机机翼上安装一台发动机,作用在机翼 $OA$ 上的气动力按梯形分布:$q_1 = 60$ kN/m,$q_2 = 40$ kN/m,机翼重 $P_1 = 45$ kN,发动机重 $P_2 = 20$ kN,发动机螺旋桨的反作用力偶矩 $M = 18$ kN·m。求机翼处于平衡状态时,机翼根部固定端 $O$ 受的力。

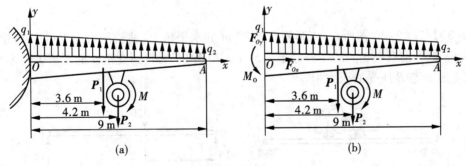

题 2-28 图

**解**:研究整体,受力如图,列方程

$$\sum F_x = 0 \quad F_{Ox} = 0,$$

$$\sum F_y = 0 \quad F_{Oy} - P_1 - P_2 + \frac{1}{2}(q_1 + q_2) \times 9 = 0, 解得 F_{Oy} = -385 \text{ kN},$$

$$\sum M_A = 0 \quad M_A + \frac{1}{2}(q_1 - q_2) \times 9 \times 3 + q_2 \times 4.5 \times 9 - P_1 \times 3.6 - P_2 \times 4.2 - M = 0,$$

解得 $M_A = -1\ 626\ \text{kNm}$。

【注意:(1)将梯形分布荷载分解为大小为 $q_2$ 的均布荷载和最大值为 $q_1 - q_2$ 的三角形分布荷载,分别求力矩;(2)所求结果为负值者,表示受力图上假设的约束力方向与实际方向相反】

**【2-29】**一均质 T 字形截面的梁长 4 m,重 5 kN,由重物 A 和 B 支持使梁在水平位置平衡如题 2-29 图所示。已知图中 $\alpha = 45°$。所有摩擦力不计。求 $\beta$ 角以及 A 与 B 的重量。

**解:**研究 T 字形,受力如图(b),列方程

$$\sum F_x = 0 \quad P_B \cos\beta - P_A \cos\alpha = 0,$$

$$\sum F_y = 0 \quad P_B \sin\beta + P_A \sin\alpha - 5 = 0,$$

$$\sum M_C = 0 \quad P_B \sin\beta \times 3 - 5 \times 3 = 0,$$

联立解得 $P_A = 2\ 357\ \text{N}, P_B = 3\ 727\ \text{N}, \beta = 63°26'$。

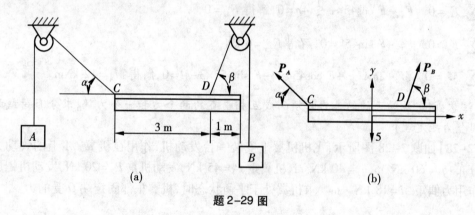

题 2-29 图

**【2-30】**如题 2-30 图所示,汽车停在长 20 m 的水平桥上,前轮压力为 10 kN,后轮压力为 20 kN。汽车前后两轮间的距离等于 2.5 m。试问汽车后轮到支座 A 的距离 x 为多大时,方能使支座 A 与 B 所受的压力相等?

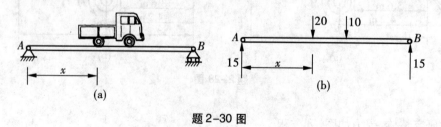

题 2-30 图

**解:**研究 AB,受力如图(b),由题意知当两轮压力相等时,A、B 的反力为 15 kN(向上),列方程

$$\sum M_A = 0 \qquad 10 \times (x+2.5) + 20 \times x - 15 \times 20 = 0,$$

解得　$x = 9.17$ m。

【2-31】如题 2-31 图所示,液压式汽车起重机全部固定部分(包括汽车自重)总重 $P_1 = 60$ kN,旋转部分总重 $P_2 = 20$ kN,$a = 1.4$ m,$b = 0.4$ m,$l_1 = 1.85$ m,$l_2 = 1.4$ m。试求:(1)当 $R = 3$ m,起吊重量 $P = 50$ kN 时,支撑腿 $A$、$B$ 所受地面的支承反力;(2)当 $R = 5$ m 时,为了保证起重机不致翻倒,问最大起重量为多大?

**解:** 研究整体,$A$、$B$ 处只有铅垂方向受力,将其画在原图上,则整体为平面平行力系。列方程

$$\sum M_A = 0 \qquad F_B(l_1+l_2) - P_1(l_1-a) - P_2(l_1+b) - P(l_1+R) = 0,$$

$$\sum F_y = 0 \qquad F_A + F_B - P_1 - P_2 - P = 0,$$

(1)将 $R = 3$ m,$P = 50$ kN 代入方程解得　$F_A = 33.23$ kN,$F_B = 96.77$ kN。

(2)不翻倒的条件为 $F_A \geqslant 0$,将 $R = 5$ m 代入方程解得 $P \leqslant 52.22$ kN。

【注意:本题属于力学中的"翻倒"问题,求解时,除了写出平衡方程外,还必须补充"不翻倒条件",如本题的 $F_A \geqslant 0$,否则无法求解】

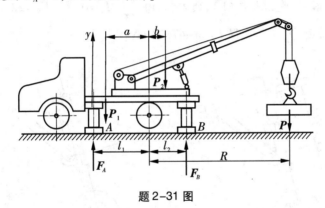

题 2-31 图

【2-32】如题 3-32 图所示,行动式起重机不计平衡锤的重为 $P = 500$ kN,其重心在离右轨 1.5 m 处。起重机的起重量为 $P_1 = 250$ kN,突臂伸出离右轨 10 m。跑车本身重量略去不计,欲使跑车满载或空载时起重机均不致翻倒,求平衡锤的最小重量 $P_2$ 以及平衡锤到左轨的最大距离 $x$。

**解:** 研究整体,$A$、$B$ 处只有铅垂方向受力,将其画在原图上,则整体为平面平行力系。
空载时只可能向左翻倒,取临界状态 $F_B = 0$,列方程

$$\sum M_A = 0 \qquad P_2 x - 4.5P = 0,$$

满载时只可能向右翻倒,取临界状态 $F_A = 0$,列方程

$$\sum M_B = 0 \qquad P_2(x+3) - 1.5P - 10P_1 = 0,$$

联立解得　$P_2 = 333.33$ kN,$x = 6.75$ m。

【注意:本题由于有两个未知量,"不翻倒条件"用不等式不易求解,因此用翻倒时的临界状态 $F_B = 0$ 和 $F_A = 0$】

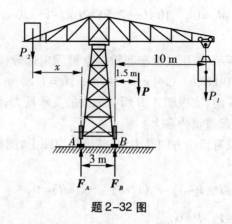

题 2-32 图

【2-33】飞机起落架,尺寸如题 2-33 图所示。$A$、$B$、$C$ 均为铰链,杆 $OA$ 垂直于 $A$、$B$ 连线。当飞机等速直线滑行时,地面作用于轮上的铅直正压力 $F_N = 30$ kN,水平摩擦力和各杆自重都比较小,可略去不计。求 $A$、$B$ 两处的约束力。

【解法:研究起落架,受力如图(b),列方程,由 $\sum M_A = 0$ 得 $F_B = 22.4$ kN,由 $\sum F_x = 0$ 得 $F_{Ax} = -4.661$ kN,由 $\sum F_y = 0$ 得 $F_{Ay} = -47.62$ kN】

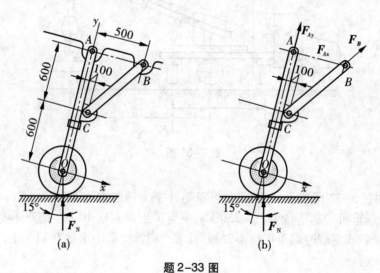

题 2-33 图

【2-34】水平梁 $AB$ 由铰链 $A$ 和杆 $BC$ 所支持,如题 2-34 图所示。在梁上 $D$ 处用销子安装半径为 $r = 0.1$ m 的滑轮。有一跨过滑轮的绳子,其一端水平地系于墙上,另一端悬挂有重 $P = 1\ 800$ N 的重物。如 $AD = 0.2$ m,$BD = 0.4$ m,$\alpha = 45°$,且不计梁、杆、滑轮和绳的重量。试求铰链 $A$ 和杆 $BC$ 对梁的反力。

解法:研究整体,受力如图(b),由 $\sum M_A = 0$ 得 $F_B = 848.5$ N,由 $\sum F_x = 0$ 得 $F_{Ax} = 2\ 400$ N,由 $\sum F_y = 0$ 得 $F_{Ay} = 1\ 200$ N。

【注意:本题不要拆开取研究对象】

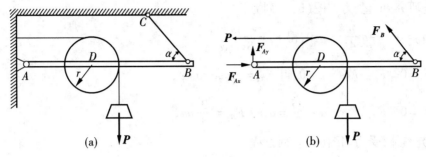

题 2-34 图

【2-35】如题 2-35 图所示,组合梁由 $AC$ 和 $DC$ 两段铰接构成,起重机放在梁上。已知起重机重 $P_1 = 50$ kN,重心在铅直线 $EC$ 上,起重载荷 $P_2 = 10$ kN。如不计梁重,求支座 $A$、$B$ 和 $D$ 三处的约束力。

**解:**先研究起重机,受力如图(b)。列方程

$\sum M_F = 0$ 　 $2F_G - 1P_1 - 5P_2 = 0$,得 $F_G = 50$ kN,

再研究 $CD$,受力如图 c。列方程

$\sum M_C = 0$ 　 $6F_D - 1F_G' = 0$,得 $F_D = 8.333$ kN,

再研究整体,受力如图 a。列方程

$\sum M_A = 0$ 　 $12F_D + 3F_B - 6P_1 - 10P_2 = 0 = 0$,得 $F_B = 100$ kN,

$\sum F_x = 0$ 　 $F_{Ax} = 0$,

$\sum F_y = 0$ 　 $F_{Ay} + F_D + F_B - P_1 - P_2 = 0$,得 $F_{Ay} = -48.33$ kN。

【注意:本题及后面的习题,属于物体系统的平衡问题,研究对象的选取非常关键。另外,无需求解的中间未知量可不求出,不需要的平衡方程也不必列出】

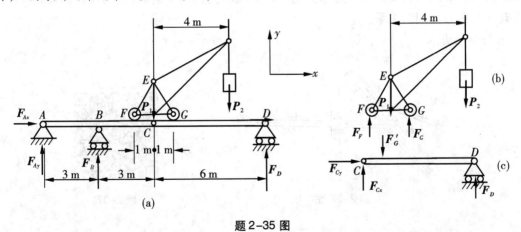

题 2-35 图

【2-36】在题 2-36 图示连续梁中,已知 $q$、$a$ 及角度。不计梁的自重,求连续梁在 $A$、$B$、$C$

三处的约束力。

**解:** 先研究 $BC$，受力如图（b）。列方程

$$\sum M_B = 0 \quad a - q\,\frac{a}{4}\,\frac{a}{2} = 0, \text{得} F_C = \frac{qa}{8\cos\alpha},$$

$$\sum F_x = 0 \quad F_{Bx} - F_C\sin\alpha = 0, \text{得} F_{Bx} = \frac{1}{8}qa\tan\alpha,$$

$$\sum F_y = 0 \quad F_{By} + F_C\cos\alpha - \frac{qa}{2} = 0, \text{得} F_{By} = \frac{3}{8}qa,$$

再研究整体，受力如图（a）。列方程

$$\sum F_x = 0 \quad F_{Ax} - F_C\sin\alpha = 0, \text{得} F_{Ax} = \frac{1}{8}qa\tan\alpha,$$

$$\sum F_y = 0 \quad F_{Ay} + F_C\cos\alpha - qa = 0, \text{得} F_{By} = \frac{7}{8}qa,$$

$$\sum M_A = 0 \quad M_A + 2aF_C\cos\alpha - qa\,a = 0, \text{得} M_A = \frac{3}{4}qa^2。$$

**【注意:分布荷载在受力图上必须原样画出,不要用合力代替!】**

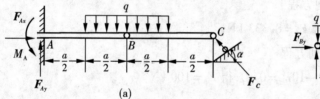 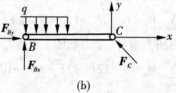

题2-36 图

**【2-37】** 题 2-37 图所示为一滑道连杆机构,在滑道连杆上作用着水平力 $F$。已知 $OA = r$,滑道倾角为 $\beta$,机构重量和各处摩擦均不计。试求当机构平衡时,作用在曲柄 $OA$ 上的力偶矩 $M$ 与角 $\alpha$ 之间的关系。

**解:** 扫码进入。

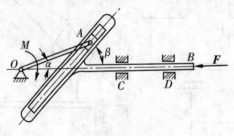 

题2-37 图                                    题 2-37

**【2-38】**题 2-38 图示为一种闸门启闭设备的传动系统。已知各齿轮的半径分别为 $r_1$、$r_2$、$r_3$、$r_4$。鼓轮的半径为 $r$，闸门重 $P$，齿轮的压力角为 $\alpha$，不计各齿轮的自重，求最小的启门力偶矩 $M$ 及轴 $O_3$ 的约束力。

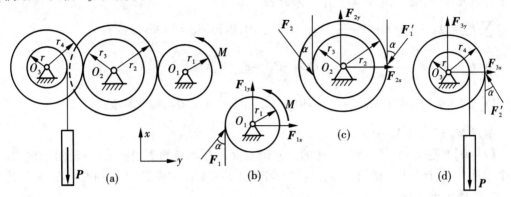

题 2-38 图

**解**：先研究轮 $O_1$，受力如图(b)所示。列方程

$$\sum M_{O_1} = 0 \quad M - F_1\cos\alpha\,r_1 = 0，得\ F_1 = \frac{M}{r_1\cos\alpha}，$$

再研究轮 $O_2$，受力如图(c)所示。列方程

$$\sum M_{O_2} = 0 \quad F_2\cos\alpha\,r_3 - F_1'\cos\alpha\,r_2 = 0，解得\ F_2 = \frac{Mr_2}{r_1 r_3\cos\alpha}，$$

再研究轮 $O_3$，受力如图(d)所示。列方程

$$\sum M_{O_3} = 0 \quad F_2'\cos\alpha\,r_4 - Pr = 0，解得\ M = \frac{Prr_1 r_3}{r_2 r_4}，$$

$$\sum F_x = 0 \quad F_{3x} - F_2'\sin\alpha = 0，解得\ F_{3x} = \frac{Pr}{r_4}\tan\alpha，$$

$$\sum F_y = 0 \quad F_{3y} + F_2'\cos\alpha - P = 0，解得\ F_{3y} = P\left(1 - \frac{r}{r_4}\right)。$$

**【注意：压力角是齿轮啮合力与切线方向的夹角】**

**【2-39】**题 2-39 图示构件由直角弯杆 $EBD$ 及直杆 $AB$ 组成，不计各杆自重，已知 $q = 10\ \mathrm{kN/m}$，$F = 50\ \mathrm{kN}$，$M = 6\ \mathrm{kN \cdot m}$，各尺寸如题 2-39 图。求固定端 $A$ 处及支座 $C$ 的约束力。

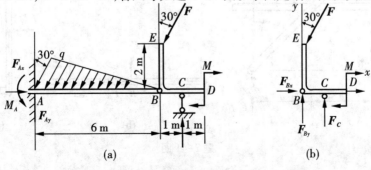

题 2-39 图

**解:**先研究轮 $DBE$，受力如图(b)所示。列方程

$\sum M_B = 0$ $-M+F\sin30°×2+F_C×1=0$，得 $F_C=-44$ kN，

再研究整体，受力如图(a)所示。列方程

$\sum F_x = 0$ $F_{Ax}-F\sin30°-\dfrac{1}{2}×6q×\sin30°=0$，解得 $F_{Ax}=40$ kN，

$\sum F_y = 0$ $F_{Ay}-F\cos30°-\dfrac{1}{2}×6q×\cos30°+F_C=0$，解得 $F_{Ay}=113.3$ kN，

$\sum M_A = 0$ $M_A+2F\sin30°-6F\cos30°+7F_C-M-\dfrac{1}{2}×6q×\cos30°×2=0$，

解得 $M_A=575.8$ kN·m。

**【2-40】**如题 2-40 图所示，无底的圆柱形空筒放在光滑的固定面上，内放两个重球，设每个球重为 $P$，半径为 $r$，圆筒的半径为 $R$。若不计各接触面的摩擦，不计筒壁厚度，求圆筒不致翻倒的最小重量 $Q_{\min}$。

**解:**扫码进入。

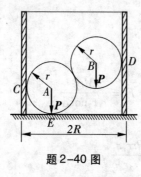

题 2-40 图          题 2-40

**【2-41】**构架由杆 $AB$、$AC$ 和 $DF$ 铰接而成，如题 2-41 图所示，在 $DEF$ 杆上作用一力偶矩为 $M$ 的力偶。不计各杆的重量，求 $AB$ 杆上铰链 $A$、$D$ 和 $B$ 所受的力。

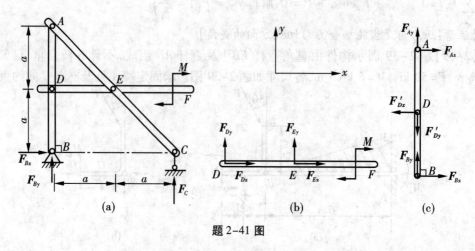

(a)          (b)          (c)

题 2-41 图

**解:** 先研究整体,受力如图(a)所示。列方程

$$\sum F_x = 0 \quad F_{Bx} = 0,$$

$$\sum M_C = 0 \quad -M - 2aF_{By} = 0, 得 F_{By} = -\frac{M}{2a},$$

再研究 $DEF$,受力如图(b)所示,列方程

$$\sum M_E = 0 \quad -M - aF_{Dy} = 0, 得 F_{Dy} = -\frac{M}{a},$$

再研究 $ADB$,受力如图(c)所示,列方程

$$\sum M_A = 0 \quad -F'_{Dx}a + 2aF_{Bx} = 0, 得 F_{Dx} = 0$$

$$\sum F_x = 0 \quad F_{Bx} - F'_{Dx} + F_{Ax} = 0, 得 F_{Ax} = 0$$

$$\sum F_y = 0 \quad F_{By} - F'_{Dy} + F_{Ay} = 0, 得 F_{Ay} = -\frac{M}{2a}。$$

【**2-42**】构架由杆 $AB$、$AC$ 和 $DF$ 组成,如题 2-42 图所示,在 $DF$ 杆上的销子 $E$ 可在杆 $AC$ 的光滑槽内滑动,不计各杆的重量。在水平杆 $DF$ 的一端作用铅直力 $F$,求铅直杆 $AB$ 上铰链 $A$、$D$ 和 $B$ 所受的力。

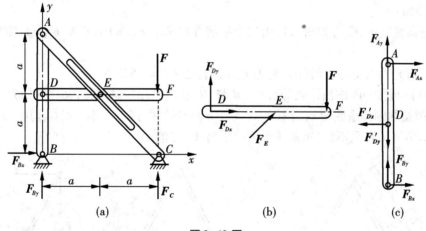

题 2-42 图

**解:** 先研究整体,受力如图(a)所示。列方程

$$\sum M_C = 0 \quad F_{By} = 0,$$

再研究 $DEF$,受力如图(b)所示,列方程

$$\sum M_E = 0 \quad -aF_{Dy} - aF = 0, 得 F_{Dy} = -F,$$

$$\sum M_D = 0 \quad aF_E \cos 45° - 2aF = 0, 得 F_E = 2\sqrt{2}F,$$

$$\sum F_x = 0 \quad F_{Dx} + F_E \cos 45° = 0, 得 F_{Dx} = -2F,$$

再研究 $ADB$,受力如图(c),列方程

$$\sum M_A = 0 \quad 2aF_{Bx} - aF'_{Dx} = 0, 得 F_{Bx} = -F,$$

$\sum M_D = 0 \quad aF_{Bx} - aF_{Ax} = 0$，解得 $F_{Ax} = -F$，

$\sum F_y = 0 \quad F_{Ay} + F_{By} - F'_{Dy} = 0$，解得 $F_{Ay} = -F$。

**【2-43】**题 2-43 图示构架中，物体 $P$ 重 1 200 N，由细绳跨过滑轮 $E$ 而水平系于墙上，尺寸如图。不计杆和滑轮的重量，求支承 $A$ 和 $B$ 处的约束力，以及杆 $BC$ 的内力 $F_{BC}$。

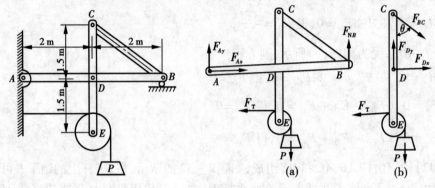

题 2-43 图

**解法步骤:**

(1)先研究整体，受力如图(a)，由三个平衡方程求出 $F_{NB} = 1\,050$ N，$F_{Ax} = 1\,200$ N，$F_{Ay} = 150$ N；

(2)再研究 $CD$，受力如图(b)，对 $D$ 点求矩得出 $F_{BC} = 1\,500$ N。

**【2-44】**如题 2-44 图所示两等长杆 $AB$ 与 $BC$ 在点 $B$ 用铰链连接，又在杆的 $D$、$E$ 两点连一弹簧。弹簧的刚性系数为 $k$，当距离 $AC$ 等于 $a$ 时，弹簧内拉力为零。点 $C$ 作用一水平力 $F$，设 $AB = l$，$BD = b$，杆重不计，求系统平衡时距离 $AC$ 之值。

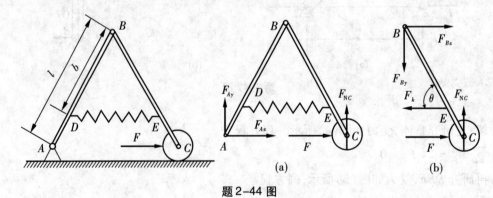

题 2-44 图

**解法步骤:**

(1)先研究整体，受力如图(a)，由 $\sum M_A = 0$ 求出 $F_{NC} = 0$；

(2) 再研究 $BC$ + 滑轮，受力如图(b)，由 $\sum M_B = 0$ 求出弹簧 $DE$ 的受力 $F_k = \dfrac{Fl}{b}$，则弹簧

伸长量为 $\dfrac{F_k}{k} = \dfrac{Fl}{kb}$；

（3）由比例关系求出弹簧原长为 $\dfrac{ab}{l}$，所以平衡时 $DE$ 的长度为 $\dfrac{Fl}{kb} + \dfrac{ab}{l}$，再由比例关系求出 $AC$ 的距离为 $a + \left(\dfrac{F}{k}\right)\left(\dfrac{l^2}{b^2}\right)$。

**【2-45】**题 2-45 图示平面结构，$AB = DF$，$\theta = 30°$，各构件自重不计，受力及尺寸如图，求各杆在 $B$、$C$、$D$ 点给予平台 $BD$ 的力。

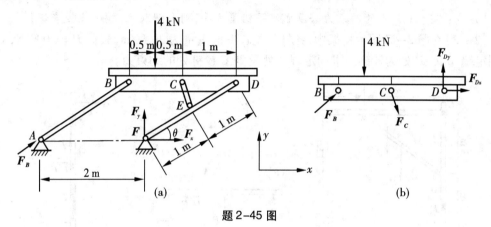

题 2-45 图

**解法步骤**：（1）先研究整体，受力如图（a），由 $\sum M_F = 0$ 求出 $F_B = 928.2$ N（拉力）；

（2）再研究平台 $BD$、$AB$ 和 $CE$ 为二力杆，受力如图（b），由 $\sum M_D = 0$ 求出 $F_C = -7\,173$ N（压力），再由 $\sum F_x = 0$、$\sum F_y = 0$ 求出 $F_{Dx} = 2\,660$ N，$F_{Dy} = -2\,464$ N。

**【2-46】**不计题 2-46 图示构架中各杆件重量，力 $F = 40$ kN，各尺寸如图，求铰链 $A$、$B$、$C$ 处受力。

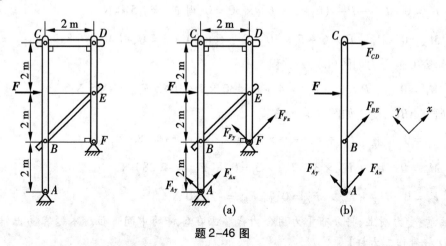

题 2-46 图

**解:**先研究整体,受力如图(a)。列方程

$$\sum M_F = 0 \quad -F_{Ay} \times \frac{2}{\cos45°} - F \times 2 = 0,得 F_{Ay} = -28.28 \text{ kN};$$

再研究 $ABC$,受力如图(b),列方程

$$\sum F_y = 0 \quad F_{Ay} - F_{CD}\cos45° - F\cos45° = 0,得 F_{CD} = -80 \text{ kN},$$

$$\sum M_A = 0 \quad -6F_{CD} - 4F - 2F_{BE}\cos45° = 0,得 F_{BE} = 160\sqrt{2} \text{ kN},$$

$$\sum F_x = 0 \quad F_{Ax} + F_{BE} + (F_{CD} + F)\cos45° = 0,得 F_{Ax} = -120\sqrt{2} \text{ kN}。$$

【注意:本题 $A$、$F$ 点的约束力若画成水平铅垂方向,则要解联立方程,比较麻烦】

【2-47】在题 2-47 图示构架中,各杆单位长度的重量为 30 N/m,载荷 $P = 1\,000$ N,$A$ 处为固定端,$B$、$C$、$D$ 处为铰链。求固定端 $A$ 处及 $B$、$C$ 铰键处的约束力。

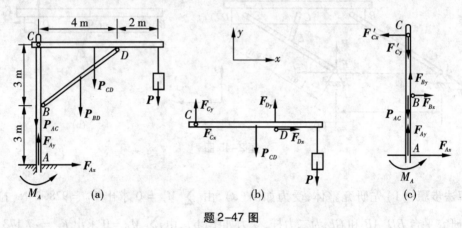

题 2-47 图

**解:**先研究整体,受力如图(a),列方程

$$\sum F_x = 0 \quad F_{Ax} = 0,$$

$$\sum F_y = 0 \quad F_{Ay} - P - (6 + 5 + 6) \times 30 = 0,得 F_{Ay} = 1\,510 \text{ N},$$

$$\sum M_A = 0 \quad M_A - P \times 6 - 5 \times 30 \times 2 - 6 \times 30 \times 3 = 0,得 M_A = 6\,840 \text{ Nm};$$

再研究 CD,受力如图(b),列方程

$$\sum M_D = 0 \quad -P \times 2 - F_{Cy} \times 4 + 6 \times 30 \times 1 = 0,得 F_{Cy} = -455 \text{ N};$$

再研究 $ABC$,受力如图(c),列方程

$$\sum F_y = 0 \quad F_{Ay} - F'_{Cy} + F_{By} - 6 \times 30 = 0,得 F_{By} = -1\,785 \text{ N},$$

$$\sum M_B = 0 \quad M_A + F'_{Cx} \times 3 - F_{xA} \times 3 = 0,得 F'_{Cx} = -2\,280 \text{ N},$$

$$\sum F_x = 0 \quad F_{Ax} + F_{Bx} - F'_{Cx} = 0,得 F_{Bx} = -2\,280 \text{ N}。$$

【注意:受力图上,将分布重力用合力代替画在各杆的中间部位。本题容易出错的地方是将 $BD$ 杆看作二力杆】

【2-48】在题 2-48 图示构架中,$A$、$C$、$D$、$E$ 处为铰链连接,$BD$ 杆上的销钉 $B$ 置于 $AC$ 杆的

光滑槽内,力 $F = 200$ N,力偶矩 $M = 100$ Nm,不计各构件重量,各尺寸如图,求 $A$、$B$、$C$ 处所受力。

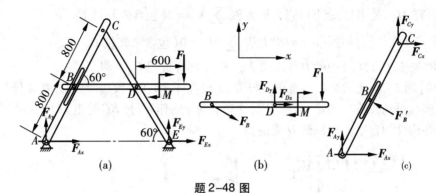

题 2-48 图

**解:**先研究整体,受力如图(a),列方程

$$\sum M_E = 0 \quad -M - F_{Ay} \times 1.6 - F \times 0.2 = 0,得 F_{Ay} = -87.5 \text{ N};$$

再研究 $BD$,受力如图(b),列方程

$$\sum M_D = 0 \quad -M + F_B \times 0.8 \times \sin 30° - F \times 0.6 = 0,得 F_B = 550 \text{ N};$$

再研究 $ABC$,受力如图(c),列方程

$$\sum F_y = 0 \quad F_{Ay} + F_{Cy} + F'_B \sin 30° = 0,得 F_{Cy} = -187.5 \text{ N},$$

$$\sum M_C = 0 \quad F'_B \times 0.8 + F_{Ay} \times 1.6\sin 30° - F_{Ax} \times 1.6\cos 30° = 0,得 F_{Ax} = 267 \text{ N},$$

$$\sum F_x = 0 \quad F_{Ax} + F_{Cx} - F'_B \cos 30° = 0,得 F_{Cx} = 209 \text{ N}。$$

【注意:$B$ 点的销钉固定在 $BD$ 杆上,和 $AC$ 上的滑槽之间为光滑接触面约束,约束力的方向可以假设】

**【2-49】**如题 2-49 图所示,用三根杆连接成一构架,各连接点均为铰链,$B$ 处接触表面光滑,不计各杆的重量。图中尺寸单位为 m。求铰链 $D$ 受的力。

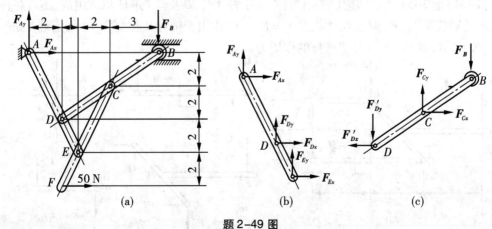

题 2-49 图

**解法步骤：**

(1)研究整体，受力如图(a)，求出 $F_{Ax} = -50 \text{ kN}$，$F_{Ay} = 50 \text{ kN}$，$F_B = 50 \text{ kN}$；

(2)研究 $AD$，受力如图(b)，列力矩方程 $\sum M_E = 0$ (包含未知量 $F_{Dx}$、$F_{Dy}$)；

(3)研究 $BD$，受力如图(c)，列出方程 $\sum M_C = 0$ (包含未知量 $F_{Dx}$、$F_{Dy}$)；

(4)联立求解(2)(3)中的方程求出 $F_{Dx}$、$F_{Dy}$，再合成得 $F_D = 84 \text{ N}$。

**【2-50】**题 2-50 图示结构由直角弯杆 $DAB$ 与直杆 $BC$、$CD$ 铰接而成，并在 $A$ 处与 $B$ 处用固定铰支座和可动铰支座固定。杆 $CD$ 受均布载荷 $q$ 的作用，杆 $BC$ 受矩为 $M = qa^2$ 的力偶作用。不计各构件的自重。求铰链 $D$ 受的力。

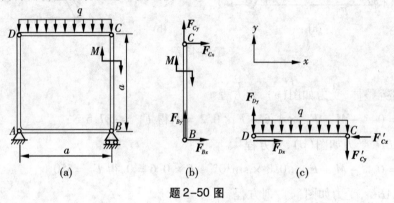

题 2-50 图

**解法步骤：**

(1)研究 $BC$，受力如图(b)，由 $\sum M_B = 0$ 求出 $F_{Cx} = -\dfrac{M}{a} = -qa$；

(2)研究 $CD$，受力如图(c)，由 $\sum F_x = 0$ 求得 $F_{Dx} = -qa$，由 $\sum M_C = 0$ 求出 $F_{Dy} = \dfrac{1}{2}qa$，合成得 $F_D = \dfrac{\sqrt{5}}{2}qa$。

**【注意：受力图(b)上的 $B$ 点不包含销钉，即 $F_{Bx}$、$F_{By}$ 是销钉对 $BC$ 的约束力】**

**【2-51】**题 2-51 图示结构位于铅垂面内，由杆 $AB$、$CD$ 及斜 $T$ 形杆 $BCE$ 组成，不计各杆的自重。已知载荷 $F_1$、$F_2$、$M$ 及尺寸 $a$，且 $M = F_1 a$，$F_2$ 作用于销钉 $B$ 上，求：(1) 固定端 $A$ 处的约束力；(2) 销钉 $B$ 对 $AB$ 杆及 $T$ 形杆的作用力。

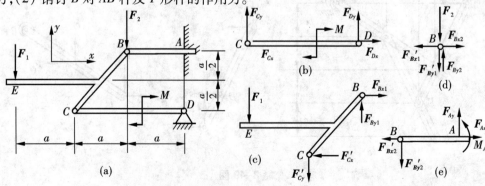

题 2-51 图

**解:**(1)先研究 $CD$ ,受力如图(b)。列方程

$$\sum M_D = 0 \quad M + F_{Cy} \times 2a = 0,得 F_{Cy} = -\frac{M}{2a} = -\frac{F_1}{2}。$$

(2)再研究 $BCE$($B$ 点不包含铰链),受力如图(c),列方程

$$\sum F_y = 0 \quad F_{By1} - F'_{Cy} - F_1 = 0,得 F_{By1} = \frac{F_1}{2},$$

$$\sum M_C = 0 \quad F_1 a + F_{By1} a - F_{Bx1} a = 0,得 F_{Bx1} = \frac{3F_1}{2},$$

$F_{Bx1}$、$F_{By1}$ 即 $B$ 点对 $AB$ 杆的作用力。

(3)再研究 $B$ 点铰链,受力如图(d),列方程

$$\sum F_y = 0 \quad F_{By2} - F_2 - F'_{By1} = 0,得 F_{By2} = F_2 + \frac{F_1}{2},$$

$$\sum F_x = 0 \quad F_{Bx2} - F'_{Bx1} = 0,得 F_{Bx2} = \frac{3F_1}{2},$$

$F_{Bx2}$、$F_{Bx2}$ 即 $B$ 点对 $T$ 形杆的作用力。

(4)再研究 $AB$($B$ 点不包含铰链),受力如图(e),列方程

$$\sum F_y = 0 \quad F_{Ay} - F'_{By2} = 0,得 F_{Ay} = F_2 + \frac{F_1}{2},$$

$$\sum F_x = 0 \quad F_{Ax} - F'_{Bx2} = 0,得 F_{Ax} = \frac{3F_1}{2},$$

$$\sum M_A = 0 \quad M_A + F'_{By2} a = 0,得 M_A = -\left(F_2 + \frac{F_1}{2}\right)a。$$

【2-52】题 2-52 图示构架,由直杆 $BC$、$CD$ 及直角弯杆 $AB$ 组成,各杆自重不计,载荷分布及尺寸如图。销钉 $B$ 穿透 $AB$ 及 $BC$ 两构件,在销钉 $B$ 上作用一集中载荷 $P$。已知 $q$、$a$、$M$,且 $M = qa^2$。求固定端 $A$ 的约束力及销钉 $B$ 对 $BC$ 杆、$AB$ 杆的作用力。

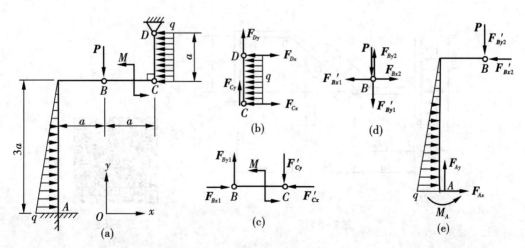

**题 2-52 图**

**解**:(1)先研究 $CD$ ,受力如图(b)。列方程

$$\sum M_D = 0 \quad F_{Cx}a - \frac{1}{2}qa^2 = 0, 得 \ F_C = \frac{1}{2}qa。$$

(2)再研究 $BC$($B$ 点不包含铰链),受力如图(c),列方程

$$\sum F_x = 0 \quad F_{Bx1} - F'_{Cx} = 0, 得 \ F_{Bx1} = \frac{1}{2}qa,$$

$$\sum M_C = 0 \quad M - F_{By1}a = 0, 得 \ F_{By1} = qa,$$

$F_{Bx1}$、$F_{By1}$ 即销钉 $B$ 点对 $BC$ 杆的作用力。

(3)再研究 $B$ 点铰链,受力如图(d),列方程

$$\sum F_y = 0 \quad F_{By2} - P - F'_{By1} = 0, 得 \ F_{By2} = P + qa,$$

$$\sum F_x = 0 \quad F_{Bx2} - F'_{Bx1} = 0, 得 \ F_{Bx2} = \frac{1}{2}qa,$$

$F_{Bx2}$、$F_{By2}$ 即销钉 $B$ 点对 $AB$ 杆的作用力。

(4)再研究 $AB$($B$ 点不包含铰链),受力如图(e),列方程

$$\sum F_y = 0 \quad F_{Ay} - F'_{By2} = 0, 得 \ F_{Ay} = P + qa,$$

$$\sum F_x = 0 \quad F_{Ax} - F'_{Bx2} + \frac{3}{2}qa = 0, 得 \ F_{Ax} = -qa,$$

$$\sum M_A = 0 \quad M_A - F'_{By2}a + F'_{Bx2}3a - \frac{3}{2}qaa = 0, 得 \ M_A = (P + qa)a。$$

【说明:第(4)步中分布荷载的矩用合力矩定理计算】

【**2-53**】由直角曲杆 $ABC$、$DE$,直杆 $CD$ 及滑轮组成的结构如题 $2-53$ 图所示,$AB$ 杆上作用有水平均布载荷 $q$。不计各构件的重量,在 $D$ 处作用一铅垂力 $F$,在滑轮上悬吊一重为 $P$ 的重物,滑轮的半径 $r = a$,且 $P = 2F$,$CO = OD$。求支座 $E$ 及固定端 $A$ 的约束力。

**解**:扫码进入。

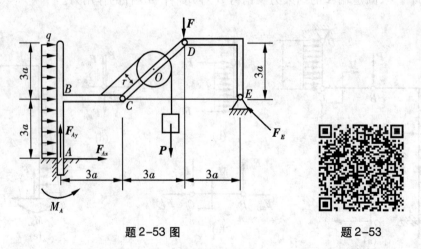

题 2-53 图　　　　　　　　　题 2-53

【**2-54**】题 2-54 图为一种折叠椅的对称面示意图。已知人重为 $P$,不计各构件重量,求 $C$、$D$、$E$ 处铰链约束力。

**解法步骤:**

(1)研究整体,受力如图(a),由 $\sum M_B = 0$、$\sum M_A = 0$ 求出 $F_A$、$F_B$;

(2)研究 $CD$,受力如图(b),由 $\sum M_D = 0$、$\sum M_C = 0$ 求出 $F_{Cy} = 1.667P$,$F_{Dy} = -0.667P$;

(3)研究 $BE$,受力如图(c),由 $\sum M_D = 0$ 求出 $F_{Ex} = 0.367P$,由 $\sum M_E = 0$ 求出 $F'_{Dx} = 0.367P$,由 $\sum F_y = 0$ 求出 $F_{Ey} = -1.033P$;

(4)利用图(b)的 $F_{Cx} + F_{Dx} = 0$ 得 $F_{Cx} = -0.367P$。

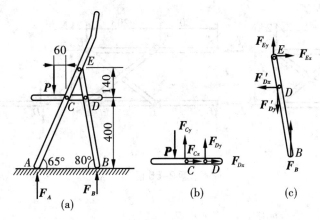

题 2-54 图

【2-55】题 2-55 图示挖掘机计算简图中,挖斗载荷 $P = 12.25$ kN,作用于 $G$ 点,尺寸如图。不计各构件自重,求在图示位置平衡时杆 $EF$ 和 $AD$ 所受的力。

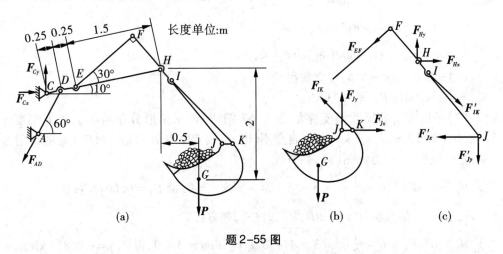

题 2-55 图

**解法步骤:**

(1)研究整体,受力如图(a),只有 $A$、$C$ 点有约束力,由 $\sum M_C = 0$ 求出 $F_{AD} = -158$ kN;

（2）研究挖斗 $JKG$ ，受力如图（b），求出 $F_{IK}$、$F_{Jx}$、$F_{Jy}$；

（3）研究 $FHIJ$ ，受力如图（c），由 $\sum M_H = 0$ 求出 $F_{EF} = 8.167 \text{ kN}$。

也可以将第（2）（3）步合并，直接研究 $FHKG$ 整体，由 $\sum M_H = 0$ 求出 $F_{EF} = 8.167 \text{ kN}$，这样更方便。

【注意看懂各构件的连接与约束情况：$CDEH$ 为一整体构件，$FHIJ$ 为一整体构件，$AD$、$EF$、$IK$ 为二力杆】

【2-56】题 2-56 图示结构由 $AC$、$DF$、$BF$ 及 $EC$ 四杆组成，其中 $A$、$B$、$C$、$D$、$E$、$F$ 均为光滑铰链，各杆自重不计。求支座 $D$ 的约束力及连杆 $BF$，$EC$ 所受的力。

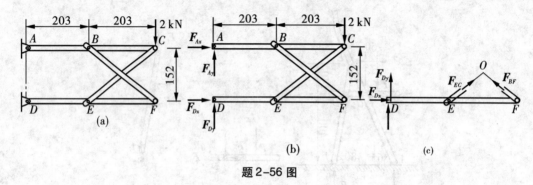

题 2-56 图

**解**：先研究整体，受力如图（b）。列方程

$\sum M_A = 0$　$F_{Dx} \times 152 - 2 \times 406 = 0$，得 $F_{Dx} = 5.34 \text{ kN}$；

再研究 $DEF$ ，受力如图（c），列方程

$\sum M_O = 0$　$F_{Dx} \times \dfrac{152}{2} - F_{Dy} \times (203 + \dfrac{203}{2}) = 0$，得 $F_{Dy} = 1.33 \text{ kN}$，

$\sum F_x = 0$　$F_{Dx} + F_{EC}\cos\theta - F_{BF}\cos\theta = 0$，

$\sum F_y = 0$　$F_{Dy} + F_{EC}\sin\theta + F_{BF}\sin\theta = 0$，

而 $\cos\theta = 0.8$，$\sin\theta = 0.6$，联立解得

$F_{EC} = -4.45 \text{ kN}$，$F_{BF} = 2.23 \text{ kN}$。

【2-57】平面构架的尺寸及支座如题 2-57 图所示，三角形分布载荷的最大集度 $q_0 = 2 \text{ kN/m}$，$M = 10 \text{ kNm}$，$F = 2 \text{ kN}$，各杆自重不计。求铰支座 $D$ 处的销钉对杆 $CD$ 的作用力。

**解**：先研究整体，受力如图（a），列方程

$\sum M_D = 0$　$F_A \times 6 - \dfrac{1}{2}q_0 \times 3 \times 4 + M - F \times 1 = 0$，得 $F_A = 0.667 \text{ kN}$；

再研究 $ABC$ ，受力如图（b）（$BD$ 为二力杆），列方程

$\sum M_C = 0$　$F_A \times 6 - \dfrac{1}{2}q_0 \times 3 \times 4 + M + F_{BD}\sin\theta \times 3 = 0$，得 $F_{BD} = -0.833 \text{ kN}$，

$\sum F_x = 0$　$F_{Cx} - F_{BD}\cos\theta = 0$，得 $F_{Cx} = -0.5 \text{ kN}$，

$\sum F_y = 0$　$F_A + F_{BD}\sin\theta + F_{Cy} - \dfrac{1}{2}q_0 \times 3 = 0$，得 $F_{Cy} = 3 \text{ kN}$，

这里 $\cos\theta = 0.6, \sin\theta = 0.8$；

再研究 $CD$，受力如图（c），列方程

$$\sum F_x = 0 \quad F_{Dx1} - F - F'_{Cx} = 0, \text{得 } F_{Dx1} = 1.5 \text{ kN},$$

$$\sum F_y = 0 \quad F_{Dy1} = F'_{Cy} = 3 \text{ kN}。$$

$F_{Dx1}$ 和 $F_{Dy1}$ 即为 $D$ 处的销钉对杆 $CD$ 的作用力。

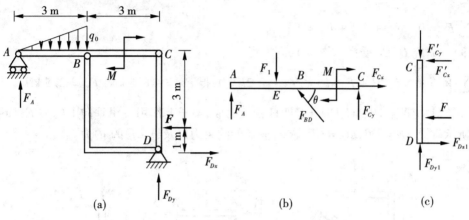

题 2-57 图

【2-58】题 2-58 图示刚架中，物重 $P = 2$ kN，$F_1 = 10$ kN，$F_2 = 2$ kN，$q = 1$ kN/m，$l = 2$ m，$\theta = 45°$，$G$、$D$、$E$ 处为铰接，各杆自重不计。求支座 $A$、$B$、$C$ 的约束力。

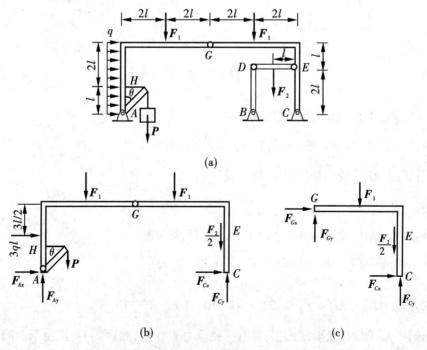

题 2-58 图

**解:**(1) $BD$ 为二力杆,由 $DE$ 平衡得    $F_B = \dfrac{F_2}{2} = 1$ kN;

(2)再研究 $AGEC$,受力如图(b),列方程

$$\sum M_A = 0 \quad F_{Cy}8l - \frac{F_2}{2}8l - F_1 6l - F_1 2l - Pl - 3ql \times 1.5l = 0, \text{得 } F_{Cy} = 12.375 \text{ kN},$$

$$\sum F_y = 0 \quad F_{Ay} - P - \frac{F_2}{2} - 2F_1 + F_{Cy} = 0, \text{得 } F_{Ay} = 10.625 \text{ kN},$$

$$\sum F_x = 0 \quad F_{Cx} + 3ql + F_{Ax} = 0;$$

(3)再研究 $GEC$,受力如图(c),列方程

$$\sum M_G = 0 \quad F_{Cx}3l + F_{Cy}4l - \frac{F_2}{2}4l - F_1 2l = 0, \text{得 } F_{Cx} = -8.5 \text{ kN}, \ F_{Ax} = 2.5 \text{ kN}_\circ$$

**【2-59】**构架由 $AB$、$AC$、$CD$、$EF$ 四杆铰接而成,架子上作用一铅垂向下的力 $F$,如题 2-59 图所示。设 $AE = EB, AG = GC$,求支座 $B$ 的约束力以及杆 $EF$ 的内力。

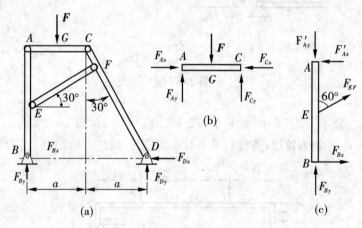

题 2-59 图

**解:**(1)研究整体,受力如图(a),列方程

$$\sum M_D = 0 \quad F_{By}2a - F\frac{3}{2}a = 0, \text{得 } F_{By} = \frac{3}{4}F;$$

(2)再研究 $AGC$,受力如图(b),列方程

$$\sum M_C = 0 \quad \text{得 } F_{Ay} = \frac{F}{2};$$

(3)再研究 $AEB$,受力如图(c),$EF$ 为二力杆,列方程

$$\sum F_y = 0 \quad -F'_{Ay} + F_{EF}\cos 60° + F_{By} = 0, \text{得 } F_{EF} = \frac{F}{2},$$

$$\sum M_A = 0 \quad F_{Bx} \cdot AB + F_{EF}\sin 60° \cdot AE = 0, \text{得 } F_{Bx} = \frac{\sqrt{3}}{8}F_\circ$$

**【2-60】**一架子放在光滑地面上,并有一铅垂力 $F$ 作用,如题 2-60 图所示。问当 $F$ 的作用线通过 $A$ 点时,架子能否平衡?如果不能平衡,求平衡时 $F$ 的作用线位置以及此时杆 $EF$

的内力 。

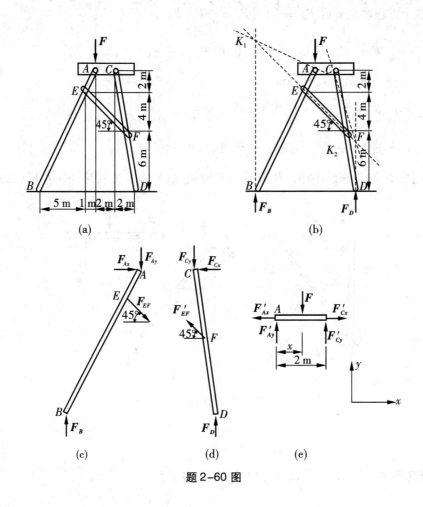

题 2-60 图

**解**：(1)问当 $F$ 的作用线通过 $A$ 点时，架子不能平衡。原因如下：$EF$ 为二力杆；$B$、$D$ 两点为光滑接触面约束，约束力铅垂向上；根据三力平衡汇交定理，平衡时 $AB$、$CD$ 杆各点受力的汇交点分别在 $K_1$ 和 $K_2$ 点，如图(b)所示；再考虑 $AC$ 部分，因为力 $F$ 的作用线通过 $A$ 点，根据三力平衡汇交定理，平衡时 $A$、$C$ 两点的约束力应当汇交于 $A$ 点，或 $C$ 点不受力且 $A$ 点受到向上的约束力，这与图(b)中 $A$、$C$ 两点的约束力方向不符，因此当 $F$ 的作用线通过 $A$ 点时，架子不能平衡。

(2)求平衡时 $F$ 的作用线位置。

根据整体受力图(b)，列方程

$$\sum F_y = 0 \quad F_B + F_D - F = 0 ;$$

根据 $AB$ 的受力图(c)，列方程

$$\sum M_A = 0 \quad -F_B \cdot 6 + F_{EF}\sin45° \cdot 2 + F_{EF}\cos45° \cdot 1 = 0 ;$$

根据 $CD$ 的受力图(d)，列方程

$$\sum M_C = 0 \quad F_D \cdot 2 + F'_{EF}\sin45° \cdot 2 - F'_{EF}\cos45° \cdot 6 = 0 ;$$

上面三个方程联立解得 $F_B = \frac{1}{6}F$，$F_D = \frac{5}{6}F$，$F_{EF} = \frac{\sqrt{2}}{3}F$，

$$\sum F_y = 0 \quad F_F + F'_{EF}\sin 45° - F_{Cy} = 0,\text{得 } F_{Cy} = \frac{7}{6}F,$$

研究 $AC$，受力如图(e)，列方程

$$\sum M_A = 0 \quad F'_{Cy} \cdot 2 - Fx = 0,\text{得 } x = \frac{7}{3}\text{ m},$$

即平衡时 $F$ 的作用线距 $A$ 点右边 $\frac{7}{3}$ m 处。

**【2-61】** 如题 2-61 图示结构，$B$、$D$ 点为光滑接触，$A$、$C$、$E$ 为铰链，求 $AC$ 杆内力。

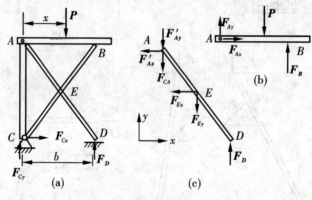

题 2-61 图

**解法步骤：**

(1)研究整体，受力如图(a)，由方程 $\sum M_C = 0$ 求出 $F_D = \frac{x}{b}F$；

(2) 研究 $AB$ 杆($A$ 点不含销钉)，受力如图(b)，求出 $F_B = \frac{x}{b}F$，$F_{Ax} = 0$，$F_{Ay} = \frac{b-x}{b}F$；

(3) 研究 $AD$ 杆($A$ 点含销钉)，受力如图(c)，由方程 $\sum M_E = 0$ 求出 $F_{CA} = -F$。

**【2-62】** 如题 2-62 图所示，圆截面弯管 $AB$ 插入 $CD$ 管内，不计摩擦，不计自重。求 $A$、$D$ 处反力。

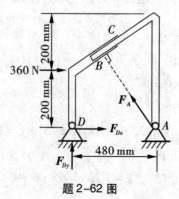

题 2-62 图

**解法步骤**：研究整体，受力如题2-62图所示，由三个平衡方程解得　$F_{Dx} = 297.4$ N，$F_{Dy} = 150$ N，$F_A = 162.5$ N。

【本题的关键是$A$点反力的方向，由于$B$、$C$两点为光滑接触，反力方向平行，垂直于$BC$，则这两个力的合力方向与原力方向一致，分析$AB$杆，则$A$点反力和$B$、$C$点的合力平衡，则必然满足二力平衡条件，所以$A$点反力的方向垂直于$BC$方向】

【2-63】汽车台秤如题2-63图所示，$CD$水平，不计摩擦，不计自重。求砝码$W_1$与汽车重$W_2$之间的关系。

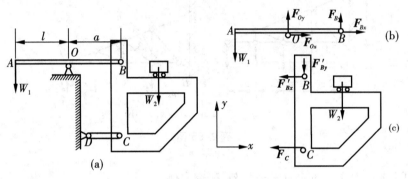

题2-63图

**解法**：研究$AB$，受力如图(b)，由方程$\sum M_O = 0$求出$F_{By} = -\dfrac{l}{a}W_1$。再研究秤体$BC$，受力如图(c)，由$\sum F_y = 0$求出$F'_{By} = -W_2$，所以$W_2 = \dfrac{l}{a}W_1$。

【2-64】液压升降机如题2-64图，可升重物4 900 N，$CF = BE = 2a$，$CF /\!/ BE$，$AD = BD = ED = a$，设$a = 0.7$ m，$l = 3.2$ m，$\theta = 60°$，求$DG$杆受力。

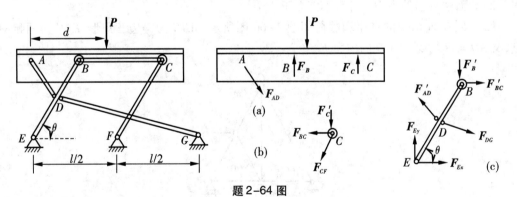

题2-64图

**解法步骤**：

(1)研究升降机台面，受力如图(a)，求得$F_B = P\left(1 - \dfrac{d - 2a\cos\theta}{l}\right)$，

$$F_C = \dfrac{d - 2a\cos\theta}{l}P, \quad F_{AD} = 0;$$

（2）研究 $C$ 销钉+滑轮，受力如图（b），求得　$F_{BC} = \dfrac{d - 2a\cos\theta}{l}P\cot\theta$；

（3）研究 $BE$（$B$ 点包含滑轮和销钉），受力如图（c），由方程 $\sum M_E = 0$ 并代入数据得 $F_{DG} = 5\ 145$ N。

【2-65】平面悬臂桥架所受的载荷如题 2-65 图所示。求杆 1、2 和 3 的内力。

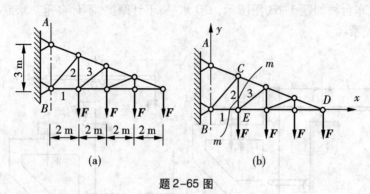

题 2-65 图

**解**：如图（b），用 $m - m$ 截面截开桁架，研究右侧，

$\sum M_C = 0$　$-2.25F_1 - 2F - 4F - 6F = 0$，得 $F_1 = -5.333\ F$，

$\sum M_D = 0$　$-6F_2 + 2F + 4F + 6F = 0$，得 $F_2 = 2F$，

研究 $E$ 点，列方程

$$\sum F_y = 0 \quad F_2 + \frac{1.5}{\sqrt{1.5^2 + 2^2}}\ F_3 - F = 0，得 F_3 = -1.667F。$$

【知识点：（1）桁架所有杆件内力均默认为拉力，负值表示杆件受压，因此可以不画受力图；（2）截面法截出的未知杆件数不能多于 3 个】

【2-66】平面桁架的支座和载荷如题 2-66 图所示。$ABC$ 为等边三角形，$E$、$F$ 为两腰中点，又 $AD = DB$。求杆 $CD$ 的内力 $F$。

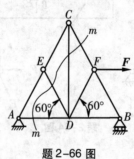

题 2-66 图

**解**：由 $E$ 点受力知 $ED$ 为零力杆，用 $m - m$ 截面截开桁架，研究右侧，

$\sum M_B = 0$　$F_{CD}BD + F \times BF\sin60° = 0$，得 $F_{CD} = -0.866\ F$。

【2-67】桁架受力如题 2-67 图所示，已知：$F_1 = 10$ kN，$F_2 = F_3 = 20$ kN。试求桁架 6、7、

9、10 各杆的内力。

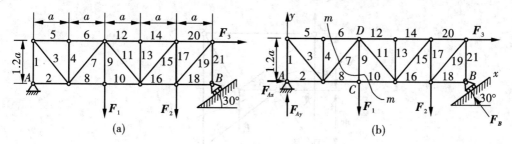

题 2-67 图

**解：** 研究整体，受力如图（b），列方程

$\sum M_A = 0$　　$-2aF_1 - 4aF_2 - 1.2aF_3 + 5aF_B \sin 60° = 0$，得 $F_B = 28.64$ kN，

研究 $C$ 点，由 $\sum F_y = 0$　　$F_9 - F_1 = 0$ 得 $F_9 = 10$ kN；

用 $m - m$ 截面截开桁架，研究右侧

$\sum M_D = 0$　　$3aF_B \sin 60° - 2aF_2 - 1.2aF_3 - 1.2aF_{10} = 0$，得 $F_{10} = 14.39$ kN，

$\sum F_y = 0$　　$F_B \sin 60° - F_2 - F_9 - F_7 \dfrac{1.2}{\sqrt{1.2^2 + 1^2}} = 0$，得 $F_7 = -6.771$ kN，

$\sum F_x = 0$　　$-F_B \cos 60° + F_3 - F_{10} - F_6 - F_7 \dfrac{1}{\sqrt{1.2^2 + 1^2}} = 0$，得 $F_6 = -4.333$ kN。

**【2-68】** 桁架受力如题 2-68 图所示，已知：$F_1 = 10$ kN，$F_2 = F_3 = 20$ kN。试求桁架 4、5、7、10 各杆的内力。

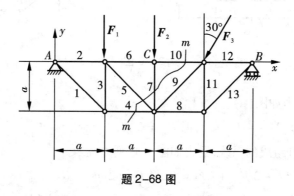

题 2-68 图

**解法步骤：**

（1）研究整体，由 $\sum M_A = 0$ 求出 $F_B$；

（2）研究 $C$ 点，由 $\sum F_y = 0$ 求出 $F_7 = -F_2 = -20$ kN；

（3）用 $m - m$ 截面截开桁架，研究右侧，求出 $F_4 = 21.83$ kN、$F_5 = 16.73$ kN、$F_6 = -43.64$ kN。

【2-69】平面桁架的支座和载荷如题2-69图所示，求杆1、2和3的内力。

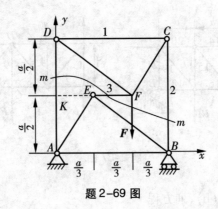

题2-69 图

**解法步骤：**

（1）用 $m-m$ 截面截开桁架，研究上侧，由 $\sum M_K = 0$ 求出 $F_2 = -\dfrac{2}{3}F$；由 $\sum F_x = 0$ 求出 $F_3 = 0$；

（2）研究 $C$ 点，求出 $F_1 = -\dfrac{4}{9}F$。

【2-70】题2-70图所示机构，求1、2、3杆内力。

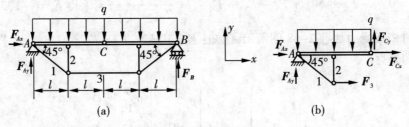

题2-70 图

**解：** 研究整体，受力如图（a），列方程

$\sum M_B = 0$  $4ql \times 2l - 4lF_{Ay} = 0$，得 $F_{Ay} = 2ql$，

研究 $CA$ 与1、2杆组成的系统，受力如图（b），列方程

$\sum M_C = 0$  $2ql \times l - 2lF_{Ay} + l F_3 = 0$，得 $F_3 = 2ql$，

研究1、2、3杆的汇交点，视为桁架的节点，受力图未画，列方程

$\sum F_x = 0$  $F_3 - F_1\cos45° = 0$，得 $F_1 = 2\sqrt{2}ql$，

$\sum F_y = 0$  $F_2 + F_1\sin45° = 0$，得 $F_2 = 2ql$。

# 第 3 章 空间力系

学习本章时注意和平面力系进行比较，以帮助概念的理解和掌握。
(1)力的表示:平面矢量→空间矢量;
(2)力偶的表示:代数量→空间矢量;
(3)力对点的矩:代数量→空间矢量;
(4)增加力对轴的矩的概念;
(5)力对轴的矩和力对点的矩的关系。

# 一、基本要求、重点与难点

### 1. 基本要求

(1)能熟练地计算力在空间直角坐标轴上的投影和力对轴之矩;
(2)中午空间力偶的性质及其作用效应;
(3)了解空间力系向一点简化的方法和结果;
(4)能应用平衡方程求解空间力系的平衡问题;
(5)能正确地画出各种常见空间约束的约束反力。
(6)简单形体重心和形心的计算。

### 2. 重点

(1)力的投影和力对轴距的计算;
(2)空间力系平衡方程的应用;
(3)常见空间约束与约束反力的分析。

### 3. 难点

(1)空间结构几何关系的分析;
(2)空间力系的受力分析和受力图;
(3)力的投影计算和力对轴距的计算;
(4)空间力系平衡问题的求解。

# 二、主要内容与解题指导

**1. 力在空间直角坐标轴上的投影**

(1)直接投影法

若已知力 $\vec{F}$ 与正交坐标系 $Oxyz$ 三坐标轴间的夹角,则

$$F_x = F\cos(\vec{F},\vec{i}), F_y = F\cos(\vec{F},\vec{j}), F_z = F\cos(\vec{F},\vec{k})。$$

(2)二次投影法

若已知力 $\vec{F}$ 与某坐标轴(如 $Oz$ 轴)的夹角 $\gamma$,则先把力 $\vec{F}$ 投影到与此坐标轴垂直的坐标平面(如 $Oxy$)上,然后再把这个面上的力 $\vec{F}_{xy}$ 投影到两个坐标轴(如 $x,y$ 轴)上。设 $\varphi$ 为 $\vec{F}_{xy}$ 与 $x$ 轴的夹角,即 $\vec{F}$ 与 $z$ 轴所确定的平面与坐标面 $Oxz$ 的夹角。则

$$F_x = F\sin\gamma\cos\varphi, F_y = F\sin\gamma\sin\varphi, F_z = F\cos\gamma。$$

**2. 空间力对点的矩与力对轴的矩**

以 $\vec{r}$ 表示力 $\vec{F}$ 作用点的矢径,则力 $\vec{F}$ 对点 $O$ 的矩矢为

$$\vec{M}_O(\vec{F}) = \vec{r} \times \vec{F} = \begin{vmatrix} \vec{i} & \vec{j} & \vec{k} \\ x & y & z \\ F_x & F_y & F_z \end{vmatrix}。$$

力对轴的矩大小等于该力在垂直于该轴的平面内的投影对于此平面与该轴交点的矩。正负号按右手螺旋法则来确定,四指指向力矩的转向,拇指指向与该轴正向一致为正,反之为负。例

$$M_z(\vec{F}) = M_z(\vec{F}_{xy}) = \pm F_{xy}h,$$

力对点的矩与力对轴的矩的关系

$$\vec{M}_O(\vec{F}) = M_x(\vec{F})\vec{i} + M_y(\vec{F})\vec{j} + M_z(\vec{F})\vec{k}。$$

**3. 空间力系的平衡方程**

(1)空间汇交力系

$$\sum F_x = 0, \sum F_y = 0, \sum F_z = 0。$$

(2)空间力偶系

$$\sum M_x = 0, \sum M_y = 0, \sum M_z = 0。$$

(3)空间任意力系

$$\sum F_x = 0, \sum F_y = 0, \sum F_z = 0, \sum M_x = 0, \sum M_y = 0, \sum M_z = 0。$$

### 4. 重心（质心）与形心

$$\vec{r}_C = \frac{\sum P_i \vec{r}_i}{\sum P_i} = \frac{\sum m_i \vec{r}_i}{\sum m_i},$$

$$x_C = \frac{\sum P_i x_i}{\sum P_i} = \frac{\sum m_i x_i}{\sum m_i}, \quad y_C = \frac{\sum P_i y_i}{\sum P_i} = \frac{\sum m_i y_i}{\sum m_i}, \quad z_C = \frac{\sum P_i z_i}{\sum P_i} = \frac{\sum m_i z_i}{\sum m_i}。$$

### 5. 解题指导

（1）画图要规则、整齐，以便清楚地显示各构件和受力之间的空间几何关系；

（2）空间力系简化原理和平面力系完全一样，简化结果为主矢和主矩，最终结果是合力、合力偶或力螺旋；

（3）力螺旋的概念：是一个力和一个力偶组成的特殊力系，力偶的作用面与力垂直，力螺旋是力系的最终简化结果，不能再简化。这样，我们有了三种不同性质的"力"：力、力偶和力螺旋。它们互相不能平衡也不能等效，组合以后可以组成任何复杂的力系；

（4）为避免求解较多的联立方程，应习惯选择对轴的力矩平衡方程形式；

（5）力偶对任何轴的力的投影均为零；力偶对轴求矩时，将力偶矩矢在轴上直接投影即可，类似力的投影计算，通常使用合力矩定理；

（6）注意掌握各种空间约束的特性、简化模型及受力图的画法。

# 三、概念题

【3-1】用矢量积 $\vec{r}_A \times \vec{F}$ 算力 $\vec{F}$ 对点 $O$ 之矩。当力沿其作用线移动，改变了力作用点坐标 $x, y, z$ 时，如概念题 3-1 图，其计算结果有无变化？

答：无变化。如图所示，设力作用点坐标 $x, y, z$ 变化时，$\vec{r}_A = \vec{r} + \Delta \vec{r}$，则

$$\vec{M}_O(\vec{F}) = \vec{r}_A \times \vec{F} = \vec{r} \times \vec{F} + \Delta \vec{r} \times \vec{F} = \vec{r} \times \vec{F}。$$

【3-2】如概念题 3-2 图轴 $AB$ 上作用一主动力偶，矩为 $M_1$，齿轮的啮合半径 $R_2 = 2R_1$。问当研究轴 $AB$ 和 $CD$ 的平衡时，(1)能否以力偶矩矢是自由矢量为由，将作用在轴 $AB$ 上的力偶移到轴 $CD$ 上？(2)若在轴 $CD$ 上作用矩为 $M_2$ 的力偶使两轴平衡，问两力偶矩的大小是否相等？转向是否应相反？

答：(1)力偶矩矢是自由矢量是指在同一刚体上，不能移动到其他刚体，所以作用在轴 $AB$ 上的力偶不能移到轴 $CD$ 上。

(2)因两齿轮啮合力相等，分别研究 $AB$、$CD$ 轴知，平衡时两力偶矩不相等，转向应一致。

【注意：不能取整体为研究对象进行分析】

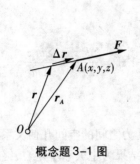

概念题 3-1 图

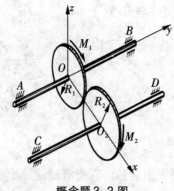

概念题 3-2 图

【3-3】空间平行力系的简化结果是什么？可能合成为力螺旋吗？

答：根据空间力系简化理论,空间平行力系的简化结果可以是合力、合力偶或平衡。由于力螺旋中的力与力偶垂直,即力与组成力偶的力垂直,而平行力系中不存在互相垂直的力,所以空间平行力系不可能简化为力螺旋。

【3-4】试分析下列特殊的空间力系可写的独立平衡方程数目：

(1)各力作用线均与一直线相交；

(2)各力作用线均平行于某一固定平面；

(3)力系可以分解为方向不同的两个平行力系；

(4)力系可分解为一个平面力系与一个方向平行于该平面的平行力系；

(5)力系中各力的作用线分别汇交于两个固定点。

答：(1)5 个。对该直线的矩恒为 0。

(2)5 个。在垂直于该平面的轴上的投影方程恒为 0。

(3)5 个。在同时垂直于该两平行力系的轴上的投影方程恒为 0。

(4)4 个。在垂直于该平面的轴上的投影方程恒为 0,对平面力系所在平面内平行于平行力系的轴的矩恒为 0。

(5)5 个。对通过两点的轴的矩恒为 0。

【注意：本题中所说的力系为全部的主动力和约束反力,若只是未知约束反力满足题中的条件,则能够求解的约束反力的数目和独立平衡方程数目相同】

【3-5】传动轴用两个止推轴承支持,每个轴承有三个未知力,共 6 个未知量。而空间任意力系的平衡方程恰好有 6 个,是否为静定问题？

答：概念同上题(5),未知力汇交于两点,只有 5 个方程独立,为静不定问题。参考上题的【注意】。

【3-6】空间任意力系总可以用两个力来平衡,为什么？

答：空间力系简化的最一般情况为力螺旋,而力螺旋中的力和力偶中的一个力可以合成为一个力,则原来的力螺旋变为两个互相空间交叉的力,所以此力系可以用两个力来平衡。同理,空间力系简化为合力、合力偶和平衡的情况也可以用两个力来平衡。

【3-7】某一空间力系对不共线的三个点的主矩都等于零,问此力系是否一定平衡？

**答**:设三个点 $A$、$B$、$C$,若空间力系对 $A$ 点的矩为零,则力系平衡或力系的合力过 $A$ 点,若同时对 $B$ 点的矩为零,则力系平衡或力系的合力过 $A$、$B$ 两点,若再对 $C$ 点的矩为零,当 $A$、$B$、$C$ 不共线时,只有合力为零,即力系平衡。

【**3-8**】空间任意力系向两个不同的点简化,试问下述情况是否可能:(1)主矢相等,主矩也相等;(2)主矢不相等,主矩相等;(3)主矢相等,主矩不相等;(4)主矢、主矩都不相等。

**答**:力系简化的主矢与简化中心无关,主矩与简化中心有关,因此:(1)可能。简化为力螺旋,主矢为力螺旋中的力,主矩为力螺旋中的力偶,此时这两个点的连线与力螺旋中的力平行;(2)(4)不可能。(3)可能。

【**3-9**】概念题 3-9 图示正方体上 $A$ 点作用一个力 $\vec{F}$,沿棱方向,问:

(1)能否在 $B$ 点加一个不为零的力,使力系向 $A$ 点简化的主矩为零?

(2)能否在 $B$ 点加一个不为零的力,使力系向 $B$ 点简化的主矩为零?

(3)能否在 $B$,$C$ 两处各加一个不为零的力,使力系平衡?

(4)能否在 $B$ 处加一个力螺旋,使力系平衡?

(5)能否在 $B$,$C$ 两处各加一个力偶,使力系平衡?

(6)能否在 $B$ 处加一个力,在 $C$ 处加一个力偶,使力系平衡?

**答**:(1)可以,只要力沿 $AB$ 方向即可;

(2)不能,因为 $\vec{M}_B(\vec{F}) \neq 0$,而 $\vec{M}_B(\vec{F}_B) \equiv 0$;

(3)不能,两力对 $BC$ 轴的矩不可能与 $\vec{F}$ 的矩抵消;

(4)不能,力螺旋不可能和一个力等效;

(5)不能,施加两个力偶可以合成为一个合力偶,而力偶不可能和一个力等效;

(6)可以,使 $B$ 点施加的力与 $\vec{F}$ 组成的力偶和在 $C$ 点加的力偶矩矢等值反向即可。

【**3-10**】概念题 3-10 图示为一边长为 $a$ 的正方体,已知某力系向 $B$ 点简化得到一合力,向 $C'$ 点简化也得一合力。问:

(1)力系向 $A$ 点和 $A'$ 点简化所得主矩是否相等?

(2)力系向 $A$ 点和 $O'$ 点简化所得主矩是否相等?

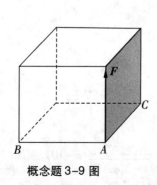

概念题 3-9 图

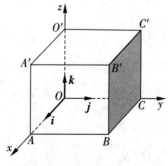

概念题 3-10 图

**答**:根据题意,力系的合力通过连线 $BC'$,将此合力分别向 $A$,$A'$,$O'$ 三点求矩知:(1)不相等;(2)相等。

【3-11】在上题中,已知空间力系向 $B'$ 点简化得一主矢(其大小为 $F$)及一主矩(大小、方向均未知),又已知该力系向 $A$ 点简化为一合力,合力方向指向 $O$ 点。试:

(1)用矢量的解析表达式给出力系向 $B'$ 点简化的主矩;

(2)用矢量的解析表达式给出力系向 $C$ 点简化的主矢和主矩。

答:由力系简化理论知,合力矢量为 $\vec{F}$,沿 $AO$ 方向,而力系向 $B'$ 点简化的主矢沿 $B'C'$ 方向。则利用合力矩定理知:

(1) $\vec{M}_{B'} = \vec{M}_{B'}(\vec{F}_R) = \overrightarrow{B'A} \times \vec{F} = (-a\vec{j} - a\vec{k}) \times (-F\vec{i}) = Fa(\vec{j} - \vec{k})$

(2) $\vec{F}'_{RC} = -F\vec{i}$, $\vec{M}_C = \vec{M}_C(\vec{F}_R) = \overrightarrow{CA} \times \vec{F} = (a\vec{i} - a\vec{j}) \times (-F\vec{i}) = -Fa\vec{k}$

【注意:力矩计算公式 $\vec{M}_A = \vec{r} \times \vec{F}$ 中,$A$ 为矩心,$\vec{r}$ 为 $A$ 到 $\vec{F}$ 作用点的矢径,如本题(1)中的 $(-a\vec{j} - a\vec{k})$ 为 $\overrightarrow{B'A}$ 矢量,(2)中的 $(a\vec{i} - a\vec{j})$ 为 $\overrightarrow{CA}$ 矢量】

【3-12】一均质等截面直杆的重心在哪里? 若把它弯成半圆形,重心的位置是否改变?

答:均质等截面直杆的重心在杆的中间位置,若把它弯成半圆形,重心的位置将改变。

【3-13】当物体质量分布不均匀时,重心和几何中心还重合吗? 为什么?

答:不重合。因为在重心公式中含有材料的容重(或比重、密度)参数,只有当质量分布均匀时,将这些参数消去后才变为几何中心计算公式。

【3-14】计算一物体重心的位置时,如果选取的坐标轴不同,重心的坐标是否改变? 重心在物体内的位置是否改变?

答:坐标改变,位置不变。

【3-15】(1)物体的重心是否一定在该物体上?

(2)物体的重心是否一定在它的几何对称面、对称轴及对称中心上?

答:(1)不一定,重心可能在物体外,如曲杆;

(2)均质物体成立,非均质物体一般不成立。

# 四、习题

【3-1】求题 3-1 图示力 $F = 1\,000$ N 对于 $z$ 轴的力矩 $M_z$。

解:先求分力(力的投影)

$$F_x = \frac{1}{\sqrt{1^2 + 3^2 + 5^2}}F, F_y = \frac{3}{\sqrt{1^2 + 3^2 + 5^2}}F, F_z = \frac{5}{\sqrt{1^2 + 3^2 + 5^2}}F,$$

利用合力矩定理得

$$M_z = M_z(F_x) + M_z(F_y) + M_z(F_z) = -0.15\,F \times \frac{1+3}{\sqrt{1^2 + 3^2 + 5^2}} = -101.4 \text{ Nm}。$$

【3-2】水平圆盘的半径为 $r$,外缘 $C$ 处作用有已知力 $F$。力 $F$ 位于铅垂平面内,且与 $C$ 处圆盘切线夹角为 $60°$,其他尺寸如题 3-2 图所示。求力 $F$ 对 $x$、$y$、$z$ 轴之矩。

**解:** 先计算力 $F$ 在 $x$、$y$、$z$ 轴上的投影

$$F_x = F\cos60°\cos30° = \frac{\sqrt{3}}{4}F \ , \ F_y = -F\cos60°\sin30° = -\frac{F}{4} \ , \ F_z = -F\sin60° = -\frac{\sqrt{3}}{2}F \ ,$$

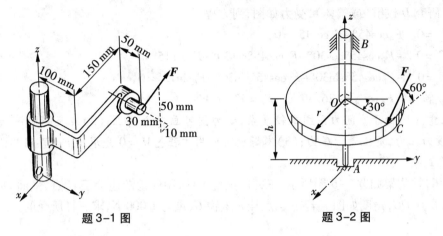

题 3-1 图　　　　　　　　　　　题 3-2 图

再利用合力矩定理求矩

$$M_x = M_x(F_x) + M_x(F_y) + M_x(F_z) = 0 + |F_y| \cdot h - |F_z| \cdot r\cos30° = \frac{F(h-3r)}{4} \ ,$$

$$M_y = |F_x| \cdot h + |F_z| \cdot r\sin30° = \frac{\sqrt{3}}{4}F(r+h) \ , \ M_z = -F\cos60°r = -\frac{Fr}{2} \ 。$$

【注意:力矩的正负号直接用右手定则判定】

【**3-3**】轴 $AB$ 与铅直线成 $\alpha$ 角,悬臂 $CD$ 与轴垂直地固定在轴上,与长为 $a$,并与铅直面 $zAB$ 成 $\theta$ 角,如题 3-3 图所示。如在点 $D$ 作用铅直向下的力 $F$,求此力对轴 $AB$ 的矩。

**解:** 力 $F$ 在垂直于 $AB$ 的面内投影(分力)为 $F\sin\alpha$,方向与 $zAB$ 面平行,距 $AB$ 的距离为 $a\sin\theta$,则矩为 $M_{AB} = F\sin\alpha \cdot a\sin\theta$ 。

【**3-4**】在正方体的顶角 $A$ 和 $B$ 处分别作用 $F_1$ 和 $F_2$,如题 3-4 图所示。求此两力在 $x$、$y$、$z$ 轴上的投影和对 $x$、$y$、$z$ 轴的矩。试将图中的 $F_1$ 和 $F_2$ 向点 $O$ 点简化,并用解析式计算其大小和方向。

**解:** 扫码进入。

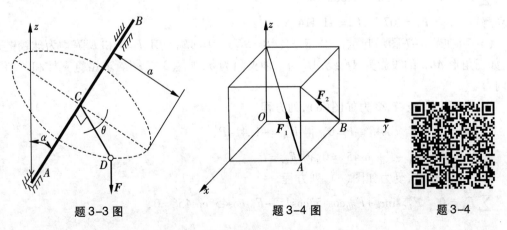

题 3-3 图　　　　　　　　题 3-4 图　　　　　　　题 3-4

【3-5】空间构架由三根无重直杆组成,在 $D$ 端用球铰链连接,如题 3-5 图所示。$A$、$B$ 和 $C$ 端则用球铰链固定在水平地板上。如果挂在 $D$ 端的物重 $P=10$ kN,试求铰链 $A$、$B$ 和 $C$ 的反力。

**解**:研究 $D$ 铰链(或整体),受力如图,列方程

$\sum F_x = 0$　$F_B\cos45° - F_A\cos45° = 0$,

$\sum F_y = 0$　$-F_B\cos45°\cos30° - F_A\cos45°\cos30° - F_C\cos15° = 0$,

$\sum F_z = 0$　$-F_B\cos45°\sin30° - F_A\cos45°\sin30° - F_C\sin15° = 0$,

联立解得　$F_A = F_B = -26.39$ kN, $F_C = 33.46$ kN。

【注意:(1)由于空间力系图形较复杂,受力图可画在原图上;(2)此类题目一般把杆件受力假设为拉力,负值表示压力;(3)本题也可以用方程 $\sum M_x = 0$ 先求出 $F_C$,再用其他方程求出 $F_A$、$F_B$】

【3-6】挂物架如题 3-6 图所示,三杆的重量不计,用球铰链连接于 $O$ 点,平面 $DOC$ 为水平面,且 $OB = OC$,角度如图。若在 $O$ 点挂一重物 $G$,重为 1 000 N,求三杆所受的力。

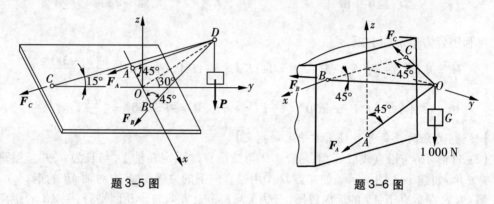

题 3-5 图　　　　　　　　　　　　　题 3-6 图

**解**:研究 $O$ 铰链(或整体),受力如图,列方程

$\sum F_x = 0$　$F_B\cos45° - F_C\cos45° = 0$,

$\sum F_y = 0$　$-F_B\cos45° - F_C\cos45° - F_A\cos45° = 0$,

$\sum F_z = 0$　$-F_A\cos45° - 1\ 000 = 0$,

联立解得　$F_C = F_B = 707$ N, $F_A = -1\ 414$ N。

【3-7】在题 3-7 图示起重机中,已知:$AB = BC = AD = AE$;点 $A$、$B$、$D$ 和 $E$ 等均为球铰链连接,如三角形 $ABC$ 的投影为 $AF$ 线,$AF$ 与 $y$ 轴夹角为 $a$,如题 3-7 图。求铅直支柱和各斜杆的内力。

**解**:先研究 $C$ 铰链,受力如图(b),列方程

$\sum F_z = 0$　$-F_{AC}\cos45° - P = 0$, 得 $F_{AC} = -1.414P$,

$\sum F_{BC} = 0$　$-F_{BC} - F_{AC}\cos45° = 0$, 得 $F_{BC} = P$,

再研究 $B$ 铰链,受力如图(c),列方程

$\sum F_x = 0$　$F'_{BC}\sin\alpha + F_{BD}\cos45°\cos45° - F_{BE}\cos45°\cos45° = 0$,

$$\sum F_y = 0 \quad F'_{BC}\cos\alpha - F_{BD}\cos45°\cos45° - F_{BE}\cos45°\cos45° = 0,$$

$$\sum F_z = 0 \quad -F_{AB} - F_{BD}\cos45° - F_{BE}\cos45° = 0,$$

联立解得 $\quad F_{BD} = P(\cos\alpha - \sin\alpha), F_{BE} = P(\cos\alpha + \sin\alpha), F_{AB} = -1\,414P\cos\alpha。$

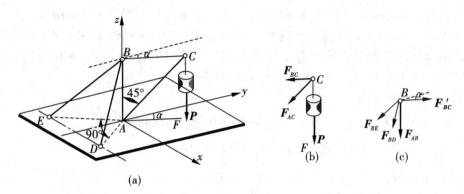

题 3-7 图

【3-8】如题 3-8 所示,空间桁架由六根杆构成。在节点 $A$ 上作用一力 $F$,此力在矩形 $ABDC$ 平面内,且与铅直线成 45°角。$\triangle EAK = \triangle FBM$。等腰三角形 $FAK$、$FBM$ 和 $NDB$ 在顶点 $A$、$B$ 和 $D$ 处均为直角,又 $EC = CK = FD = DM$。若 $F = 10\ \text{kN}$,求各杆的内力。

**解:** 先研究 $A$ 铰链,列方程

$$\sum F_y = 0 \quad F_3 + F\sin45° = 0, \ 得 \ F_3 = -7.07\ \text{kN},$$

$$\sum F_x = 0 \quad F_1\cos45° - F_2\cos45° = 0,$$

$$\sum F_z = 0 \quad -F_1\cos45° - F_2\cos45° - F\cos45° = 0,$$

联立解得 $\quad F_1 = F_2 = -5\ \text{kN},$

再研究 $B$ 铰链,同理解得 $F_4 = F_5 = 5\ \text{kN}, F_6 = -10\ \text{kN}。$

【注意:空间桁架的求解和平面桁架类似,各杆受力均假设为拉力,可不画受力图】

【3-9】如题 3-9 图所示,三脚圆桌的半径为 $r = 500\ \text{mm}$,重为 $P = 600\ \text{N}$。圆桌的三脚 $A$、$B$ 和 $C$ 形成一等边三角形。若在中线 $CD$ 上距圆心为 $a$ 的点 $M$ 处作用铅直力 $F = 1\,500\ \text{N}$,求使圆桌不致翻倒的最大距离 $a$。

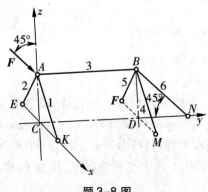

题 3-8 图

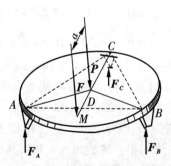

题 3-9 图

解:研究整体,受力如图,为空间平行力系,列方程

$$\sum M_{AB} = 0 \quad F\left(a - \frac{r}{2}\right) + F_C \frac{3r}{2} - P\frac{r}{2} = 0,$$

不翻倒条件:$F_C \geq 0$,解得　$a \leq 350$ mm。

【3-10】起重机装在三轮小车 $ABC$ 上。已知起重机的尺寸为:$AD = DB = 1$ m。$CD = 1.5$ m,$CM = 1$ m,$KL = 4$ m。机身连同平衡锤共重 $P_1 = 100$ kN,作用在 $G$ 点,$G$ 点在平面 $LMNF$ 之内,到机身轴线 $MN$ 的距离 $GH = 0.5$ m,如题 3-10 图所示。所举重物 $P_2 = 30$ kN。求当起重机的平面 $LMN$ 平行于 $AB$ 时车轮对轨道的压力。

解:研究整体,列方程

$$\sum M_{AB} = 0 \quad (P_1 + P_2) \times DM - F_C \times CD = 0, \ 得 \ F_C = 43.33 \ \text{kN},$$

$$\sum M_{CD} = 0 \quad P_1 \times GH - P_2 \times KL + F_B \times BD - F_A \times AD = 0,$$

$$\sum F_{MN} = 0 \quad F_A + F_B + F_C - (P_1 + P_2) = 0,$$

联立解得　$F_A = 8.33$ kN,$F_B = 78.33$ kN。

【3-11】题 3-11 图示三圆盘 $A$、$B$ 和 $C$ 的半径分别为 150 mm、100 mm 和 50 mm。三轴 $OA$、$OB$ 和 $OC$ 在同一平面内,$AOB$ 为直角。在这三圆盘上分别作用力偶,组成各力偶的力作用在轮缘上,它们的大小分别等于 10 N、20 N 和 $F$。如这三圆盘所构成的物系是自由的,不计物系重量,求能使此物系平衡的力 $F$ 的大小和角 $\alpha$。

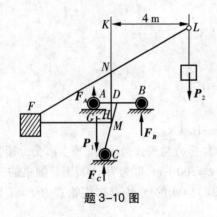

题 3-10 图

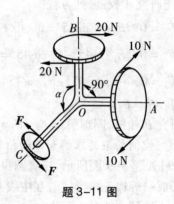

题 3-11 图

解:研究整体,设图中 $\alpha$ 大于 90°,列方程

$$\sum M_{OA} = 0 \quad -10 \times 150 + F \times 50 \times \cos(\alpha - 90°) = 0,$$

$$\sum M_{OB} = 0 \quad -20 \times 100 + F \times 50 \times \sin(\alpha - 90°) = 0,$$

联立解得　$F = 50$ N,$\alpha = 143.13°$

【3-12】水平传动轴装有两个皮带轮 $C$ 和 $D$,可绕 $AB$ 轴转动,如题 3-12 图所示。皮带轮的半径各为 $r_1 = 200$ mm 和 $r_2 = 250$ mm,皮带轮与轴承间的距离为 $a = b = 500$ mm,两皮带间的距离为 $c = 1\,000$ mm。套在轮 $C$ 上的皮带是水平的,其拉力为 $F_1 = 2F_2 = 5\,000$ N;套在轮 $D$ 上的皮带与铅直线成角 $\alpha = 30°$,其拉力为 $F_3 = 2F_4$。求在平衡情况下,拉力 $F_3$ 和 $F_4$ 的值,并求由皮带拉力所引起的轴承反力。

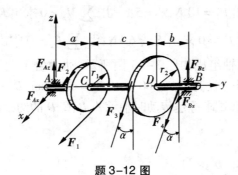

题 3-12 图

**解法:** 受力如题 3-12 图。

由 $\sum M_y = 0$ 求出 $F_3 = 2F_4 = 4\,000$ N;由 $\sum M_x = 0$ 得 $F_{Bz} = 3\,894$ N;由 $\sum M_z = 0$ 得 $F_{Bx} = -4\,125$ N;由 $\sum F_z = 0$ 得 $F_{Az} = 1\,299$ N;由 $\sum F_x = 0$ 得 $F_{Ax} = -6\,375$ N。

【3-13】绞车的卷筒 AB 上绕有绳子,绳上挂重物 $P_2$。轮 C 装在轴上。轮的半径为卷筒半径的 6 倍,其他尺寸如题 3-13 图所示,绕在轮 C 上的绳子沿轮与水平线成 30°角的切线引出,绳跨过轮 D 后挂以重物 $P_1 = 60$ N。各轮和轴的重量均略去不计,求平衡时物 $P_2$ 的重量,以及轴承 A 和 B 的反作用力。

**解法:** 研究轴和轮(不包括滑轮 D),受力如题 3-13 图。

由 $\sum M_y = 0$ 求出 $P_2 = 360$ N;由 $\sum M_x = 0$ 求出 $F_{Bz} = 230$ N;由 $\sum M_z = 0$ 求出 $F_{Bx} = 17.32$ N;由 $\sum F_z = 0$ 求出 $F_{Az} = 160$ N;由 $\sum F_x = 0$ 求出 $F_{Ax} = -69.28$ N。

【3-14】题 3-14 图示电动机以转矩 M 通过链条传动将重物 P 等速提起,链条与水平线成 30 度角(直线 $O_1x_1$ 平行于直线 Ax)。已知:$r = 100$ mm,$R = 200$ mm,$P = 10$ kN,链条主动边(下边)的拉力为从动边拉力的两倍。轴及轮重不计,求支座 A 和 B 的反力以及链条的拉力。

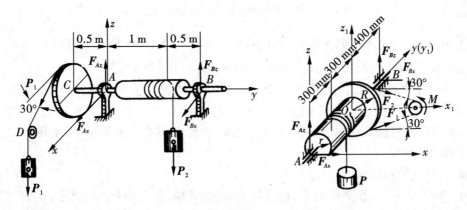

题 3-13 图　　　　　　　　　题 3-14 图

**解法:** 研究轴和轮(不包括 M 作用的轮),受力如题 3-14 图。

由方程 $\sum M_y = 0$ 求出 $F_1 = 10$ N；$F_2 = 5$ N；由 $\sum M_x = 0$ 求出 $F_{Bz} = 1.5$ kN；由 $\sum M_z = 0$ 求出 $F_{Bx} = -7.8$ kN；由 $\sum F_z = 0$ 求出 $F_{Az} = 6$ kN；由 $\sum F_x = 0$ 求出 $F_{Ax} = -5.2$ kN。

**【3-15】**某减速箱由三轴组成如题 3-15 图所示，动力由 I 轴输入，在 I 轴上作用转矩 $M_1 = 697$ Nm。如齿轮节圆直径为 $D_1 = 160$ mm，$D_2 = 632$ mm，$D_3 = 204$ mm，齿轮压力角为 20°，不计摩擦及轮、轴重量，试求等速传动时轴承 $A$、$B$、$C$、$D$ 的约束反力。

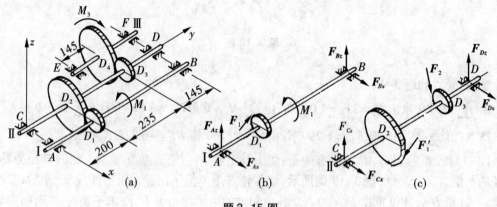

题 3-15 图

**解：**研究 $AB$ 轴，受力如图（b），列方程

$\sum M_{AB} = 0$　$M_1 - F_1 \times \dfrac{D_1}{2}\cos 20° = 0$，解得轮 1 啮合力 $F_1 = 9\,271.65$ N，

$\sum M_x = 0$　$F_1 \cos 20° \times 0.2 + F_{Bz} \times 0.58 = 0$，解得 $F_{Bz} = -3.004$ kN，

同理求得　$F_{Az} = -5.708$ kN，$F_{Ax} = -2.078$ kN，$F_{Bx} = -1.093$ kN，

再研究 $CD$ 轴，受力如图（c），列方程

$\sum M_y = 0$　$F_1' \times \dfrac{D_2}{2}\cos 20° - F_2 \times \dfrac{D_3}{2}\cos 20° = 0$，解得 $F_2 = 28.73$ kN，

$\sum M_x = 0$　$-F_1' \cos 20° \times 0.2 - F_2 \cos 20° \times 0.435 + F_{Dz} \times 0.58 = 0$，解得 $F_{Dz} = 23.25$ kN

同理求得　$F_{Cz} = 12.46$ kN，$F_{Cx} = -0.378$ kN，$F_{Dx} = -6.275$ kN。

**【3-16】**使水涡轮转动的力偶矩为 $M_z = 1\,200$ Nm，在锥齿轮 $B$ 处受到的力分解为周向力 $F_t$，轴向力 $F_a$ 和径向力 $F_r$，其比例为 $F_t : F_a : F_r = 1 : 0.32 : 0.17$，已知轴、轮总重为 $P = 12$ kN，其作用线沿轴 $Cz$，锥齿轮的平均半径 $OB = 0.6$ m，其余尺寸如题 3-16 图。求止推轴承 $C$ 和轴承 $A$ 的反力。

**解法：**研究轴和轮，受力如题 3-16 图。

由方程 $\sum M_z = 0$ 求出周向力 $F_t$；由比例关系求出轴向力 $F_a$ 和径向力 $F_r$；

由 $\sum M_x = 0$ 求出 $F_{Ay} = -325.3$ N；由 $\sum M_y = 0$ 求出 $F_{Ax} = 2\,667$ N；

由 $\sum F_z = 0$ 求出 $F_{Cz} = 12\,640$ N；由 $\sum F_x = 0$ 求出 $F_{Cx} = -666.7$ N；

由 $\sum F_y = 0$ 求出 $F_{Cy} = -14.7$ N。

**【3-17】**题3-17图示长方形薄板重$P=200$ N,用铰链$A$和蝶形铰链$B$固定在墙上,并用绳子$CE$维持在水平位置。求绳子的拉力和支座反力。

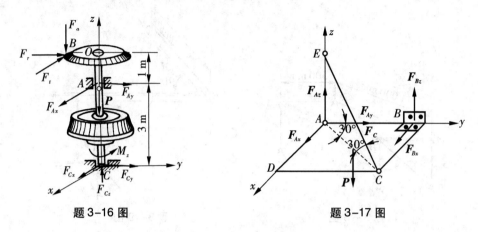

题3-16图　　　　　题3-17图

**解:**研究板,设板宽为$a$,受力如图,列方程

$\sum M_y = 0 \quad \dfrac{a}{2}P - F_C a\sin30° = 0$,解得$F_C = 200$ N,

$\sum M_x = 0 \quad -\dfrac{a}{2}P + F_C a\sin30° + F_{Bz}a = 0$,解得$F_{Bz} = 0$,

$\sum F_z = 0 \quad F_{Az} + F_{Bz} - P + F_C\sin30° = 0$,解得$F_{Az} = 100$ N,

$\sum M_z = 0 \quad F_{Bx} = 0$,

$\sum F_x = 0 \quad F_{Ax} + F_{Bx} - F_C\cos30°\sin30° = 0$,解得$F_{Ax} = 86.6$ N,

$\sum F_y = 0 \quad F_{Ay} - F_C\cos30°\cos30° = 0$,解得$F_{Ay} = 150$ N。

**【3-18】**题3-18图示六杆支撑一水平板,在板角处受铅垂力$F$作用。不计板杆自重,求各杆内力。

**解:**研究板,假设各杆受拉力。列方程

$\sum M_{BF} = 0 \quad$ 得$F_4 = 0$(只有4杆有矩),

$\sum M_{EF} = 0 \quad F\times1 + F_5\times1 = 0$,解得$F_5 = -F$,

$\sum F_{FG} = 0 \quad$ 得$F_6 = 0$(只有6杆有矩),

$\sum F_{AB} = 0 \quad$ 得$F_2 = 0$(2、4、6杆有矩),

$\sum M_{FG} = 0 \quad F\times1 + F_1\times1 = 0$,解得$F_1 = -F$,

$\sum F_{AE} = 0 \quad F_1 + F_3 + F_5 + F = 0 \quad$ 得$F_3 = F$。

**【注意:**(1)正确选用方程形式和写方程的顺序,以避免解联立方程;(2)当力与轴相交或力与轴平行时,力对该轴的矩为0**】**

**【3-19】**无重曲杆$ABCD$有两个直角,且平面$ABC$与平面$BCD$垂直。$D$为球形支座,$A$为轴承,如题3-19图所示。三个力偶的作用面分别垂直与杆的轴线,已知$M_2$、$M_3$,求平衡时

$M_1$ 和支座反力。

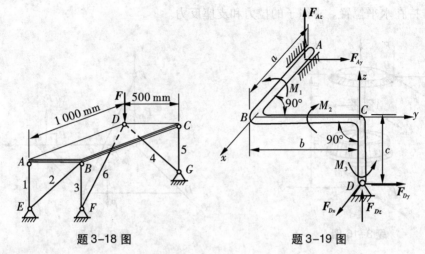

题 3-18 图　　　　　题 3-19 图

**解:** 研究整体,受力如图。列方程

$\sum M_z = 0 \quad M_3 - F_{Ay} \times a = 0$,解得 $F_{Ay} = \dfrac{M_3}{a}$,

$\sum F_y = 0 \quad F_{Ay} + F_{Dy} = 0$,解得 $F_{Dy} = -\dfrac{M_3}{a}$,

$\sum F_x = 0 \quad F_{Dx} = 0$,

$\sum M_y = 0 \quad -M_2 - F_{Dx} \times 0 + F_{Az} \times a = 0$,解得 $F_{Az} = \dfrac{M_2}{a}$,

$\sum F_z = 0 \quad F_{Az} + F_{Dz} = 0$,解得 $F_{Dz} = -\dfrac{M_2}{a}$,

$\sum M_x = 0 \quad M_1 + F_{Dz} \times c + F_{Dz} \times b = 0$,解得 $M_1 = \dfrac{M_2 b}{a} + \dfrac{M_3 c}{a}$。

**【3-20】** 两个均质杆 $AB$ 和 $BC$ 分别重 $P_1$ 和 $P_2$,其端点 $A$ 和 $C$ 用球铰链固定在水平面上,另一端 $B$ 由球铰链相连接,靠在光滑的垂直墙上,墙面与 $AC$ 平行,如 $AB$ 与水平线夹角为 $45°$,角 $BAC = 90°$,如题 3-20 图所示。求 $A$ 和 $C$ 的支座反力和 $B$ 点所受的压力。

**解:** 扫码进入。

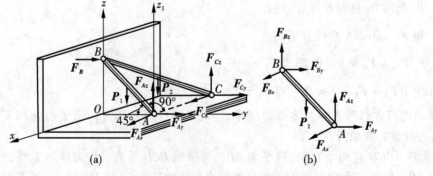

(a)　　　　　(b)

题 3-20 图

题 3-20

**【3-21】**四个半径为 $r$ 的均质球在光滑的水平面上堆成锥形,如题 3-21 图所示。下面的三个球 $A$、$B$、$C$ 用绳缚住,绳和三个球心在同一水平面内。如各球重 $P$,球绳的拉力 $F$(绳内无初始拉力)。

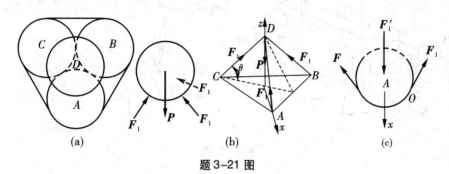

题 3-21 图

**解:**先研究球 $D$,受力如图(b)。利用对称性知三个球 $A$、$B$、$C$ 对球 $D$ 的反力相等,设为 $F_1$,且四个球心组成正四面体,列方程

$$\sum F_z = 0 \quad 3F_1\sin\theta - P = 0$$,求出 $\sin\theta$,解得 $F_1 = \dfrac{P}{\sqrt{6}}$,

再研究球 $A$,画出水平面内的受力投影图如图(c)。列方程

$$\sum F_x = 0 \quad F_1'\cos\theta - 2F\cos30° = 0$$,解得 $F = \dfrac{P}{3\sqrt{6}}$。

**【3-22】**如题 3-22 图所示,均质杆 $AB$ 的两端各用长为 $l$ 的绳吊住,绳的另一端分别系在 $C$ 和 $D$ 两点上。杆长 $AB=CD=2r$,杆重 $P$,现将杆绕铅直轴线转过 $\alpha$ 角,求使杆在此位置保持平衡所需的力偶矩 $M$ 以及绳的拉力 $F$。

**解:**扫码进入。

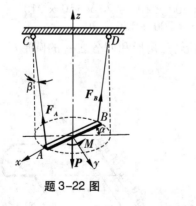

题 3-22 图

题 3-22

**【3-23】**题 3-23 图(a)所示结构由立柱、支架和电动机组成,总重 $P=300$ N,重心位于与垂直中心线相距 305 mm 处,立柱固定在基础 $A$ 上,电动机按图示方向转动,并以驱动力矩 $M=190.5$ Nm 带动机器转动,力 $F=250$ N 作用在支架的 $B$ 点。求支座 $A$ 的约束力。

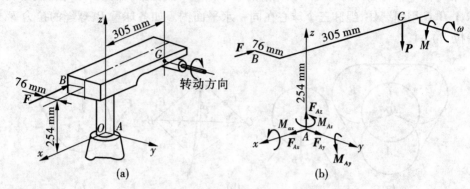

题 3-23 图

**解:** 电动机受到的负载力矩与转动方向相反,整体受力如图(b)。

$$\sum M_x = 0 \quad M_{Ax} = 0,$$

$$\sum F_y = 0 \quad F_{Ay} = 0,$$

$$\sum F_x = 0 \quad F_{Ax} = F = 250 \text{ N},$$

$$\sum F_z = 0 \quad F_{Az} = P = 300 \text{ N},$$

$$\sum M_y = 0 \quad M_{Ay} - F \times 254 - P \times 305 + M = 0, 得 M_{Ay} = -35.5 \text{ Nm},$$

$$\sum M_z = 0 \quad M_{Az} - F \times 76 = 0, 得 M_{Az} = 19 \text{ Nm}。$$

**【3-24】** 工字钢截面尺寸如题 3-24 图,求其几何中心。

**解:** 由对称性知 $y_C = 0$;用分割法求 $x_C$

$$x_C = \frac{\sum A_i x_{Ci}}{\sum A_i} = \frac{-20 \times 200 \times 10 + 20 \times 200 \times 100 + 20 \times 150 \times 210}{20 \times 200 + 20 \times 200 + 150 \times 20} = 90 \text{ mm}。$$

**【3-25】** 题 3-25 图示薄板由形状为矩形、三角形和四分之一的圆形的三块等厚度板组成,几何尺寸如题 3-25 图。求重心位置。

**解:** 用分割法求

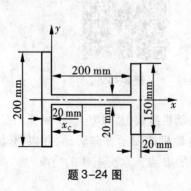

题 3-24 图

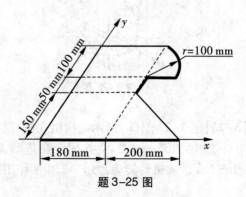

题 3-25 图

$$x_C = \frac{\Sigma A_i x_{Ci}}{\Sigma A_i} = \left[ 180 \times 300 \times 90 + \left(200 \times \frac{150}{2}\right) \times \left(\frac{200}{3} + 180\right) + \right.$$

$$\left. \left(3.14 \times 100 \times \frac{100}{4}\right) \times \left(180 + \frac{2}{3} \frac{100\sin 22.5°}{22.5 \times 3.14/180}\cos 22.5°\right) \right] \div$$

$$\left[ 180 \times 300 + \left(200 \times \frac{150}{2}\right) + \left(3.14 \times 100 \times \frac{100}{4}\right) \right] = 135 \text{ mm},$$

同理 $y_C = \frac{\Sigma A_i y_{Ci}}{\Sigma A_i} = \cdots\cdots = 140$ mm。

【3-26】题 3-26 图示平面图形中每一方格的边长为 20 mm,求挖去一圆后剩余部分面积的重心。

**解:** 用负面积法求

$$x_C = \frac{\Sigma A_i x_{Ci}}{\Sigma A_i} = \frac{160 \times 140 \times 80 + (-40 \times 60) \times 20 + (-20 \times 80) \times 120 + (-\pi 20^2) \times 120}{160 \times 140 - 40 \times 60 - 20 \times 80 - \pi 20^2}$$

$$= 81.74 \text{ mm},$$

同理 $y_C = \frac{\Sigma A_i y_{Ci}}{\Sigma A_i} = \cdots\cdots = 59.53$ mm。

【3-27】将题 3-27 图示梯形板 ABED 在点 E 挂起,设 AD = a,欲使 AD 边保持水平,求 BE 长。

**解:** 对 E 点求矩得

$$\sum M_E = 0 \quad EB \times AB \times \frac{EB}{2} - AB \times \frac{a - EB}{2} \times \frac{a - EB}{3} = 0$$

解得 $EB = 0.366a$。

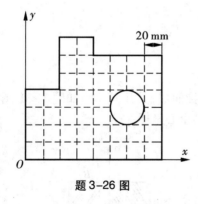

题 3-26 图

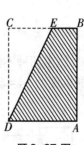

题 3-27 图

【3-28】均质块尺寸如题 3-28 图,求重心位置。

**解:** 用分割法求

$$x_C = \frac{\Sigma V_i x_{Ci}}{\Sigma V_i} = \frac{80 \times 40 \times 60 \times 20 + 40 \times 10 \times 40 \times 60}{80 \times 40 \times 60 + 40 \times 40 \times 10} = 23.08 \text{ mm},$$

同理 $y_C = \frac{\Sigma V_i y_{Ci}}{\Sigma V_i} = \cdots\cdots = 38.5$ mm, $z_C = \frac{\Sigma V_i z_{Ci}}{\Sigma V_i} = \cdots\cdots = -28.1$ mm。

【3-29】题 3-29 图示均质物体由半径为 r 的圆柱体和半径为 r 的半圆球体结合而成,设

重心在半圆球的大圆的中心点 $C$,求圆柱体的高。

**解**:设 $C$ 为坐标原点,则 $\quad 0 = \dfrac{\pi r^2 h \times \dfrac{h}{2} + \dfrac{2}{3}\pi r^3 \times \left(-\dfrac{3r}{8}\right)}{\pi r^2 h + \dfrac{2}{3}\pi r^3}$,求得 $h = \dfrac{r}{\sqrt{2}}$。

【注:球体积为 $\dfrac{4}{3}\pi r^3$】

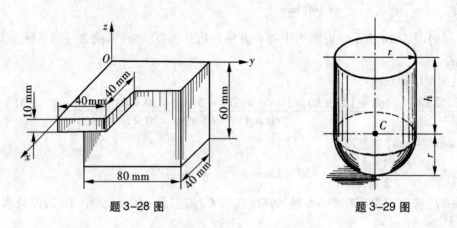

题 3-28 图　　　　　　　　　题 3-29 图

【3-30】题 3-30 图示均质物体由底圆半径为 $r$ 的圆锥体和半径为 $r$ 的半圆球体结合而成,设重心在半圆球的大圆的中心点 $C$,求圆锥体的高。

**解**:设 $C$ 为坐标原点,则

$$0 = \dfrac{\dfrac{1}{3}\pi r^2 h \times \dfrac{h}{4} + \dfrac{2}{3}\pi r^3 \times \left(-\dfrac{3r}{8}\right)}{\dfrac{1}{3}\pi r^2 h + \dfrac{2}{3}\pi r^3},求得 h = \dfrac{r}{\sqrt{3}}。$$

【注:圆锥体积为 $\dfrac{1}{3}\pi r^2 h$】

【3-31】组合体由两种不同材料的薄板粘接而成,其几何尺寸如题 3-31 图所示。已知 $A$、$B$ 两种材料的重度为 $\gamma_A = 2\gamma_B$,求该组合体的重心坐标。

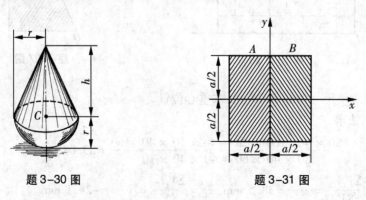

题 3-30 图　　　　　　　　　题 3-31 图

**答**:用组合法求解。设 $A$、$B$ 两种材料的面积为 $A_A$、$A_B$,重心坐标为 $x_A$、$y_A$、$x_B$、$y_B$。由于 $x$

轴为对称轴,则 $y_C = 0$。

$$x_C = \frac{A_A x_A \gamma_A + A_B x_B \gamma_B}{A_A \gamma_A + A_B \gamma_B} = \frac{-2\gamma_B(a/4) + \gamma_B(a/4)}{2\gamma_B + \gamma_B} = -\frac{a}{12}。$$

**【3-32】**求题 3-32 图所示半太极图的重心位置,其大半径为 $R$。

**答:**用组合法求解。将原图分割为 3 个半圆:大半圆 $A_1$、小半圆负面积为 $A_2$ 和小半圆面积为 $A_3$,则重心坐标为

$$x_C = \frac{A_1 x_{C1} + A_2 x_{C2} + A_3 x_{C3}}{A_1 + A_2 + A_3} = \frac{A_1 \times 0 + \left[-\frac{\pi}{2}\left(\frac{R}{2}\right)^2\right]\left(-\frac{R}{2}\right) + \frac{\pi}{2}\left(\frac{R}{2}\right)^2\left(\frac{R}{2}\right)}{\frac{\pi}{2}R^2} = \frac{R}{4},$$

$$y_C = \frac{A_1 y_{C1} + A_2 y_{C2} + A_3 y_{C3}}{A_1 + A_2 + A_3} = \frac{\frac{\pi}{2}R^2 \times \frac{4R}{3\pi} + \left[-\frac{\pi}{2}\left(\frac{R}{2}\right)^2\right]\left(\frac{4}{3\pi}\frac{R}{2}\right) + \frac{\pi}{2}\left(\frac{R}{2}\right)^2\left(-\frac{4}{3\pi}\frac{R}{2}\right)}{\frac{\pi}{2}R^2} = \frac{R}{\pi}。$$

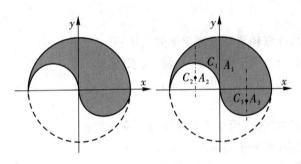

题 3-32 图

# 第4章 摩 擦

## 一、基本要求、重点与难点

### 1.基本要求

了解摩擦现象;掌握滑动摩擦定律、摩擦因数与摩擦角,了解自锁现象;掌握考虑摩擦时物体的平衡问题;了解滚动摩阻力偶的概念。

### 2.重点

(1)滑动摩擦力的计算和滑动摩擦定律的应用;
(2)考虑摩擦时平面力系平衡问题的解析法求解。

### 3.难点

(1)摩擦角与自锁的概念,用摩擦角解摩擦平衡问题;
(2)存在多处摩擦时系统平衡问题的求解;
(3)滚动摩阻的概念。

## 二、主要内容与解题指导

### 1.滑动摩擦

(1)滑动摩擦的概念

互相接触的物体,当其接触表面之间有相对滑动或相对滑动趋势时,彼此有阻碍相对滑动的机械作用存在,这种机械作用即滑动摩擦,机械作用力即滑动摩擦力。摩擦力的方向与相对滑动或相对滑动趋势方向相反。

(2)摩擦力的计算

静摩擦力(静止状态,相对平衡):$F_s$由平衡方程计算。

最大静摩擦力(临界状态):静摩擦定律 $F_{max} = f_s F_N$,而 $0 \leqslant F_s \leqslant F_{max}$,其中$f_s$为静摩擦因数,$F_N$为接触面之间的法向反力。

动摩擦力(相对滑动状态):动摩擦定律 $F = f F_N$,其中$f$为动摩擦因数。

### 2. 摩擦角和自锁现象

(1)摩擦角

将 $\vec{F}_s$ 和 $\vec{F}_N$ 合成为全约束反力 $\vec{F}_{RA}$,当 $F_s$ 达到最大值时 $\vec{F}_N$ 与 $\vec{F}_{RA}$ 的夹角达到最大值 $\varphi_f$ 称为摩擦角。$\tan\varphi_f = \dfrac{F_{max}}{F_N} = f_s$。

(2)自锁现象

物体平衡时,无论所受的主动力合力 $\vec{F}_R$ 大小如何变化,物体总保持静止,即物体是否滑动与主动力的大小无关,这种现象称为自锁。显然自锁条件为 $0 \leqslant \varphi \leqslant \varphi_f$。$\varphi$ 为 $\vec{F}_R$ 与接触面法线方向的夹角。

### 3. 滚动摩阻

(1)滚动摩擦的概念

两物体有相对滚动或相对滚动趋势时,会有阻碍相对滚动的阻力偶存在,这种阻力偶即滚动摩阻力偶 $M_f$。滚动摩阻力偶的方向与相对滚动或相对滚动趋势方向相反。

(2)滚动摩阻力偶的计算

静止状态(相对平衡):$M_f$ 由平衡方程计算。

临界状态与滚动状态:$M_{max} = \delta F_N$,而 $0 \leqslant M_f \leqslant M_{max}$,其中 $\delta$ 为滚动摩阻系数,具有长度量纲。

### 4. 考虑摩擦时物体的平衡问题

考虑摩擦时求解物体平衡问题的方法和步骤与不考虑摩擦时基本相同,只是在分析物体受力时加上滑动摩擦力或滚动摩阻力偶。

### 5. 解题指导

(1)动摩擦因数小于静摩擦因数,但一般认为两者近似相等;

(2)对于摩擦平衡问题,当系统平衡时,摩擦力可视为一般约束力,方向可以假设,大小通过平衡方程确定;如果使用摩擦定律,则摩擦力的方向不能假设,方向必须与相对滑动趋势方向相反;

(3)用摩擦角和自锁的概念求解摩擦平衡问题,只有当物体所受的力(包括全反力)满足二力平衡条件或三力平衡汇交定理时适用。

## 三、概念题

【4-1】如概念题 4-1 图所示,已知一重为 $P = 100$ N 的物块放在水平面上,摩擦因数 $f_s = 0.3$,当作用在物块上的水平力 $F$ 分别为 10 N、20 N、40 N 时,分析物块是否平衡?摩擦力为

多少?

**答**:研究物块,法向反力 $F_N = P = 100$ N,最大静摩擦力 $F_{max} = F_N f_s = 30$ N,$F$ 分别为 10 N、20 N 时小于 $F_{max}$,物块平衡,所以由水平方向平衡方程求出摩擦力分别为 10 N、20 N;$F$ 为 40 N时,物块滑动,摩擦力为 30 N(由动摩擦定律计算,设动摩擦因数等于静摩擦因数)。

【知识点:滑动摩擦力的计算】

【4-2】已知一物块重 $P = 100$ N,用 $F = 500$ N 的力压在一铅直表面上,如概念题 4-2 图所示。其摩擦因数 $f_s = 0.3$,问此时物块所受的摩擦力等于多少?

**答**:研究物块,法向反力 $F_N = F = 500$ N,最大静摩擦力 $F_{max} = F_N f_s = 150$ N,而 $P < F_{max}$,物块静止,所以由平衡方程求出摩擦力等于 $P$ 为 100 N。

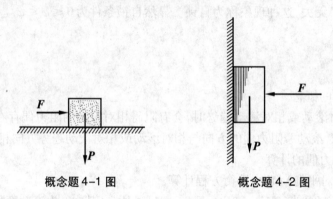

概念题 4-1 图 　　　　　　概念题 4-2 图

【4-3】如概念题 4-3 图所示,物块重 $P$,放置在粗糙的水平面上,接触处的摩擦因数为 $f_s$。要使物块沿水平面向右滑动,可沿 $OA$ 方向施加拉力 $F_1$,如图(a),也可沿 $BO$ 方向施加推力 $F_2$,如图(b),试问哪种方法省力。

**答**:图(a)省力。因图(a)的法向反力为 $P - F_1 \sin\alpha$ 小于重力 $P$,而图(b)的法向反力为 $P + F_1 \sin\alpha$ 大于 $P$,最大静摩擦力与法向反力成正比,所以移动物块要克服的阻力图(a)小,即图(a)省力。

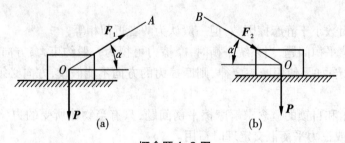

概念题 4-3 图

【4-4】如概念题 4-4 图所示已知物块重 $P = 100$ N,斜面的倾角 $\alpha = 30°$,物块与斜面间的摩擦因数 $f_s = 0.38$。求物块与斜面间的摩擦力? 并问此时物块在斜面上是静止还是下滑,如图(a)? 如要使物块沿斜面向上运动,求加于物块并与斜面平行的力 $F$ 至少应为多大,如图(b)?

答:研究物块,法向反力 $F_N = P\cos 30° = 86.6$ N,重力沿斜面方向向下的分力为 $F_1 = P\sin 30° = 50$ N,最大静摩擦力 $F_{max} = F_N f_s = 32.9$ N$<F_1$,所以物块下滑。要使物块沿斜面向上运动,加于物块 $F$ 至少应为 $F = F_1 + F_{max} = 82.9$ N(由沿斜面方向的平衡方程计算,此时摩擦力沿斜面向下)。

【4-5】如概念题 4-5 图所示,试比较用同样材料、在相同的光洁度和相同的皮带压力 $F$ 作用下平皮带与三角皮带所能传递的最大拉力。

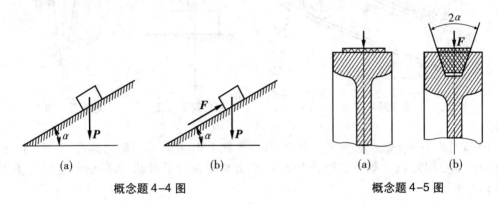

概念题 4-4 图　　　　　　概念题 4-5 图

答:平皮带传递的最大拉力为 $F f_s$;三角带对两侧皮带轮的法向压力为 $\dfrac{F}{2\sin\alpha}$,则传递的最大拉力为 $2\dfrac{F}{2\sin\alpha}f_s = \dfrac{F f_s}{\sin\alpha}$,显然比平皮带传递的拉力大。

【4-6】为什么传动螺纹多用方牙螺纹(如丝杠)? 而锁紧螺纹多用三角螺纹(如螺钉)?

答:利用概念题【4-5】的分析。设摩擦因数为 $f_s$,轴向受力为 $F$,则方牙螺纹受到的摩擦阻力为 $F f_s$;而三角螺纹受到的摩擦阻力为 $\dfrac{F f_s}{\sin\alpha}$,显然方牙螺纹受到的摩擦阻力小,易于传动,三角螺纹受到的摩擦阻力大,容易锁紧。

【4-7】如概念题 4-7 图所示,砂石与皮带间的静摩擦因数 $f_s = 0.5$,试问输送带的最大倾角 $\alpha$ 为多大?

答:将物料的传送看作物块放在斜面上,要使物料上升且不滑动,物料下滑的分力必须小于最大静摩擦力,即必须满足 $P\cos\alpha f_s > P\sin\alpha$ ,则 $\tan\alpha < f_s$ 或 $\alpha < \varphi_f$(摩擦角)。

【4-8】物块重 $P$,一力 $F$ 作用在摩擦角 $\varphi_f$ 之外,如概念题 4-8 图所示。已知 $F = P$,$\theta = 25°$,$\varphi_f = 20°$。问物块动不动? 为什么?

答:自锁条件为主动力的合力与法线方向的夹角小于摩擦角,而本题两个主动力 $F$ 和 $P$ 的合力作用线与法线方向的夹角为 $\theta/2 = 12.5° < \varphi_f$,所以物块不动。

【4-9】如概念题 4-9 图所示,用钢楔劈物,接触面间的摩擦角为 $\varphi_f$。劈入后欲使楔不滑出,问钢楔两个平面间的夹角应该多大? 楔重不计。

答:楔重不计时,钢楔只受到两侧面的法向压力和摩擦力,合成为全反力后,钢楔不滑出时两侧的全反力满足二力平衡条件,因此全反力与法线方向的夹角为 $\dfrac{\alpha}{2}$,利用自锁条件得

$\dfrac{\alpha}{2} < \varphi_f$，即 $a < 2\varphi_f$。

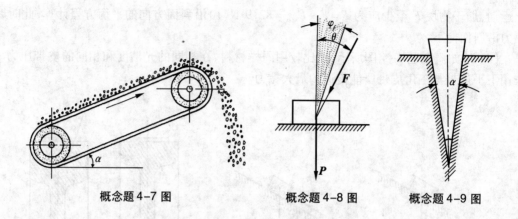

概念题 4-7 图　　　　概念题 4-8 图　　　概念题 4-9 图

**【4-10】**水平梯子放在直角 V 形槽内,如概念题 4-10 图所示。略去梯重,梯子与两个槽面间的摩擦角均为 $\varphi_f$。如人在梯子上走动,试分析不使梯子滑动,人的活动应限制在什么范围内?

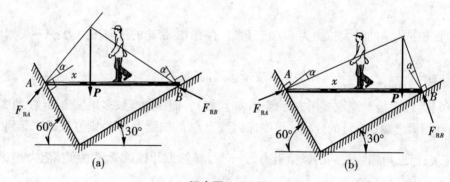

概念题 4-10 图

**答**:利用摩擦角分析。设梯子有逆时针滑动的趋势,则分析受力如图(a),$a$ 表示全反力与法向夹角,平衡时全反力 $F_{RA}$、$F_{RB}$ 和梯子重力 $P$ 三力汇交于一点,设人距左端的距离为 $x$,梯子长为 $l$,由图中的几何关系得

$$x\tan(30°+a) = (l-x)\tan(60°-a)$$

解得 $x = l\cos^2(30°+a)$,不滑动(自锁)时 $a < \varphi_f$,则 $x > l\cos^2(30°+\varphi_f)$;

同理,设梯子有顺时针滑动的趋势,则分析受力如图(b),由图中的几何关系得

$$x\tan(30°-a) = (l-x)\tan(60°+a)$$

解得 $x = l\cos^2(30°-a)$,不滑动(自锁)时 $a < \varphi_f$,则 $x < l\cos^2(30°-\varphi_f)$;

所以人的活动范围为

$$l\cos^2(30°+\varphi_f) < x < l\cos^2(30°-\varphi_f)。$$

**【4-11】**已知 π 形物体重为 $P$,尺寸如概念题 4-11 图所示。现以水平力 $F$ 拉物体,当刚开始拉动时,$A$、$B$ 两处的摩擦力是否都达到最大值? 如 $A$、$B$ 两处的静摩擦因数均为 $f_s$,此时

二处最大静摩擦力是否相等？又如力 $F$ 较小而未能拉动物体时,能否分别求出 $A$、$B$ 两处的静摩擦力？

答:刚开始拉动时,$A$、$B$ 两处的摩擦力均达到最大值,否则不会滑动;但此时二处最大静摩擦力不相等,因两处的法向反力不相等;力 $F$ 较小而未能拉动物体时,不能求出 $A$、$B$ 两处的静摩擦力,因此时有四个未知力(两个摩擦力和两个法向反力),平面一般力系只有三个平衡方程(注意此时摩擦定律不能用)。

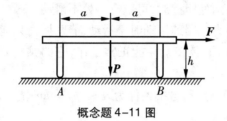

概念题 4-11 图

【4-12】如概念题 4-12 图所示,汽车匀速水平行驶时,地面对车轮有滑动摩擦也有滚动摩阻,而车轮只滚不滑。汽车前轮受车身施加的一个向前推力 $F$,图(a),而后轮受一驱动力偶 $m$,并受车身向后的反力 $F'$,图(b)。试画出前、后轮的受力图。

答:如图(a)(b),其中的 $M$ 为滚动摩阻力偶。

【注意:滑动摩擦力的方向与接触面相对滑动或滑动趋势方向相反】

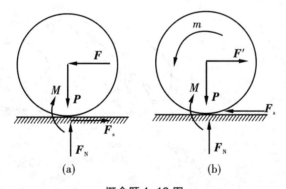

概念题 4-12 图

【4-13】判断下列问题是否正确。

(1)临界平衡状态的摩擦力,其大小和方向已经确定,因此它的指向不能任意假定,对吗？

(2)不考虑摩擦的平衡方程是物体平衡的充要条件,考虑摩擦时仍旧如此,对吗？

(3)动滑动摩擦力的大小总是与法向反力成正比,方向与接触面相对滑动方向相反吗？

(4)物体受到支承面的全反力(摩擦力与法向反力的合力)与支承面法线夹角就是摩擦角吗？

(5)只有一个摩擦面的物体,只要除全反力外其他力合力作用线在摩擦角内就自锁吗？

(6)当一个物体上有几处与周围物体接触时,这几个接触面上的摩擦力是否一定同时达到临界状态?

（7）轮子纯滚动时静摩擦力一定等于动摩擦力吗?

答：（1）（3）（5）正确。

（2）考虑摩擦时平衡方程只是平衡的必要条件,并不充分,还必须满足摩擦条件:摩擦力 $F \leqslant F_{\max}$。

（4）不对。只有临界状态全反力与支承面法线夹角才是摩擦角。

（6）不一定。例如当有两处摩擦时,可以有一处不滑动。

（7）一定不等于动摩擦力。因纯滚动时不滑动,静摩擦力只能由平衡方程确定。

**【4-14】** 如概念题 4-14 图,欲使漏斗能正常工作,它的倾角 $\alpha$ 最小为多少?（设摩擦因数为 $f_s$）

答：类似概念题【4-7】的分析,自锁条件为 $\alpha \leqslant \varphi_f = \tan^{-1} f_s$,而物料能顺利下滑不自锁,应当 $\alpha > \varphi_f = \tan^{-1} f_s$。

**【4-15】** 如概念题 4-15 图中不计重量的偏心轮在 $O$ 处铰接。偏心轮在图示位置锁紧,若去掉 $F_P$ 后不致偏心轮松动,求轮与地面处摩擦角的取值范围。

答：去掉 $F_P$ 后,轮不松动时,$O$ 处受力与地面全反力满足二力平衡条件,如图 b,利用自锁条件为 $\alpha \leqslant \varphi_f$,求出 $\varphi_f \geqslant \alpha = \tan^{-1} \dfrac{e}{R}$。

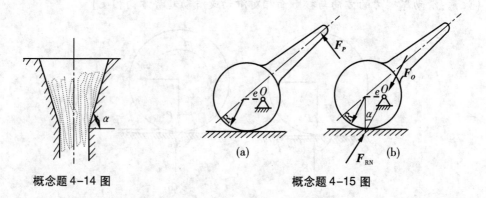

概念题 4-14 图　　　　　　　　　　概念题 4-15 图

**【4-16】** 概念题 4-16 图中重为 $W$ 的轮子受一水平力 $F_P$ 作用,$F$、$M$ 分别为轮子所受的静摩擦力和滚阻力偶,则轮子只滚不滑的条件为何?

答：设摩擦因数为 $f_s$,则不滑动的条件为 $F \leqslant f_s F_N = f_s W$,滚动条件为 $2R F_P \geqslant M$。

**【4-17】** 概念题 4-17 图中重为 $P$、半径为 $R$ 的球放在水平面上,求对平面的滑动摩擦因数为 $f_s$,滚动摩阻系数为 $\delta$,问在什么条件下作用于球心的水平力 $F$ 能使球匀速转动?

答：球受力如图,匀速滚动时满足力矩平衡关系

$$FR = M_f = F_N \delta = P \delta，则 F = P \frac{\delta}{R}；$$

而此时球与水平面之间不能滑动,因此有

$$F = F_s < F_N f_s，则 f_s > \frac{F}{F_N} = \frac{F}{P} = \frac{\delta}{R}。$$

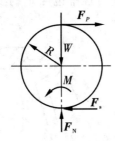

概念题4-16图

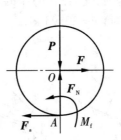

概念题4-17图

# 四、习题

【4-1】重 $P$ 的物体放在倾角为 $\alpha$ 的斜面上,物体与斜面间的摩擦角为 $\varphi_f$ ,如题4-1图所示。如在物体上作用力 $F$ ,此力与斜面的交角为 $\theta$ ,求拉动物体时的 $F$ 值,并问当角 $\theta$ 为何值时,此力为极小。

**解:** 研究物块,受力如图,设物块平衡,列方程

$$\sum F_x = 0 \quad F\cos(\alpha+\theta)-F_s\cos\alpha-F_N\sin\alpha=0,$$

$$\sum F_y = 0 \quad F\sin(\alpha+\theta)-F_s\sin\alpha+F_N\sin\alpha-P=0,$$

平衡时 $F_s \leqslant f_s F_N = \tan\varphi_f F_N$ ,

联立解得 $F \leqslant \dfrac{P\sin(\alpha+\varphi_f)}{\cos(\theta-\varphi_f)}$ ,所以拉动物体的力 $F \geqslant \dfrac{P\sin(\alpha+\varphi_f)}{\cos(\theta-\varphi_f)}$

显然当 $\theta=\varphi_f$ 时 $F_{\min}=P\sin(a+\varphi_f)$ 。

【注意:(1)有一处摩擦时,摩擦定律一般用不等式 $F_s \leqslant f_s F_N$ ,概念比较清楚,求出的结果为不等式;(2)求使物体系统运动的力,而不是使物体平衡的力时,首先假设物体系统平衡,求出物体平衡的力,然后将结果的不等式取反号,一定不能将方程写为 $\sum F_x \geqslant 0$ 或 $\sum F_y \geqslant 0$ 或 $F_s \geqslant f_s F_N$ 等形式】

【4-2】简易升降混凝土料斗装置如题4-2图所示,混凝土和料斗共重25 kN,料斗与滑道间的静滑动与动滑动摩擦因数均为0.3。(1)若绳子拉力分别为22 kN与25 kN时,料斗处于静止状态,求料斗与滑道间的摩擦力;(2)求料斗匀速上升和下降时绳子的拉力。

**解:**(1)研究料斗,设料斗静止且有上滑趋势,受力如图(b),列方程

$$\sum F_x = 0 \quad F\cos70°-F_s\cos70°-F_N\sin70°=0,$$

$$\sum F_y = 0 \quad F\sin70°-F_s\sin70°+F_N\cos70°-P=0,$$

将 $F=22$ kN、25 kN代入方程求得 $F_{s1}=-1.492$ kN, $F_{s2}=1.508$ kN,负号表示摩擦力向上,有下滑趋势。

(2)料斗匀速上升时,利用上面的方程和动摩擦定律 $F_s=fF_N=0.3F_N$ ,三个方程联立求解得 $F=26.06$ kN;

料斗匀速下降时,受力图(b)中的 $F_s$ 反向,上述平衡方程中包含 $F_s$ 的项变为正号,再和动摩擦定律联立解得 $F=20.93$ kN。

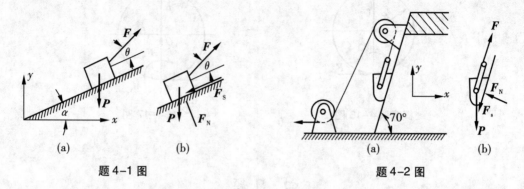

题 4-1 图　　　　　　　　　题 4-2 图

【4-3】如题 4-3 图所示,$A$ 物重 $P_A=5$ kN,$B$ 物重 $P_B=6$ kN,$A$ 物与 $B$ 物间的静滑动摩擦因数 $f_{s1}=0.1$,$B$ 物与地面间的静滑动摩擦因数 $f_{s2}=0.2$,两物块由绕过一定滑轮的无重水平绳相连。求使系统运动的水平力 $F$ 的最小值。

**解:**扫码进入。

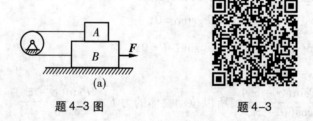

题 4-3 图　　　　　　　　题 4-3

【4-4】如题 4-4 图所示,置于 V 型槽中的棒料上作用一力偶,力偶的矩 $M=15$ Nm 时,刚好能转动此棒料。已知棒料重 $P=400$ N,直径 $D=0.25$ m,不计滚动摩阻。试求棒料与 V 形槽间的静摩擦因数 $f_s$。

**解:**设系统处于平衡的临界状态,研究棒料,受力如图,列方程

$$\sum F_x = 0 \quad F_{s1}+F_{N2}-P\cos45°=0,$$

$$\sum F_y = 0 \quad F_{N1}-F_{s2}-P\cos45°=0,$$

$$\sum M_O = 0 \quad -M+F_{s1}\times\frac{D}{2}+F_{s2}\times\frac{D}{2}=0,$$

摩擦定律:$F_{s1}=f_sF_{N1}$,$F_{s2}=f_sF_{N2}$,上述方程联立解得 $f_s=0.223$。

【4-5】梯子 $AB$ 靠在墙上,其重为 $P=200$ N,如题 4-5 图所示。梯长为 $l$,并与水平面交角 $\theta=60°$。已知接触面间的摩擦因数均为 0.25。今有一重 650 N 的人沿梯上爬,问人所能达到的最高点 $C$ 到 $A$ 点的距离 $s$ 应为多少?

**解法步骤同上题:**受力如图,写出三个平衡方程,两个摩擦定律,联立求解得 $s_{\max}=0.456l$。

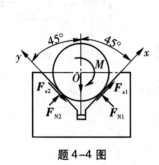

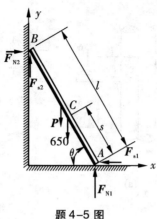

| 题4-4 图 | 题4-5 图 |
|---|---|

**【4-6】**鼓轮 $B$ 重500 N，放在墙角里，如题4-6图所示。已知鼓轮与水平地板间的摩擦因数为0.25，面铅直墙壁则假定是绝对光滑的。鼓轮上的绳索下端挂着重物。设半径 $R=$ 200 mm，$r=100$ mm，求平衡时重物 $A$ 的最大重量。

**解法步骤同前：**受力如图，写出三个平衡方程，一个摩擦定律，联立求解得 $P_A=500$ N。

**【4-7】**两根相同的均质杆 $AB$ 和 $BC$，在端点 $B$ 用光滑铰链连接，$A$、$C$ 端放在不光滑的水平面上，如题4-7图所示。当 $ABC$ 成等边三角形时，系统在铅直面内处于临界平衡状态。试求杆端与水平面间的摩擦因数。

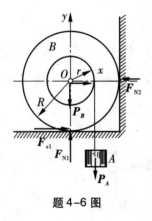

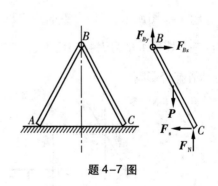

| 题4-6 图 | 题4-7 图 |
|---|---|

**解：**研究 $BC$ 杆，受力如图，设杆长 $l$，重 $P$，列方程

$$\sum M_B=0 \quad -P\frac{l}{2}-F_s l\cos30°+F_N l=0$$

由整体受力及对称性知 $F_N=P$，再利用摩擦定律 $F_s=f_s F_N$，求得 $f_s=\dfrac{1}{2\sqrt{3}}$。

**【4-8】**攀登电线杆的脚套钩如题4-8图。设电线杆直径 $d=300$ mm，$A$、$B$ 间的铅直距离 $b=100$ mm。若套钩与电线杆之间摩擦因数 $f_s=0.5$，求工人操作时，为了安全，站在套钩上的最小距离 $l$ 应为多大？

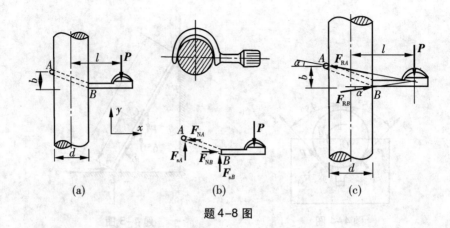

题 4-8 图

**解法 1**:用解析法。研究脚套钩,受力如图(b),列出三个平衡方程,两个摩擦定律,联立求得 $l_{min} = 100$ mm。

**解法 2**:用摩擦角的概念解。研究脚套钩,受力如图(c),$A$、$B$ 处的全反力与 $P$ 三力平衡汇交于一点,由图中的几何关系得

$$b = \left(l + \frac{d}{2}\right)\tan\alpha + \left(l - \frac{d}{2}\right)\tan\alpha,$$

解得 $l = \dfrac{b}{2\tan\alpha}$,利用自锁条件 $\alpha \leqslant \varphi_f$,所以

$$l \geqslant \frac{b}{2\tan\varphi_f} = \frac{b}{2f_s} = 100 \text{ mm}。$$

**【4-9】** 如题 4-9 图所示,不计自重的拉门与上下滑道之间的静摩擦因数均为 $f_s$,门高为 $h$。若在门上 $\dfrac{2}{3}h$ 处用水平力 $F$ 拉门而不会卡住,求门宽 $b$ 的最小值。问门的自重对不被卡住的门宽最小值有否影响?

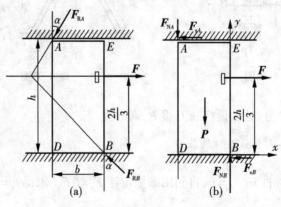

题 4-9 图

**解法 1**:用摩擦角的概念解。

研究门,不计自重,平衡时受力如图(a),$A$、$B$处的全反力与$F$三力平衡汇交于一点,由图中的几何关系得$b = \dfrac{2h}{3}\tan\alpha - \dfrac{h}{3}\tan\alpha = \dfrac{h}{3}\tan\alpha$,利用自锁条件$\alpha \le \varphi_f$,得门被卡住时$b \le \dfrac{h}{3}\tan\alpha = \dfrac{1}{3}h f_s$。而门不被卡住的$b$为$b \ge \dfrac{1}{3}h f_s$。

**解法2**:用解析法。研究门,考虑自重,平衡时受力如图(b),列出三个平衡方程,两个摩擦定律,联立求得门被卡住时$b \le \dfrac{h}{3}f_s + \dfrac{P f_s^2 h}{F}$。

由于门被卡住时与外力$F$大小无关,不妨假设$F$取无穷大,则$b \le \dfrac{h}{3}f_s$,而门不被卡住的$b$为$b \ge \dfrac{1}{3}h f_s + \dfrac{p f_s^2 h}{F}$,与$P$和$F$有关,这说明自重对最小门宽有影响,当$P=0$时结果同解法1。

【注意:考虑门自重时不能用摩擦角的概念解,因为此时既不满足二力平衡条件,也不满足三力平衡汇交定理,无法给出几何关系图】

【4-10】如题4-10图所示,两半径相同的圆轮作反向转动,两轮轮心的连线与水平线的夹角为$\alpha$。轮心距为$2a$。现将一重为$P$的长板放在两轮上面,两轮与板间的动滑动摩擦因数都是$f$,求当长板平衡时重心$C$的位置。

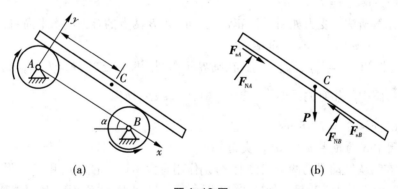

(a) (b)

题4-10图

**解**:研究板,平衡时受力如图(b),列方程

$$\sum F_x = 0 \quad F_{sA} - F_{sB} - P\sin\alpha = 0,$$

$$\sum F_y = 0 \quad F_{NA} + F_{NB} - P\cos\alpha = 0,$$

$$\sum M_C = 0 \quad -F_{NA}x + F_{NB}(2a-x) = 0,$$

摩擦定律:$F_{sA} = f F_{NA}$,$F_{s2} = f F_{NB}$,上述方程联立解得$x = a + \dfrac{a\tan\alpha}{f}$。

【4-11】轧压机由两轮构成,两轮的直径均为$d=500$ mm,轮间的间隙为$a=5$ mm,两轮反向转动,如题4-11图上箭头所示。已知烧红的铁板与铸铁轮间的摩擦因数为$f_s = 0.1$,问能轧压的铁板的厚度$b$是多少?

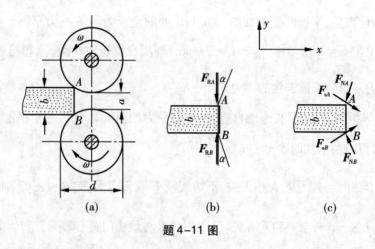

题 4-11 图

**解法** 1：用摩擦角的概念解。研究铁板，受力如图（b），$A$、$B$ 处的全反力满足二力平衡条件，由图中的几何关系得

$$\frac{b-a}{2} = \frac{d}{2}(1-\cos\alpha),$$

利用自锁条件 $\theta \leqslant \varphi_f$，且 $\tan\varphi_f = f_s = 0.1$，解得

$b \leqslant a + d(1-\cos\varphi_f) = 7.48$ mm。

**解法** 2：用解析法。受力如图（c），正常工作时，$A$、$B$ 两点的合力应水平向右，即

$(F_{sA}+F_{sB})\cos\alpha - (F_{NA}+F_{NB})\sin\alpha \geqslant 0$，

利用对称性知 $F_{sA} = F_{sB}$、$F_{NA} = F_{NB}$，在临界状态利用摩擦定律：$F_s = f_s F_N$，求得 $\tan\alpha < f_s = \tan\varphi_f = 0.1$，由图中的几何关系得 $\dfrac{b-a}{2} = \dfrac{d}{2}(1-\cos\alpha)$，所以

$b \leqslant a + d(1-\cos\varphi_f) = 7.48$ mm。

【说明：图中 $\alpha$ 为轮半径与 $AB$ 的夹角】

**【4-12】**在闸块制动器的两个杠杆上，分别作用有大小相等的力 $F_1$ 和 $F_2$。设力偶矩 $M = 160$ N·m，摩擦因数为 0.2，尺寸如题 4-12 图所示。试问 $F_1$ 和 $F_2$ 为多大，方能使受到力偶作用的轴处于平衡状态。

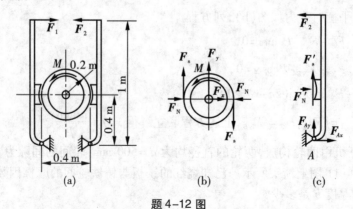

题 4-12 图

**解：**研究轮,受力如图(b),对轮心求矩得

$-2F_s \times 0.2 + M = 0$,则 $F_s = 400$ N,

研究右侧杠杆,受力如图(c),

$\sum M_A = 0$　$F_2 \times 1 - F_N' \times 0.4 = 0$,得 $F_2 = 0.4F_N'$,

平衡时 $F_s \leq f_s F_N$,所以 $F_N \geq \dfrac{F_s}{f_s} = 2\,000$ N,

制动力：$F_1 = F_2 = 0.4$　$F_N' \geq 0.4 \times 2\,000 = 800$ N。

**【4-13】**鼓轮利用双闸块制动器制动,设在杠杆的末端作用有大小为 200 N 的力 $F$,方向与杠杆相垂直,如题 4-13 图所示。已知闸块与鼓轮的摩擦因数 $f_s = 0.5$,$O_1B = 0.75$ m,$ED = 0.25$ m,$AC = O_1D = 1$ m,又 $2R = O_1O_2 = KD = DC = O_1A = KL = O_2L = 0.5$ m,自重不计。试求作用于鼓轮上的制动力矩。

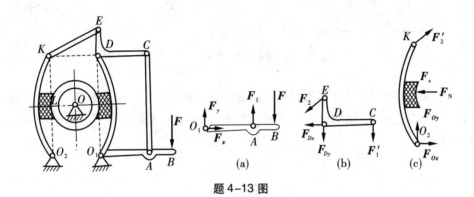

题 4-13 图

**解：**研究 $O_1AB$,受力如图(a)

$\sum M_A = 0$　$F_1 \times 0.5 - F \times 0.75 = 0$,得 $F_1 = 300$ N,

研究 $EDC$,受力如图(b)

$\sum M_D = 0$　$F_2 \times \dfrac{0.5}{\sqrt{0.5^2 + 0.25^2}} \times 0.25 - F_1' \times 0.5 = 0$,得 $F_2 = 670.8$ N,

研究 $O_2K$,受力如图(c)

$\sum M_{O2} = 0$　$-F_2' \times \dfrac{0.5}{\sqrt{0.5^2 + 0.25^2}} \times 1 - F_N \times 0.5 = 0$,得 $F_N = 1\,200$ N,

同理研究 $O_1D$ 求出其对闸块产生的压力也为 $F_N = 1\,200$ N,所以制动力矩为

$M_{制动} = F_s \times KD = F_N f_s \times 0.5 = 300$ N。

**【4-14】**砖夹的宽度为 0.25 m,曲杆 $AGB$ 与 $GCED$ 在 $G$ 点铰接,尺寸如题 4-14 图所示。设砖重 $P = 120$ N,提起砖的力 $F$ 作用在砖夹的中心线上,砖夹与一砖间的摩擦因数 $f_s = 0.5$,试求距离 $b$ 为多大才能把砖夹起。

**解法 1：**解析法。研究 $GCD$,受力如图(a)

$\sum M_G = 0$　$F_N \times b - F_s \times 220 = 0$,

能夹起砖时　$F_s \leq f_s F_N$,解得 $b \leq 110$ mm。

**解法 2**：几何法。研究 $GCD$，受力如图（b），$G$ 点反力与 $D$ 点全反力满足二力平衡条件，由几何关系得 $\tan\alpha = \dfrac{b}{220}$，自锁条件 $\alpha \leq \varphi_f$，所以

$$b = 220\tan\alpha \leq 220\tan\varphi_f = 220f_s = 110 \text{ mm}。$$

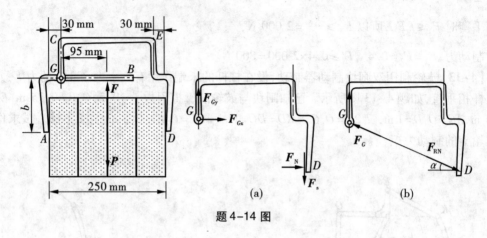

题 4-14 图

**【4-15】**一起重用的夹具由 $ABC$ 和 $DEF$ 两个相同的弯杆组成，并由杆 $BE$ 连接，$B$ 和 $E$ 都是铰链，尺寸如题 4-15 图所示。不计夹具自重，试问要能提起重物 $P$，夹具与重物接触面处的摩擦因数应为多大？

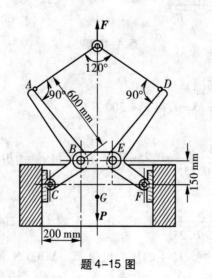

题 4-15 图

**解法步骤：**

（1）研究整体知，拉力 $F = P$；

（2）研究 $F$ 力的作用点，求出 $A$ 或 $D$ 点的力；

（3）研究 $ABC$（或 $DEF$），对 $B$ 点（或 $E$ 点）求矩，得出 $C$（或 $F$）处的法向反力 $F_N$ 和摩擦力 $F_s$ 的关系，再由摩擦定律 $F_s \leq f_s F_N$ 求出 $f_s \geq 0.15$。

【4-16】题4-16图示两无重杆在 $B$ 处用套筒式无重滑块连接,在 $AD$ 杆上作用一力偶,其力偶矩 $M_A=40$ Nm,滑块和 $AD$ 杆间的摩擦因数 $f_s=0.3$,求保持系统平衡时力偶矩 $M_C$ 的范围。

**解:**(1)先设套筒 $B$ 有上滑趋势。研究 $AD$,受力如图(a)

$\sum M_A=0$　$F_N \times \dfrac{l}{2\cos30°} - M_A=0$,得 $F_N = \dfrac{2}{l}M_A\cos30°$,

研究 $BC$,受力如图(b)

$\sum M_C=0$　$M_C - F'_N\cos30°l + F_s\cos60°l=0$,

利用摩擦定律　$F_s \leqslant f_s F_N$,联立解得 $M_C \geqslant 49.61$ Nm;

(2)再设套筒 $B$ 有下滑趋势。受力图(a)(b)中 $F_s$ 的方向相反,利用同样的步骤求得 $M_C \leqslant 70.39$ Nm;

所以 $49.61$ Nm $\leqslant M_C \leqslant 70.39$ Nm。

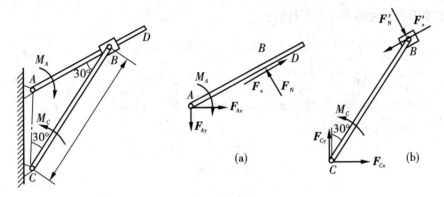

题 4-16 图

【4-17】平面曲柄连杆滑块机构如题4-17图所示。$OA=l$,在曲柄 $OA$ 上作用有一矩为 $M$ 的力偶,$OA$ 水平。连杆 $AB$ 与铅垂线的夹角为 $\theta$,滑块与水平面之间的摩擦因数为 $f_s$,不计重量,且 $\tan\theta > f_s$。求机构在图示位置保持平衡时 $F$ 力的值。

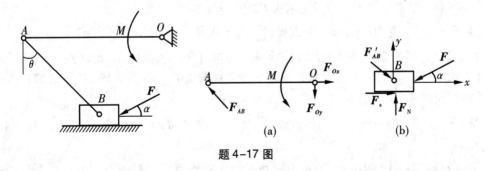

题 4-17 图

**解:**研究 $OA$,受力如图(a),

$\sum M_O=0$　$M - F_{AB}\cos\theta l=0$,得 $F_{AB} = \dfrac{M}{l\cos\theta}$

研究 $B$，先设 $B$ 有左滑趋势，受力如图(b)

$$\sum F_x = 0 \qquad -F\cos\alpha + F_{A'B}\sin\theta + F_s = 0$$

$$\sum F_y = 0 \qquad -F\sin\alpha - F_{A'B}\cos\theta + F_N = 0$$

再利用摩擦定律 $F_s \leqslant f_s F_N$ 和关系 $\tan\varphi_f = f_s$，联立解得 $F \leqslant \dfrac{M\sin(\theta+\varphi_f)}{l\cos(\alpha+\varphi_f)}$；

同理，设 $B$ 有右滑趋势，受力图(b)中的 $F_s$ 方向向左，利用同样的方法求得 $F \geqslant \dfrac{M\sin(\theta-\varphi_f)}{l\cos(\alpha-\varphi_f)}$，所以 $F$ 力的范围是

$$\frac{M\sin(\theta-\varphi_f)}{l\cos(\alpha-\varphi_f)} \leqslant F \leqslant \frac{M\sin(\theta+\varphi_f)}{l\cos(\alpha+\varphi_f)}。$$

**【4-18】** 如题 4-18 图所示，汽车重 $P = 15$ kN，车轮的直径为 600 mm，轮自重不计。问发动机应给予后轮多大的力偶矩，方能使前轮越过高为 80 mm 的阻碍物？并问此时后轮与地面的静摩擦因数应为多大才不至打滑？

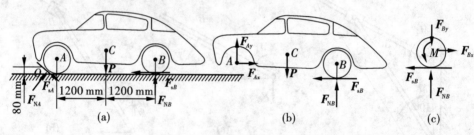

题 4-18 图

**解法 1：**(1)研究整体，受力如图(a)(越过障碍物时 $A$ 轮只受到障碍物的力)，由方程 $\sum M_O = 0$ 建立 $F_{NB}$ 与 $F_{sB}$ 之间的关系；

(2)研究车身+后轮，受力如图(b)($A$ 处为车轴受力)，由方程 $\sum M_A = 0$ 建立 $F_{NB}$ 与 $F_{sB}$ 之间的关系；

(3)再利用摩擦定律 $F_{sB} \leqslant f_s F_{NB}$ 求出 $f_s \geqslant 0.752$；

(4)研究后轮，受力如图(c)，由方程 $\sum M_B = 0$ 求出 $M = F_{sB} \times R = 1.867$ kNm。

**解法 2：**(1)研究整体，前轮若脱离障碍物，必须离开水平地面，因此 $O$ 点受力通过 $A$ 点(不计 $A$ 轮重量，$A$ 轮为二力构件)，由三个平衡方程求出 $F_{NB} = 8.278$ kN，$F_{sB} = 6.224$ kN；

(2)利用摩擦定律 $F_{sB} \leqslant f_s F_{NB}$ 求出 $f_s \geqslant 0.752$；

(3)研究后轮，受力如图(c)，由方程 $\sum M_B = 0$ 求出 $M = F_{sB} \times R = 1.867$ kNm。

**【4-19】** 如题 4-19 图所示，边长为 $a$ 与 $b$ 的均质物块放在斜面上，其间的摩擦因数为 0.4。当斜面倾角 $\alpha$ 逐渐增大时，物块在斜面上翻倒与滑动同时发生，求 $a$ 与 $b$ 的关系。

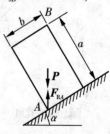

题 4-19 图

**解：**翻倒与滑动同时发生时，斜面对物块的全反力作用在左下角，与

物块的重力满足二力平衡条件如图。

由几何关系得 $\tan\alpha = b/a$，不滑动的条件（自锁条件）是 $\alpha \leqslant \varphi_f$，所以

$b = a\tan\alpha \geqslant a\tan\varphi_f = af_s = 0.4a$，取临界值 $b = 0.4a$。

【注意：本题结果必须取临界值，否则不会滑动】

【**4-20**】均质箱体 $A$ 的宽度 $b = 1$ m，高 $h = 2$ m，重 $P = 200$ kN，放在倾角 $\alpha = 20°$ 的斜面上。箱体与斜面之间的摩擦因数 $f_s = 0.2$。今在箱体的 $C$ 点系一无重软绳，方向如题 4-20 图所示，绳的另一端绕过滑轮 $D$ 挂一重物 $E$。已知 $BC = a = 1.8$ m。求使箱体处于平衡状态的重物 $E$ 的重量。

**解**：由几何尺寸知，箱体不会向左翻倒。

（1）先设箱体有下滑趋势，受力如图，列方程

$\sum F_x = 0 \quad F_s - P\sin\alpha + P_E\cos30° = 0,$

$\sum F_y = 0 \quad F_N - P\cos\alpha + P_E\sin30° = 0,$

利用摩擦定律 $F_s \leqslant f_s F_N$，联立解得 $P_E \geqslant 40.23$ kN；

（2）再设箱体有上滑趋势，受力图中 $F_s$ 方向向下，列方程

$\sum F_x = 0 \quad -F_s - P\sin\alpha + P_E\cos30° = 0,$

$\sum F_y = 0 \quad F_N - P\cos\alpha + P_E\sin30° = 0,$

利用摩擦定律 $F_s \leqslant f_s F_N$，联立解得 $P_E \leqslant 109.72$ kN；

（3）设箱体有向右翻倒趋势，列方程

$\sum M_B = 0 \quad P\cos\alpha\dfrac{b}{2} + P\sin\alpha\dfrac{h}{2} - F_N x - P_E a\cos30° = 0,$

不翻倒的条件为 $x \geqslant 0$，解得 $P_E \leqslant 104.16$ kN，

所以箱体平衡时重物的重量为 $40.23$ kN $\leqslant P_E \leqslant 104.16$ kN。

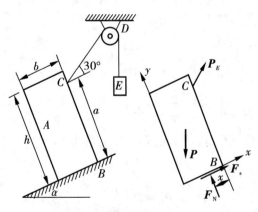

题 4-20 图

【**4-21**】如题 4-21 图所示，立柜重 $P = 1$ kN，放置于水平地面上。$h = 1.2$ m，$a = 0.9$ m，滚轮直径可忽略。滚轮与地面的静滑动摩擦因数 $f_s = 0.3$，不计滚阻。若：（1）滚轮 $A$ 不能自由转动；（2）滚轮 $B$ 不能自由转动；（3）两轮都不能自由转动。求使立柜移动的最小水平推力

$F$,并校核会不会翻倒。

**解**:研究立柜,受力如图。轮能自由转动时,地面摩擦力为 0 (由对轮心的力矩方程可判断)。

(1)此时 $F_{sB}=0$,列方程

$$\sum F_x = 0 \quad F_{sA}-F=0,$$

$$\sum M_B = 0 \quad Fh - \frac{a}{2}P + F_{NA}a = 0,$$

平衡时 $F_{sA} \leqslant f_s F_{NA}$,联立解得 $F \leqslant 0.107 \text{ kN}$,所以能使立柜移动的力为 $F \geqslant 0.107 \text{ kN}$;

(2)此时 $F_{sA}=0$,同理求得能使立柜移动的力为 $F \geqslant 0.25 \text{ kN}$;

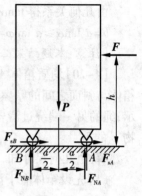

题 4-21 图

(3)此时 $A$、$B$ 两点均有摩擦力,

$$\sum F_x = 0 \quad F_{sA}+F_{sB}-F=0,$$

$$\sum F_y = 0 \quad F_{NA}+F_{NB}-P=0,$$

平衡时 $F_{sA} \leqslant f_s F_{NA}$,$F_{sB} \leqslant f_s F_{NB}$,滑动时两点同时滑动,所以 $F_{sA}+F_{sB} \leqslant f_s(F_{NA}+F_{NB})$,联立解得 $F \geqslant 0.3 \text{ kN}$;

若立柜翻倒,只可能绕 $B$ 轮逆时针翻倒,此时 $A$ 轮不受力。

平衡时对 $B$ 点求矩 $\sum M_B = Fh - P\frac{a}{2} = 0$,求得 $F = 0.371 \text{ kN}$,即使立柜翻倒的力 $F \geqslant 0.371 \text{ kN}$,因此上述三种情况立柜均不会翻倒。

**【4-22】**一运货升降箱重 $P$,可以在滑道间上下滑动。今有一重 $P_2$ 的货箱放置于升箱的一边,如题 4-22 图所示。由于货箱偏于一边而使升降箱的两角与滑道靠紧。设其间静摩擦因数为 $f_s$。求升降箱匀速上升或下降而不被卡住时平衡重 $P_3$ 的值。

**解**:(1)上升工况的受力如图(a)所示。列平衡方程

$$\sum F_x = 0 \quad F_{NA} - F_{NB} = 0,$$

$$\sum F_y = 0 \quad F_T - F_{sA} - F_{sB} - P_1 - P_2 = 0,$$

$$\sum M_B = 0 \quad P_1\frac{b}{2} + P_2\frac{b}{4} - F_T\frac{b}{2} + F_{NA}a + F_{sA}b = 0,$$

再补充静摩擦定律 $F_{sA}=f_s F_{NA}$,$F_{sB}=f_s F_{NB}$,联立解得 $F_T = P_1 + P_2\left(\frac{b}{2a}f_s + 1\right)$,因此上升工况下不被卡住的 $P_3$ 为

$$P_3 > P_1 + P_2\left(\frac{b}{2a}f_s + 1\right) \text{。}$$

(2)下降工况的受力情况,只需将图(a)中的摩擦力反向即可,同时前面平衡方程中相应的摩擦力正负也相应取反号解得 $F_T = P_1 + P_2\left(1 - \frac{b}{2a}f_s\right)$,因此下降工况下不被卡住的 $P_3$ 为

$$P_3 < P_1 + P_2\left(1 - \frac{b}{2a}f_s\right) \text{。}$$

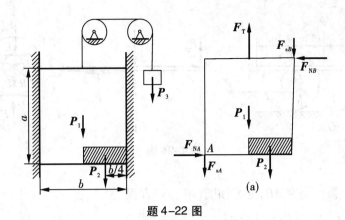

题 4-22 图

【注意:所得结果没有共同的范围,即 $P_3$ 的值不可能在机构上升和下降工况下同时满足条件,因此机构在上升和下降时要不断切换 $P_3$ 的值】

【4-23】均质圆柱重 $P$、半径为 $r$,搁在不计自重的水平杆和固定斜面之间。杆端 $A$ 为光滑铰链,$D$ 端受一铅垂向上的力 $F$,圆柱上作用一力偶,如题 4-23 图所示。已知 $F=P$,圆柱与杆和斜面间的静滑动摩擦因数皆为 0.3,不计滚动摩阻。当 $\alpha=45°$ 时,$AB=BD$。求此时能保持系统静止的力偶矩 $M$ 的最小值。

　　**解:**扫码进入。

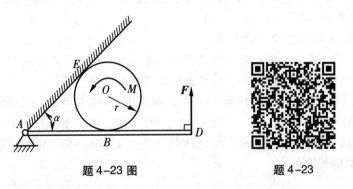

题 4-23 图　　　　　　　题 4-23

【4-24】如题 4-24 图所示,重量为 $P_1=196$ N 的均质梁 $AB$,受到力 $P=254$ N 的作用。梁的 $A$ 端为固定铰支座,另一端搁置在重 $P_2=343$ N 的线圈架的芯轴上,轮心 $C$ 为线圈架的重心。线圈架与 $AB$ 梁和地面间的静滑动摩擦因数分别为 $f_{s1}=0.4$,$f_{s2}=0.2$,不计滚动摩阻,线圈架的半径 $R=0.3$ m,芯轴的半径 $r=0.1$ m,今在线圈架的芯轴上绕一不计重量的软绳,求使线圈架由静止而开始运动的水平拉力 $F$ 的最小值。

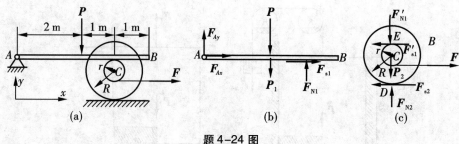

题 4-24 图

**解:** 设系统平衡。研究 AB, 受力如图 (b)。列方程

$\sum M_A = 0$    $F_{N1} \times 3 - (P_1 + P) \times 2 = 0$    得 $F_{N1} = 300$ N,

再研究轮, 受力如图 (c)。列方程

$\sum F_x = 0$    $F - F'_{s1} - F_{s2} = 0$,

$\sum F_y = 0$    $-F'_{N1} - P_2 + F_{N2} = 0$,

$\sum M_C = 0$    $F'_{s1} r - F_{s2} R + Fr = 0$。

(1) 先假设 E 点先滑动, 则在 E 点应用摩擦定律 (平衡时) $F_{s1} \leqslant f_{s1} F_{N1}$, 联立解得 $F \leqslant$ 240 N, 则滑动时 $F \geqslant$ 240 N;

(2) 再假设 D 点先滑动, 则在 D 点应用摩擦定律 (平衡时) $F_{s2} \leqslant f_{s2} F_{N2}$, 联立解得 $F \leqslant$ 257.2 N, 则滑动时 $F \geqslant$ 257.2 N。

所以 $F \geqslant$ 240 N 时线圈架开始滑动。

**【注意】** 两个以上的物体组成的系统有两处摩擦时, 一般不会两处同时达到最大静摩擦力, 求解时对两处要分别使用摩擦定律, 求出两个值后再进行比较】

**【4-25】** 如题 4-25 图所示, A 块重 500 N, 轮轴 B 重 1 000 N, A 块与轮轴的轴以水平绳连接。在轮轴外绕以细绳, 此绳跨过一光滑的滑轮 D, 在绳的端点系一重物 C。如 A 块与平面间的摩擦因数为 0.5, 轮轴与平面间的摩擦因数 0.2, 不计滚动摩阻, 试求使物体系统平衡时物体 C 的重量 P 的最大值。

**解:** 扫码进入。

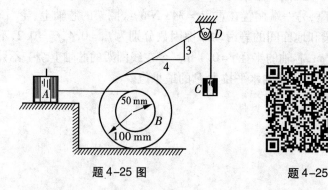

题 4-25 图          题 4-25

【**4-26**】如题 4-26 图所示为升降机安全装置的计算简图。已知墙壁与滑块间的摩擦因数为 0.5,构件自重不计。问机构的尺寸比例应为多少方能确保安全制动,并求 $\alpha$ 与摩擦角 $\varphi_f$ 的关系。

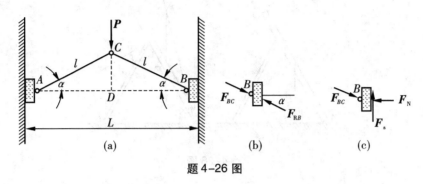

题 4-26 图

解法 1:几何法。研究 $B$ 块,$BC$ 杆受力与 $B$ 块全反力满足二力平衡关系,如图(b)。由几何关系得 $\tan\alpha = \dfrac{\sqrt{l^2 - (L/2)^2}}{L/2}$,自锁条件 $\alpha \leqslant \varphi_f$,利用上式解得 $\dfrac{l}{L} \leqslant 0.559$,由图中的几何关系知 $L$ 必须小于 $2l$,所以所求结果为

$$0.5 \leqslant \frac{l}{L} \leqslant 0.559 \text{。}$$

解法 2:解析法。研究 $B$ 块,受力如图(c),由水平和铅垂方向的平衡方程得

$$F_N = F_{BC}\cos\alpha, \quad F_s = F_{BC}\sin\alpha \text{。}$$

应用摩擦定律 $F_s \leqslant f_s F_N$,联立解得 $\tan\alpha \leqslant f_s$,利用 $\tan\varphi_f = f_s$,并利用图中的几何关系即可得到同解法 1 相同的结果。

【**4-27**】如题 4-27 图所示,构件 1 和 2 用楔块 3 连接,已知楔块与构件间的摩擦因数 $f_s = 0.1$,楔块自重不计。试求能自锁的倾斜角 $\alpha$。

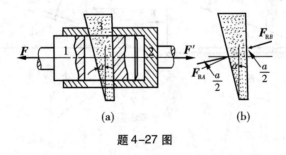

题 4-27 图

解法 1:用摩擦角的概念解。研究楔块 3,受力如图,左右两侧的全反力满足二力平衡条件,自锁时 $\dfrac{\alpha}{2} \leqslant \varphi_f$,由 $\tan\varphi_f = f_s$ 解得 $\alpha \leqslant 11°25'$。

解法 2:解析法解。画出楔块 3 的受力图,列出水平和铅垂方向的平衡方程,再利用左右两侧的摩擦定律,四个方程联立求得 $f_s^2\sin\alpha + 2f_s\cos\alpha - \sin\alpha = 0$,将 $f_s = 0.1$ 代入解得 $\alpha \leqslant 11°25'$。

【4-28】均质长板 $AD$ 重 $P$,长为 4 m,用一短板 $BC$ 支撑,如题 4-28 图所示。若 $AC=BC=AB=3$ m,$BC$ 板的自重不计。求 $A$、$B$、$C$ 处摩擦角各为多大才能使之保持平衡。

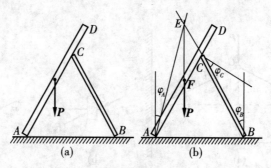

题 4-28 图

解:研究 $BC$ 杆,平衡时 $B$、$C$ 两点的全反力满足二力平衡条件,即沿 $BC$ 方向,则由图中的几何关系知 $B$、$C$ 点的摩擦角 $\varphi_B=\varphi_C=30°$;

分析 $AD$ 杆,$A$、$C$ 点的全反力与重力 $P$ 三力汇交于一点,由图中的几何关系知 $CE=CF=1$ m,由正弦定理得 $\dfrac{3}{\sin(30°+\varphi_A)}=\dfrac{4}{\sin(90°-\varphi_A)}$,解得 $\varphi_A=16°6'$。

【注意:图中的 $\varphi_A$、$\varphi_B$、$\varphi_C$ 为摩擦角。本题用解析法解比较麻烦】

【4-29】尖劈顶重装置如题 4-29 图所示。在 $B$ 块上受力 $P$ 的作用。$A$ 与 $B$ 块间的摩擦因数为 $f_s$(其他有滚珠处表示光滑)。如不计 $A$ 和 $B$ 块的重量,试求使系统保持平衡的力 $F$ 的值。

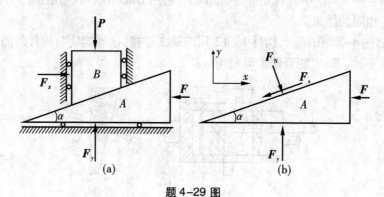

题 4-29 图

解:研究整体,受力如图(a)

由方程 $\sum F_y=0$ 得 $F_y=P$;

研究 $A$,设有右滑趋势,受力如图(b),列方程

$$\sum F_x=0 \quad -F_s\cos\alpha-F+F_N\sin\alpha=0,$$

$$\sum F_y=0 \quad F_Y-F_s\sin\alpha-F_N\cos\alpha=0;$$

摩擦定律 $F_s \leqslant f_s F_N$,联立解得 $F \geqslant \dfrac{\sin\alpha - f_s\cos\alpha}{\cos\alpha + f_s\sin\alpha}P$;

设 $A$ 有左滑趋势,则图(b)中的摩擦力 $F_s$ 向斜上,同理解得 $F \leqslant \dfrac{\sin\alpha - f_s\cos\alpha}{\cos\alpha + f_s\sin\alpha}P$;

所以系统平衡的力为 $\dfrac{\sin\alpha - f_s\cos\alpha}{\cos\alpha + f_s\sin\alpha}P \leqslant F \leqslant \dfrac{\sin\alpha - f_s\cos\alpha}{\cos\alpha + f_s\sin\alpha}P$。

**【4-30】**一半径为 $R$ 重为 $P_1$ 的轮静止在水平面上,如题 4-30 图所示。在轮上半径为 $r$ 的轴上缠细绳,此细绳跨过滑轮 $A$,在端部系一重为 $P_2$ 的物体。绳的 $AB$ 部分与铅直线成 $\alpha$ 角。求轮与水平面接触点 $C$ 处的滚动摩阻力偶矩、滑动摩擦力和法向反作用力。

**解:**研究轮,受力如图,列方程

$\sum F_x = 0$ $\quad F_s + P_2\sin\alpha = 0$,得 $F_s = -P_2\sin\alpha$(方向向左);

$\sum F_y = 0$ $\quad F_N - P_1 + P_2\cos\alpha = 0$,得 $F_N = P_1 - P_2\cos\alpha$;

对轮心求矩 $\sum M = 0$ $\quad -M + P_2 r + F_s R = 0$,得 $M = P_2(r - R\sin\alpha)$。

**【说明:**平衡时,滑动摩擦力、法向反力和滚动摩阻力偶均可作为一般未知量求解,方向可以任意假设**】**

**【4-31】**如题 4-31 图所示,钢管车间的钢管运转台架,依靠钢管自重缓慢无滑动滚下,钢管直径为 50 mm,设钢管与台架间的滚动摩阻系数 $\delta = 0.3$ mm,试决定台架的最小倾角 $\alpha$ 应为多大?

**解:**研究钢管,设重 $P$,受力如图,平衡时对接触点求矩

$\sum M = 0$ $\quad -M + P\sin\alpha R = 0$,得 $M = PR\sin\alpha$;

$\sum F_y = 0$ $\quad F_N - P\cos\alpha = 0$,得 $F_N = P\cos\alpha$;

不滚动的条件 $M \leqslant \delta F_N$,解得 $\tan\alpha \leqslant \dfrac{\delta}{R} = 0.02$,$\alpha \leqslant 1°9'$,

所以能滚下的条件为 $\alpha \geqslant 1°9'$。

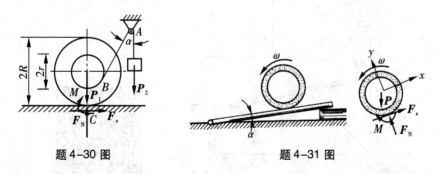

题 4-30 图　　　　　　　　　題 4-31 图

**【4-32】**重 50 N 的方块放在倾斜的粗糙面上,斜面的边 $AB$ 与 $BC$ 垂直,如题 4-32 图所示。如在方块上作用水平力 $F$ 与 $BC$ 边平行,此力由零逐渐增加,方块与斜面间的静摩擦因数为 0.6。求:(1)保持方块平衡时,水平力 $F$ 的最大值;(2)若方块与斜面的动摩擦因数为 0.55,当物块做匀速直线运动时,求水平力 $F$ 的大小及物块滑动的方向。

**解:**(1)研究物块,受力如图,正交坐标系的 $xy$ 面为斜面方向,$x$ 轴平行于 $AB$ 边,设滑动趋势方向沿 $\theta$ 方向。列方程

$$\sum F_x = 0 \quad -F_s\cos\theta + P\frac{1}{\sqrt{5}} = 0,$$

$$\sum F_y = 0 \quad F - F_s\sin\theta = 0,$$

$$\sum F_z = 0 \quad F_N - P\frac{2}{\sqrt{5}} = 0,$$

不滑动的条件 $F_s \leqslant f_s F_N$,联立解得 $F \leqslant 14.83$ kN。

(2)同(1)类似。匀速滑动时平衡方程完全相同,摩擦条件 $F_s = f_s F_N$,代入数据解得 $F = 10.25$ kN,$\theta = 24.62°$。

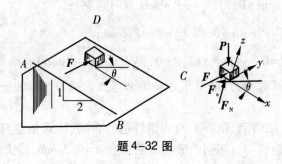

题 4-32 图

**【4-33】**题 4-33 图中均质杆 $AB$ 长 $l$,重 $P$,$A$ 端由一球型铰链固定在地面上,$B$ 端自由地靠在一铅直墙面上,墙面与铰链 $A$ 的水平距离等于 $a$,图中平面 $AOB$ 与 $Oxy$ 的交角为 $\alpha$。杆 $AB$ 与墙面间的摩擦因数为 $f_s$,铰链的摩擦阻力可以不计。试求杆 $AB$ 将开始沿墙滑动时 $\alpha$ 角应等于多大?

**解:**扫码进入。

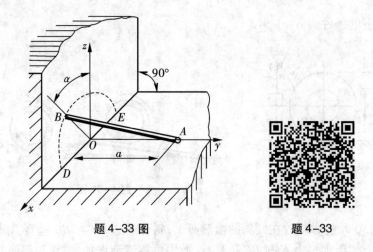

题 4-33 图          题 4-33

**【4-34】**柔性体绕过圆柱体,其主动拉力和从动拉力分别为 $F_2$ 和 $F_1$,如题 4-34 图。设柔性体与圆柱体之间的静摩擦因数为 $f_s$,接触部分的圆心角(称为包角)为 $\beta$,圆柱体平衡,不

计柔性体自重。证明:柔性体与圆柱之间处于滑动的临界状态时 $F_2 = F_1 e^{f_s\beta}$。

**证明:** 扫码进入。

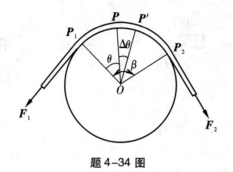

题 4-34 图 　　　　　　　题 4-34

【**4-35**】皮带制动器如题 4-35 图所示,皮带绕过制动轮而连结于固定点 $C$ 及水平杠杆的 $E$ 端。皮带绕于轮上的包角 $\alpha = 225° = 1.25\pi$(弧度),皮带与轮间的摩擦因数为 $f_s = 0.5$,轮半径 $a = 100$ mm。如在水平杆 $D$ 端施加一铅重力 $F = 100$ N,求皮带对于制动轮的制动力矩 $M_f$ 的最大值。(提示:利用 4-34 题公式)

**解法步骤:**

(1)研究 $ED$ 杆,由 $\sum M_C = 0$ 得 $F_1 = 2F$;

(2)研究轮,则摩擦力矩为 $M_f = (F_2 - F_1)a = F_1 a(e^{f_s\alpha} - 1) = 122.48$ Nm。

【**4-36**】拉住轮船的绳子,绕固定在码头上的带缆桩两整圈,如题 4-36 图所示。设船作用于绳子的拉力为 7 500 N;为了保证两者之间无相对滑动,码头装卸工人必须用 150 N 的拉力拉住绳的另一端。试求:(1)绳子与带缆桩间的静摩擦因数 $f_s$;(2)如绳子绕在桩上三整圈,工人的拉力仍为 150 N,问此时船作用于绳的最大拉力应为多少?(提示:利用 4-34 题公式)

解法步骤同上题。

(1)代入上题的提示公式得 $7\,500 = 150 e^{f_s 4\pi}$,求出 $f_s = 0.311$;

(2)$F = 150 e^{f_s 6\pi} = 53$ kN。

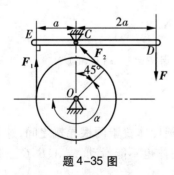

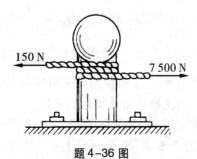

题 4-35 图 　　　　　　　　题 4-36 图

【**4-37**】如题 4-37 图所示系统,两杆重量忽略不计,$A$、$B$、$C$ 处为光滑铰链,$A$、$C$ 块与台面间的摩擦因数为 0.25,$A$ 块重 $P_A = 20$ N,$B$ 块重 $P_B = 10$ N。求平衡时力 $P$ 的范围。

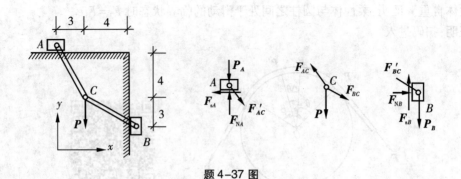

题 4-37 图

**解:**(1)研究 $C$ 点,受力如图,平衡时

$$\sum F_y = 0 \quad F_{AC} \times \frac{4}{5} - F_{BC} \times \frac{3}{5} - P = 0,$$

$$\sum F_x = 0 \quad -F_{AC} \times \frac{3}{5} + F_{BC} \times \frac{4}{5} = 0,$$

解得 $F_{AC} = \frac{20}{7} P$, $F_{BC} = \frac{15}{7} P$;

(2)设 $A$ 块先滑动,研究 $A$ 块,平衡时

$$\sum F_y = 0 \quad -F'_{AC} \times \frac{4}{5} + F_{NA} - P_A = 0,$$

$$\sum F_x = 0 \quad F'_{AC} \times \frac{3}{5} - F_{sA} = 0,$$

摩擦定律 $F_{sA} \leqslant f_s F_{NA}$,联立解得 $P \leqslant \frac{35}{8} = 4.375$ N;

(3)设 $B$ 块先滑动,研究 $B$ 块,并设 $B$ 有下滑趋势,平衡时

$$\sum F_y = 0 \quad F'_{BC} \times \frac{3}{5} + F_{sB} - P_B = 0,$$

$$\sum F_x = 0 \quad -F'_{BC} \times \frac{4}{5} + F_{NB} = 0,$$

摩擦定律 $F_{sB} \leqslant f_s F_{NB}$,联立解得 $P \geqslant \frac{35}{6} = 5.833$ N;

同理设 $B$ 有上滑趋势,则图中 $F_{sB}$ 方向向下,求得 $P \leqslant \frac{35}{3} = 11.667$ N。

综合以上结果知:没有使系统平衡的力 $P$。

【结论:并不是所有系统都能平衡】

【4-38】如题 4-38 图所示系统,连杆 $DE$ 和小圆柱体置于两根导轨之间,这是一个自锁装置,即不管力 $P$ 多大,杆子也不会向下滑动,圆柱体也不能滑动,求 $A$、$B$、$C$ 三处许可的最小摩擦因数。(不计圆柱体重量)。

**解:**用几何法解。由题意知,只要保证圆柱体不滑动即可。画出圆柱体的受力图,$B$、$C$ 点的全反力满足二力平衡条件,由几何关系并利用自锁条件得 $\frac{\theta}{2} \leqslant \varphi_f$,利用 $f_s = \tan\varphi_f$,求得 $f_s$

$$\geq \tan\frac{\theta}{2}\text{。}$$

【注意:本题也可用解析法解,$C$、$B$点同时滑动。显然几何法较简单】

【4-39】三个完全相同的圆柱形杆如题4-39图放置,求保持平衡时的最小摩擦因数。

解:用几何法。研究下面的杆,受力如图,平衡时重力和$A$、$B$两点的全反力满足三力平衡汇交定理,且汇交于$B$点。由图中的几何关系知,摩擦因数相同时,$B$点全反力与法向夹角小于$A$点全反力与法向夹角,所以$A$点先滑动。利用自锁条件得$15° \leq \varphi_f$,即$f_s \geq \tan 15° = 0.268$。

【注意:本题也可以用解析法解,但较麻烦】

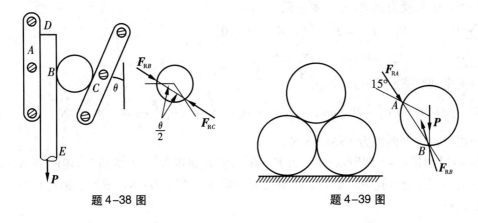

题4-38图        题4-39图

【4-40】如题4-40图所示,重为$P_1 = 980$ N,半径为$r = 100$ mm的滚子$A$与重为$P_2 = 490$ N的板$B$由通过滑轮$C$的柔绳相连。已知板与斜面间的静滑动摩擦因数$f_s = 0.1$,滚子$A$与板$B$间的滚阻系数为$\delta = 0.5$,斜面倾角$\alpha = 30°$,绳与斜面平行,绳与滑轮自重不计,铰链$C$光滑。求拉动板$B$且平行于斜面的力$F$的大小。

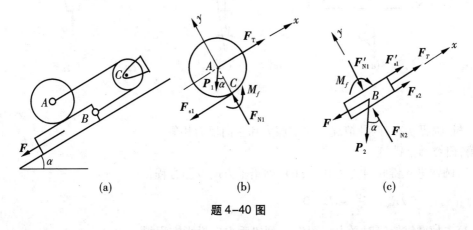

(a)        (b)        (c)

题4-40图

分析:拉动板$B$时,滚子$A$与板$B$间的滚动摩阻达到最大值,板与斜面间的滑动摩擦力达到最大值。

**解:**取平衡的临界状态。

(1)研究 $A$,受力如图(b)。列平衡方程

$$\sum F_x = 0 \quad P_T - F_{s1} - P_1\sin\alpha = 0,$$

$$\sum F_y = 0 \quad P_{N1} - P_1\cos\alpha = 0,$$

$$\sum M_C = 0 \quad M_f + P_1\sin\alpha r - F_T r = 0,$$

补充滚动摩阻定律 $M_f = F_{N1}\delta$

联立解得 $F_{N1} = P_1\cos\alpha$ , $F_{s1} = \dfrac{\delta}{r}P_1\cos\alpha$ , $F_T = P_1\left(\sin\alpha + \dfrac{\delta}{r}\cos\alpha\right)$ ;

(2)研究 B,受力如图(c)。列方程

$$\sum F_x = 0 \quad P_T - F'_{s1} + F_{s2} - P_2\sin\alpha - F = 0,$$

$$\sum F_y = 0 \quad P_{N2} - P_2\cos\alpha - F'_{N1} = 0,$$

补充滑动摩擦定律 $F_{s2} = F_{N2}f_s$

联立解得 $F = (P_1 - P_2)\sin\alpha + f_s(P_1 + P_2)\cos\alpha + 2P_1\dfrac{\delta}{r}\cos\alpha = 380.8\ \text{N};$

所以拉动板 $B$ 的力为 $F > 380.8\ \text{N}$。

**【4-41】**如题 4-41 图所示,用一力 $F = 400\ \text{N}$ 迫使锥度为 $\theta = 2°$ 的圆锥形销钉进入在固定物体上的紧密配合锥孔中。如果拿掉销钉则需要用力 $F' = 300\ \text{N}$。试计算销钉和锥孔之间的摩擦因数。

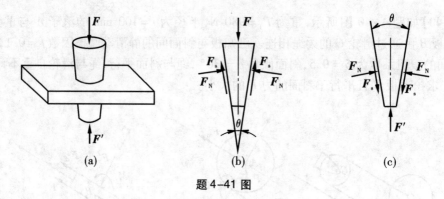

(a) (b) (c)

题 4-41 图

**分析:**临界状态,两种情况下的摩擦力和法向反力相等。

**解:**研究圆锥销钉。

(1)圆锥进入锥孔时受力如图(b),列铅垂方向投影方程得

$$2F_s\cos\frac{\theta}{2} + 2F_N\sin\frac{\theta}{2} - F = 0$$

(2)去掉圆锥销钉时受力如图(c),列铅垂方向投影方程得

$$2F_s\cos\frac{\theta}{2} - 2F_N\sin\frac{\theta}{2} - F' = 0$$

补充摩擦定律 $F_s = F_N f_s$ 联立解得 $f_s = 7\tan\dfrac{\theta}{2} = 0.122$。

【4-42】如题 4-42 图所示，物块 $B$ 重 1 500 N，放在水平面上，其上放重为 1 000 N 的物块 $A$，可绕固定轴 $C$ 转动的曲杆 $CD$ 搁置在物块 $A$ 上，在 $D$ 点作用一力 $F_1 = 500$ N。已知物块 $A$ 与曲杆、$A$ 与 $B$、$B$ 与地面之间的摩擦因数分别为 0.3、0.2、0.1，$EF = 0.75$ m，$ED = 0.5$ m，$CF = 0.25$ m。曲杆自重不计。问在物块 $B$ 上加多大的力 $F_2$ 才能使物块滑动？

**解:**扫码进入。

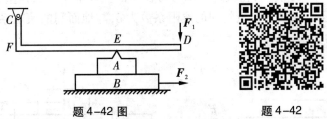

题 4-42 图　　　题 4-42

【4-43】如题 4-43 图所示组合梁，$A$ 为固定端，$C$ 为铰链约束。重为 $P = 5\,880$ N 的重物 $E$ 放在倾角为 30° 的斜面上，并用绳系住，绳绕过定滑轮 $O$ 后系于 $CB$ 梁的 $D$ 点。已知重物 $E$ 与斜面间的静摩擦因数为 $f_s = 0.3$，其他各连接处的摩擦不计，系统处于平衡状态。求：（1）均布载荷 $q$ 的分布长度 $x$ 的范围；（2）当 $x = 2$ m 时，固定端的约束力和斜面上的摩擦力。

**解:**扫码进入。

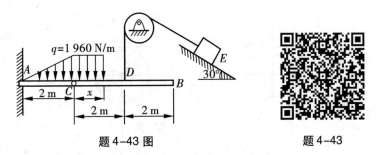

题 4-43 图　　　题 4-43

【4-44】直径各为 $d$ 和 $D$ 的两个圆柱置于同一水平的粗糙平面上，如题 4-44 图所示。在大圆柱上绕上绳子，作用在绳端的水平拉力为 $F$，设所有接触点的静摩擦因数均为 $f_s$，证明：大圆柱能翻过小圆柱的条件为 $f_s \geqslant \sqrt{\dfrac{d}{D}}$。

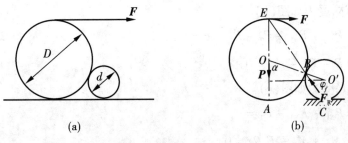

(a)　　　　(b)

题 4-44 图

**分析**：在临界状态，大圆柱翻过小圆柱时 $A$ 点脱离地面，大圆柱和小圆柱的受力均满足三力平衡汇交定理（设两个圆柱均考虑重力），大圆柱受力汇交于 $E$ 点，小圆柱受力汇交于 $C$ 点，而且小圆柱的 $B$ 点先于 $C$ 点开始滑动（因为 $C$ 点法向反力大于 $B$ 点法向反力）。

**证明**：用几何法。取临界状态，大圆柱受力如图。

根据几何关系有　　$AE = EC\cos\varphi_f$，即 $2D = (2D\cos\varphi_f + 2d\cos\varphi_f)\cos\varphi_f$，

化简得 $\tan^2\varphi_f = \dfrac{d}{D}$，所以保证不滑动的条件为 $f_s \geqslant \sqrt{\dfrac{d}{D}}$。

**【4–45】** 如题 4–45 图所示，在搬运重物时常在下面垫以滚子。已知重物重量为 $P$，滚子重量为 $P_1 = P_2$，半径为 $r$，滚子与重物间的滚阻系数为 $\delta$，与地面间的滚阻系数为 $\delta'$。求拉动重物时水平力 $F$ 的大小。

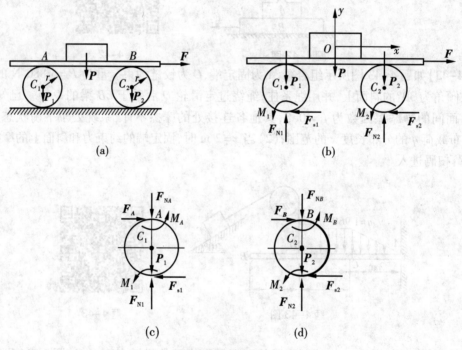

题 4–45 图

**分析**：拉动重物时各处的滚动摩阻达到最大值。

**解**：取拉动物体的临界状态。

（1）研究整体，受力如图（b）。

$$\sum F_y = 0 \quad P_{N1} + P_{N2} - P_2 - P_1 - P = 0,$$

$$\sum F_x = 0 \quad F - F_{s1} - F_{s2} = 0,$$

（2）研究轮 1，受力如图（c）。

$$\sum F_y = 0 \quad P_{N1} - F_{NA} - P_1 = 0,$$

$$\sum M_A = 0 \quad M_A + M_1 - F_{s1}2r = 0,$$

（3）研究轮 2，受力如图（d）。

$$\sum F_y = 0 \quad P_{N2} - F_{NB} - P_2 = 0,$$

$$\sum M_B = 0 \quad M_B + M_2 - F_{s2}2r = 0,$$

补充滚动摩擦定律

$$M_1 = \delta' F_{N1}, M_2 = \delta' F_{N2}, M_A = \delta F_{NA}, M_B = \delta F_{NB},$$

以上方程联立求解得 $F = \dfrac{P(\delta + \delta') + 2P_1\delta'}{2r}$，所以拉动重物时水平力 $F$ 的大小为

$$F > \frac{P(\delta + \delta') + 2P_1\delta'}{2r}。$$

# 运动学

## ❖ 基本要求

    1. 能选用合适的方法分析点的运动;能熟练计算点的速度和加速度;

    2. 掌握运动相对性的概念;能熟练利用运动的合成与分解的方法分析点和刚体的复杂运动(以平面运动为主)。

## ❖ 重点

    点的合成运动和刚体的平面运动。

## ❖ 难点

    1. 点的合成运动中牵连运动(速度、加速度)和科氏(或哥氏)加速度概念的理解;

    2. 科氏(或哥氏)加速度的分析;

    3. 点的运动和刚体运动中的加速度分析和求解。

## ❖ 注意的问题

    孤立点和刚体上点的运动速度和加速度一般不要在某方向上进行分解,应按照理论力学特定的方法和原理进行分析求解。

# 第5章 点的运动学

# 一、基本内容与解题指导

## 1. 基本要求、重点与难点

**（1）基本要求**

正确理解矢量法建立点的运动方程和速度、加速度公式；熟练掌握直角坐标法和自然坐标法建立点的运动方程和速度、加速度求解。

**（2）重点**

直角坐标法和自然坐标法建立点的运动方程和速度、加速度求解。

**（3）难点**

自然轴系的概念；点的运动参数（方程、速度、加速度）在直角坐标法和自然坐标法中的关系及转换。

## 2. 主要内容

**（1）基本概念**

点的运动：点在空间的位置随时间的变化；

运动方程：描述运动规律的数学方程（含时间 $t$）；

轨迹方程：运动时经过的路线（不含时间 $t$）。

**（2）描述点运动的方法**

| | 矢量法 | 直角坐标法 | 自然坐标法 |
|---|---|---|---|
| 运动方程 | $\vec{r} = \vec{r}(t)$ | $\begin{aligned} x &= f_1(t) \\ y &= f_2(t) \\ z &= f_3(t) \end{aligned}$ | $s = f(t)$ |
| 速度 | $\vec{v} = \dfrac{\mathrm{d}\vec{r}}{\mathrm{d}t} = \dot{\vec{r}}(t)$ <br> 方向沿切向 | $v_x = \dot{x}, v_y = \dot{y}, v_z = \dot{z}$ <br> $v = \sqrt{v_x^2 + v_y^2 + v_z^2}$ <br> $\cos(\vec{v}, \vec{\imath}) = \dfrac{v_x}{v}, \cdots\cdots$ | $\vec{v} = \dfrac{\mathrm{d}s}{\mathrm{d}t}\vec{\tau}$ |

续表

| | 矢量法 | 直角坐标法 | 自然坐标法 |
|---|---|---|---|
| 加速度 | $\vec{a} = \dfrac{\mathrm{d}\vec{v}}{\mathrm{d}t} = \dot{\vec{v}}$ $= \dfrac{\mathrm{d}^2\vec{r}}{\mathrm{d}t^2} = \ddot{\vec{r}}(t)$ | $a_x = \ddot{x}, a_y = \ddot{y}, a_z = \ddot{z}$ $a = \sqrt{a_x^2 + a_y^2 + a_z^2}$ $\cos(\vec{a}, \vec{\imath}) = \dfrac{a_x}{a}, \cdots\cdots$ | $\vec{a} = \vec{a_t} + \vec{a_n}$ $= \dfrac{\mathrm{d}^2 s}{\mathrm{d}t^2}\vec{\tau} + \dfrac{v^2}{\rho}\vec{n}$ $a = \sqrt{a_t^2 + a_n^2}$ |

# 二、概念题

【5-1】$\dfrac{\mathrm{d}\vec{v}}{\mathrm{d}t}$ 和 $\dfrac{\mathrm{d}v}{\mathrm{d}t}$、$\dfrac{\mathrm{d}\vec{v}}{\mathrm{d}t}$ 和 $\left|\dfrac{\mathrm{d}\vec{v}}{\mathrm{d}t}\right|$、$\dfrac{\mathrm{d}|\vec{v}|}{\mathrm{d}t}$ 和 $\left|\dfrac{\mathrm{d}\vec{v}}{\mathrm{d}t}\right|$、$\dfrac{\mathrm{d}\vec{r}}{\mathrm{d}t}$ 和 $\dfrac{\mathrm{d}r}{\mathrm{d}t}$ 是否相同?

答:不相同。$\dfrac{\mathrm{d}\vec{v}}{\mathrm{d}t}$ 表示速度矢量对时间求导,等于加速度矢量;而 $\dfrac{\mathrm{d}v}{\mathrm{d}t}$ 表示速度大小对时间求导,等于切向加速度;$\left|\dfrac{\mathrm{d}\vec{v}}{\mathrm{d}t}\right|$ 表示全加速度的大小;$\dfrac{\mathrm{d}|\vec{v}|}{\mathrm{d}t} = \dfrac{\mathrm{d}v}{\mathrm{d}t}$;$\dfrac{\mathrm{d}\vec{r}}{\mathrm{d}t}$ 表示点的位置矢径对时间求导,等于速度矢量;$\dfrac{\mathrm{d}r}{\mathrm{d}t}$ 表示代数量 $r$ 对时间求导,表示速度沿矢量 $\vec{r}$ 方向的分量。

【知识点:速度和加速度的定义与计算】

【5-2】点做曲线运动,如概念题 5-2 图所示。试就以下三种情况画出加速度的大致方向:

(1)在 $M_1$ 处做匀速运动;

(2)在 $M_2$ 处做加速运动;

(3)在 $M_3$ 处做减速运动。

答:如图。$\vec{a}_1 \perp \vec{v}_1$,$\vec{a}_2$ 与 $\vec{v}_2$ 夹角小于 $90°$,$\vec{a}_3$ 与 $\vec{v}_3$ 夹角大于 $90°$。

【知识点:点的切向加速度和法向加速度的概念】

【5-3】点 $M$ 沿螺旋线自外向内运动,如概念题 5-3 图所示。它走过的弧长与时间的一次方成正比,问点的加速度是越来越大,还是越来越小? $M$ 点越跑越快,还是越跑越慢?

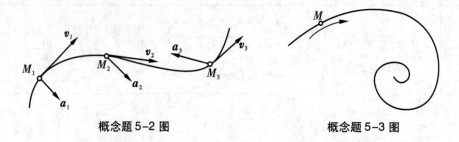

概念题 5-2 图　　　　　　　　概念题 5-3 图

答:由描述点运动的自然法知,速度等于弧长(自然坐标)对时间的一阶导数,所以速度为常量,点做匀速曲线运动;切向加速度为 0,法向加速度越来越大(因为曲率半径越来越小),则加速度越来越大。

【知识点:点的切向加速度和法向加速度的计算】

**【5-4】**当点做曲线运动时,若点的加速度 $\vec{a}$ 是恒矢量,问点是否做匀变速运动?

**答:**匀变速是指速度的大小变化率为常量,即切向加速度为常量。本题全加速度为恒矢量,而全加速度与切向的夹角在变化,所以法向加速度和切向加速度都不是常量,则点不做匀变速运动。例如物体的斜抛运动,加速度为恒定的重力加速度。

**【5-5】**做曲线运动的两动点,初速度相同、运动轨迹相同、运动中两点的法向加速度也相同。判断下述说法是否正确:

(1)任一瞬时两动点的切向加速度必相同;

(2)任一瞬时两动点的速度必相同;

(3)两动点的运动方程必相同。

**答:**若初始位置相同,由已知条件知,两点的 $a_n = \dfrac{v^2}{\rho}$ 相同,$\rho$ 也相同,则速度相同。所以 (1)正确;(2)正确;(3)不一定。只有当坐标系完全相同(包括坐标原点和坐标轴的方向等)时,运动方程才相同。若初始位置不同,虽然 $a_n = \dfrac{v^2}{\rho}$ 相同,但不同位置的 $\rho$ 不相同,则速度也不相同,所以(1)(2)(3)均不相同。只有当曲线为圆周时(1)(2)相同,而(3)仍不一定。

**【5-6】**动点在平面内运动,已知其运动轨迹 $y = f(x)$ 及其速度在 $x$ 轴方向的分量。判断下述说法是否正确:

(1)动点的速度 $\vec{v}$ 可完全确定;

(2)动点的加速度在 $x$ 轴方向的分量可完全确定;

(3)当 $v_x \neq 0$ 时,一定能确定动点的切向加速度 $\vec{a}_t$、法向加速度 $\vec{a}_n$ 及全加速度 $\vec{a}$。

**答:**(1)(2)(3)均正确。说明:$v_x$ 已知,$v_y = \dfrac{dy}{dx}\dfrac{dx}{dt} = \dfrac{dy}{dx}v_x$,若 $\dfrac{dy}{dx}$ 存在,则 $v_y$ 可求,$\vec{v}$ 可完全确定;$a_x = \dfrac{dv_x}{dt}$,$a_y = \dfrac{dv_y}{dt}$,$a = \sqrt{a_x^2 + a_y^2}$,$a_t = \dfrac{dv}{dt}$,$a_n = \sqrt{a^2 - a_t^2}$。

**【5-7】**下述各种情况下,动点的全加速度 $\vec{a}$、切向加速度 $\vec{a}_t$ 和法向加速度 $\vec{a}_n$ 三个矢量之间有何关系?

(1)点沿曲线做匀速运动;

(2)点沿曲线运动,在该瞬时其速度为零;

(3)点沿直线做变速运动;

(4)点沿曲线做变速运动。

**答:**(1)切向加速度为 0,$\vec{a} = \vec{a}_n$;

(2)该瞬时,法向加速度为 0,$\vec{a} = \vec{a}_t$;

(3)法向加速度为 0,$\vec{a} = \vec{a}_t$;

(4)三个加速度均不为 0。

【5-8】点做曲线运动时,下述说法是否正确:

（1）若切向加速度为正,则点做加速运动;

（2）若切向加速度与速度符号相同,则点做加速运动;

（3）若切向加速度为零,则速度为常矢量。

答:（1）不一定;（2）正确。切向加速度与速度符号相同时,正号表示正向加速,负号表示反向加速;当切向加速度与速度符号不同时,点做减速运动;

（3）不对。速度大小不变,方向变化。

【5-9】概念题 5-9 图中一动点做匀速运动,当由直线进入曲线 $A$ 处时,加速度如何? 又当曲线进入直线 $B$ 处时,加速度如何?

答:因为点做匀速运动,所以切向加速度为 0,在曲线 $A$ 处,加速度沿法向,在直线 $B$ 处,加速度为 0。

【5-10】点沿图示曲线运动,概念题 5-10 图中表出了点的速度 $\vec{v}$ 和加速度 $\vec{a}$ 的各种情况,其中哪些是正确的,哪些是不正确的? 为什么? 如果是正确的,请说明是做加速运动还是减速运动?

答:$A$ 处,正确,加速运动;$B$ 处,正确,加速运动;$C$ 处,正确（此处曲率半径为无穷大）,加速运动;$D$ 处,错,$\vec{a}$ 应指向曲线凹的一侧;$E$ 处,错,法向加速度为 0;$F$ 处,错,法向加速度不等于 0。

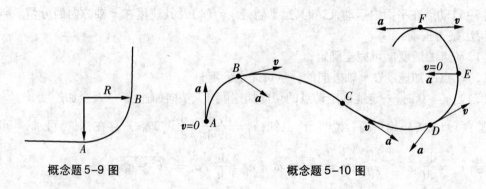

概念题 5-9 图　　　　　　　　概念题 5-10 图

【5-11】概念题 5-11 图中绳上 $A$、$B$ 两点的速度和加速度是否分别等于两轮子上 $A'$、$B'$ 两点的速度和加速度? 为什么?（绳与轮间不打滑）

答:速度相同,加速度不同。因为轮上的点做圆周运动,既有切向加速度又有法向加速度,绳上的 $A$、$B$ 点做直线运动,只相当于轮上点的切向加速度。

【5-12】一个人用长为 $l$ 的绳子将小船拉向岸边,如概念题 5-12 图所示,设人行走的速度为 $v$=常量,试问 $M$ 点是否也做匀速运动? 绳上各点的速度是否也等于 $v$? 如何求任一瞬时小船速度?

答:船运动的方程为 $x = \sqrt{(l-vt)^2 - h^2}$,速度为 $v_{船} = \dfrac{\mathrm{d}x}{\mathrm{d}t} = \cdots\cdots$,所以 $M$ 点不做匀速运动。绳缩短的速度为 $v$,但各点不同瞬时的运动方向不沿绳轴向,显然绳上各点的速度不等于 $v$。

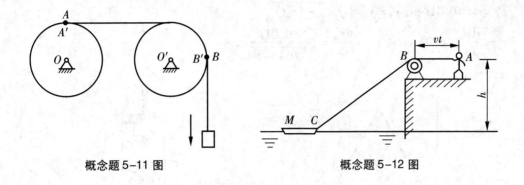

概念题 5—11 图　　　　　　　　　　　概念题 5—12 图

【5-13】在极坐标中，$v_r = \dot{r}$，$v_\theta = r\dot{\theta}$ 分别代表在极经方向及与极经垂直方向（极角 $\theta$ 方向）的速度。但为什么沿这两个方向的加速度为 $a_r = \ddot{r} - r\dot{\theta}^2$，$a_\theta = r\ddot{\theta} + 2\dot{r}\dot{\theta}$。试分析 $a_r$ 中的 $-r\dot{\theta}^2$ 和 $a_\theta$ 中的 $\dot{r}\dot{\theta}$ 出现的原因和它们的几何意义。

**答：**用极坐标描述点的运动，是把点的运动视为绕极径的转动和沿极径运动的叠加，$a_r$ 中的 $-r\dot{\theta}^2$ 和 $a_\theta$ 中的 $\dot{r}\dot{\theta}$ 出现的原因是这两种运动相互影响的结果。

# 三、习题

【5-1】题 5-1 图示曲线规尺的各杆，长为 $OA = AB = 200$ mm，$CD = DE = AC = AE = 50$ mm。如杆 $OA$ 以等角速度 $\omega = \dfrac{\pi}{5}$ rad/s 绕 $O$ 轴转动，并且当运动开始时，杆 $OA$ 水平向右，求尺上点 $D$ 的运动方程和轨迹。

**解：**运动方程

$$x = OA\cos\omega t = 200\cos\frac{\pi t}{5} \text{ mm},$$

$$y = OC\sin\omega t - CD\sin\omega t = 100\cos\frac{\pi t}{5} \text{ mm},$$

从运动方程中消去 $t$ 即可得轨迹方程　$\dfrac{x^2}{40\,000} + \dfrac{y^2}{10\,000} = 1$。

【5-2】如题 5-2 图所示，半圆形凸轮以等速 $v_0 = 0.01$ m/s 沿水平方向向左运动而使活塞杆 $AB$ 沿铅直方向运动。当运动开始时，活塞杆 $A$ 端在凸轮的最高点上。如凸轮的半径 $R = 80$ mm，求活塞 $B$ 相对于地面和相对于凸轮的运动方程和速度。

**解：**活塞相对地面做直线运动（设 $y$ 轴向上），运动方程和速度为

$$y_A = \sqrt{R^2 - (v_0 t)^2} = 0.01\sqrt{64 - t^2} \text{ m},$$

$$v_A = \frac{\mathrm{d}y_A}{\mathrm{d}t} = -\frac{0.01t}{\sqrt{64 - t^2}} \text{ m/s（方向向下）};$$

相对凸轮的运动方程和相对速度为

$$x'_A = v_0 t = 0.01t \text{ m}, \quad y'_A = y_A = \sqrt{R^2 - (v_0 t)^2},$$

$$v'_{Ax} = \frac{\mathrm{d}x'_A}{\mathrm{d}t} = 0.01 \text{ m/s}, \quad v'_{Ay} = \frac{\mathrm{d}y'_A}{\mathrm{d}t} = -\frac{0.01t}{\sqrt{64 - t^2}} \text{ m/s}。$$

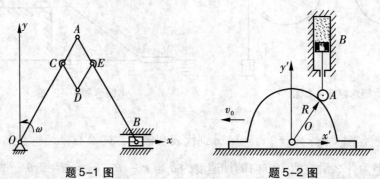

题 5-1 图　　　　　　　题 5-2 图

【5-3】如题 5-3 图所示,飞机在铅垂面内以不变的速率 $v_0$ 沿半径为 $R$ 的圆弧运动,当飞机在 $A$ 点的时候,点 $M$ 从它分离出来以恒定的加速度 $g$ 相对于静止坐标系 $O_1x_1y_1$ 运动。设原点 $O$ 固结于飞机的坐标系 $Oxy$ 与定坐标系 $O_1x_1y_1$ 的轴彼此平行。求在动坐标系 $Oxy$ 中看到的点 $M$ 的加速度与角 $\varphi$ 的关系。

**解:**扫码进入。

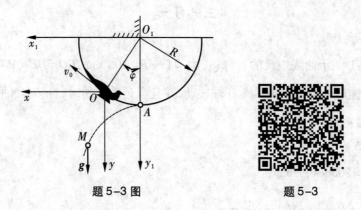

题 5-3 图　　　　　　　题 5-3

【5-4】题 5-4 图示雷达在距离火箭发射台为 $l$ 的 $O$ 处观察铅直上升的火箭发射,测得角 $\theta$ 的规律为 $\theta = kt$（$k$ 为常数）。试写出火箭的运动方程并计算当 $\theta = \dfrac{\pi}{6}$ 和 $\dfrac{\pi}{3}$ 时,火箭的速度和加速度。

**解:**火箭沿铅垂方向运动。

方程为 $y = l\tan\theta = l\tan kt$,速度 $v = \dot{y} = \dfrac{lk}{\cos^2 kt}$,加速度 $a = \ddot{y} = \dfrac{2lk^2\sin kt}{\cos^3 kt}$。

$\theta = \dfrac{\pi}{6}$ 时　$v = \dfrac{4}{3}lk, a = \dfrac{8}{9}\sqrt{3}\ lk^2$。

$\theta = \dfrac{\pi}{3}$ 时　$v = 4lk, a = 8\sqrt{3}\ lk^2$。

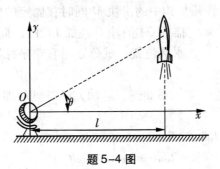

题 5-4 图

【5-5】套管 $A$ 由绕过定滑轮 $B$ 的绳索牵引而沿导轨上升,滑轮中心到导轨的距离为 $l$,如题 5-5 图所示。设绳索以等速 $v_0$ 拉下,忽略滑轮尺寸,求套管的速度和加速度与距离 $x$ 的关系式。

**解:**由图示的几何关系得 $AB^2 = x^2 + l^2$,$AB$ 缩短的速度为 $v_0$,则有

$$v_0 = -\frac{\mathrm{d}AB}{\mathrm{d}t} = -\frac{\mathrm{d}AB}{\mathrm{d}x}\frac{\mathrm{d}x}{\mathrm{d}t} = -\frac{x}{\sqrt{x^2 + l^2}}\frac{\mathrm{d}x}{\mathrm{d}t},$$

所以速度和加速度为

$$v_A = \frac{\mathrm{d}x}{\mathrm{d}t} = -\frac{v_0}{x}\sqrt{x^2 + l^2} \text{（方向向上）},$$

$$a_A = \frac{\mathrm{d}v_A}{\mathrm{d}t} = \frac{\mathrm{d}v_A}{\mathrm{d}x}v_A = -\frac{v_0^2 l^2}{x^3} \text{（方向向上）}。$$

【注意:本题 $x$ 的正方向向下】

【5-6】如题 5-6 图所示,偏心凸轮半径为 $R$,绕 $O$ 轴转动,转角 $\varphi = \omega t$（$\omega$ 为常量）,偏心距 $OC = e$,凸轮带动顶杆 $AB$ 沿铅垂直线作往复运动。试求顶杆的运动方程和速度。

**解:**以 $O$ 为坐标原点,$y$ 轴向上建立坐标系,则 $A$ 点的 $y$ 坐标即为 $AB$ 的运动方程,求导即得速度

$$y = OA = e\sin\varphi + \sqrt{R^2 - (e\cos\varphi)^2} = e\sin\omega t + \sqrt{R^2 - (e\cos\omega t)^2},$$

$$v = \frac{\mathrm{d}y}{\mathrm{d}t} = e\omega\cos\omega t + \frac{\omega e^2 \sin 2\omega t}{2\sqrt{R^2 - e^2 \cos^2\omega t}}。$$

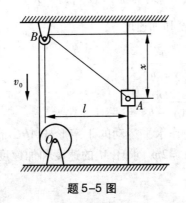

题 5-5 图

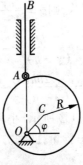

题 5-6 图

【5-7】题5-7图示摇杆滑道机构中的滑块 $M$ 同时在固定的圆弧槽 $BC$ 和摇杆 $OA$ 的滑道中滑动。如弧 $BC$ 的半径为 $R$，摇杆 $OA$ 的轴 $O$ 在弧 $BC$ 的圆周上。摇杆绕 $O$ 轴以等角速度 $\omega$ 转动，当运动开始时，摇杆在水平位置。试分别用直角坐标法和自然法给出点 $M$ 的运动方程，并求其速度和加速度。

**解：**（1）直角坐标法。建立坐标系如图。运动方程、速度、加速度为

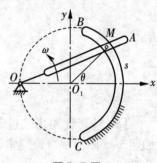

$x = R\cos\theta = R\cos 2\omega t$，$y = R\sin\theta = R\sin 2\omega t$，

$v_x = \dot{x} = -2\omega R\sin 2\omega t$，$v_y = \dot{y} = 2\omega R\cos 2\omega t$，$v = 2\omega R$，

$a_x = \ddot{x} = -4\omega^2 R\cos 2\omega t$，$a_x = \ddot{y} = -4\omega^2 R\sin 2\omega t$，$a = 4\omega^2 R$。

（2）自然坐标法。

弧长、速度、加速度

$s = R\theta = 2\omega Rt$，

$v = \dot{s} = 2\omega R$，$a_n = \dfrac{v^2}{R} = 4\omega^2 R$，$a_t = 0$，$a = 4\omega^2 R$。

题 5-7 图

【5-8】如题5-8图所示，$OA$ 和 $O_1B$ 两杆分别绕 $O$ 和 $O_1$ 轴转动，用十字形滑块 $D$ 将两杆连接。在运动过程中，两杆保持相交成直角。已知：$OO_1 = a$；$\varphi = kt$，$k$ 为常数。求滑块 $D$ 的速度和相对于 $OA$ 的速度。

**解：**用直角坐标法。运动方程和速度为

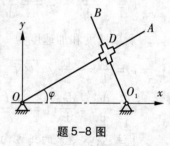

$x = a\cos\varphi\cos\varphi = a\cos^2 kt$，$y = a\cos\varphi\sin\varphi = \dfrac{1}{2}a\sin 2kt$，

$v_x = \dot{x} = -2ak\cos kt\sin kt = -ak\sin 2kt$，$v_y = \dot{y} = ak\cos 2kt$，$v = ak$，

相对 $OA$ 的运动方程和相对速度

$OD = a\cos\varphi = a\cos kt$，$v_{OA} = \dfrac{\mathrm{d}OD}{\mathrm{d}t} = -ak\sin kt$。

题 5-8 图

【5-9】如题5-9图所示，光源 $A$ 以等速 $v$ 沿铅垂直线下降，桌上有一高为 $h$ 的立柱，它与上述铅垂直线的距离为 $b$，求该立柱上端的影子 $M$ 沿桌面移动的速度和加速度的大小（表示为光源高度 $y$ 的函数）。

**解：**$M$ 点沿 $x$ 直线运动，设 $M$ 点在任意时刻的坐标为 $x$，由三角形比例关系知 $\dfrac{h}{y} = \dfrac{x-b}{x}$，则 $x = \dfrac{by}{y-h}$，速度和加速度

$v_M = \dfrac{\mathrm{d}x}{\mathrm{d}t} = \dfrac{\partial x}{\partial y}\dfrac{\mathrm{d}y}{\mathrm{d}t} = \dfrac{-bh}{(y-h)^2}(-v) = \dfrac{bhv}{(y-h)^2}$，

$a_M = \dfrac{\mathrm{d}v}{\mathrm{d}t} = \dfrac{\partial v}{\partial y}\dfrac{\mathrm{d}y}{\mathrm{d}t} = \dfrac{-2bhv}{(y-h)^3}(-v) = \dfrac{2bhv^2}{(y-h)^3}$。

题 5-9 图

【5-10】如题5-10图所示，小环 $M$ 由作水平运动的丁字形杆 $ABC$ 带动，沿图示轨道运动。设 $ABC$ 的速度 $v =$ 常量，曲线方程为 $y^2 = 2px$，求环 $M$ 的速度和加速度大小（写成杆的位移 $x$ 的函数）。

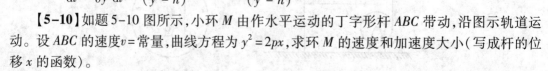

**解**：环 $M$ 的运动方程、速度和加速度为

$$x = vt, y^2 = 2pvt,$$

$$v_x = v, 2yv_y = 2pv, v_y = \frac{pv}{\sqrt{2px}},$$

$$v_M = \sqrt{v_x^2 + v_y^2} = v\sqrt{1 + \frac{p}{2x}},$$

$$a_x = 0, a_y = \frac{\mathrm{d}v_y}{\mathrm{d}t} = -\frac{v^2}{x}\sqrt{\frac{p}{2x}}。$$

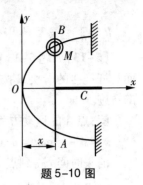

题 5-10 图

**【5-11】** 如题 5-11 图所示，曲柄 $OA$ 长 $r$，在平面内绕 $O$ 轴转动，杆 $AB$ 通过固定于点 $N$ 的套筒与曲柄铰接于 $A$。设 $\varphi = \omega t$，杆 $AB$ 长 $l = 2r$。求点 $B$ 的运动方程、速度和加速度。

**解**：

$$AN = \frac{ON - OA\cos\varphi}{\cos\angle ONA} = \frac{r - r\cos\omega t}{\sin\frac{\omega t}{2}},$$

$$BN = AB - AN$$

(1) 运动方程
$$\begin{cases} x = ON + BN\cos\angle ONA = r\cos\omega t + 2r\sin\frac{\omega t}{2} \\ y = -BN\sin\angle ONA = r\sin\omega t - 2r\cos\frac{\omega t}{2} \end{cases};$$

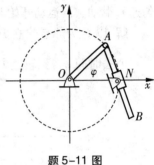

题 5-11 图

(2) 将运动方程求导得速度 $v = \sqrt{\dot{x}^2 + \dot{y}^2} = \omega r\sqrt{2 - 2\sin\frac{\omega t}{2}}$；

(3) 将运动方程求二阶导数得加速度 $a = \sqrt{\ddot{x}^2 + \ddot{y}^2} = \frac{\omega^2 r}{2}\sqrt{5 - 4\sin\frac{\omega t}{2}}$。

**【5-12】** 点沿空间曲线运动，在 $M$ 处的速度为 $\vec{v} = 4\vec{i} + 3\vec{j}$，加速度 $\vec{a}$ 与速度 $\vec{v}$ 的夹角 $\beta = 30°$，且 $a = 10$ m/s²。试计算轨迹在该点密切面内的曲率半径和切向加速度。

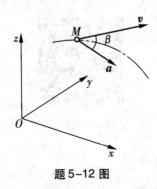

题 5-12 图

**解**：$v = \sqrt{v_x^2 + v_y^2} = \sqrt{4^2 + 3^2} = 5$ m/s；

$$a_n = a\sin\beta = 10\sin 30° = 5 \text{ m/s}^2；$$

$$\rho = \frac{v^2}{a_n} = \frac{5^2}{5} = 5 \text{ m}; \quad a_t = a\cos\beta = 8.66 \text{ m/s}^2 \text{。}$$

【5-13】如题 5-13 图所示,杆 $AB$ 长 $l$,以等角速度 $\omega$ 绕点 $B$ 转动,其转动方程为 $\varphi = \omega t$。而与杆连接的滑块 $B$ 按规律 $s = a + b\sin\omega t$ 沿水平线作谐振动,其中 $a$ 和 $b$ 均为常数。求点 $A$ 的轨迹。

**解:**点 $A$ 的运动方程

$$x = s + l\sin\omega t = a + (b + l)\sin\omega t, \quad y = -l\cos\omega t,$$

消去时间 $t$ 得到点 $A$ 的轨迹方程

$$\left(\frac{x - a}{b + l}\right)^2 + \left(\frac{y}{l}\right)^2 = 1 \text{。}$$

【5-14】如题 5-14 图所示,一直杆以匀角速度 $\omega_0$ 绕固定轴 $O$ 转动,沿此杆有一滑块以匀速 $v_0$ 滑动。设运动开始时杆在水平位置,滑块在点 $O$。求滑块的轨迹(以极坐标表示)。

**解:**以 $O$ 为原点建立极坐标,点 $M$ 的运动方程为 $r = v_0 t, \varphi = \omega_0 t$,

消去时间 $t$ 得到轨迹方程为 $r = \dfrac{v_0}{\omega_0}\varphi$。

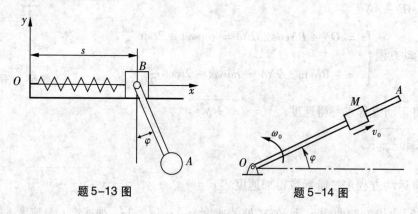

题 5-13 图                          题 5-14 图

【5-15】~【5-19】为极坐标和球坐标有关的习题解答,可扫码阅读。

题 5-15 ~ 题 5-19

# 第6章　刚体的简单运动

## 一、基本内容与解题指导

### 1. 基本要求与重点

(1)掌握平动刚体的特点,平动刚体上点的轨迹、速度、加速度的计算;
(2)掌握定轴转动刚体的转动方程、角速度、角加速度的概念和计算;
(3)掌握定轴转动刚体上点的速度、加速度计算。

### 2. 难点

用矢积表示刚体上任一点的速度和加速度。

### 3. 主要内容

(1)刚体的平动

如果在物体内任取一直线,在运动过程中这条直线始终与它的最初位置平行,这种运动称为平行移动,简称平动。

平动刚体上各点的轨迹、速度、加速度都相同。这样平动刚体的运动可以简化为刚体上任意点的运动。

(2)刚体的定轴转动

在运动过程中,刚体上始终有一条直线保持不动,这种运动称为刚体的定轴转动。

运动方程　$\varphi = f(t)$;

角速度与角加速度　$\omega = \dfrac{\mathrm{d}\varphi}{\mathrm{d}t}$,$\alpha = \dfrac{\mathrm{d}\omega}{\mathrm{d}t} = \dfrac{\mathrm{d}^2\varphi}{\mathrm{d}t^2}$;

定轴转动刚体上点的速度和加速度　$v = \omega R$,$a_n = \omega^2 R$,$a_t = \alpha R$。

(3)用矢积表示刚体上任一点的速度和加速度

$$\vec{v} = \vec{\omega} \times \vec{r},\ \vec{a}_n = \vec{\omega} \times \vec{v},\ \vec{a}_t = \vec{\alpha} \times \vec{r}。$$

### 4. 重点难点概念及解题指导

(1)注意刚体运动和点的运动的区别:刚体是整体的运动,不能说刚体的速度和加速度,只能是刚体上点的速度和加速度;

(2)角速度和角加速度是刚体的运动参数,所以不能说点的角速度和角加速度;

(3)不要将刚体的定轴转动和点的圆周运动相混淆;

(4)不要将刚体的平动和刚体的平面运动相混淆;平动刚体可以是平面平动,也可以是空间平动,即平动刚体上点的运动轨迹可以是平面曲线,也可以是空间曲线。

# 二、概念题

**【6-1】**试推导刚体做匀速转动和匀加速转动的转动方程。

答:利用公式 $\alpha = \dfrac{\mathrm{d}\omega}{\mathrm{d}t}$ 和 $\omega = \dfrac{\mathrm{d}\varphi}{\mathrm{d}t}$,积分得

匀速转动时 $\quad \displaystyle\int_{\varphi_0}^{\varphi}\mathrm{d}\varphi = \int_0^t \omega\mathrm{d}t$ ,即 $\varphi = \varphi_0 + \omega t$ ;

匀加速转动时 $\quad \displaystyle\int_{\omega_0}^{\omega}\mathrm{d}\omega = \int_0^t \alpha\mathrm{d}t$ ,得 $\omega = \omega_0 + \alpha t$ ;

再积分得 $\quad \displaystyle\int_{\varphi_0}^{\varphi}\mathrm{d}\varphi = \int_0^t \omega\mathrm{d}t$ ,即 $\varphi = \varphi_0 + \omega_0 t + \dfrac{1}{2}\alpha t^2$ 。

**【6-2】**各点都做圆周运动的刚体一定是定轴转动吗?

答:不一定。如轨迹为圆周的平动刚体。

**【6-3】**"刚体做平动时,各点的轨迹一定是直线或平面曲线;刚体绕定轴转动时,各点的轨迹一定是圆"。这种说法对吗?

答:刚体做平动时,各点的轨迹可以是空间曲线,不一定是直线或平面曲线;刚体绕定轴转动时,各点的轨迹一定是圆(转轴除外)。

**【6-4】**有人说:"刚体绕定轴转动时,角加速度为正,表示加速转动;角加速度为负,表示减速转动"。对吗?为什么?

答:不对。当角速度与角加速度符号相同时,表示加速转动,否则减速转动;因这里的正负号只表示转动方向,不完全代表代数值。

**【6-5】**试画出概念题 6-5 图(a)(b)中标有字母的各点的速度方向和加速度方向。

答:图(a)中与 $M$ 点相连的物体作平动;图(b)中各点做圆周运动。速度和加速度如图。

**【6-6】**概念题 6-6 图所示鼓轮的角速度,这样计算对不对?

因为 $\quad \tan\varphi = \dfrac{x}{R}$ ,所以 $\quad \omega = \dfrac{\mathrm{d}\varphi}{\mathrm{d}t} = \dfrac{\mathrm{d}}{\mathrm{d}t}\left(\arctan\dfrac{x}{R}\right)$ 。

答:不对。计算鼓轮的转动量时,必须用鼓轮上的点参加运算,而这里的 $x$ 不是轮上的点。应该是 $\quad \varphi = \dfrac{x}{R},\ \omega = \dfrac{\mathrm{d}\varphi}{\mathrm{d}t} = \dfrac{1}{R}\dfrac{\mathrm{d}x}{\mathrm{d}t}$ 。

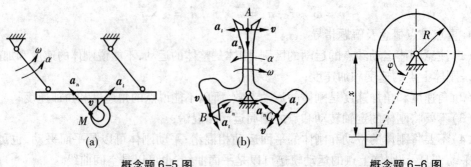

概念题 6-5 图　　　　　　　　　　　　　　概念题 6-6 图

**【6-7】**刚体做定轴转动,其上某点 $A$ 到转轴的距离为 $R$。为求出刚体上任意点在某一瞬时的速度和加速度的大小,下述哪组条件是充分的?

(1)已知点 $A$ 的速度及该点的全加速度方向;

(2)已知点 $A$ 的切向加速度及法向加速度;

(3)已知点 $A$ 的切向加速度及该点的全加速度方向;

(4)已知点 $A$ 的法向加速度及该点的速度;

(5)已知点 $A$ 的法向加速度及该点全加速度的方向。

**答:**要确定任一点的速度和加速度,必须知道刚体的角速度 $\omega$ 和角加速度 $\alpha$。所以:

(1)充分。由点 $A$ 的速度可以求出刚体的 $\omega$,进一步求出 $A$ 点的法向加速度,因为已知 $A$ 点的全加速度方向,则可由法向加速度求出刚体的全加速度;

(2)充分。由点 $A$ 的切向加速度可以确定角加速度 $\alpha$,法向加速度可确定 $\omega$;

(3)充分。由点 $A$ 的全加速度方向,可确定法向加速度;

(4)不充分。无法确定刚体的角加速度;

(5)充分。原因同(2)(3)。

**【6-8】**在概念题 6-8 图示结构中,刚体 1 和刚体 2 分别做什么运动?

**答:**图(a),刚体 1 做平动,刚体 2 做定轴转动;图(b),刚体 1 和刚体 2 均做平动;图(c),刚体 1 做平动,刚体 2 做定轴转动;图(d),刚体 1 和刚体 2 均做定轴转动。

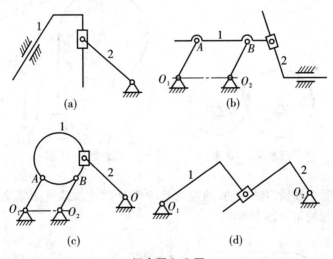

概念题 6-8 图

**【6-9】**从下列刚体运动中指出哪些刚体是作平动:

(1)沿直线轨迹运动的车厢;

(2)沿直线滚动的车轮;

(3)在弯道上行驶的车厢;

(4)沿直线行驶的自行车脚蹬板始终保持水平的运动;

(5)发动机中活塞相对于气缸外壳的运动;

(6)龙门刨床工作台的运动。

**答**:(1)(4)(5)(6)做平动。

**【6-10】**概念题6-10图示为一外啮合齿轮,啮合点为 $A$ 和 $B$,下面运算是否正确?

因为 $\vec{v}_A = \vec{v}_B$,故 $\dfrac{\mathrm{d}\vec{v}_A}{\mathrm{d}t} = \dfrac{\mathrm{d}\vec{v}_B}{\mathrm{d}t}$,则 $\vec{a}_A = \vec{a}_B$。

**答**:$A$、$B$ 不是同一刚体上的点,速度矢量对时间求导时,其切向单位矢量的方向变化不一样,所以,虽然 $A$、$B$ 的速度矢量一样,但其导数是不一样的。

**【6-11】**概念题6-11图所示,一绳缠绕在轮上,绳端系一重物 $M$,$M$ 以速度 $\vec{v}$ 和加速度 $\vec{a}$ 向下运动,在轮边缘上两点 $B$、$C$ 与绳子对应的接触点为 $A$、$D$。判断下列各式中,哪个是正确的关系式。各式中的速度和加速度均为矢量。

(1) $\vec{v}_A = \vec{v}_B = \vec{v}$ ;(2) $\vec{v}_C = \vec{v}_B = \vec{v}$ ;(3) $\vec{v}_A = \vec{v}_D = \vec{v}$ ;

(4) $\vec{a}_A = \vec{a}_B = \vec{a}$ ;(5) $\vec{a}_A = \vec{a}_D$ ;(6) $\vec{a}_C = \vec{a}_D$。

**答**:(1)(6)对。

(2)(3)错。大小相等,方向不同。

(4)错。$B$ 做圆周运动,有法向和切向加速度,$A$(相切点)做直线运动,$\vec{a}_A = \vec{a}$。

(5)错。$D$ 点随刚体一起运动,其加速度和 $C$ 点相同。

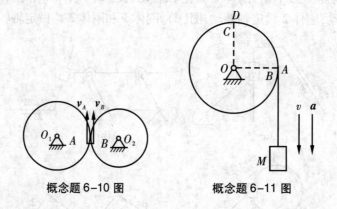

概念题6-10图  　　概念题6-11图

**【6-12】**圆盘绕 $O$ 轴做定轴转动,其边缘上一点 $M$ 的全加速度如概念题6-12图所示。在哪种情况下,圆盘的角加速度为零。

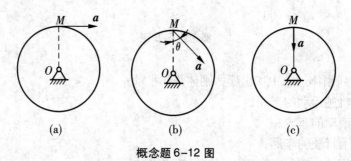

(a)  　　(b)  　　(c)

概念题6-12图

答:图(a),法向加速度为 0,则此时角速度为 0;图(b),切向加速度和法向加速度均不为 0,则角速度和角加速度均不为 0;图(c),切向加速度为 0,则角加速度为 0。

【6-13】已知定轴转动刚体上一点 $A$ 的加速度方向,如概念题 6-13 图所示。试画出该刚体上另外两点 $B$、$C$ 的加速度方向。

答:见图。

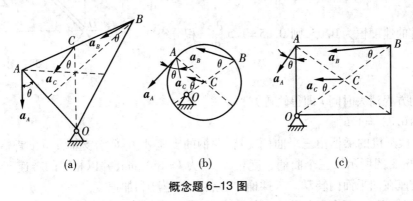

(a)　　　　　　(b)　　　　　　(c)

概念题 6-13 图

【知识点:定轴转动刚体上点的全加速度的分布规律】

# 三、习题

【6-1】题 6-1 图示曲柄滑竿机构中,滑竿上有一圆弧形滑道,其半径 $R = 100$ mm,圆心 $O_1$ 在导杆 $BC$ 上。曲柄长 $OA = 100$ mm,以等角速度 $\omega = 4$ rad/s 绕 $O$ 轴转动。求导杆 $BC$ 的运动规律以及当曲柄与水平线间的夹角 $\varphi$ 为 30°时,导杆 $BC$ 的速度和加速度。

解:$BC$ 作平动,只要求出杆上一个特殊点的速度和加速度即可。

对图示坐标系,杆上 $O_1$ 点的 $x$ 坐标(运动方程)为

$x = 2 \times 0.1\cos\omega t = 0.2\cos 4t$,

求导得速度和加速度

$v = -0.8\sin 4t$,$a = -3.2\cos 4t$,

夹角 $\varphi$ 为 30°时

$v = -0.8\sin 30° = -0.4$ m/s(向左),$a = -3.2\cos 30°$。

$= -2.77$ m/s$^2$(向左)。

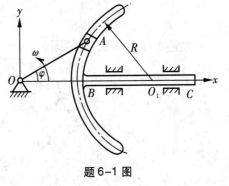

题 6-1 图

【注:本题可用第 7 章点的合成运动方法求解】

【6-2】题 6-2 图示为把工件送入干燥炉内的机构,叉杆 $OA = 1.5$ m 在铅垂面内转动,杆 $AB = 0.8$ m,$A$ 端为铰链,$B$ 端有放置工件的框架。在机构运动时,工件的速度恒为 0.05 m/s,$AB$ 杆始终铅垂。设运动开始时,角 $\varphi = 0$。求运动过程中角 $\varphi$ 与时间的关系。同时求点 $B$

的轨迹方程。

**解:**建立 $B$ 点的运动方程

$x = 1.5\cos\varphi$ , $y = 1.5\sin\varphi - 0.8$ ,

求导得速度

$v_x = -1.5\sin\varphi\dfrac{\mathrm{d}\varphi}{\mathrm{d}t}$ , $v_y = 1.5\cos\varphi\dfrac{\mathrm{d}\varphi}{\mathrm{d}t}$ , $v = \sqrt{v_x^2 + v_y^2} = 1.5\dfrac{\mathrm{d}\varphi}{\mathrm{d}t}$ ,

因工件的速度恒为 $0.05$ ,则 $0.05 = 1.5\dfrac{\mathrm{d}\varphi}{\mathrm{d}t}$ ,积分得

$\varphi = \dfrac{t}{30}\,\mathrm{rad}$ ;

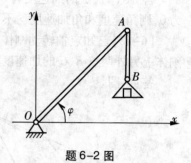

题 6-2 图

将运动方程消去时间 $t$ 即得轨迹方程

$x^2 + (y + 0.8)^2 = 1.5^2$ 。

**【6-3】**揉茶机的揉桶由三个曲柄支持,曲柄的支座 $A$、$B$、$C$ 与支轴 $a$、$b$、$c$ 都恰成等边三角形,如题 6-3 图所示。三个曲柄长度相等,均为 $l = 150\ \mathrm{mm}$ ,并以相同的转速 $n = 45\ \mathrm{r/min}$ 分别绕其支座在图平面内转动。求揉桶中心点 $O$ 的速度和加速度。

**解:**揉桶做平动,所有点的速度和加速度都相同,所以

$$v_O = \frac{\pi n}{30}l = 0.707\ \mathrm{m/s}, \quad a_O = \left(\frac{\pi n}{30}\right)^2 l = 3.331\ \mathrm{m/s^2}\,。$$

**【6-4】**已知搅拌机的主动齿轮 $O_1$ 以 $n = 950\ \mathrm{r/min}$ 的转速转动。搅杆 $ABC$ 用销钉 $A$、$B$ 与齿轮 $O_2$、$O_3$ 相连,如题 6-4 图所示。且 $AB = O_2O_3$,$O_3A = O_2B = 0.25\ \mathrm{m}$,各齿轮齿数为 $z_1 = 20$,$z_2 = 50$,$z_3 = 50$,求搅杆端点 $C$ 的速度和轨迹。

**解:**搅拌机作平动,$C$ 的速度和轨迹和 $A$、$B$ 点一样。

由传动比的关系知 $\dfrac{n}{n_2} = \dfrac{z_2}{z_1}$ ,则齿轮 $O_2$ 的转速 $n_2 = \dfrac{nz_1}{z_2} = 380\ \mathrm{r/min}$ ,所以速度

$$v_C = \frac{\pi n_2}{30}O_2B = 9.948\ \mathrm{m/s},$$

轨迹为半径 $0.25\ \mathrm{m}$ 的圆。

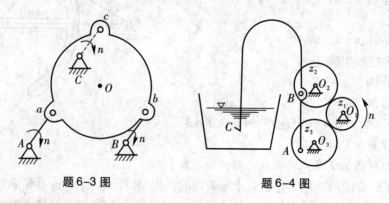

题 6-3 图　　　　　题 6-4 图

**【6-5】**机构如题 6-5 图所示,假定杆 $AB$ 以匀速 $v$ 运动,开始时 $\varphi = 0$。试求当 $\varphi = 45°$ 时,摇杆 $OC$ 的角速度和角加速度。

**解:** 由图中的几何关系得 $\tan\varphi = \dfrac{vt}{l}$ ,求导得角速度和角加速度

$$\omega = \frac{\mathrm{d}\varphi}{\mathrm{d}t} = \frac{v}{l}\cos^2\varphi , \quad \alpha = \frac{\mathrm{d}\omega}{\mathrm{d}t} = -\frac{v^2}{l^2}\cos^2\varphi\sin 2\varphi ,$$

当 $\varphi = \dfrac{\pi}{4}$ 时,$\omega = \dfrac{v}{2l}$,$\alpha = -\dfrac{v^2}{2l^2}$。

【注:本题可用第 7 章点的合成运动方法求解】

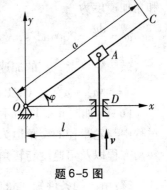

题 6-5 图

**【6-6】** 如题 6-6 图所示,曲柄 $CB$ 以等角速度 $\omega_0$ 绕 $C$ 轴转动,其转动方程为 $\varphi = \omega_0 t$ 。滑块 $B$ 带动摇杆 $OA$ 绕轴 $O$ 转动。设 $OC=h$, $CB=r$ 。求摇杆的转动方程。

**解:** 由图中的几何关系得 $\tan\theta = \dfrac{r\sin\varphi}{h - r\cos\varphi}$ ,则转动方程为

$$\theta = \tan^{-1}\frac{r\sin\varphi}{h - r\cos\varphi} 。$$

【注:本题可用第 7 章点的合成运动方法求解】

**【6-7】** 题 6-7 图示滚子传送带,已知滚子的直径 $d=0.2$ m,转速为 $n=50$ r/min。求钢板在滚子上无滑动运动的速度和加速度,并求在滚子上与钢板接触点的加速度。

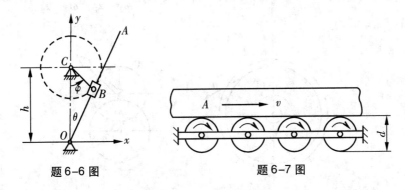

题 6-6 图　　　　题 6-7 图

**解:** 钢板平动,速度与滚子和钢板接触点的速度相同

$$v_A = \frac{\pi n}{30}\frac{d}{2} = 0.524 \text{ m/s}, a_A = 0;$$

滚子上与钢板与钢板接触点的加速度

$$a_n = \left(\frac{\pi n}{30}\right)^2\frac{d}{2} = 2.742 \text{ m/s}。$$

**【6-8】** 升降机装置由半径为 $R=0.5$ m 的鼓轮带动,如题 6-8 图所示。被升降物体的运动方程为 $x=5t^2$( $t$ 以 s 计, $x$ 以 m 计)。求鼓轮的角速度和角加速度,并求在任意瞬时,鼓轮轮缘上一点的全加速度的大小。

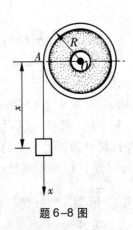

题 6-8 图

**解:** 物体下降 $x$,鼓轮转过的角度为 $\varphi = \dfrac{x}{R} = \dfrac{5t^2}{R} = 10t^2$,则角速度

和角加速度为

$$\omega = \frac{\mathrm{d}\varphi}{\mathrm{d}t} = 20t \text{ rad/s}, \quad \alpha = \frac{\mathrm{d}\omega}{\mathrm{d}t} = 20 \text{ rad/s}^2,$$

鼓轮轮缘上一点的加速度 $a_n = \omega^2 R$, $a_t = \alpha R$, 全加速度为

$$a = \sqrt{a_n^2 + a_t^2} = 10\sqrt{1 + 400t^4} \text{ m/s}^2 \text{。}$$

【6-9】如题 6-9 图所示,飞轮绕固定轴 $O$ 转动,其轮缘上任一点的全加速度在某段运动过程中与轮半径的交角恒为 $60°$。当运动开始时,其转角 $\varphi_0$ 等于零,角速度为 $\omega_0$。求飞轮的转动方程以及角速度与转角的关系。

**解**:由已知条件知:$\tan 60° = \dfrac{a_t}{a_n} = \dfrac{\alpha}{\omega^2}$,则 $\dfrac{\mathrm{d}\omega}{\mathrm{d}t} = \dfrac{\mathrm{d}\omega}{\mathrm{d}\varphi}\dfrac{\mathrm{d}\varphi}{\mathrm{d}t} = \sqrt{3}\,\omega^2$,

积分得 $\displaystyle\int_{\omega_0}^{\omega} \frac{1}{\omega}\mathrm{d}\omega = \int_0^{\varphi} \sqrt{3}\,\mathrm{d}\varphi$,所以 $\omega = \omega_0 \mathrm{e}^{\sqrt{3}\varphi}$,再利用 $\dfrac{\mathrm{d}\varphi}{\mathrm{d}t} = \omega$,积分得 $\displaystyle\int_0^{\varphi} \mathrm{e}^{-\sqrt{3}\varphi}\mathrm{d}\varphi = \int_0^t \omega_0 \mathrm{d}t$,

所以 $\varphi = \dfrac{\sqrt{3}}{3}\ln\left(\dfrac{1}{1 - \sqrt{3}\,\omega_0 t}\right)$。

【6-10】如题 6-10 图所示,时钟内由秒针 $A$ 到分针 $B$ 的齿轮传动机构由四个齿轮组成,轮 II 和 III 刚性连接,其齿数分别为 $z_1 = 8$,$z_2 = 60$,$z_4 = 64$。求齿轮 III 的齿数。

**解**:设备齿轮的转速为 $\omega_1$、$\omega_2$、$\omega_3$、$\omega_4$,利用传动关系有 $\dfrac{\omega_1}{\omega_2} = \dfrac{z_2}{z_1}$,$\dfrac{\omega_3}{\omega_4} = \dfrac{z_4}{z_3}$,而 $\omega_2 = \omega_3$,$\omega_1 = 60\omega_4$,联立解得 $z_3 = 8$。

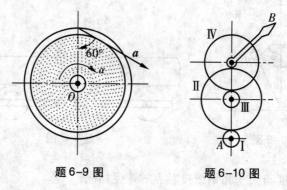

题 6-9 图　　　　题 6-10 图

【6-11】如题 6-11 图所示,摩擦传动机构的主动轴 I 的转速为 $n = 600$ r/min。轴 I 的轮盘与轴 II 的轮盘接触,接触点按箭头 $A$ 所示的方向移动。距离 $d$ 的变化规律为 $d = 100 - 5t$,其中 $d$ 以 mm 计,$t$ 以 s 计。已知 $r = 50$ mm,$R = 150$ mm。求:(1)以距离 $d$ 表示轴 II 的角加速度;(2)当 $d = r$ 时,轮 $B$ 边缘上一点的全加速度。

**解**:(1)两轮接触点的速度相同,则

$$\frac{\pi n}{30} \times r = \omega_2 d, \quad \omega_2 = \frac{\pi r n}{30d},$$

所以

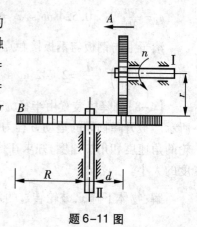

题 6-11 图

$$\alpha_2 = \frac{d\omega_2}{dt} = \frac{5\,000\pi}{d^2}\ \mathrm{rad/s^2};$$

(2) $a_n = \omega_2^2 \times R = 592.176\ \mathrm{m/s^2}$，$a_t = \alpha_2 R = 0.942\ \mathrm{m/s^2}$（注意 $d$ 的单位为 mm），则

$$a = \sqrt{a_n^2 + a_t^2} = 592.176\ \mathrm{m/s^2}。$$

**【6-12】** 车床的传动装置如题 6-12 图所示。各齿轮的齿数分别为 $z_1 = 40, z_2 = 84, z_3 = 28, z_4 = 80$；带动刀具的丝杠的螺距为 $h_4 = 12$ mm。求车刀切削工件的螺距 $h_1$。

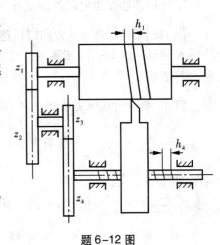

**解：** 各轴（轮）的传动比例关系为

$$\frac{\omega_1}{\omega_2} = \frac{z_2}{z_1}, \quad \frac{\omega_3}{\omega_4} = \frac{z_4}{z_3}$$

而 $\omega_2 = \omega_3$，求出 $\omega_1 = 6\omega_4$。

设丝杠和工件转动一周需要的时间分别为 $t_4$ 和 $t_1$，则刀尖在工件上运动的速度为

$$v = \frac{h_4}{t_4} = \frac{h_1}{t_1}$$

而 $t_4 = \frac{2\pi}{\omega_4}$，$t_1 = \frac{2\pi}{\omega_1}$，解得 $h_1 = \frac{h_4\omega_4}{\omega_1} = 2$ mm。

题 6-12 图

**【6-13】** 如题 6-13 图所示。纸盘由厚度为 $a$ 的纸条卷成，令纸盘的中心不动，而以等速 $v$ 拉纸条。求纸盘的角加速度（以半径 $r$ 的函数表示）。

**解：** 半径是时间 $t$ 的函数，纸卷转过一周，半径减小 $a$，用的时间为 $t = \frac{2\pi r}{v}$，则半径随时间的变化关系可表示为

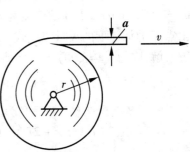

$$\frac{dr}{dt} = -\frac{a}{t} = -\frac{av}{2\pi r},$$

纸卷的角速度为 $\omega = \frac{v}{r}$，角加速度为

题 6-13 图

$$\alpha = \frac{d\omega}{dt} = -\frac{v}{r^2}\frac{dr}{dt} = \frac{av^2}{2\pi r^3}。$$

**【6-14】** 题 6-14 图所示机构中齿轮 1 紧固在杆 $AC$ 上，$AB = O_1 O_2$，齿轮 1 和半径为 $r_2$ 的齿轮 2 啮合，齿轮 2 可绕 $O_2$ 轴转动且和曲柄 $O_2 B$ 没有联系。设 $O_1 A = O_2 B = l$，$\varphi = b\sin\omega t$，试确定 $t = \frac{\pi}{2\omega}$ s 时，轮 2 的角速度和角加速度。

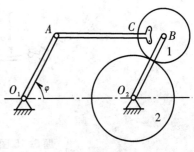

**解：** $AB$ 杆及轮 1 作平动，则 1、2 轮接触点的速度和加速度等于 $A$ 点的速度和加速度。速度和切向加速度为

题 6-14 图

$$v = \frac{d\varphi}{dt}l = b\omega l\cos\omega t, \quad a_t = \frac{dv}{dt} = -b\omega^2 l\sin\omega t,$$

所以 $t = \dfrac{\pi}{2\omega}$ s 时轮 2 的角速度和角加速度为

$$\omega_2 = \frac{v}{r_2} = \frac{b}{r_2}\omega l\cos\omega t , \quad \alpha_2 = \frac{a_t}{r_2} = -\frac{b}{r_2}\omega^2 l\sin\omega t = -\frac{b}{r_2}\omega^2 l 。$$

【注:角加速度也可以这样求 $\alpha_2 = \dfrac{\mathrm{d}\omega_2}{\mathrm{d}t} = -\dfrac{b}{r_2}\omega^2 l\sin\omega t$】

【6-15】杆 $AB$ 在铅垂方向以恒速 $v$ 向下运动,并由 $B$ 端的小轮带着半径为 $R$ 圆弧杆 $OC$ 绕轴 $O$ 转动,如题 6-15 图所示。设运动开始时 $\varphi = 45°$,求此后任意瞬时 $t$,$OC$ 杆的角速度和点 $C$ 的速度。

解:由图中的几何关系知 $OB = 2R\cos\varphi$,则 $v = \dfrac{\mathrm{d}OB}{\mathrm{d}t} = -2R\sin\varphi\dfrac{\mathrm{d}\varphi}{\mathrm{d}t}$,所以 $OC$ 杆的角速度为

$$\omega = \frac{\mathrm{d}\varphi}{\mathrm{d}t} = -\frac{v}{2R\sin\varphi}（负号表示方向为逆时针）;$$

点 $C$ 的速度为

$$v_C = 2\omega R = -\frac{v}{\sin\varphi}（方向垂直于 OC 向右）;$$

$OB$ 的运动规律为 $OB = 2R\cos45° + vt = \sqrt{2}\,R + vt$,由此求出

$$\sin\varphi = \frac{BC}{2R} = \frac{\sqrt{(2R)^2 - OB^2}}{2R} = \frac{1}{2}\sqrt{2 - \frac{2\sqrt{2}vt}{R} - \left(\frac{vt}{R}\right)^2} 。$$

【注:本题可用第 7 章点的合成运动方法求解】

【6-16】半径 $R = 100$ mm 的圆盘绕其圆心转动,题 6-16 图示瞬时,点 $B$ 的切向加速度 $\vec{a}_B^t = 150\vec{i}$ mm/s²,点 $A$ 的速度为 $\vec{v}_A = 200\vec{j}$ mm/s。试求角速度 $\omega$ 和角加速度 $\alpha$,并进一步写出点 $C$ 的加速度的矢量表达式。

解:因为 $\vec{v}_A = 200\vec{j} = \vec{\omega} \times \vec{r}_A = \vec{\omega} \times 100\vec{i}$,则 $\vec{\omega} = 2\vec{k}$,

$\vec{a}_B^t = 150\vec{i} = \vec{\alpha} \times \vec{r}_B = \vec{\alpha} \times 100\vec{j}$,则 $\vec{\alpha} = -1.5\vec{k}$,

$$\vec{a}_C = \vec{\alpha} \times \vec{r}_C + \vec{\omega} \times \vec{v}_C = \vec{\alpha} \times 100\vec{j} = -1.5\vec{k} \times 50\sqrt{2}(\vec{i} - \vec{j}) + 2\vec{k} \times [2\vec{k} \times 50\sqrt{2}(\vec{i} - \vec{j})]$$

$$= 75\sqrt{2}(\vec{i} + \vec{j}) + 2\vec{k} \times 100\sqrt{2}(\vec{i} + \vec{j}) = 275\sqrt{2}\vec{i} + 125\sqrt{2}\vec{j} 。$$

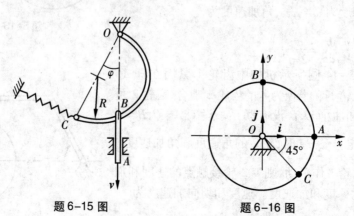

题 6-15 图　　　　　题 6-16 图

【6-17】题 6-17 图示液压缸的柱塞伸臂时,通过销钉 $A$ 可以带动具有滑槽的曲柄 $OD$ 绕 $O$ 轴转动,已知柱塞以匀速度 $v = 2$ m/s 沿其轴线向上运动,求当 $\theta = 30°$ 时曲柄 $OD$ 的角加速度。

**解:** 以 $B$ 为原点,$BA = x$,则 $\dot{x} = v$,$\ddot{x} = 0$,由正弦定理得

$$\frac{r}{\sin 30°} = \frac{x}{\sin(90° + \theta)} = \frac{0.3}{\sin(60° - \theta)},$$

即 $2r\cos\theta = x$,$2r\sin(60° - \theta) = 0.3$,将两式求导后联立求解得到

$$\dot{r} = \frac{v\cos(60° - \theta)}{2\cos 60°}, \quad \dot{\theta} = \frac{v\sin(60° - \theta)}{2r\cos 60°},$$

$$\ddot{r} = \frac{1}{r}\left[\frac{v\sin(60° - \theta)}{2\cos 60°}\right]^2, \quad \ddot{\theta} = -\frac{v^2\cos(60° - \theta)\sin(60° - \theta)}{2r^2\cos^2 60°},$$

$\theta = 30°$ 时,$r = 0.3$ m,代入上式即得到曲柄 $OD$ 的角加速度为 $\alpha_{OD} = \ddot{\theta} = -38.5$ m/s$^2$。

【注:本题可用第 7 章点的合成运动方法求解】

【6-18】长方体绕固定轴 $AB$ 转动,某瞬时的角速度 $\omega = 6$ rad/s,角加速度 $\alpha = 3$ rad/s$^2$,转向如题 6-18 图。$B$ 点为长方体顶面 $CDEF$ 的中心,$EG = 100$ mm,求此时 $G$ 点速度、法向加速度、切向加速度和全加速度的矢量表达式和大小。

**解:** $B$ 点的矢径为 $\vec{r}_B = -0.1\vec{i} + 0.2\vec{j} + 0.2\vec{k}$,其方向余弦为

$$\cos\alpha = -\frac{1}{3}, \quad \cos\beta = \cos\gamma = \frac{2}{3},$$

$$\vec{\omega} = 6\left(-\frac{1}{3}\vec{i} + \frac{2}{3}\vec{j} + \frac{2}{3}\vec{k}\right) = 2(-\vec{i} + 2\vec{j} + 2\vec{k}),$$

$$\vec{\alpha} = -3\left(-\frac{1}{3}\vec{i} + \frac{2}{3}\vec{j} + \frac{2}{3}\vec{k}\right) = \vec{i} - 2\vec{j} - 2\vec{k},$$

$G$ 点的矢径为 $\vec{r}_G = -0.2\vec{i} + 0.3\vec{j} + 0.2\vec{k}$,

$\vec{v}_G = \vec{\omega} \times \vec{r}_G = -0.4\vec{i} - 0.4\vec{j} + 0.2\vec{k}$ m/s,大小 $v_G = \sqrt{0.4^2 + 0.4^2 + 0.2^2} = 0.6$ m/s;

$\vec{a}_G^t = \vec{\alpha} \times \vec{r}_G = 0.2\vec{i} + 0.2\vec{j} - 0.1\vec{k}$ m/s$^2$,大小 $a_G^t = \sqrt{0.2^2 + 0.2^2 + 0.1^2} = 0.3$ m/s$^2$;

$\vec{a}_G^n = \vec{\omega} \times \vec{v}_G = 2.4\vec{i} - 1.2\vec{j} + 2.4\vec{k}$ m/s$^2$,大小 $a_G^n = \sqrt{2.4^2 + 1.2^2 + 2.4^2} = 3.6$ m/s$^2$;

$\vec{a} = \vec{a}_G^n + \vec{a}_G^t = 2.6\vec{i} - 1.0\vec{j} + 2.3\vec{k}$ m/s$^2$,大小 $a = \sqrt{2.6^2 + 1^2 + 2.3^2} = 3.61$ m/s$^2$。

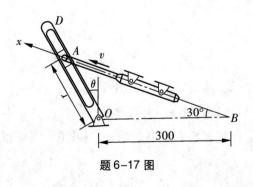

题 6-17 图

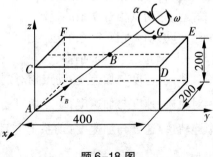

题 6-18 图

# 第7章 点的合成运动

## 一、基本内容与解题指导

### 1. 基本要求与重点

(1)掌握运动的合成与分解的概念；
(2)掌握点运动的速度合成定理和加速度合成定理及其应用。

### 2. 难点

(1)牵连运动、牵连速度和牵连加速度概念的理解；
(2)相对运动速度和加速度分析；
(3)科氏加速度概念的理解与计算；
(4)速度合成定理和加速度合成定理的推导；
(5)动点动系的选择；
(6)加速度的求解。

### 3. 主要内容

(1)动点、定系和动系
动点：研究对象。
定系：与地球相连的坐标系(通常情况下)。
动系：与定系(地球)有相对运动的刚体上固连的坐标系。
(2)绝对运动、相对运动和牵连运动
绝对运动：动点相对定系的运动。
相对运动：动点相对动系的运动。
牵连运动：动系相对定系的运动。
(3)三种轨迹、速度与加速度
绝对轨迹、速度与加速度：动点相对定系的轨迹、速度($\vec{v}_a$)与加速度($\vec{a}_a$)。

相对轨迹、速度与加速度：动点相对动系的轨迹、速度($\vec{v}_r$)与加速度($\vec{a}_r$)。

牵连轨迹、速度与加速度：动系上与动点重合的点相对定系的轨迹、速度($\vec{v}_e$)与加速度($\vec{a}_e$)。

(4)速度合成定理

$$\vec{v}_a = \vec{v}_e + \vec{v}_r.$$

（5）加速度合成定理

$$\vec{a}_a = \vec{a}_e + \vec{a}_r + \vec{a}_C, \quad \vec{a}_C = 2\vec{\omega}_e \times \vec{v}_r, \text{（科氏加速度）。}$$

4．重点难点概念及作题指导

（1）动点、动系和定系必须选在三个不同的刚体上，且三个刚体之间必须有相对运动。工程中一般将地球作为定系，不必说明；

（2）动系和与地球有相对运动的刚体相连，选择动系时直接说某刚体为动系即可；

（3）分析相对运动时，可假想站在动系上观察动点的运动；

（4）绝对运动和相对运动为点的运动（动点相对定系和动系），牵连运动为刚体的运动（动系相对定系）；

（5）三种轨迹、速度和加速度均为点的轨迹、速度和加速度；牵连轨迹、速度和加速度为动系上在某瞬时与动点重合的点相对定系的轨迹、速度和加速度，具有瞬时性和绝对性；

（6）速度求解时，应画出速度平行四边形，且绝对速度为四边形的对角线；

（7）加速度的求解，某些加速度的指向不能确定，应先假设方向，再根据求解结果的正负号判定真实指向（类似静力学中未知约束反力方向的判定）；

（8）利用解析法（投影法）求解未知量时，要根据速度（或加速度）图，将速度（或加速度）合成定理的矢量式等号两边分别向投影轴投影，而不是像静力学那样写成投影之和为零的形式；

（9）速度合成定理为平面矢量关系式，可求解两个未知量；加速度合成定理可以是平面矢量，也可以是空间矢量关系式，为平面矢量时，可求解两个未知量，为空间矢量时，可求解三个未知量；

（10）分析点的复杂运动的基本思想是：将复杂运动分解为简单运动的叠加（即相对运动+牵连运动），因此选择动点、动系的基本原则是相对运动和牵连运动都比较容易分析；

（11）动系只要不是平动刚体，均将产生科氏加速度（牵连角速度矢量与相对速度矢量平行时科氏加速度为零）；

（12）动系为转动系时，$\dfrac{\mathrm{d}\vec{v}_e}{\mathrm{d}t} \neq \vec{a}_e$，$\dfrac{\mathrm{d}\vec{v}_r}{\mathrm{d}t} \neq \vec{a}_r$，这是由于动系转动时，牵连速度的大小发生了改变，引起了一项科氏加速度，同时相对速度的方向发生了改变，引起了另一项科氏加速度。这就是科氏加速度的物理意义和科氏加速度产生的原因；

（13）公式 $\dfrac{\mathrm{d}v_e}{\mathrm{d}t} = a_e^t$，$\dfrac{\mathrm{d}v_r}{\mathrm{d}t} = a_r^t$ 成立，但一般不要应用此式求解加速度，以免出错；

5．解题步骤

（1）选择动点、动系；

（2）速度（或加速度）分析，画出速度（或加速度）矢量图；

（3）根据速度（或加速度）图，利用速度（或加速度）合成定理，求解未知量。

6．动点、动系的选择

选择动点、动系是本章的关键和难点，对于常见的三类典型结构可按下面的基本原则选择动点、动系（注意，几乎所有题目都满足这种规律，不这样选择，相对速度概念和分析就会出错）：

（1）结构中有孤立点、滑块、套环、套筒时，选此孤立点、滑块、套环、套筒为动点，它们相对滑动的刚体为动系；

（2）互相接触的刚体，其中一个刚体上的接触点位置始终保持不变，将此刚体上的接触点选为动点，与其接触的另一刚体为动系；

（3）互相接触的刚体，两刚体上接触点的位置均随时间发生变化，则一般情况下两刚体上的接触点均不能选为动点，必须选一个刚体上的特殊点为动点，另一刚体为动系（目的是便于分析相对运动）。

# 二、概念题

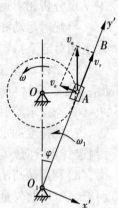

【7-1】概念题 7-1 图示结构以滑块 $A$ 为动点，为什么不宜以曲柄 $OA$ 为动系？若以 $O_1B$ 上的 $A$ 为动点，以曲柄 $OA$ 为动系，能否求出 $O_1B$ 的角速度和角加速度？

答：图示结构以滑块 $A$ 为动点，若以曲柄 $OA$ 为动系，则动点动系在同一刚体上，没有相对运动。若以 $O_1B$ 上的 $A$ 为动点，以曲柄 $OA$ 为动系，则相对运动比较复杂，相对速度和加速度不易分析，不能画出速度图和加速度图，因此也就无法求出 $O_1B$ 的角速度和角加速度。

概念题 7-1 图

【7-2】概念题 7-2 图中的速度平行四边形有无错误？错在哪里？

答：图（a）中的 $\vec{v}_r$ 应反向，使 $\vec{v}_a$ 为 $\vec{v}_r$ 与 $\vec{v}_e$ 组成的平行四边形的对角线；图（b）中的 $\vec{v}_e$ 应垂直于动点和曲杆铰链的连线，正确的速度平行四边形如图（c）。

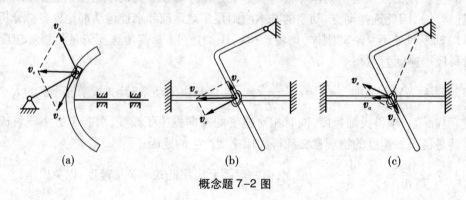

(a)　　　　　　　　　　(b)　　　　　　　　　　(c)

概念题 7-2 图

【7-3】如下计算对不对？错在哪里？

（1）图（a）中取滑块 $A$ 为动点，杆 $OC$ 为动系，则 $v_e = \omega OA$，$v_a = v_e\cos\varphi$；

（2）图（b）中，$v_{BC} = v_e = v_a\cos 60°$，$v_a = \omega r$，若 $\omega =$ 常量，则 $v_{BC} =$ 常量，$a_{BC} = \dfrac{\mathrm{d}v_{BC}}{\mathrm{d}t} = 0$；

（3）图（c）中为了求 $a_a$ 的大小，取加速度在 $\eta$ 轴上的投影式：$a_a\cos\varphi - a_C = 0$，则 $a_a = \dfrac{a_C}{\cos\varphi}$。

**答:**(1)画出正确的速度四边形图,相对速度 $v$,沿 $OC$ 方向,则 $v_a = \dfrac{v_e}{\cos\varphi}$;

(2)利用关系 $a_{BC} = \dfrac{\mathrm{d}v_{BC}}{\mathrm{d}t}$ 时,必须将 $v_{BC}$ 写为一般表达式 $v_{BC} = v_e = v_a\sin\omega t$,然后求导,再将 $\omega t = 30°$ 代入;

(3)应将加速度合成定理矢量式等号两边同时向 $\eta$ 轴投影,而不是投影之和为 0 的形式,即 $a_a\cos\varphi = -a_C$,所以 $a_a = -\dfrac{a_C}{\cos\varphi}$。

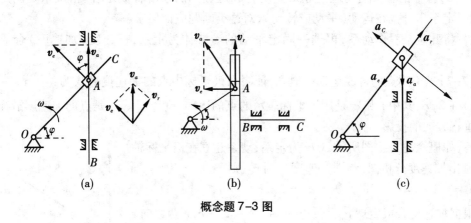

概念题 7-3 图

【**7-4**】点的速度合成定理 $\vec{v}_a = \vec{v}_e + \vec{v}_r$ 对牵连运动为平动和转动都成立,将其两端对时间求导得 $\dfrac{\mathrm{d}\vec{v}_a}{\mathrm{d}t} = \dfrac{\mathrm{d}\vec{v}_e}{\mathrm{d}t} + \dfrac{\mathrm{d}\vec{v}_r}{\mathrm{d}t}$,从而有 $\vec{a}_a = \vec{a}_e + \vec{a}_r$,因而此式对牵连运动为平动和转动都应当成立。试指出上面推导的错误所在。

**答:**牵连加速度是动系上与动点重合的点速度的变化率。由数学的概念知 $\dfrac{\mathrm{d}\vec{v}_e}{\mathrm{d}t}$ 表示 $t$ 时刻的牵连速度与 $t+\mathrm{d}t$ 时刻的牵连速度相对时间的变化率,而动系上与动点重合的点在 $t$ 时刻和 $t+\mathrm{d}t$ 时刻不是同一点,当动系为平动系时,两时刻相对应点的速度大小和方向在同一时刻均相同,因此 $\dfrac{\mathrm{d}\vec{v}_e}{\mathrm{d}t}$ 是牵连加速度;当动系为转动系时,两时刻相对应点的速度在同一时刻大小不同、方向相同,此时 $\dfrac{\mathrm{d}\vec{v}_e}{\mathrm{d}t}$ 不是牵连加速度(牵连速度大小的改变引起一项科氏加速度)。$\dfrac{\mathrm{d}\vec{v}_r}{\mathrm{d}t}$ 表示 $t$ 时刻的相对速度与 $t+\mathrm{d}t$ 时刻的相对速度相对时间的变化率,当动系为平动系时,根据相对加速度的定义知 $\dfrac{\mathrm{d}\vec{v}_r}{\mathrm{d}t}$ 是相对加速度;当动系为转动系时,两时刻的相对参考系转动了一定的角度,此时 $\dfrac{\mathrm{d}\vec{v}_r}{\mathrm{d}t}$ 不是相对加速度(相对速度方向的改变引起另一项科氏加速度)。

【**说明:**详细概念可参见教材中动系为转动系时加速度合成定理的证明】

【7-5】如下计算对吗?

$$a_a^t = \frac{\mathrm{d}v_a}{\mathrm{d}t}, a_a^n = \frac{v_a^2}{\rho_a}; a_e^t = \frac{\mathrm{d}v_e}{\mathrm{d}t}, a_e^n = \frac{v_e^2}{\rho_e}; a_r^t = \frac{\mathrm{d}v_r}{\mathrm{d}t}, a_r^n = \frac{v_r^2}{\rho_r}。$$

式中 $\rho_a$、$\rho_r$ 分别表示绝对轨迹、相对轨迹上某处的曲率半径,$\rho_e$ 为动系上与动点重合的点的轨迹在重合位置的曲率半径。

答:根据各种加速度的定义知,以上各式均正确。但具体作题时不要用速度对时间求导求解相应的切向加速度。

【7-6】按点的合成运动理论导出速度合成定理和加速度合成定理时,定系是固定不动的,如果定系本身也在运动(平动或转动),对这类问题应如何求解?

答:将此定系看作动系,再选一固定不动的参考体为定系,按速度(加速度)合成定理求解。

【7-7】试引用点的合成运动的概念,证明在极坐标中点的加速度公式为:$a_r = \ddot{r} - r\dot{\varphi}^2$,$a_\varphi = \ddot{\varphi}r + 2\dot{\varphi}\dot{r}$,其中 $r$ 和 $\varphi$ 是用极坐标表示的点的运动方程,$a_r$、$a_\varphi$ 是点的加速度沿径向和与其垂直方向的投影。

答:如概念题7-7图所示,$xOy$ 为定系,动系建立在极坐标轴 $r$ 上,画出加速度分析图(绝对加速度未画)。则

$$a_r = \ddot{r}, a_e^n = \dot{\varphi}^2 r, a_e^t = \ddot{\varphi}r, a_C = 2\dot{\varphi}\dot{r}$$

根据加速度合成定理 $\vec{a}_a^r + \vec{a}_a^\varphi = \vec{a}_r + \vec{a}_e^n + \vec{a}_e^t + \vec{a}_C$,两边向 $r$ 和 $\varphi$ 方向投影得

$$a_a^r = a_r - a_e^n = \ddot{r} - r\dot{\varphi}^2, a_a^\varphi = a_e^t + a_C = \ddot{\varphi}r + 2\dot{\varphi}\dot{r}。$$

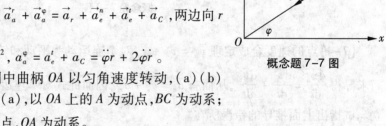

概念题7-7图

【7-8】概念题7-8图中曲柄 $OA$ 以匀角速度转动,(a)(b)图中哪一种分析正确? 图(a),以 $OA$ 上的 $A$ 为动点,$BC$ 为动系;图(b),以 $BC$ 上的 $A$ 为动点,$OA$ 为动系。

答:图(a)中,各种概念基本正确,但由于 $\vec{a}_a = \vec{a}_e + \vec{a}_r$,图中的各项加速度应组成平行四边形;图(b),概念同上题,相对运动不易确定(不是直线),图中 $\vec{a}_r$ 和 $\vec{a}_C$ 错。

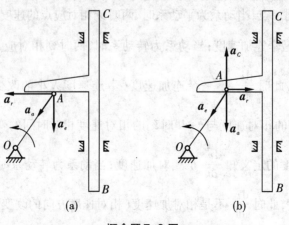

(a)　　　　　(b)

概念题7-8图

【7-9】在概念题 7-9 图示机构中，$AB$、$CD$ 两杆可分别绕 $A$ 点和 $C$ 点作定轴转动，轮 $B$ 可绕轮心 $B$ 相对于 $AB$ 杆转动，轮 $B$ 与 $CD$ 杆之间无相对滑动。在图示瞬时，$CD$ 杆处于水平位置，$AB$ 杆与水平线成 $\theta$ 角。试回答以下问题。

(1) 如何选择动点、动系、定系；

(2) 动点的相对轨迹、绝对轨迹各是什么？牵连运动是哪一种运动？

(3) 做出速度矢量图和加速度矢量图。

答：(1) 选 $B$ 为动点，$CD$ 为动系；

(2) 相对轨迹为平行于 $CD$ 的直线，绝对轨迹为以 $A$ 为圆心，$AB$ 为半径的圆周，牵连运动为 $CD$ 绕 $C$ 点的定轴转动；

(3) 速度、加速度矢量图如图 (a) (b) (图中 $\vec{v}_e$ 和 $\vec{a}_e^t$ 的方向与 $BC$ 垂直)。

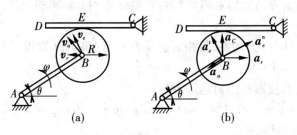

概念题 7-9 图

【7-10】画出概念题 7-10 图示各机构中动点在该瞬时的科氏加速度的方向且确定其大小。

答：图 (a)，$a_C = 2\omega v_r \sin\theta$ (沿 $x$ 轴负向)；图 (b)，$a_C = 2\omega v_r$ (垂直于纸面向外)；

图 (c)，$a_C = 2\omega_2 v_r$；图 (d)，$a_C = 0$ (此时动系角速度正好为 0)。

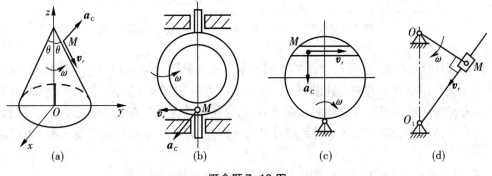

概念题 7-10 图

# 三、习题

【7-1】如题 7-1 图所示，光点 $M$ 沿 $y$ 轴作谐振动，其运动方程为：$x = 0$，$y = a\cos(kt + \beta)$。如将点 $M$ 投影到感光记录纸上，此纸以等速 $v_e$ 向左运动。求点 $M$ 在记录纸上的轨迹。

**解:** 以光点为动点, $Oxy$ 为定系, $O'x'y'$ 为动系, 将速度合成定理在 $x$、$y$ 方向投影得

$$v_{ax} = v_{ex} + v_{rx}, v_{ay} = v_{ey} + v_{ry},$$

即 $0 = -v_e + v_{rx}$, $\dfrac{dy}{dt} = 0 + v_{ry}$, 积分得相对运动方程

$x' = v_e t$, $y' = a\cos(kt + \beta)$,

所以点 $M$ 在记录纸上的轨迹 (相对轨迹) 为

$$y' = a\cos\left(\frac{kx'}{v_e} + \beta\right).$$

**【7-2】** 如题 7-2 图所示, 点 $M$ 在平面 $Ox'y'$ 中运动, 运动方程为 $x' = 40(1 - \cos t)$, $y' = 40\sin t$, 式中 $t$ 以 s 计, $x'$ 和 $y'$ 以 mm 计。平面 $Ox'y'$ 又绕垂直于该平面的 $O$ 轴转动, 转动方程为 $\varphi = t$ rad, 式中角 $\varphi$ 为动坐标系的 $x'$ 轴与定坐标系的 $x$ 轴间的交角。求点 $M$ 的相对轨迹和绝对轨迹。

**解:** $xOy$ 为定系, $Ox'y'$ 为动系, 将相对运动方程消去时间 $t$ 即得相对轨迹

$$(x' - 40)^2 + y'^2 = 1\,600,$$

由图中的几何关系投影得绝对运动方程

$x = x'\cos\varphi - y'\sin\varphi = -40(1 - \cos t)$, $y = x'\sin\varphi + y'\cos\varphi = 40\sin t$,

消去时间 $t$ 即得相对轨迹

$$(x + 40)^2 + y^2 = 1\,600。$$

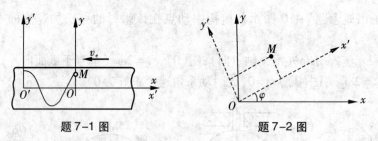

题 7-1 图　　　　　题 7-2 图

**【7-3】** 河的两岸相互平行, 如题 7-3 图所示。设各处河水流速均匀且不随时间改变, 一船由点 $A$ 朝与岸垂直的方向等速驶出, 经 10 min 到达对岸, 这时船到达点 $B$ 下游 120 m 处的点 $C$。为使船从点 $A$ 能垂直到达对岸的点 $B$, 船应逆流并保持与直线 $AB$ 成某一角度的方向航行。在此情况下, 船经 12.5 min 到达对岸。求河宽 $L$、船对水的相对速度 $v_r$ 和水的流速 $v$ 的大小。

**解:** 以船为动点, 水为动系。两次行驶的速度分析如图(b)。

由题目给出的条件知水速 $v = \dfrac{BC}{10 \times 60} = 0.2$ m/s; 因相对速度大小不变, $v_{r1} = v_{r2}$, 则利用两次行驶时的条件有

$$v_{r1} = \frac{L}{10 \times 60}, v_{a2} = \frac{L}{12.5 \times 60}, v_{a2}^2 + v^2 = v_{r2}^2,$$

三个方程联立解得 $v_r = 0.333$ m/s, $L = 120$ m。

**【7-4】** 水流在水轮机工作轮入口处的绝对速度 $v_a = 15$ m/s, 并与直径成 $\beta = 60°$ 角, 如题

7-4 图所示。工作轮的半径 $R=2$ m，转速 $n=30$ r/min。为避免水流与工作轮叶片相冲击，叶片应恰当地安装，以使水流对工作轮的相对速度与叶片相切。求在工作轮外缘处水流对工作轮的相对速度的大小和方向。

**解**：以水流为动点，轮为动系，速度分析如图（b）。$v_r$ 的方向未知。$v_e=\dfrac{\pi n}{30}R=6.28$ m/s，由速度图的几何关系得

$$v_r=\sqrt{v_a^2+v_e^2-2v_ev_a\cos 30°}=10.06 \text{ m/s}。$$

设 $v_r$ 与 $v_a$ 的夹角为 $\varphi$，用正弦定理求得 $\dfrac{v_e}{\sin\varphi}=\dfrac{v_r}{\sin 30°}$，得 $\varphi=18.19°$，所以相对速度与轮半径方向的夹角为 $60°-18.19°=41.81°$。

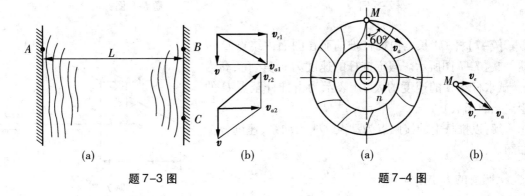

题 7-3 图　　　　　题 7-4 图

**【7-5】** 如题 7-5 图所示，瓦特离心调速器以角速度 $\omega$ 绕铅直轴转动。由于机器负荷的变化，调速器重球以角速度 $\omega_1$ 向外张开。如 $\omega=10$ rad/s，$\omega_1=1.2$ rad/s，球柄长 $l=500$ mm，悬挂球柄的支点到铅直轴的距离为 $e=50$ mm，球柄与铅直轴间所成的交角 $\beta=30°$。求此时重球的绝对速度。

**解**：以重球为动点，铅直轴为动系，速度分析如图（图示位置 $v_e$ 垂直于纸面向里且与 $v_r$ 垂直）。$v_a$ 的大小和方向未知。

$$v_e=\omega(e+l\sin\beta)=3 \text{ m/s}, v_r=\omega_1 l=0.6 \text{ m/s}，$$

则 $v_a=\sqrt{v_r^2+v_e^2}=3.059$ m/s。

**【7-6】** 如题 7-6 图所示，矿砂从传送带 $A$ 落到另一传送带 $B$，其绝对速度为 $v_1=4$ m/s，方向与铅直线成 $30°$ 角。设传送带 $B$ 与水平面成 $15°$ 角，其速度为 $v_2=2$ m/s。求此时矿砂对于传送带 $B$ 的相对速度。并问当传送带 $B$ 的速度为多大时，矿砂的相对速度才能与它垂直？

**解**：以矿砂为动点，传送带 $B$ 为动系，速度分析如图。$v_a=v_1,v_e=v_2,v_r$ 的大小和方向未知。由速度图的几何关系得

$$v_r=\sqrt{v_a^2+v_e^2-2v_ev_a\cos 75°}=3.982 \text{ m/s}，$$

当矿砂的相对速度与传送带 $B$ 垂直时　$v_2=v_1\cos 75°=1.035$ m/s。

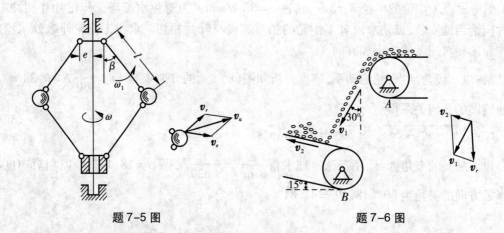

题 7-5 图　　　　　　　　　　　　题 7-6 图

**【7-7】** 杆 $OA$ 长 $l$，由推杆推动而在图面内绕点 $O$ 转动，如题 7-7 图所示。假定推杆的速度为 $v$，其弯头高为 $a$。试求杆端 $A$ 的速度的大小（表示为由推杆至点 $O$ 的距离 $x$ 的函数）。

**解：** 以推杆上的接触点为动点，$OA$ 为动系，速度分析如图。

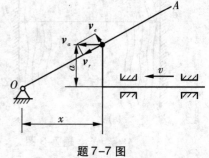

题 7-7 图

$v_r$ 与 $v_e$ 的大小未知，$v_e = v_a \dfrac{a}{\sqrt{x^2 + a^2}} = \dfrac{va}{\sqrt{x^2 + a^2}}$。

$OA$ 的角速度　$\omega = \dfrac{v_e}{\sqrt{x^2 + a^2}} = \dfrac{va}{x^2 + a^2}$，

所以杆端 $A$ 的速度　$v_A = \dfrac{val}{x^2 + a^2}$。

**【7-8】** 题 7-8 图示内圆磨床，砂轮直径 $d = 60$ mm，转速 $n_1 = 10\,000$ r/min；工件孔径 $D = 80$ mm，转速 $n_2 = 500$ r/min，转向与 $n_1$ 相反。求磨削时砂轮与工件接触点之间的相对速度。

**解：** 以内轮接触点为动点，外轮为动系，速度分析如图。由于 $v_e$、$v_a$ 共线，所以 $v_r$ 也与 $v_e$、$v_a$ 共线。将速度合成定理在 $v_a$ 方向投影得 $v_a = v_r - v_e$，即

$v_r = v_a + v_e = \dfrac{\pi n_1}{30} \dfrac{d}{2} + \dfrac{\pi n_2}{30} \dfrac{D}{2} = 33.51$ m/s。

**【7-9】** 车床主轴的转速 $n = 30$ r/min，工件的直径 $d = 40$ mm，如题 7-9 图所示。如车刀横向走刀速度为 $v = 10$ mm/s，求车刀对工件的相对速度。

**解：** 以刀尖为动点，主轴为动系，速度分析如图。$v_r$ 的大小和方向未知，

$v_a = v，v_e = \dfrac{\pi n}{30} \dfrac{d}{2} = 62.83$ m/s，

则 $v_r = \sqrt{v^2 + v_e^2} = 63.62$ m/s。

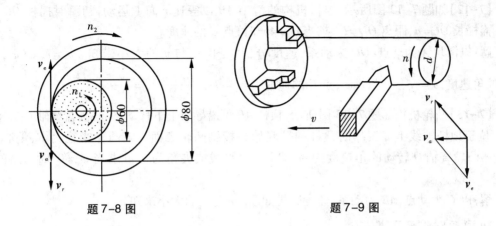

题 7-8 图　　　　　　　　　题 7-9 图

**【7-10】**在题 7-10 图(a)和(b)所示的两种机构中,已知 $O_1O_2=a=200\ \text{mm}$,$\omega_1=3\ \text{rad/s}$。求图示位置时杆 $O_2A$ 的角速度。

**解:**(a)以滑块 $A$ 为动点,$O_2A$ 为动系,速度分析如图。$v_r$ 与 $v_e$ 的大小未知。

则 $v_e=v_a\cos30°=\omega_1a\cos30°$,所以 $\omega_2=\dfrac{v_e}{2a\cos30°}=1.5\ \text{rad/s}$。

(b)以滑块 $A$ 为动点,$O_1A$ 为动系,速度分析如图。$v_r$ 与 $v_a$ 的大小未知。

则 $v_a=\dfrac{v_e}{\cos30°}=\dfrac{\omega_1a}{\cos30°}$,所以 $\omega_2=\dfrac{v_a}{2a\cos30°}=2\ \text{rad/s}$。

**【7-11】**题 7-11 图示曲柄滑道机构中,曲柄长 $OA=r$,并以等角速度 $\omega$ 绕 $O$ 轴转动。装在水平杆上的滑槽 $DE$ 与水平线成 $60°$ 夹角。求当曲柄与水平线的交角分别为 $\varphi=0°$、$30°$、$60°$ 时,杆 $BC$ 的速度。

**解:**以滑块 $A$ 为动点,$BCD$ 为动系,速度分析如图。$v_r$ 与 $v_e$ 的大小未知。

在任意角度 $\varphi$,由正弦定理求解 $\dfrac{v_a}{\sin60°}=\dfrac{v_e}{\sin(30°-\varphi)}$,而 $v_a=\omega r$,将 $\varphi=0°$、$30°$、$60°$ 代入求解得 $v_{BC}$ 的结果分别为 $\omega r\tan60°$(向左)、$0$、$-\omega r\tan60°$(向右)。

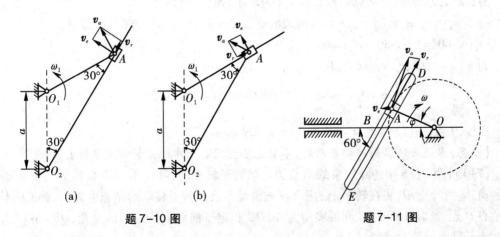

(a)　　　　　　(b)

题 7-10 图　　　　　　　　题 7-11 图

**【7-12】**如题 7-12 图所示,摇杆机构的滑竿 $AB$ 以等速 $v$ 向上运动,初瞬时摇杆 $OC$ 水平。摇杆长 $OC=a$,距离 $OD=l$。求当 $\varphi=45°$ 时,点 $C$ 的速度。

**解:** 以滑块 $A$ 为动点,$OC$ 为动系,速度分析如图。$v_r$ 与 $v_e$ 的大小未知。$v_e=v_a\cos\varphi$,杆 $OC$ 的角速度 $\omega=\dfrac{v_e}{OA}=\dfrac{v_e}{l}\cos\varphi$,点 $C$ 的速度为 $v_C=\omega a=\dfrac{va\cos^2\varphi}{l}=\dfrac{va}{2l}$。

**【7-13】**凸轮机构如题 7-13 图所示,顶杆 $AB$ 可沿导轨上下移动,偏心圆盘绕轴 $O$ 转动,轴 $O$ 位于顶杆轴线上。工作时顶杆的平底始终接触凸轮表面。该凸轮半径为 $R$,偏心距 $OC=e$,凸轮绕轴 $O$ 转动的角速度为 $\omega$,$OC$ 与水平线成夹角为 $\varphi$。求当 $\varphi=0°$ 时,顶杆的速度。

**解:** 以 $C$ 为动点,$AB$ 为动系,速度分析如图。$v_r$ 与 $v_e$ 的大小未知。

$$v_{AB}=v_e=v_a\cos\varphi=\omega e。$$

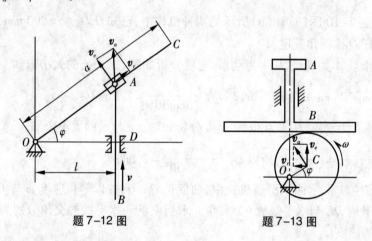

题 7-12 图            题 7-13 图

**【7-14】**绕轴 $O$ 转动的圆盘及直杆 $OA$ 上均有一导槽,两导槽间有一活动销子 $M$ 如图所示,$b=0.1$ m。设在题 7-14 图示位置时,圆盘及直杆的角速度分别为 $\omega_1=9$ rad/s 和 $\omega_2=3$ rad/s。求此瞬时销子 $M$ 的速度。

**解:** 以 $M$ 为动点,分别以圆盘和杆 $OA$ 为动系,速度分析如图。

由于 $\vec{v}_a=\vec{v}_{e1}+\vec{v}_{r1}=\vec{v}_{e2}+\vec{v}_{r2}$,两边向垂直于 $\vec{v}_{r1}$ 方向(水平方向)投影得

$-v_{e1}\cos60°=v_{r2}\cos30°-v_{e2}\cos60°$,

而 $v_{e1}=\omega_1 OM$,$v_{e2}=\omega_2 OM$,代入求出

$$v_{r2}=\frac{2}{3}b(\omega_2-\omega_1)=-0.4 \text{ m/s}(方向与图中所画的方向相反)。$$

所以 $M$ 点的速度为 $v_M=\sqrt{v_{e2}^2+v_{r2}^2}=0.529$ m/s。

**【注意:本题必须取两次动系求解,不能也不宜用物理中纯分析的方法做】**

**【7-15】**题 7-15 图为叶片泵的示意图。当转子转动时,叶片端点 $B$ 将沿固定的定子曲线运动,同时叶片 $AB$ 将在转子上的槽 $CD$ 内滑动。已知转子转动的角速度为 $\omega$,槽 $CD$ 不通过轮心 $O$ 点,此时 $AB$ 和 $OB$ 间的夹角为 $\beta$,$OB$ 和定子曲线的法线间成 $\theta$ 角,$OB=\rho$。求叶片在转子槽内的滑动速度。

**解**:以 $B$ 为动点,转子为动系,速度分析如图( $\vec{v}_e$ 垂直于 $OB$ , $\vec{v}_r$ 沿 $AB$ , $\vec{v}_a$ 与定子曲线相切。$\vec{v}_e$ 与 $\vec{v}_a$ 的夹角为 $\theta$ , $\vec{v}_r$ 与 $\vec{v}_a$ 的夹角为 $90° + \beta - \theta$ )。

由正弦定理得 $\dfrac{v_r}{\sin\theta} = \dfrac{v_e}{\sin(90° + \beta - \theta)}$ ,所以 $v_r = \dfrac{v_e\sin\theta}{\cos(\beta - \theta)} = \dfrac{\omega\rho\sin\theta}{\cos(\beta - \theta)}$ 。

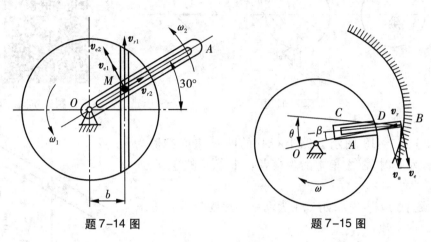

题 7-14 图        题 7-15 图

**【7-16】**直线 $AB$ 以大小为 $v_1$ 的速度沿垂直于 $AB$ 的方向向上移动;直线 $CD$ 以大小为 $v_2$ 的速度沿垂直于 $CD$ 的方向向左上方移动,如题7-16 图所示。如两直线间的交角为 $\theta$ ,求两直线交点 $M$ 的速度。

**解**:以交点 $M$ 为动点,分别以杆 $AB$ 和杆 $CD$ 为动系,速度分析如图。

由于 $\vec{v}_a = \vec{v}_{e1} + \vec{v}_{r1} = \vec{v}_{e2} + \vec{v}_{r2}$ ,两边向垂直于 $\vec{v}_{r1}$ 方向(铅垂方向)投影得

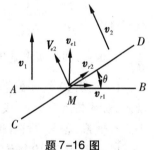

题 7-16 图

$$v_{e1} = v_{r2}\sin\theta + v_{e2}\cos\theta ,$$

而 $v_{e1} = v_1$ , $v_{e2} = v_2$ ,代入求出 $v_{r2} = \dfrac{v_1 - v_2\cos\theta}{\sin\theta}$ ,

所以 $M$ 点的速度为

$$v_M = \sqrt{v_{e2}^2 + v_{r2}^2} = \frac{1}{\sin\theta}\sqrt{v_1^2 + v_2^2 - 2v_1v_2\cos\theta} 。$$

**【7-17】**题 7-17 图示两盘匀速转动的角速度分别为 $\omega_1 = 1\ \text{rad/s}$ 、$\omega_2 = 2\ \text{rad/s}$ ,两盘半径均为 $R = 50\ \text{mm}$ ,两盘转轴距离 $L = 250\ \text{mm}$ 。图示瞬时,两盘位于同一平面内。求此时盘2上的点 $A$ 相对于盘1的速度和加速度。

**解**:扫码进入。

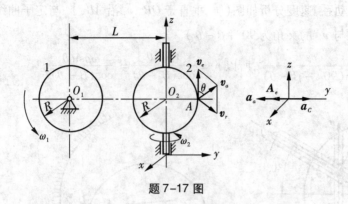

题 7-17 图

题 7-17

**【7-18】**题 7-18 图示公路上行驶的两车速度都恒为 72 km/h,图示瞬时,在 A 车中的观察者看来车 B 的速度、加速度应为多大?

**解:**由题意,应以 B 为动点,A 为动系。速度分析如图,$v_r$ 的大小和方向未知。

将速度合成定理 $\vec{v}_a = \vec{v}_e + \vec{v}_r$ 两边向 $x$、$y$ 轴投影得

$-v_B\vec{i} = v_A\cos30°\vec{i} + v_A\sin30°\vec{j} + \vec{v}_r$,

代入数值求得 $\vec{v}_r = -(37.32\vec{i} + 10\vec{j})$ m/s。

加速度分析如图。只有 B 车有加速度,动系为平动系,没有科氏加速度。则 $a_r$ 的大小和方向与 $a_B$ 相同。则 $a_r = a_a = \dfrac{v_B^2}{R} = 4$ m/s$^2$,即为所求结果,$a_r$ 方向沿 $y$ 轴负向。

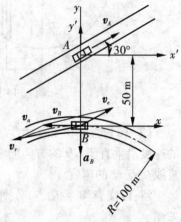

题 7-18 图

**【注意】**(1)本题速度求解也可以用余弦定理;(2)加速度分析时若以 B 车为动系,A 为动点,动系仍为平动系,没有科氏加速度。即有下面结论:"两点之间的相对运动,无论以哪个点为动系,各点作何种运动,动系均为平动系。"】

**【7-19】**题 7-19 图示小环 M 沿杆 OA 运动,杆 OA 绕轴 O 转动,从而使小环在 $Oxy$ 平面内具有如下运动方程:$x = 10\sqrt{3}\ t$ mm,$y = 10\sqrt{3}\ t^2$ mm。求 $t = 1$ s 时,小环 M 相对于杆 OA 的速度和加速度、OA 杆转动的角速度及角加速度。

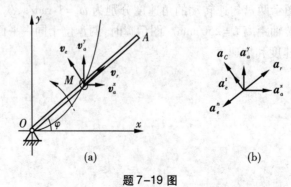

题 7-19 图

**解法 1**：以环 $M$ 为动点，$OA$ 为动系。速度分析如图，$v_e$ 和 $v_r$ 的大小未知。

$t=1$ s 时 $x=y=10\sqrt{3}$ mm，$OM=10\sqrt{6}$ mm，将运动方程对时间求导得绝对速度

$$\vec{v}_a = \dot{x}\vec{i} + \dot{y}\vec{j} = 10\sqrt{3}\,\vec{i} + 20\sqrt{3}\,\vec{j}\ \text{mm/s},$$

将速度合成定理 $\vec{v}_a = \vec{v}_e + \vec{v}_r$ 向 $x$、$y$ 轴投影得

$$10\sqrt{3} = v_r\cos 45° - v_e\sin 45°\ ,\ 20\sqrt{3} = v_r\sin 45° + v_e\cos 45°\ ,$$

解得  $v_r = 15\sqrt{6} = 36.74$ mm/s，$v_e = 5\sqrt{6}$ mm/s，

角速度  $\omega = \dfrac{v_e}{OM} = 0.5$ rad/s（逆时针方向）；

加速度分析如图（b）。$a_e^t$ 和 $\boldsymbol{a}_r$ 的大小未知。

$$\vec{a}_a = \ddot{x}\vec{i} + \ddot{y}\vec{j} = 20\sqrt{3}\,\vec{j}\ \text{mm/s}^2,\ a_e^n = \omega^2 OM = 2.5\sqrt{6}\ \text{mm/s}^2,\ a_C = 2\omega v_r = 15\sqrt{6}\ \text{mm/s}^2,$$

将加速度合成定理 $\vec{a}_a = \vec{a}_e^n + \vec{a}_e^t + \vec{a}_r + \vec{a}_C$ 两边向 $a_e^t$ 和 $a_r$ 方向投影得

$$20\sqrt{3}\cos 45° = a_e^t + a_C,\ 20\sqrt{3}\cos 45° = -a_e^n + a_r,$$

解得  $a_r = 12.5\sqrt{6} = 30.62$ mm/s$^2$，$a_e^t = -5\sqrt{6}$ mm/s$^2$，

角加速度  $\alpha = \dfrac{a_e^t}{OM} = -0.5$ rad/s$^2$（顺时针方向）。

**解法 2**：写出相对运动方程：$OM = \sqrt{x^2 + y^2} = 10\sqrt{3}\,t\sqrt{1+t^2}$ mm，

求导得相对速度  $v_r = \dfrac{\text{d}OM}{\text{d}t} = 10\sqrt{3}\sqrt{1+t^2} + \dfrac{10\sqrt{3}\,t^2}{\sqrt{1+t^2}} = 15\sqrt{6} = 36.74$ m/s，

相对加速度  $a_r = \dfrac{\text{d}v_r}{\text{d}t} = \dfrac{30\sqrt{3}\,t}{\sqrt{1+t^2}} - \dfrac{10\sqrt{3}\,t^3}{\sqrt{(1+t^2)^3}} = 30.62$ mm/s$^2$；

写出 $OA$ 的转动方程  $\tan\varphi = \dfrac{y}{x} = t$，即 $\varphi = \tan^{-1}t$

角速度  $\omega = \dfrac{\text{d}\varphi}{\text{d}t} = \dfrac{1}{1+t^2} = 0.5$ rad/s（逆时针方向）；

角加速度  $a = \dfrac{\text{d}\omega}{\text{d}t} = -\dfrac{2t^2}{(1+t^2)^2} = -0.5$ rad/s（顺时针方向）。

【注意：(1)解法 1 中，绝对速度和绝对加速度不要合成，直接用投影形式；角加速度转向决定于 $\boldsymbol{a}_e^t$ 的方向；(2)解法 2 中角加速度转向决定于正负号，正号表示与 $\varphi$ 的转向一致】

**【7-20】**题 7-20 图示铰接四边形机构中，$O_1A = O_2B = 100$ mm，又 $O_1O_2 = AB$，杆 $O_1A$ 以等角速度 $\omega = 2$ rad/s 绕 $O_1$ 轴转动。杆 $AB$ 上有一套筒 $C$，此筒与杆 $CD$ 相铰接。机构的各部件都在同一铅直面内。求当 $\varphi = 60°$ 时，杆 $CD$ 的速度和加速度。

**解**：以滑块 $C$ 为动点，$AB$ 为动系（平动）。速度分析如图（a），$v_a$ 和 $v_r$ 的大小未知。

$v_a = v_e\cos 60° = \omega O_1A \cos 60° = 0.1$ m/s，

加速度分析如图（b），$a_a$ 和 $a_r$ 的大小未知。

$a_a = a_e\cos 30° = \omega^2 O_1A \cos 30° = 0.346$ m/s$^2$。

**【7-21】**剪切金属板的"飞剪机"结构如题 7-21 图。工作台 $AB$ 的移动规律是 $s = 0.2\sin$

$\frac{\pi}{6}t$ m,滑块 $C$ 带动上刀片 $E$ 沿导柱运动以切断工件 $D$,下刀片 $F$ 固定在工作台上。设曲柄 $OC = 0.6$ m,$t = 1$ s 时,$\varphi = 60°$。求该瞬时刀片 $E$ 相对于工作台运动的速度和加速度,并求曲柄 $OC$ 转动的角速度及角加速度。

**解:** 以滑块 $C$ 为动点,$AB$ 为动系(平动)。速度分析如图(a),$v_a$ 和 $v_r$ 的大小未知。

$$v_e = \frac{ds}{dt} = \frac{\pi}{30}\cos\frac{\pi}{6}t, \quad v_a = \frac{v_e}{\sin\varphi} = 0.105 \text{ m/s}, \quad v_r = v_e\cot\varphi = 0.052 \text{ m/s},$$

$OC$ 转动的角速度 $\omega = \dfrac{v_a}{OC} = 0.175$ rad/s(顺时针方向);

加速度分析如图(b),$a_e^t$ 和 $a_a$ 的大小未知。

$$a_e = \frac{d^2s}{dt^2} = -\frac{\pi^2}{180}\sin\frac{\pi}{6}t = 0.0274 \text{ m/s}^2, \quad a_a^n = \omega^2 OC = 0.018\,4 \text{ m/s}^2,$$

将加速度合成定理 $\vec{a}_a^n + \vec{a}_a^t = \vec{a}_e + \vec{a}_r$ 两边向 $\boldsymbol{a}_a^n$ 和 $\boldsymbol{a}_e$ 方向投影得

$a_a^n = -a_e\cos 60° - a_r\cos 30°, \quad -a_a^n\cos 60° + a_a^t\cos 30° = a_e,$

解得　　$a_r = -0.005\,4$ m/s$^2$(方向向下),$a_a^t = -0.021$ m/s$^2$,

角加速度　　$\alpha = \dfrac{a_a^t}{OC} = -0.035$ rad/s$^2$(逆时针方向)。

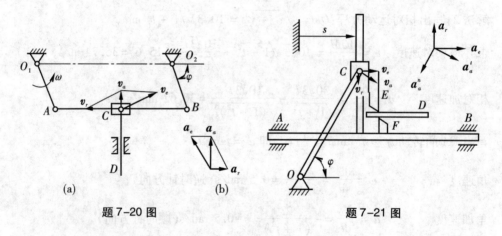

题 7-20 图　　　　　　　　　　　　题 7-21 图

**【7-22】** 如题 7-22 图所示,曲柄 $OA$ 长 0.4 m,以等角速度 $\omega = 0.5$ rad/s 绕 $O$ 轴逆时针转向转动。由于曲柄的 $A$ 端推动水平板 $B$,而使滑竿 $C$ 沿铅直方向上升。求当曲柄与水平线间的夹角 $\theta = 30°$ 时,滑竿 $C$ 的速度和加速度。

**解法步骤:** 以 $OA$ 上的 $A$ 为动点,$BC$ 为动系(平动)。速度、加速度分析如图。求得 $v_e = 0.173$ m/s,$a_a = 0.05$ m/s$^2$。

**【7-23】** 题 7-23 图示偏心轮摇杆机构中,摇杆 $O_1A$ 借助弹簧压在半径为 $R$ 的偏心轮 $C$ 上。偏心轮 $C$ 绕轴 $O$ 往复摆动,从而带动摇杆绕轴 $O_1$ 摆动。设 $OC \perp OO_1$ 时,轮 $C$ 的角速度为 $\omega$,角加速度为零,$\theta = 60°$。求此时摇杆 $O_1A$ 的角速度 $\omega_1$ 和角加速度 $\alpha_1$。

**解:** 以 $C$ 为动点,$O_1A$ 为动系(转动)。速度分析如图(a),$v_e$ 方向垂直于 $O_1C$,$v_r$ 方向平行于 $O_1A$,大小未知。由几何关系知

$$v_e = v_r = v_a = \omega R, \quad \omega_1 = \frac{v_e}{OC} = 0.5\omega,$$

加速度分析如图(b)，$\boldsymbol{a}_e^t$ 和 $\boldsymbol{a}_r$ 的大小未知。

$$a_a = \omega^2 R, a_C = 2\omega_1 v_r = \omega^2 R, a_e^n = \omega_1^2 OC = 0.5\omega^2 R,$$

将加速度合成定理 $\vec{a}_a = \vec{a}_e^n + \vec{a}_e^t + \vec{a}_r + \vec{a}_C$ 两边向 $\boldsymbol{a}_C$ 方向投影得

$$a_a\cos60° = -a_e^n\cos60° - a_e^t\cos30° + a_C,$$

解得 $\quad a_e^t = \dfrac{\sqrt{6}}{6}\omega^2 R$，角加速度 $\alpha_1 = \dfrac{a_e^t}{OC} = \dfrac{\sqrt{6}}{12}\omega^2$（逆时针方向）。

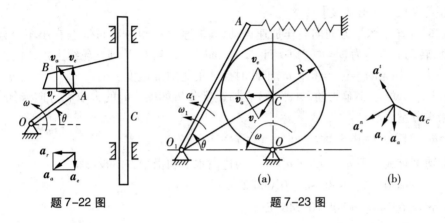

题 7-22 图  题 7-23 图

**【7-24】** 半径为 $R$ 的半圆形凸轮 $D$ 以等速 $v_0$ 沿水平线向右运动，带动从动杆 $AB$ 沿铅直方向上升，如题 7-24 图所示。求 $\varphi = 30°$ 时杆 $AB$ 相对于凸轮的速度和加速度。

**解法步骤：** 以 $AB$ 上的 $A$ 为动点，凸轮为动系（转动）。速度和加速度分析如图。

由几何关系求出 $v_r = \dfrac{2}{\sqrt{3}}v_0$，$a_r = a_a = \dfrac{a_r^n}{\cos\varphi} = \dfrac{v_r^2/R}{\cos30°} = \dfrac{8\sqrt{3}}{9}\dfrac{v_0^2}{R}$。

**【7-25】** 如题 7-25 图所示，斜面 $AB$ 与水平面间成 45°角，以 $0.1\ \text{m/s}^2$ 的加速度沿 $Ox$ 轴向右运动。物块 $M$ 以匀相对加速度 $0.1\sqrt{2}\ \text{m/s}^2$ 沿斜面滑下，斜面与物块的初速都是零。物块的初位置为：坐标 $x = 0$、$y = h$。求物块的绝对运动方程、运动轨迹、速度和加速度。

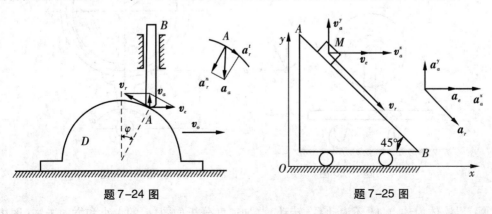

题 7-24 图  题 7-25 图

**解:**以 $M$ 为动点,斜面为动系(平动)。速度、加速度分析如图。

将加速度在水平、铅垂方向投影得

$$a_a^x = a_e + a_r\cos45° = 0.2\ \text{m/s}^2,\quad a_a^y = -a_r\sin45° = -0.1\ \text{m/s}^2,$$

积分得 $v_x = 0.2t\ \text{m/s},\ v_y = -0.1t\ \text{m/s},$(利用了初始条件:初始无速度);

再积分得运动方程 $x = 0.1t^2\ \text{m},\ y = h - 0.05t^2\ \text{m},$(利用了初始条件:$x = 0$、$y = h$);

消去时间 $t$ 得轨迹方程 $2y = 2h - x$;

将速度、加速度分量合成得 $a_a = 0.1\sqrt{5}\ \text{m/s}^2,\ v_a = 0.1\sqrt{5}\ t\ \text{m/s}$。

【说明:本题也可以先将相对加速度和牵连加速度积分求出相对速度和牵连速度,然后用速度合成定理求绝对速度】

【7-26】小车沿水平方向向右作加速运动,其加速度 $a = 0.493\ \text{m/s}^2$。在小车上有一轮绕 $O$ 轴转动,转动的规律为 $\varphi = t^2$($t$ 以 s 计,$\varphi$ 以 rad 计)。当 $t = 1$ s 时,轮缘上点 $A$ 的位置如题 7-26 图所示。如轮的半径 $r = 0.2$ m,求此时点 $A$ 的绝对加速度。

**解:**以 $A$ 为动点,小车为动系(平动)。加速度分析如图。$a_a$ 的大小和方向未知,将其用水平和铅垂分量表示。

$$a_r^n = \omega^2 r = (2t)^2 r = 0.8\ \text{m/s}^2,\quad a_r^t = \alpha r = 2r = 0.4\ \text{m/s}^2,$$

将加速度合成定理 $\vec{a}_a = \vec{a_r^n} + \vec{a_r^t} + \vec{a_e}$ 两边向水平和铅垂方向投影得

$$a_a^x = -a_r^n\cos30° + a_r^t\cos60° + a_e = 0.000\ 2\ \text{m/s}^2,$$

$$a_a^y = a_r^n\cos60° + a_r^t\cos30° = 0.746\ \text{m/s}^2,$$

所以加速度:$a = a_a^y = 0.746\ \text{m/s}^2$。

【注意:本题不要将动系误选为轮,也不要将动系理解为转动系】

【7-27】如题 7-27 图所示,半径为 $r$ 的圆环内充满液体,液体按箭头方向以相对速度 $v$ 在环内作匀速运动。如圆环以等角速度 $\omega$ 绕 $O$ 轴转动,求在圆环内点 1 和 2 处液体的绝对加速度的大小。

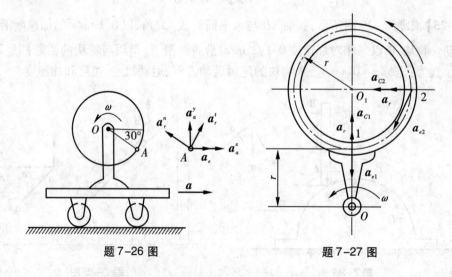

题 7-26 图　　　　　题 7-27 图

**解:**以液体为动点,圆环为动系(转动)。加速度分析如图,$a_a$ 的大小和方向未知(图中未画出）。

$$a_r = \frac{v^2}{r}, a_{e1} = \omega^2 r, a_{e2} = \omega^2 \sqrt{5}\, r, a_{C1} = a_{C2} = 2\omega v$$

将加速度合成定理 $\vec{a}_a = \vec{a}_e + \vec{a}_r + \vec{a}_C$ 两边向水平和铅垂方向投影得

1 点：$a_{a1}^x = 0$，$a_{a1}^y = a_r + a_{C1} - a_{e1} = \dfrac{v^2}{r} + 2\omega v - \omega^2 r$，

则 $a_1 = a_{a1}^y = 2\omega v - \omega^2 r + \dfrac{v^2}{r}$（方向向上）；

2 点：$a_{a2}^x = -a_r - a_{C2} - \dfrac{a_{e2}}{\sqrt{5}} = -\dfrac{v^2}{r} - 2\omega v - \omega^2 r$，$a_{a2}^y = -2\dfrac{a_{e2}}{\sqrt{5}} = -2\omega^2 r$，

则 $a_2 = \sqrt{(a_{a2}^x)^2 + (a_{a2}^y)^2} = \sqrt{\left(\omega^2 r + 2\omega v + \dfrac{v^2}{r}\right)^2 + 2\omega^4 r^2}$（方向向左下）。

【7-28】题 7-28 图示圆盘绕 $AB$ 轴转动，其角速度 $\omega = 2\,t$ rad/s。点 $M$ 沿圆盘直径离开中心向外缘运动，其运动规律为 $OM = 40\,t^2$ mm。半径 $OM$ 与 $AB$ 轴间成 $60°$ 倾角。求当 $t = 1$ s 时点 $M$ 的绝对加速度的大小。

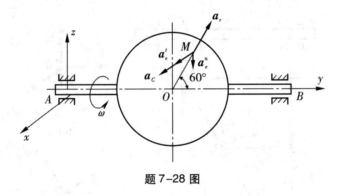

题 7-28 图

**解**：以 $M$ 为动点，圆盘为动系（转动）。加速度分析如图，$\boldsymbol{a}_a$ 的大小和方向未知（图中未画出）。

$$v_r = \frac{\mathrm{d}OM}{\mathrm{d}t} = 80\,t \text{ mm/s}, a_r = \frac{\mathrm{d}^2 OM}{\mathrm{d}t^2} = 80 \text{ mm/s}^2, a_e^n = \omega^2 OM \sin 60° = 138.56 \text{ mm/s}^2,$$

$a_e^t = \alpha OM \sin 60° = 2OM \sin 60° = 69.28 \text{ m/s}^2, a_C = 2\omega v_r \sin 60° = 277.12 \text{ mm/s}^2$，

将 $\vec{a}_a = \vec{a}_e^n + \vec{a}_e^t + \vec{a}_r + \vec{a}_C$ 两边向三个坐标轴方向投影得

$a_a^x = a_e^t + a_C = 346.4 \text{ mm/s}^2, a_a^y = a_r \cos 60° = 40 \text{ mm/s}^2$，

$a_a^z = a_r \sin 60° - a_e^n = -69.28 \text{ mm/s}^2$，

$a_M = \sqrt{a_a^{x2} + a_a^{y2} + a_a^{z2}} = 355.52 \text{ mm/s}^2$。

【7-29】题 7-29 图示直角曲杆 $OBC$ 绕 $O$ 轴转动，使套在其上的小环 $M$ 沿固定直杆 $OA$ 滑动。已知：$OB = 0.1$ m，$OB$ 与 $BC$ 垂直，曲杆的角速度 $\omega = 0.5$ rad/s，角加速度为零。求当 $\varphi = 60°$ 时，小环 $M$ 的速度和加速度。

**解**：以 $M$ 为动点，$OBC$ 为动系（转动）。速度、加速度分析如图。

速度求解 $v_e = \omega OM = 0.1$ m/s，$v_a = v_e \tan 60° = 0.173$ m/s，$v_r = 2v_e = 0.2$ m/s；

加速度求解 $a_e = \omega^2 OM = 0.05$ m/s$^2$，$a_C = 2\omega v_r = 0.2$ m/s$^2$，

将 $\vec{a}_a = \vec{a}_e + \vec{a}_r + \vec{a}_C$ 两边向 $a_C$ 方向投影得 $a_a \cos 60° = a_C - a_e \cos 60°$，

所以 $a_a = 2a_C - a_e = 0.35$ m/s$^2$。

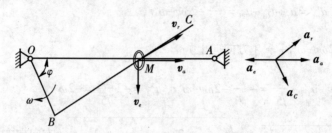

题 7-29 图

【7-30】牛头刨床机构如题 7-30 图所示。已知 $O_1 A = 200$ mm，角速度 $\omega_1 = 2$ rad/s。求题 7-30 图示位置滑枕 $CD$ 的速度和加速度。

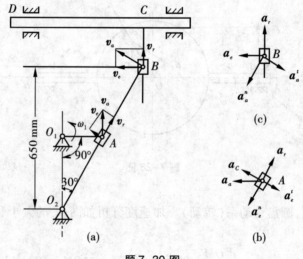

题 7-30 图

**解：**先以 $A$ 为动点，$O_2 B$ 为动系（转动），再以 $B$ 为动点，$CD$ 为动系（平动），速度、加速度分析如图（a）（b）（c）。

（1）速度求解。$A$ 点

$$v_a = \omega_1 O_1 A = 0.4 \text{ m/s}, v_e = v_a \sin 30° = 0.2 \text{ m/s}, v_r = v_a \cos 30° = 0.346 \text{ m/s};$$

$O_2 B$ 的角速度 $\omega_2 = \dfrac{v_e}{O_2 A} = 0.5$ rad/s；

$B$ 点 $v_a = \omega_2 O_2 B = 0.375$ m/s，$v_e = v_a \cos 30° = 0.325$ m/s；

（2）加速度求解。$A$ 点

$$a_a = \omega_1^2 O_1 A = 0.8 \text{ m/s}^2, a_e^n = \omega_2^2 O_2 A = 0.1 \text{ m/s}^2, a_C = 2\omega_2 v_r = 0.346 \text{ m/s}^2,$$

将 $\vec{a}_a = \vec{a}_e^n + \vec{a}_e^t + \vec{a}_r + \vec{a}_C$ 两边向 $\boldsymbol{a}_C$ 方向投影得

$a_a \sin 60° = a_C - a_e^t$，所以 $a_e^t = -0.346 \text{ m/s}^2$，

$O_2 B$ 的角加速度 $\alpha_2 = \dfrac{a_e^t}{O_2 A} = 0.867 \text{ rad/s}^2$；

$B$ 点：$a_a^n = \omega_2^2 O_2 B = 0.188 \text{ m/s}^2$，$a_a^t = \alpha_2 O_2 B = -0.651 \text{ m/s}^2$，

将 $\vec{a}_a^n + \vec{a}_a^t = \vec{a}_r + \vec{a}_e$ 两边向 $\boldsymbol{a}_e$ 方向投影得

$a_e = a_a^n \cos 60° - a_a^t \sin 60° = 0.658 \text{ m/s}^2$，即为所求 $CD$ 的加速度。

【7-31】如题 7-31 图所示，点 $M$ 以不变的相对速度 $v_r$ 沿圆锥体的母线向下运动。此圆锥体以角速度 $\omega$ 绕 $OA$ 轴做匀速转动。如 $\angle MOA = \theta$，且当 $t=0$ 时点在 $M_0$ 处，此时距离 $OM_0 = b$。求在 $t$ 秒时，点 $M$ 的绝对加速度的大小。

**解：** 以 $M$ 为动点，圆锥体为动系（转动），加速度分析如图。

$a_e = \omega^2 OM \sin\theta = \omega^2 (b + v_r t)\sin\theta$，（在 $OAB$ 面内指向转轴，平行于 $AB$），

$a_r = 0$，$a_C = 2\omega v_r \sin\theta$，（垂直于 $OAB$ 面），

所以 $a_a = \sqrt{a_C^2 + a_e^2} = \sqrt{(b + v_r t)^2 \omega^4 + 4\omega^2 v_r^2}\sin\theta$。

【7-32】如题 7-32 图所示，抛物线 $y^2 = 2px (p>0)$ 位于一固定平面内，直线 $AB$ 平行于轴 $y$，沿 $x$ 轴正向在固定平面内做直线平动。已知其运动规律为 $x = 2pt^2$，求当 $t=1$ 时，直线与抛物线交点 $M$ 的加速度。

**解：** 扫码进入。

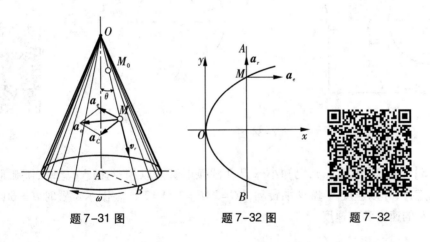

题 7-31 图　　题 7-32 图　　题 7-32

【7-33】大圆环固定不动，其半径为 $R$。$AB$ 杆绕 $A$ 端在圆环平面内转动，其角速度为 $\omega$，角加速度为 $\alpha$。杆用小圆环 $M$ 套在大圆环上。求题 7-33 图示位置时 $M$ 的绝对加速度。

**解：** 扫码进入。

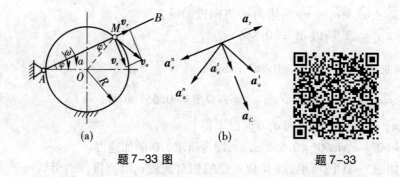

(a)                    (b)

题 7-33 图                    题 7-33

【7-34】一半径为 $R$ 的圆盘,绕通过边缘上一点 $O_1$ 垂直于圆盘平面的轴转动。$AB$ 杆的 $B$ 端用固定铰链支座支承,当圆盘转动时,$AB$ 杆始终与圆盘外缘相接触。在题 7-34 图示瞬时,已知圆盘的角速度为 $\omega_0$,角加速度为 $\alpha_0$,尺寸如题 7-34 图示。求该瞬时 $AB$ 杆的角速度及角加速度。

**解:**扫码进入。

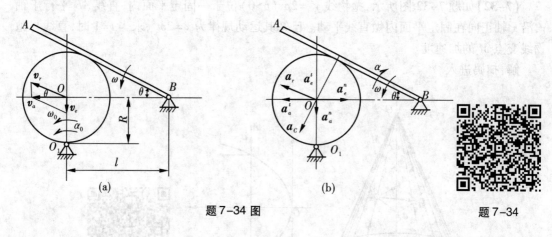

(a)                    (b)

题 7-34 图                    题 7-34

【7-35】如题 7-35 图(a),已知小球 $P$ 在圆弧形管内以相对速度 $v$ 运动,圆弧形管与圆盘 $O$ 刚性连接,并以速度 $\omega$ 绕 $O$ 轴转动,$BC = 2AB = 2OA = 2r$。在图示位置时 $\theta = 60°$。求该瞬时小球 $P$ 的速度和加速度。

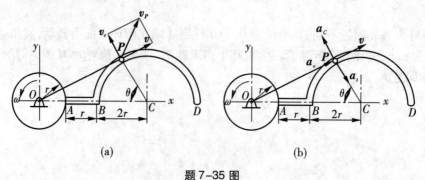

(a)                    (b)

题 7-35 图

**解**:以 $P$ 为动点,圆盘和圆弧形管为动系,图示位置,$OP \perp CP$。

速度分析如图(a),

$$v_e = \omega OP = 2\sqrt{3}\,\omega r\,, \ v_r = v\,, \ \text{则}\ v_P = v_a = \sqrt{v_e^2 + v_r^2} = \sqrt{12\omega^2 r^2 + v^2}\,。$$

加速度分析如图(b),$\vec{a}_a = \vec{a}_e + \vec{a}_r + \vec{a}_C$,

$$a_e = \omega^2 OP = 2\sqrt{3}\,\omega^2 r\,, \ a_r = \frac{v^2}{2r}\,, \ a_C = 2\omega v_r = 2\omega v,$$

$$a_P = a_a = \sqrt{a_e^2 + (a_r - a_C)^2} = \sqrt{12\omega^4 r^2 + \left[\frac{v^2}{2r} - 2\omega r\right]^2}\,。$$

**【7-36】**题 7-36 图示电机托架 $OB$ 以恒角速度 $\omega = 3\text{rad/s}$ 绕 $z$ 轴转动,电机轴带着半径为 120 mm 的圆盘以恒定的角速度 $\dot{\varphi} = 8$ rad/s 自转,$\gamma = 30°$。求图示瞬时圆盘上 $A$ 点的速度和加速度。

**解**:以 $A$ 为动点,$OB$ 为动系。用矢量表示各个运动量。

速度分析,$\vec{v}_a = \vec{v}_e + \vec{v}_r$,$\vec{\omega}_e = \omega\vec{k}$,$\vec{\omega}_r = \dot{\varphi}(\cos 30°\vec{j} + \sin 30°\vec{k})$,

$$\vec{r}_e = \vec{r}_{OA} = (0.35 + 0.3\cos 30° - 0.12\sin 30°)\vec{j} + (0.15 + 0.3\sin 30° + 0.12\cos 30°)\vec{k},$$

$$\vec{r}_r = \vec{r}_{BA} = (0.3\cos 30° - 0.12\sin 30°)\vec{j} + (0.3\sin 30° + 0.12\cos 30°)\vec{k},$$

$\vec{v}_e = \vec{\omega}_e \times \vec{r}_e = -1.65\vec{i}$,$\vec{v}_r = \vec{\omega}_r \times \vec{r}_r = 0.96\vec{i}$,则 $\vec{v}_A = \vec{v}_a = \vec{v}_e \times \vec{v}_r = -0.689\vec{i}$ m/s。

加速度分析,

$\vec{a}_e = \vec{a}_e^n = \vec{\omega}_e \times \vec{v}_e = -4.95\vec{j}$,$\vec{a}_r = \vec{a}_r^n = \vec{\omega}_r \times \vec{v}_r = 3.84\vec{j} - 6.65\vec{k}$,$\vec{a}_C = 2\vec{\omega}_e \times \vec{v}_r = 5.76\vec{j}$,

则 $\vec{a}_a = \vec{a}_e + \vec{a}_r + \vec{a}_C = 4.65\vec{j} - 6.65\vec{k}$ m/s$^2$。

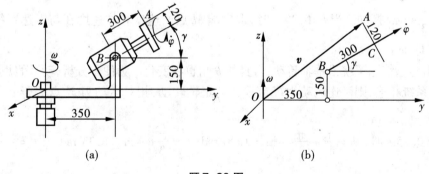

题 7-36 图

**【7-37】**直杆 $AB$ 与一半径为 $r$ 的圆环在一平面内,圆环以匀角速度 $\omega$ 绕圆环上的固定点 $O$ 转动,圆环与直杆的另一交点为 $M$,如题 7-37 图所示。求

(1)点 $M$ 相对于直杆 $AB$ 的速度和加速度;

(2)点 $M$ 相对于圆环的速度和加速度。

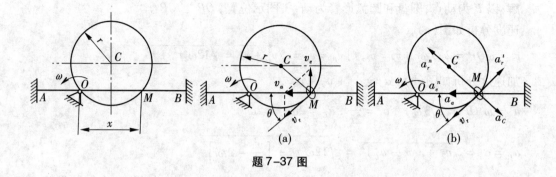

题 7-37 图

**解:** 以圆环与直杆的交点 $M$ 为动点, 圆环为动系。速度分析如图(a)。

$$v_a = v_e \cot\theta = \omega OM \frac{\sqrt{r^2 - (OM/2)^2}}{OM/2} = \omega\sqrt{4r^2 - x^2}, \quad v_r = v_e \csc\theta = \omega OM \frac{r}{OM/2} = 2\omega r$$

$v_a$ 和 $v_r$ 即分别为交点相对 $AB$ 和圆环的速度。

加速度分析如图(b)。将加速度合成定理 $\vec{a}_a = \vec{a}_e^n + \vec{a}_r^t + \vec{a}_r^n + \vec{a}_C$ 两边向 $\vec{a}_r^n$ 和竖直方向投影

$$a_a \sin\theta = a_e^n \sin\theta + a_r^n - a_C = \omega^2 x \sin\theta + \frac{v_r^2}{r} - 2\omega v_r, \quad 0 = a_r^n \cos\theta + a_r^t \sin\theta - a_C \cos\theta = a_r^t \sin\theta$$

解得 $a_a = \omega^2 x, a_r^t = 0$, 则交点相对 $AB$ 和圆环的加速度分别为 $a_a$ 和 $a_r = a_r^n = 4\omega^2 r$, 方向如图。

**【7-38】** 题 7-38(a)图所示雷达天线绕铅垂轴以角速度 $\omega = \dfrac{\pi}{15}$ rad/s 转动, 而 $\theta$ 角按规律 $\theta = \dfrac{\pi}{6} + \dfrac{\pi}{3}\sin\pi t$ 摆动。当 $t = 0.25$ s 时, 求尖端 $M$ 点的速度和加速度在与雷达系统固连的 $Ox'y'z'$ 坐标轴上的投影。

**解:** 雷达系统除了绕铅垂轴转动, 自身的 $\theta$ 角也在变化。为便于分析, 动系假想与特定 $\theta$ 角的雷达系统相连, 则牵连运动为绕铅垂轴的定轴转动, 相对运动为 $M$ 点关于 $\theta$ 角的变化 (转动)。

当 $t = 0.25$ s 时, $\theta = \dfrac{\pi}{6} + \dfrac{\pi}{3}\sin\pi t = 1.26$ rad, $\dot\theta = \dfrac{\pi^2}{3}\cos\pi t = 2.33$ rad/s, $\ddot\theta = -\dfrac{\pi^3}{3}\sin\pi t = -7.31$ rad/s$^2$。

(1)速度分析(速度图未画出)。

$$v_e = \omega \times 3\sin\theta \text{(沿 } z' \text{ 负向)}, \quad v_r = 3\dot\theta \text{(沿 } y' \text{ 负向)},$$

则

$$v_x' = 0, \quad v_y' = -v_r = -3\dot\theta = -6.98 \text{ m/s}, \quad v_z' = -v_e = -\omega \times 3\sin\theta = -0.599 \text{ m/s},$$

(2)加速度分析如图(b)。

$$a_e^n = \omega^2 \times 3\sin\theta \text{(水平向左)}, \quad a_e^t = 0, \quad a_r^n = 3\dot\theta^2 \text{(沿 } x' \text{ 负向)}, \quad a_r^t = 3\ddot\theta \text{(沿 } y' \text{ 负向)}, \quad a_C = 2\omega v_r \cos\theta = 6\omega\dot\theta\cos\theta \text{(沿 } z' \text{ 负向)}。\text{则}$$

$a'_x = -a_r^n - a_e^n \sin\theta = -16.36 \ \text{m/s}^2$，$a'_y = a_e^n \cos\theta - a_r^t = 21.96 \ \text{m/s}^2$，$a'_z = -a_C = -0.88 \ \text{m/s}^2$。

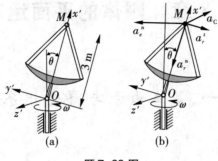

题 7-38 图

【7-39】如题 7-39 图所示，销钉 $M$ 能在 $DBE$ 的竖直槽内滑动，同时又能在杆 $OA$ 的槽内滑动，杆 $DBE$ 以匀速度 $v_1$ 向右运动，杆 $OA$ 以匀角速度 $\omega$ 顺时针转动。设某瞬时杆 $OA$ 与水平线夹角为 $q$，$OM=l$。求销钉 $M$ 分别相对于杆 $OA$ 和杆 $DBE$ 的加速度。

**解：**扫码进入。

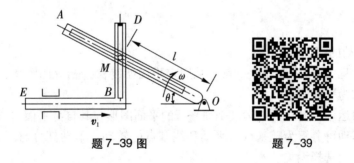

题 7-39 图　　　　　　　题 7-39

# 第8章 刚体的平面运动

# 一、基本内容与解题指导

## 1. 基本要求与重点

(1)掌握基点法、速度投影法和瞬心法求速度;
(2)掌握基点法求加速度。

## 2. 难点

(1)加速度求解;
(2)运动学综合应用题的求解。

## 3. 主要内容

(1)平面运动的概念

刚体运动过程中,刚体上任意一点与某固定平面始终保持相等的距离,或:刚体上任一点的运动轨迹均为平面曲线。

刚体的平面运动可简化为与运动平面平行的平面图形在其自身平面内的运动。

刚体平面运动可分解为随基点的平动和绕基点的转动。平动部分与基点的选择有关,转动部分与基点的选择无关。

(2)基点法求速度

以 $A$ 为基点研究 $B$,则有

$$\vec{v}_B = \vec{v}_A + \vec{v}_{BA}。$$

(3)投影法求速度

任意两点的速度在其连线上的投影相等 $[\vec{v}_B]_{AB} = [\vec{v}_A]_{AB}。$

(4)瞬心法求速度

速度瞬心:平面图形上某瞬时速度为 0 的点。

设 $C$ 点为速度瞬心,则瞬心法求速度

$$v_M = \omega \cdot CM , \ \omega = \frac{v_M}{CM}。$$

(5)基点法求加速度

以 $A$ 为基点研究 $B$,则有

$$\vec{a}_B = \vec{a}_A + \vec{a}_{BA}^n + \vec{a}_{BA}^t , \ a_{BA}^n = \omega^2 AB , \ a_{BA}^t = \alpha \ AB。$$

### 4. 重点难点概念及作题指导

(1)注意平面运动和平动的区别;

(2)平面运动分解为随基点的平动和绕基点的转动,基点的选择是任意的,因此并不是刚体真正绕基点转动;

(3)平面运动刚体的角速度和角加速度是刚体转动部分的角速度和角加速度,没有转动中心,并不是绕基点转动的角速度和角加速度;

(4)瞬心法求速度时,可理解为该瞬时刚体绕速度瞬心的转动,即速度求解和定轴转动类似;但加速度求解不能看作刚体绕瞬心的转动,瞬心的加速度一定不为0;速度瞬心的位置随时间不断变化;

(5)刚体绕速度瞬心的瞬时转动与定轴转动的异同:速度量 $v$、$\omega$ 相同,加速度量 $a$、$\alpha$ 不同;

(6)刚体瞬时平动和平动的异同:速度量 $v$、$\omega$ 相同,即任一点的速度都一样,角速度为0;加速度量 $a$、$\alpha$ 不同,即各点的加速度不同,角加速度不为0;

(7)平面运动刚体的转动量满足 $\alpha = \dfrac{\mathrm{d}\omega}{\mathrm{d}t}$;

(8)纯滚动圆轮的角加速度 $\alpha$ 与轮心 $O$ 的加速度之间有下述关系 $\alpha = \dfrac{a_O^t}{R}$,这里 $R$ 为圆轮的半径,$a_O^t$ 为轮心的切向加速度,解题时可直接利用此关系。

# 二、概念题

【8-1】杆 $AB$ 作平面运动,概念题 8-1 图示瞬时 $A$、$B$ 两点速度 $v_A$、$v_B$ 的大小、方向均已知,$C$、$D$ 两点分别是 $v_A$、$v_B$ 的矢端,试问:

(1)$AB$ 杆上各点速度矢的端点是否都在直线 $CD$ 上?

(2)对 $AB$ 杆上任意一点 $E$,设其速度矢端为 $H$,那么 $H$ 在什么位置?

(3)设杆 $AB$ 为无限长,它与 $CD$ 的延长线交于 $P$。判断下述说法是否正确?

A.点 $P$ 的瞬时速度为0;

B.点 $P$ 的瞬时速度必不为0,其速度矢端必在直线 $AB$ 上;

C.点 $P$ 的瞬时速度必不为0,其速度矢端必在直线 $CD$ 的延长线上。

答:如图,做出 $AB$ 的速度瞬心 $I$,则由瞬心法求速度的概念知 $\dfrac{AC}{AI} = \dfrac{BD}{BI} = \dfrac{EH}{EI}$。则

(1)$AB$ 杆上各点速度矢的端点都在直线 $CD$ 上;

(2)$H$ 的位置由上述比例式确定;

(3)点 $P$ 的瞬时速度必不为0,大小为 $v_A \dfrac{PI}{AI}$,方向垂直于 $PI$。

【知识点:瞬心法求速度。也可以用基点法分析。】

【8-2】概念题 8-2 图示平面图形上两点 $A$、$B$ 的速度方向是否可能? 为什么?

答:两点速度在其连线上投影不相等,所以不可能。也可以利用速度瞬心法作出瞬心,则两点绕瞬心转动方向不一样,所以不可能。

【知识点:瞬心法和投影法求速度】

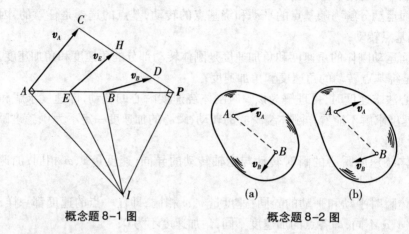

概念题8-1 图　　　　　　　　概念题8-2 图

【8-3】平面图形在其平面内运动,某瞬时有两点的加速度矢相等。判断下述说法是否正确? (1)其上各点的速度在该瞬时一定都相等;(2)各点的加速度在该瞬时一定都相等。

答:设两点为 $A$ 和 $B$,以 $A$ 为基点研究 $B$,则 $\vec{a}_B = \vec{a}_A + \vec{a}_{BA}^n + \vec{a}_{BA}^t$,若 $\vec{a}_B = \vec{a}_A$,则 $a_{BA}^n = 0$,$a_{BA}^t = 0$,所以此时平面图形的角速度、角加速度均为0,因此(1)(2)均正确。

【8-4】如概念题8-4图所示,下列各题的计算是否有错? 为什么?

(1)图(a),已知 $v_B$,则 $v_{BA} = v_B \sin\beta$,所以 $\omega_{AB} = \dfrac{v_{BA}}{AB} = \dfrac{v_B \sin\beta}{AB}$;

(2)图(b),已知 $\vec{v}_B = \vec{v}_A + \vec{v}_{BA}$,则速度平行四边形如图;

(3)图(c),已知 $\omega =$ 常量,$OA = r$,$v_A = \omega r$,在图示位置 $\vec{v}_B = \vec{v}_A$,即 $v_B = v_A = \omega r =$ 常量,所以 $a_B = \dfrac{\mathrm{d}v_B}{\mathrm{d}t} = 0$;

(4)图(d),已知 $v_A = \omega OA$,所以 $v_B = v_A \cos\beta$;

(5)图(e),已知 $v_A = \omega O_1 A$,方向如图,$\vec{v}_D$ 垂直于 $O_2 D$,于是可确定瞬心位置 $C$,求得 $v_D = \dfrac{CD}{AC} v_A$。

答:(1)速度图错,改正后如图。则 $v_{BA} = \dfrac{v_B}{\sin\beta}$,所以 $\omega_{AB} = \dfrac{v_{BA}}{AB} = \dfrac{v_B}{AB \sin\beta}$;

(2)速度图必须画在 $B$ 点,改正后如图;

(3)$AB$ 做瞬时平动,$v_B$ 不等于常量,所以 $a_B = \dfrac{\mathrm{d}v_B}{\mathrm{d}t} \neq 0$;

(4)速度图错,改正后如图。则 $v_B \neq v_A \cos\beta$;

(5)$v_A$、$v_D$ 不是同一刚体上点的速度,因此不能由此确定"瞬心"$C$,所以计算错。

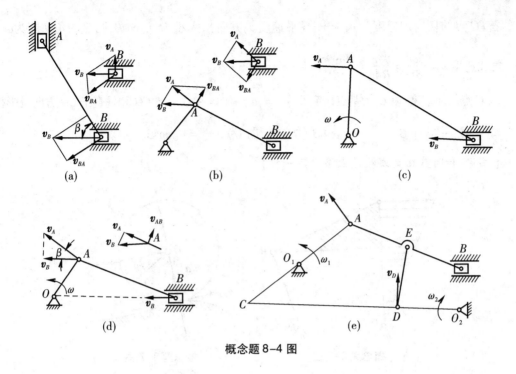

概念题 8-4 图

**【8-5】**概念题 8-5 图示瞬时，$O_1A$ 与 $O_2B$ 平行且相等，问 $\omega_1$ 与 $\omega_2$、$\alpha_1$ 与 $\alpha_2$ 是否相等？

答：图（a）中，$AB$ 做平动，$A$、$B$ 点的速度、加速度完全相等，所以 $\omega_1$ 与 $\omega_2$、$\alpha_1$ 与 $\alpha_2$ 相等；图（b）中，$AB$ 做瞬时平动，$A$、$B$ 点的速度相等、加速度不相等，所以 $\omega_1$ 与 $\omega_2$ 数值相等，$\alpha_1$ 与 $\alpha_2$ 不相等。

**【知识点：瞬时平动刚体的特点】**

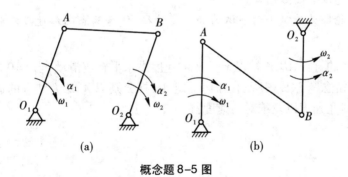

概念题 8-5 图

**【8-6】**概念题 8-6 图示瞬时，$O_1A$ 的角速度为 $\omega_1$，板 $ABC$ 和杆 $O_1A$ 铰接。问图中 $O_1A$ 和 $AC$ 上各点的速度分布规律是否正确？

答：$ABC$ 做平面运动，$AC$ 边的运动规律和 $O_1A$ 不相同，所以 $AC$ 段的速度分布规律错。

**【8-7】**概念题 8-7 图示车轮沿曲面滚动。已知轮心 $O$ 在某瞬时的速度 $v_O$ 和加速度为 $a_O$。问车轮的角加速度是否等于 $\dfrac{a_0 \cos\beta}{R}$？ 速度瞬心 $C$ 的加速度大小和方向如何确定？

答：$O$ 点的切向加速度为 $a_O^t = \dfrac{dv_O}{dt}$（沿速度 $v_O$ 方向），大小为 $a_O \cos\beta$，圆盘的角速度为 $\omega = \dfrac{v_O}{R}$，角加速度 $a = \dfrac{d\omega}{dt} = \dfrac{dv_O}{R dt} = \dfrac{a_O \cos\beta}{R}$；

求 $C$ 点的加速度：以 $O$ 为基点研究 $C$，$\vec{a}_C = \vec{a}_O + \vec{a}_{CO}^n + \vec{a}_{CO}^t$，向 $CO$ 和垂直于 $CO$ 方向投影得

$a_C^n = a_{CO}^n - a_O \sin\beta = \dfrac{v_O^2}{R} - a_O \sin\beta$（方向指向 $O$），$a_C^t = a_O \cos\beta - a_{CO}^t = 0$。

【注意：和圆盘在直线轨道上滚动不一样】

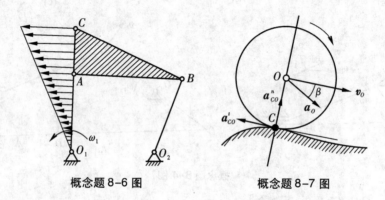

概念题 8-6 图                概念题 8-7 图

【8-8】试证：当角速度为 0 时，平面图形上两点的加速度在此两点的连线上投影相等。

证明：设平面图形上两点 $A$ 和 $B$，以 $A$ 为基点研究 $B$，则 $\vec{a}_B = \vec{a}_A + \vec{a}_{BA}^n + \vec{a}_{BA}^t$，两边向 $AB$ 连线投影并利用 $a_{BA}^t$ 与 $AB$ 垂直有 $[\vec{a}_B]_{AB} = [\vec{a}_A]_{AB} + [\vec{a}_{BA}^n]_{AB}$，而 $a_{BA}^n = 0$，所以 $A$、$B$ 两点的加速度在此两点的连线上投影相等。

【说明：此结论即为瞬时平动刚体的加速度特征：任意两点的加速度在此两点的连线上投影相等】

【8-9】长为 $l$ 的直杆 $AB$，$A$ 端以 $\dot{x}_A = ct$ 的速度沿水平轨道滑动，当 $t = 0$ 时 $x_A = a$；$B$ 端沿竖直墙滑动。如概念题 8-9 图所示，如何确定 $AB$ 杆分别以 $A$、$B$ 为基点的运动方程？如何确定 $AB$ 杆的相对角速度以及绝对角速度？

答：扫码进入。

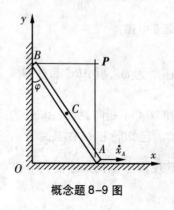

概念题 8-9 图

概念题 8-9

**【8-10】**概念题 8-10 图示诸机构中各平面运动刚体在图示位置的瞬心位置在哪里?

答:对各图,作 $A$、$B$ 点的速度垂线,交点即为瞬心。图(a),瞬心在 $A$ 点;图(b),瞬心在 $B$ 点;图(c),瞬时平动,瞬心在无穷远;图(d),瞬心在 $C$ 点。

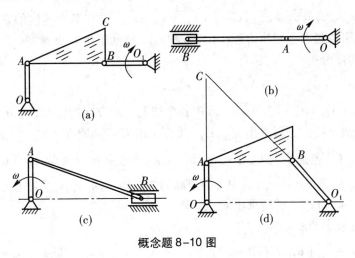

概念题 8-10 图

**【8-11】**任意三角形 $ABC$ 作平面运动,$E$ 为三角形中心。已知某瞬时 $A$、$B$、$C$ 三个顶点的速度分别为 $v_A$、$v_B$、$v_C$。试证明下式是否正确? $v_E = \dfrac{1}{3}(v_A + v_B + v_C)$。

证明:因三角形具有任意性,现设为边长为 $a$ 的等边三角形,且 $A$ 点速度为 0(即 $A$ 为速度瞬心),如概念题 8-11 图。则 $E$ 点的速度为

$$v_E = AE \frac{v_B}{a} \neq \frac{1}{3}(v_A + v_B + v_C)。$$

**【8-12】**概念题 8-12 图中半径为 $R$ 的薄壁圆筒可绕通过中心的水平轴 $O$ 转动,转动方程以 $\theta(t)$ 描述。半径为 $r$ 的圆柱在薄壁圆筒内作纯滚动,以其中心 $O'$ 和 $O$ 的连线和铅直线的夹角 $\varphi(t)$ 描述其运动,则小圆柱体的角速度为多少?

解:扫码进入。

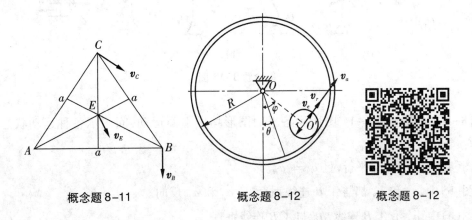

概念题 8-11　　　　　概念题 8-12　　　　　概念题 8-12

**【8-13】**概念题 8-13 图示各平面机构中，凡标注的速度和角速度皆为已知且为常量。欲求出 $C$ 点速度和加速度，应采用什么方法，说明步骤。

**答:** 图(a)。分别取 $A$、$B$ 为基点，则有速度分析

$$\vec{v}_C = \vec{v}_A + \vec{v}_{CA} , \quad \vec{v}_C = \vec{v}_B + \vec{v}_{CB} ,$$

即 $\vec{v}_A + \vec{v}_{CA} = \vec{v}_B + \vec{v}_{CB}$ ，式中各个速度的方向均已知，$v_A$、$v_B$ 大小也已知，则可通过两个投影方程求出 $v_{CA}$ 和 $v_{CB}$ ，进而求出 $C$ 点速度；

同样有加速度分析

$$\vec{a}_C = \vec{a}_A + \vec{a}^n_{CA} + \vec{a}^t_{CA} , \quad \vec{a}_C = \vec{a}_B + \vec{a}^n_{CB} + \vec{a}^t_{CB} ,$$

即 $\vec{a}_A + \vec{a}^n_{CA} + \vec{a}^t_{CA} = \vec{a}_B + \vec{a}^n_{CB} + \vec{a}^t_{CB}$ ，式中各个加速度的方向均已知，$a_A$、$a_B$、$a^n_{CA}$、$a^n_{CB}$ 大小也已知，则可通过两个投影方程求出 $a^t_{CA}$、$a^t_{CB}$ ，进而求出 $C$ 点加速度。

图(b)。以 $B$ 为基点研究 $C$，有 $\vec{v}_C = \vec{v}_B + \vec{v}_{CB}$ ，再选点 $C$ 为动点，杆 $O_1C$ 为动系，有 $\vec{v}_C = \vec{v}_e + \vec{v}_r$ ，所以 $\vec{v}_B + \vec{v}_{CB} = \vec{v}_e + \vec{v}_r$ ，式中各个速度的方向均已知，$v_e$、$v_B$ 大小也已知，则可通过两个投影方程求出 $v_r$ 和 $v_{CB}$ ，进而求出 $C$ 点速度；

同样有加速度分析：

$$\vec{a}_C = \vec{a}_e + \vec{a}_r + \vec{a}_{Ck} \ ( \boldsymbol{a}_{Ck} \text{为科氏加速度}) , \quad \vec{a}_C = \vec{a}_B + \vec{a}^n_{CB} + \vec{a}^t_{CB} ,$$

即 $\vec{a}_e + \vec{a}_r + \vec{a}_{Ck} = \vec{a}_B + \vec{a}^n_{CB} + \vec{a}^t_{CB}$ ，

式中各个加速度的方向均已知，$a_e$、$a_B$、$a_{Ck}$、$a^n_{CB}$ 大小也已知，则可通过两个投影方程求出 $a_r$，$a^t_{CB}$ ，进而求出 $C$ 点加速度。

图(c)。先求点 $D$ 的速度和加速度，方法步骤同图(a)，分别取 $A$、$B$ 为基点，研究 $D$ 点。再以 $A$ 为基点研究 $C$ 点，有 $\vec{v}_C = \vec{v}_A + \vec{v}_{CA}$ ，$\vec{a}_C = \vec{a}_A + \vec{a}^n_{CA} + \vec{a}^t_{CA}$ ，由于在速度求解时已经求出了杆 $AC$ 的角速度和角加速度，则 $v_A$、$v_{CA}$、$a_A$、$a^n_{CA}$、$a^t_{CA}$ 各加速度量的大小和方向均已知，所以可求出 $C$ 点的速度和加速度。

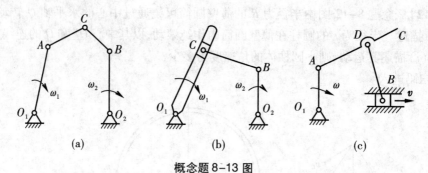

概念题 8-13 图

**【8-14】**如概念题 8-14 图所示各平面图形均做平面运动，问图示各种运动状态是否可能?

图(a)中，$\vec{a}_A$ 和 $\vec{a}_B$ 平行，且 $\vec{a}_A = -\vec{a}_B$。

图(b)中，$\vec{a}_A$ 和 $\vec{a}_B$ 都与 $A$、$B$ 连线垂直，且 $\vec{a}_A$ 和 $\vec{a}_B$ 反向。

图(c)中，$\vec{a}_A$ 沿 $A$、$B$ 连线，$\vec{a}_B$ 与 $A$、$B$ 连线垂直。

图(d)中，$\vec{a}_A$ 和 $\vec{a}_B$ 都沿 A、B 连线，且 $\vec{a}_B > \vec{a}_A$。

图(e)中，$\vec{a}_A$ 和 $\vec{a}_B$ 都沿 A、B 连线，且 $\vec{a}_B < \vec{a}_A$。

图(f)中，$\vec{a}_A$ 沿 A、B 连线。

图(g)中，$\vec{a}_A$ 和 $\vec{a}_B$ 都与 AC 连线垂直，且 $\vec{a}_B > \vec{a}_A$。

图(h)中，AB 垂直于 AC，$\vec{a}_A$ 沿 A、B 连线，$\vec{a}_B$ 在 AB 连线上的投影与 $\vec{a}_A$ 相等。

图(i)中，$\vec{a}_A$ 与 $\vec{a}_B$ 平行且相等，即 $\vec{a}_B = \vec{a}_A$。

图(j)中，$\vec{a}_A$ 和 $\vec{a}_B$ 都与 AB 垂直，且 $\vec{v}_A$、$\vec{v}_A$ 在 A、B 连线上的投影相等。

图(k)中，$\vec{v}_A$ 和 $\vec{a}_B$ 在 AB 连线上的投影相等。

图(l)中，矢量 $\overrightarrow{BC}$ 与 $\overrightarrow{AD}$ 在 AB 线上的投影相等，$\overrightarrow{BC}$ 在 AB 线上。$a_B = v_B = BC, a_A = v_A = AD$。

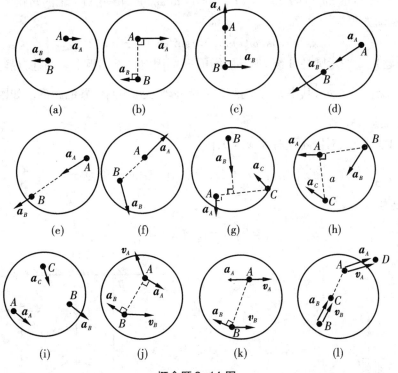

概念题 8-14 图

**答:**利用基点法求加速度的公式,画出加速度图,在 AB 连线(法向)和垂直于 AB 的连线(切向)上投影,可判断:

(a)(c)不可能(相对法向加速度为负);(b)可能(做瞬时平动);

(d)(f)不可能;(e)可能(匀速转动);

(g)不可能(以 A 为基点研究 B 知角加速度为顺时针,而以 A 为基点研究 C 知角加速度为逆时针);

(h)不可能(以 A 为基点研究 B 知角加速度为顺时针,角速度为0;以 A 为基点研究 C

知,$A$、$C$两点加速度应该同方向);

（i）不可能（以$A$为基点研究$B$知角加速度和角速度均为0,图形平动,因此$A$、$B$、$C$三点加速度都相同）;

（j）（l）不可能（加速度分析知角速度为0,而速度分析角速度不为0）;（k）不可能（瞬时平动,此时$A$点加速度方向应该垂直于$AB$）。

# 三、习题

**【8-1】**题8-1图示椭圆规尺$AB$由曲柄$OC$带动,曲柄以角速度$\omega_0$绕$O$轴匀速转动,若$OC=BC=AC=r$。取$C$为基点,求椭圆规尺$AB$的平面运动方程。

**解:** $x_C=OC\cdot\cos(\omega_0 t)=r\cos(\omega_0 t)$, $y_C=r\sin(\omega_0 t)$, $AB$ 相对 $x$ 轴的转角为 $\varphi=\omega_0 t$。则 $AB$ 的平面运动方程为

$$x_C=r\cos(\omega_0 t), y_C=r\sin(\omega_0 t), \varphi=\omega_0 t。$$

**【8-2】**题8-2图示圆柱$A$绕以细绳,绳的$B$端固定在天花板上。圆柱自静止落下,其轴心的速度为$v=\dfrac{2}{3}\sqrt{3gh}$,其中$g$为常量,$h$为圆柱轴心到初始位置的距离。如圆柱半径为$r$,求圆柱的平面运动方程。

**解:** 以$A$为基点,对图示坐标系$x_A=0$,因

$$v=\frac{\mathrm{d}h}{\mathrm{d}t}=\frac{2}{3}\sqrt{3gh}$$ 积分得 $y_A=h=\frac{1}{3}gt^2$,相对 $x$ 轴的转角为 $\varphi=\frac{h}{r}=\frac{gt^2}{3r}$。则圆柱的平面运动方程为

$$x_A=0, y_A=\frac{1}{3}gt^2, \varphi=\frac{gt^2}{3r}。$$

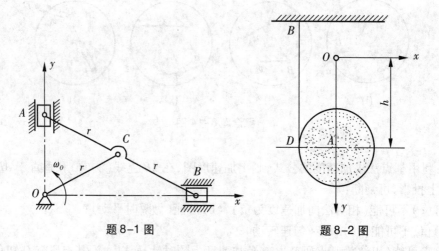

题8-1图　　　　　　　　　题8-2图

**【8-3】**半径为$r$的齿轮由曲柄$OA$带动,沿半径为$R$的固定齿轮滚动,如题8-3图。若曲柄以等角加速度$\alpha$绕$O$轴转动,当运动开始时,角速度$\omega_0=0$,转角$\varphi=0$,求齿轮以中心$A$

为基点的平面运动方程。

**解：**将角加速度对时间积分两次得 $OA$ 的转角（转动方程）$\varphi = \frac{1}{2}\alpha t^2$，$A$ 点的坐标

$$x_A = OA\cos\varphi = (R+r)\cos\left(\frac{1}{2}\alpha t^2\right)，\quad y_A = (R+r)\sin\left(\frac{1}{2}\alpha t^2\right)，$$

相对初始位置 $M_0$（水平方向）$A$ 轮转过的角度为

$$\varphi_A = \varphi + \angle CAM = \frac{\varphi(R+r)}{r} = \frac{\alpha t^2(R+r)}{2r}，$$

$x_A$、$y_A$、$\varphi_A$ 就是齿轮的平面运动方程。

**【8-4】**杆 $AB$ 的 $A$ 端沿水平线以等速 $v$ 运动，运动时杆恒与一半圆周相切，半圆周的半径为 $R$，如题 8-4 图。如杆与水平线间的夹角为 $\theta$，试求以角 $\theta$ 表示杆的角速度。

**解：**以 $A$ 为基点研究 $C$，则 $\vec{v}_C = \vec{v}_A + \vec{v}_{CA}$，由几何关系得 $v_{CA} = v_A\tan\theta$，杆的角速度

$$\omega = \frac{v_{CA}}{CA} = \frac{v_A\tan\theta}{R\sin\theta} = \frac{v\sin^2\theta}{R\cos\theta}。$$

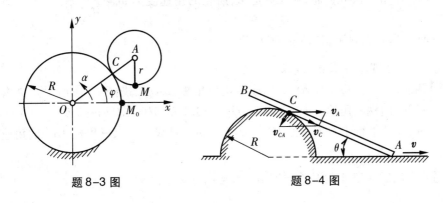

题 8-3 图　　　　　　　　题 8-4 图

**【8-5】**如题 8-5 图所示，在筛动机构中，筛子的摆动是由曲柄连杆机构所带动。已知曲柄 $OA$ 的转速 $n_{OA} = 40$ r/min，$OA = 0.3$ m。当筛子 $BC$ 运动到与点 $O$ 在同一水平线上时，$\angle BAO = 90°$。求此瞬时筛子 $BC$ 的速度。

**解：**以 $A$ 为基点研究 $B$，则 $\vec{v}_B = \vec{v}_A + \vec{v}_{BA}$，$v_B$ 与 $AB$ 方向夹角为 $60°$，

由几何关系得　$v_B = \frac{v_A}{\sin 30°} = 2 \times \frac{\pi n_{OA}}{30} \times OA = 2.512$ m/s。

即为筛子 $BC$ 的速度（筛子做平动）。

**【8-6】**半径为 $r$ 的圆柱形滚子沿半径为 $R$ 的圆弧槽纯滚动。在题 8-6 图示瞬时，滚子中心 $C$ 的速度为 $v_C$、切向加速度为 $a_C^t$。求这时接触点 $A$ 和同一直径上最高点 $B$ 的加速度。

**解：**扫码进入。

题 8-6

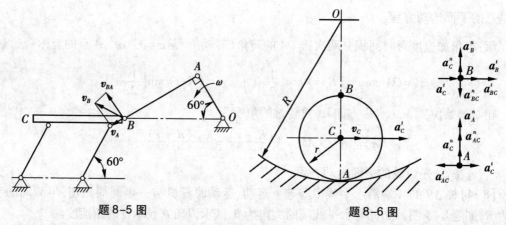

题 8-5 图　　　　　　　题 8-6 图

**【8-7】** 题 8-7 图示两齿条以速度 $v_1$ 和 $v_2$ 同方向运动。两齿条间夹一半径为 $r$ 的齿轮,求齿轮的角速度及其中心 $O$ 的速度。

**解:** 用瞬心法解。研究齿轮,做出瞬心 $C$,齿轮的角速度为 $\omega = \dfrac{v_1}{2r + BC} = \dfrac{v_2}{BC}$,求出 $\omega =$

$\dfrac{v_1 - v_2}{2r}$(顺时针),$O$ 点的速度为 $v_O = \omega(r + BC) = \dfrac{v_1 - v_2}{2}$。

**【注意:本题也可以用基点法求解】**

**【8-8】** 四连杆机构中,连杆 $AB$ 上固连一块三角板 $ABD$,如题 8-8 图所示。机构由曲柄 $O_1A$ 带动。已知:曲柄的角速度 $\omega = 2$ rad/s;$O_1A = 0.1$ m,$AD = 0.05$ m;$O_1O_2 = 0.05$ m,当 $O_1A$ 铅直时,$\varphi = 30°$,$AB$ 平行于 $O_1O_2$,且 $AD$ 与 $O_1A$ 在同一直线上。求三角板 $ABD$ 的角速度和点 $D$ 的速度。

**解:** 用基点法解。以 $A$ 为基点研究 $B$,$\vec{v}_B = \vec{v}_A + \vec{v}_{BA}$,

则 $v_{BA} = v_A \tan 30° = \omega O_1A \tan 30°$,板的角速度为 $\omega_{ABD} = \dfrac{v_{BA}}{AB} = 1.072$ rad/s;

以 $A$ 为基点研究 $D$,则 $\vec{v}_D = \vec{v}_A + \vec{v}_{DA}$,投影得

$$v_D = v_A + v_{DA} = \omega\, O_1A + \omega_{ABD}AD = 0.254 \text{ m/s}^2。$$

**【注意:本题也可以用瞬心法求解,找出 $ABD$ 的瞬心】**

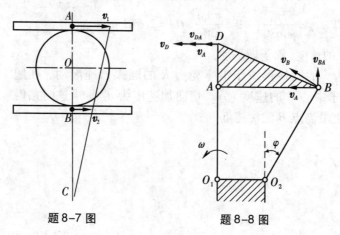

题 8-7 图　　　　　　　题 8-8 图

【**8-9**】题 8-9 图示双曲柄连杆机构的滑块 $B$ 和 $E$ 用杆 $BE$ 连接。主动曲柄 $OA$ 和从动曲柄 $OD$ 都绕 $O$ 轴转动。$OA$ 以等角速度 $\omega_0 = 12$ rad/s 转动。已知机构的尺寸为 $OA = 0.1$ m，$OD = 0.12$ m，$AB = 0.26$ m，$BE = 0.12$ m，$DE = 0.12\sqrt{3}$ m。求当曲柄 $OA$ 垂直于滑块的导轨方向时，从动曲柄 $OD$ 和连杆 $DE$ 的角速度。

**解**：扫码进入。

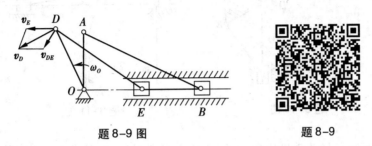

题 8-9 图　　　　题 8-9

【**8-10**】题 8-10 图示机构中，已知：$OA = BD = DE = 0.1$ m，$EF = 0.1\sqrt{3}$ m；$\omega_{OA} = 4$ rad/s。在图示位置时，曲柄 $OA$ 与水平线 $OB$ 垂直；且 $B$、$D$ 和 $F$ 在同一铅直线上。又 $DE$ 垂直于 $EF$。求杆 $EF$ 的角速度和点 $F$ 的速度。

**解**：图示瞬时 $A$、$B$ 点的速度均水平向左，$AB$ 杆瞬时平动；$BC$ 杆的速度瞬心为 $D$，则 $BC$ 杆和 $CDE$ 的角速度为

$$\omega_{BC} = \frac{v_B}{BD} = \frac{v_A}{BD} = \frac{\omega_{OA} OA}{BD} = 4 \text{ rad/s}, \quad \omega_{CDE} = \frac{v_C}{CD} = \frac{\omega_{BC} CD}{CD} = 4 \text{ rad/s},$$

以 $E$ 为基点研究 $F$，$\vec{v}_F = \vec{v}_E + \vec{v}_{FE}$，如图

$$v_E = \omega_{CDE} DE = 0.4 \text{ m/s}, \quad v_{FE} = v_E \tan 30^\circ, \quad v_F = \frac{v_E}{\cos 30^\circ} = 0.462 \text{ m/s},$$

$EF$ 的角速度为　　$\omega_{EF} = \dfrac{v_{FE}}{EF} = 1.333$ rad/s。

【注意：(1) $D$ 点既是平面运动杆件 $BC$ 的速度瞬心，又是定轴转动刚体 $CDE$ 的转轴，概念上要清楚，不能说 $D$ 是 $CDE$ 的速度瞬心；(2) 也可以用瞬心法研究 $EF$ 杆】

【**8-11**】题 8-11 图示配汽机构中，已知曲柄 $OA$ 的角速度 $\omega = 20$ rad/s 为常量。$AC = BC = 0.2\sqrt{37}$ m，$OA = 0.4$ m。求当曲柄 $OA$ 在两铅直线位置和两水平位置时，配汽机构中气阀推杆 $DE$ 的速度。

**解**：用瞬心法解。当 $\varphi = 0^\circ$ 和 $180^\circ$ 时，$AB$ 的瞬心在 $B$ 点，$C$ 点的速度与 $A$ 点的速度平行，方向向上（$0^\circ$）和向下（$180^\circ$），大小为 $A$ 点速度的一半，即 $v_C = \omega \dfrac{OA}{2} = 4$ m/s；此时 $CD$ 作瞬时平动（$C$、$D$ 点的速度均沿铅垂方向），

所以　$v_{DE} = v_C = 4$ m/s；

当 $\varphi = 90^\circ$ 和 $270^\circ$ 时，$AB$ 作瞬时平动（速度均沿水平方向），则 $C$ 点的速度也沿水平方向，此时距离 $OB = \sqrt{AB^2 - OA^2} = 2.4$ m，则 $CD$ 位于铅垂位置，$CD$ 的速度瞬心为 $D$ 点（$D$ 点的速度沿铅垂方向，作 $C$、$D$ 点速度垂线，交于 $D$），所以 $v_{DE} = 0$。

【注意:本题求解时也可以画出四个不同位置时 $AB$、$CD$ 的速度图,以帮助理解】

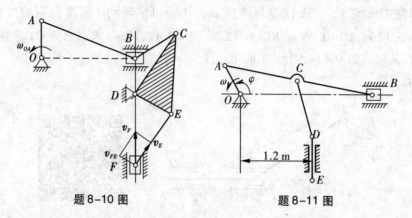

题 8-10 图　　　　　　题 8-11 图

【8-12】在瓦特行星传动机构中,平衡杆 $O_1A$ 绕 $O_1$ 轴转动,并借连杆 $AB$ 带动曲柄 $OB$;而曲柄 $OB$ 活动地装置在 $O$ 轴上,如题 8-12 图所示。在 $O$ 轴上装有齿轮 I,齿轮 II 与连杆 $AB$ 固连于一体。已知:$r_1=r_2=0.3\sqrt{3}$ m,$O_1A=0.75$ m,$AB=1.5$ m;平衡杆的角速度 $\omega_{O1}=6$ rad/s。求当 $\gamma=60°$ 且 $\beta=90°$ 时,曲柄 $OB$ 和齿轮 I 的角速度。

**解:** 以 $A$ 为基点研究 $B$,$\vec{v}_B=\vec{v}_A+\vec{v}_{BA}$,如图

$v_A=\omega_{O1}O_1A=4.5$ m/s,$v_B=v_A\cos30°=3.897$ m/s,$v_{BA}=v_A\sin30°=2.25$ m/s,

$OB$ 和 $AB$ 的角速度为

$\omega_{OB}=\dfrac{v_B}{OB}=3.75$ rad/s(逆时针方向),$\omega_{AB}=\dfrac{v_{BA}}{AB}=$

1.5 rad/s(逆时针方向)。

以 $B$ 为基点研究两齿轮的接触点 $D$,$\vec{v}_D=\vec{v}_B+\vec{v}_{DB}$,

$v_D=v_B-v_{DB}=v_B-\omega_{AB}BD=3.118$ m/s,

所以齿轮 I 的角速度为　$\omega_1=\dfrac{v_D}{r_1}=6$ rad/s(逆时针)。

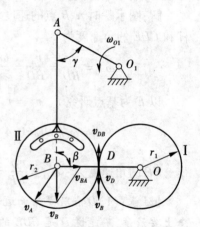

题 8-12 图

【8-13】使砂轮高速转动的装置如题 8-13 图所示。杆 $O_1O_2$ 绕 $O_1$ 轴转动,转速 $n_4=900$ r/min。$O_2$ 处用铰链连接一半径为 $r_2$ 的活动齿轮 II,杆 $O_1O_2$ 转动时轮 II 在半径为 $r_3$ 的固定内齿轮上滚动,并使半径为 $r_1$ 的轮 I 绕 $O_1$ 轴转动。轮 I 上装有砂轮,随同轮 I 高速转动。已知 $r_3/r_1=11$,求砂轮的转速。

**解:** $O_2$ 点的速度为　$v_2=\omega_4(r_1+r_2)=6\omega_4r_1$,$C$ 点为齿轮 II 的速度瞬心。

齿轮 II 的角速度为　$\omega_2=\dfrac{v_2}{r_2}$,

轮 I 和轮 II 的接触点 $D$ 的速度为　$v_D=\omega_2 2r_2=2v_2=12\omega_4r_1$,

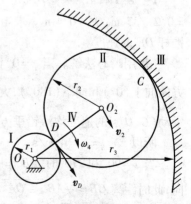

题 8-13 图

所以砂轮的转速为    $\omega = \dfrac{v_D}{r_1} = 12\omega_4$，即 $n = 12n_4 = 10\ 800$ r/min。

【8-14】插齿机传动机构如题 8-14 图所示。曲柄 $OA$ 通过连杆 $AB$ 带动摆杆 $O_1B$ 绕 $O_1$ 轴摆动，与摆杆连成一体的扇齿轮带动齿条使插刀 $M$ 上下运动。已知曲柄 $OA = r$，转动角速度为 $\omega$，扇齿轮半径为 $b$。求在图示位置时（连线 $OB$ 垂直于水平线 $O_1B$）插刀的速度。

**解法步骤:**(1)以 $A$ 为基点研究 $B$，$v_B$ 和 $v_{BA}$ 的大小未知，求出 $v_B$；(2)求出 $O_1B$ 的角速度 $\omega_{O1} = \dfrac{v_B}{a}$，则插刀 $M$ 的速度为 $v_M = \omega_{O1}b = \dfrac{br\omega\sin(\gamma+\beta)}{a\cos\gamma}$。

【8-15】题 8-15 图示小型精压机的传动机构，$OA = O_1B = r = 0.1$ m，$EB = BD = AD = l = 0.4$ m。在图示瞬时，$OA \perp AD$，$O_1B \perp ED$，$O_1D$ 在水平位置，$OD$ 和 $EF$ 在铅直位置。已知曲柄 $OA$ 的转速 $n = 120$ r/min，求此时压头 $F$ 的速度。

**解:**研究 $DE$ 杆，由 $B$、$E$ 点的速度确定出瞬心 $C$，利用瞬心法得出 $D$ 点速度的方向，同时由几何关系知 $v_E = v_D$；

以 $A$ 为基点研究 $D$，$\vec{v}_D = \vec{v}_A + \vec{v}_{DA}$，如图

$$v_A = \dfrac{\pi n}{30}OA，v_D = \dfrac{v_A}{\dfrac{0.4}{\sqrt{0.1^2 + 0.4^2}}} = \dfrac{v_A\sqrt{17}}{4} = 1.295 \text{ m/s},$$

所以 $v_F = v_E = v_D = 1.295$ m/s。

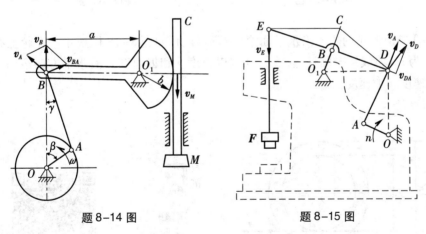

题 8-14 图　　　　　　题 8-15 图

【8-16】题 8-16 图示蒸汽机传动机构中，已知:活塞的速度为 $v$，$O_1A_1 = a_1$，$O_2A_2 = a_2$，$CB_1 = b_1$，$CB_2 = b_2$；齿轮半径分别为 $r_1$ 和 $r_2$，且有 $a_1b_2r_2 \neq a_2b_1r_4$。当杆 $EC$ 水平，杆 $B_1B_2$ 铅直，$A_1$、$A_2$ 和 $O_1$、$O_2$ 都在同一条铅直线上时，求齿轮 $O_1$ 的角速度。

**解:**在图示位置，设 $B_1B_2$ 的角速度为 $\omega$，顺时针；齿轮 1 的角速度为 $\omega_1$，逆时针；齿轮 2 的角速度为 $\omega_2$，顺时针。$A_1B_1$ 和 $A_2B_2$ 瞬时平动，则有

$$v_{A1} = v_{B1} = \omega_1 a_1，v_{A2} = v_{B2} = \omega_2 a_2；$$

以 $C$ 为基点分别研究 $B_1$ 和 $B_2$，速度分析如图。

$$v_{B1} = v_C + v_{B1C} = v + \omega b_1，v_{B2} = -v_C + v_{B2C} = -v + \omega b_2；$$

齿轮1、2的接触点速度相等：$\omega_1 r_1 = \omega_2 r_2$；以上五个方程联立求解得

$$\omega_1 = \frac{(b_1 + b_2) r_2 v}{a_1 b_2 r_2 - a_2 b_1 r_1}。$$

【8-17】如题8-17所示，齿轮Ⅰ在齿轮Ⅱ内滚动，其半径分别为 $r$ 和 $R = 2r$。曲柄 $OO_1$ 绕 $O$ 轴以等角速度 $\omega_0$ 转动，并带动行星齿轮Ⅰ。求该瞬时轮Ⅰ上瞬时速度中心 $C$ 的加速度。

**解：** $\omega_0 =$ 常量，则 $O_1$ 点的速度大小不变，切向加速度为0，所以轮Ⅰ匀速转动，角速度为

$\omega_1 = \dfrac{v_{O1}}{r} = \omega_0$。

以 $O_1$ 为基点研究 $C$，加速度分析如图，则

$$a_C = a_{CO1} + a_{O1} = \omega_1^2 r + \omega_0^2 r = 2\omega_0^2 r。$$

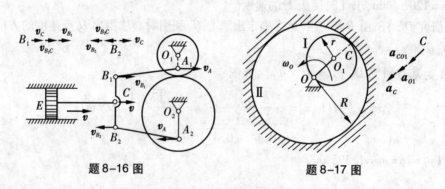

题8-16图　　　　题8-17图

【8-18】半径为 $R$ 的轮子沿水平面滚动而不滑动，如题8-18图所示。在轮上有圆柱部分，其半径为 $r$。将线绕于圆柱上，线的 $B$ 端以速度 $v$ 和加速度 $a$ 沿水平方向运动。求轮的轴心 $O$ 的速度和加速度。

**解：** 扫码进入。

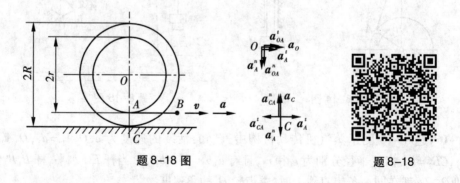

题8-18图　　　　题8-18

【8-19】曲柄 $OA$ 以恒定的角速度 $\omega = 2$ rad/s 绕轴 $O$ 转动，并借助连杆 $AB$ 驱动半径为 $r$ 的轮子在半径为 $R$ 的圆弧槽中作无滑动的滚动。设 $OA = AB = R = 2r = 1$ m，求题8-19图示瞬时点 $B$ 和点 $C$ 的速度与加速度。

**解：** $A$ 点和 $B$ 点的速度均水平向左（该瞬时），所以 $AB$ 作瞬时平动，$P$ 为轮的瞬心，则速度 $v_B = v_A = \omega R = 2$ m/s，

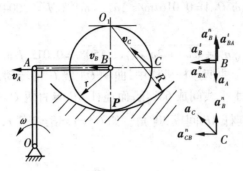

题 8-19 图

轮的角速度为 $\omega_{轮} = \dfrac{v_B}{r} = 4$ rad/s，C 点的速度 $v_C = \omega_B \sqrt{2}\,r = 2\sqrt{2}$ m/s；

对 AB 杆，以 A 为基点研究 B（B 点为以 $O_1$ 为圆心，r 为半径的圆周运动），加速度分析如图，$\vec{a}_B^n + \vec{a}_B^t = \vec{a}_A^n + \vec{a}_A^t + \vec{a}_{BA}^n + \vec{a}_{BA}^t$，向水平方向投影得 $a_B^t = a_{BA}^n = 0$，则该瞬时轮的角加速度 $\alpha_{轮} = \dfrac{a_B^t}{r} = 0$，B 点的加速度

$$a_B = a_B^n = \frac{v_B^2}{r} = 8 \text{ m/s}^2 (\text{方向向上});$$

对轮，以 B 为基点研究 C，加速度分析如图，$a_{CB}^n = \omega_B^2 r = 8$ m/s²，所以

$$a_C = \sqrt{a_B^2 + a_{CB}^2} = 8\sqrt{2} \text{ m/s}^2。$$

**【8-20】** 在曲柄齿轮椭圆规中，齿轮 A 和曲柄 $O_1A$ 固结为一体，齿轮 C 和齿轮 A 半径均为 r 并互相啮合，如题 8-20 图所示。图中 $AB = O_1O_2$，$O_1A = O_2B = 0.4$ m。$O_1A$ 以恒定的角速度 $\omega = 0.2$ rad/s 绕轴 $O_1$ 转动，M 为轮 C 上一点，$CM = 0.1$ m。在图示瞬时，CM 为铅垂，求此时 M 点的速度和加速度。

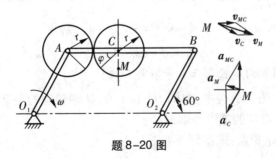

题 8-20 图

**解:** AB 作平动，轮 A 和轮 C 相对 AB 转过的角度相同，等于 $O_1A$ 转过的角度，则轮 C 的转动方程（转过的角度）为 $\varphi = \omega t$，角速度为 $\omega_C = \omega$，角加速度 $\alpha_C = 0$；

对轮 C，以 C 为基点研究 M，速度分析、加速度分析如图

$$v_C = v_A = \omega O_1A = 0.08 \text{ m/s}, v_{MC} = \omega_C CM = 0.02 \text{ m/s},$$

所以

$$v_M = \sqrt{v_C^2 + v_{MC}^2 + 2v_C v_{MC}\cos 30°} = 0.098 \text{ m/s},$$

$$a_C = a_A = \omega^2 O_1 A = 0.016 \text{ m/s}^2, a_{MC} = \omega_C^2 CM = 0.004 \text{ m/s}^2,$$

所以

$$a_M = \sqrt{a_C^2 + a_{MC}^2 + 2a_C a_{MC} \cos 150°} = 0.012\ 7 \text{ m/s}^2。$$

【8-21】在题 8-21 图示曲柄连杆机构中,曲柄 $OA$ 绕 $O$ 轴转动,其角速度为 $\omega_0$,角加速度为 $\alpha_0$,在某瞬时曲柄与水平线间成 60° 角,而连杆 $AB$ 与曲柄 $OA$ 垂直。滑块 $B$ 在圆形槽内滑动,此时半径 $O_1B$ 与连杆 $AB$ 间成 30° 角。如 $OA = r, AB = 2\sqrt{3}\ r, O_1B = 2r$,求在该瞬时,滑块 $B$ 的切向和法向加速度。

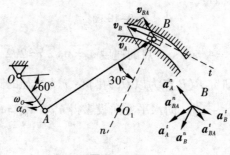

题 8-21 图

**解**:以 $A$ 为基点研究 $B$ 点,速度分析如图

$$v_{BA} = v_A \cot 30° = \omega_0\ OA \cot 30° = \sqrt{3}\ \omega_0\ r, v_B = 2\ v_A = 2\omega_0\ r$$

$AB$ 杆的角速度为 $\quad \omega_{BA} = \dfrac{v_{BA}}{AB} = \dfrac{\omega_0}{2}$;

加速度分析 $\quad \vec{a}_B^n + \vec{a}_B^t = \vec{a}_A^n + \vec{a}_A^t + \vec{a}_{BA}^n + \vec{a}_{BA}^t$,

$$a_B^n = \dfrac{v_B^2}{O_1B} = 2\ r\omega_0^2, a_{BA}^n = \omega_{BA}^2 AB = \dfrac{\sqrt{3}}{2} r\omega_0^2, a_A^t = \alpha_0 OA = a_0\ r$$

向 $AB$ 方向投影得 $\quad a_B^t \sin 30° - a_B^n \cos 30° = -a_{BA}^n - a_A^t$,解得

$$a_B^t = \sqrt{3}\ r\omega_0^2 - 2\alpha_0\ r。$$

【**注意:加速度投影方向和投影正负号不要弄错**】

【8-22】在题 8-22 图示机构中,曲柄 $OA$ 长 $r$,绕 $O$ 轴转动的角速度为 $\omega_0$,$BC = 3\sqrt{3}\ r$,$AB = 6r$,求图示瞬时,滑块 $C$ 的速度和加速度。

**解**:以 $A$ 为基点研究 $B$ 点,速度分析如图

$$v_{BA} = \dfrac{v_A}{\sin 30°} = 2\omega_0\ OA = 2\omega_0\ r, v_B = v_A \cot 30° = \omega_0\ OA \cot 30° = \sqrt{3}\ \omega_0\ r,$$

$AB$ 杆的角速度为 $\quad \omega_{BA} = \dfrac{v_{BA}}{AB} = \dfrac{1}{3}\omega_0$;

加速度分析 $\quad \vec{a}_B = \vec{a}_A + \vec{a}_{BA}^n + \vec{a}_{BA}^t$,$a_A = \omega_0^2 OA = r\omega_0^2$,$a_{BA}^n = \omega_{BA}^2 AB = \dfrac{2}{3} r\omega_0^2$,

向水平方向投影得 $\quad a_B \cos 60° = a_A \cos 60° - a_{BA}^n$,解得 $a_B = -\dfrac{1}{3} r\omega_0^2$;

以 $B$ 为基点研究 $C$ 点,速度分析如图

$$v_{CB}=v_B\sin30°=\frac{\sqrt{3}}{2}\omega_0 r,v_C=v_B\cos30°=\frac{3}{2}\omega_0 r,$$

$BC$ 杆的角速度为 $\omega_{BC}=\frac{v_{BC}}{BC}=\frac{1}{6}\omega_0$;

加速度分析 $\vec{a}_C=\vec{a}_B+\vec{a}_{CB}^n+\vec{a}_{CB}^t$,$a_{CB}^n=\omega_{BC}^2 BC=\frac{\sqrt{3}}{12}r\omega_0^2$,

向铅垂方向投影得　$a_C=a_B\cos30°+a_{CB}^n=-\frac{\sqrt{3}}{12}r\omega_0^2$(方向向上)。

【注意:加速度正负号的意义】

【**8-23**】如题 8-23 图所示,塔轮 1 半径为 $r=0.1$ m 和 $R=0.2$ m,绕轴 $O$ 转动的规律是 $\varphi=t^2-3t$ rad,并通过不可伸长的绳子卷动动滑轮 2,滑轮 2 的半径为 $r_2=0.15$ m。设绳子与各轮之间无相对滑动,求 $t=1$ s 时,轮 2 的角速度和角加速度;并求该瞬时水平直径上 $C$、$D$、$E$ 各点的速度和加速度。

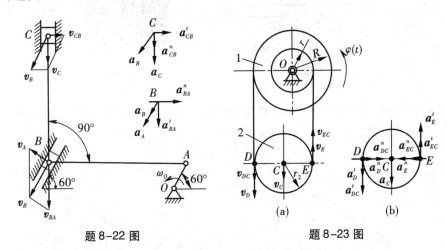

题 8-22 图　　　　题 8-23 图

**解:** $t=1$ s 时轮 1 的角速度和角加速度为

$$\omega_1=\frac{\mathrm{d}\varphi}{\mathrm{d}t}=2t-3=-1\ \mathrm{rad/s},a_1=\frac{\mathrm{d}^2\varphi}{\mathrm{d}t^2}=2\ \mathrm{rad/s^2};$$

轮 2 上的 $C$ 点做直线运动,设轮 2 的角速度 $\omega$、角加速度 $\alpha$ 为逆时针方向,
速度分析如图(a),轮上 $D$、$E$ 点的速度和绳索的速度一样。则有

$$v_E=v_{EC}-v_C=\omega r_2-v_C=\omega_1 r,v_D=v_{DC}+v_C=\omega r_2+v_C=\omega_1 R$$

联立解得

$$\omega=-1\ \mathrm{rad/s}(顺时针转向),v_C=-0.05\ \mathrm{m/s}(向上),$$
$$v_D=-0.2\ \mathrm{m/s}(向上),v_E=-0.1\ \mathrm{m/s}(向下);$$

以 $C$ 为基点分别研究 $D$ 和 $E$ 点,加速度分析如图(b),轮上 $D$、$E$ 点的切向加速度和绳索的加速度一样。将加速度定理向水平和铅垂方向投影得

$$a_E^n=a_{EC}^n=\omega^2 r_2=0.15\ \mathrm{m/s^2},\ a_E^t=a_{EC}^t-a_C=\alpha r_2-a_C=\alpha_1 r$$

$$a_D^n = a_{DC}^n = \omega^2 r_2 = 0.15 \text{ m/s}^2, \quad a_D^t = a_{DC}^t + a_C = \alpha r_2 + a_C = a_1 R$$

联立解得

$$\alpha = 2 \text{ rad/s}^2 (\text{逆时针转向}), a_C = 0.1 \text{ m/s}^2 (\text{向下}),$$

$$a_D = \sqrt{a_D^{n2} + a_D^{t2}} = 0.427 \text{ m/s}^2 (\text{右下}), \quad a_E = \sqrt{a_E^{n2} + a_E^{t2}} = 0.25 \text{ m/s}^2 (\text{左上})。$$

【注意:本题有一定难度和技巧性,注意理解】

【8-24】如题 8-24 图所示,为加快电缆释放速度,装有电缆卷轴的拖车以加速度 $a_1 = 0.9 \text{ m/s}^2$ 从静止开始运动。与此同时,另一卡车以加速度 $a_2 = 0.6 \text{ m/s}^2$ 水平地拉着电缆自由端向相反方向运动。求当运动刚开始时以及运动开始后 1 s 时,卷轴水平直径上点 $A$ 的全加速度。

**解:**扫码进入。

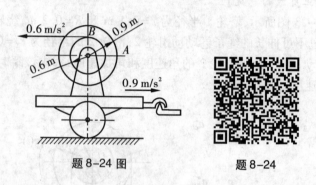

题 8-24 图      题 8-24

【8-25】题 8-25 图示平面机构中,曲柄 $OC$ 绕 $O$ 轴转动时,带动滑块 $A$ 和 $B$ 在同一水平槽内运动。如 $AC = CB$,试证:$v_A : v_B = OA : OB$。

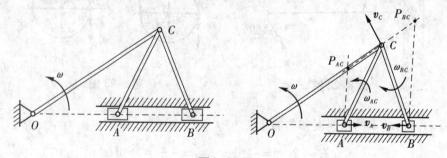

题 8-25 图

**解:**速度分析如图,分别做出 $AC$ 和 $BC$ 的速度瞬心 $P_{AC}$ 和 $P_{BC}$。则有

$$\frac{v_C}{P_{AC}C} = \frac{v_A}{P_{AC}A}, \quad \frac{v_C}{P_{BC}C} = \frac{v_B}{P_{BC}B}$$

对三角形 $P_{AC}AC$ 和 $P_{BC}BC$ 利用正弦定理可推得,$P_{AC}C$ 和 $P_{BC}B$,则 $\dfrac{v_A}{P_{AC}A} = \dfrac{v_B}{P_{BC}B}$,而 $\dfrac{OA}{P_{AC}A} = \dfrac{OB}{P_{BC}B}$,所以 $\dfrac{v_A}{OA} = \dfrac{v_B}{OB}$,得证。

【8-26】题 8-26 图所示的三角板在滑动过程中,其顶点 $A$ 和 $B$ 分别与铅垂墙面和水平

地面始终接触。已知 $AB = BC = AC = b$，$v_B = v_0$ 为常数。在图示位置 $AC$ 水平。求此时顶点 $C$ 的加速度。

**解：**扫码进入。

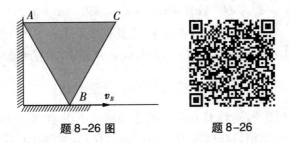

题 8-26 图    题 8-26

**【8-27】**题 8-27 图示曲柄连杆机构带动摇杆 $O_1C$ 绕 $O_1$ 轴摆动。在连杆 $AB$ 上装有两个滑块，滑块 $B$ 在水平槽内滑动，而滑块 $D$ 则在摇杆 $O_1C$ 的槽内滑动。已知：曲柄长 $OA = 50$ mm，绕 $O$ 轴转动的匀角速度 $\omega = 10$ rad/s。在图示位置时，曲柄与水平线间成 $90°$ 角，$\angle OAB = 60°$，摇杆与水平线间成 $60°$ 角；距离 $O_1D = 70$ mm。求摇杆的角速度和角加速度。

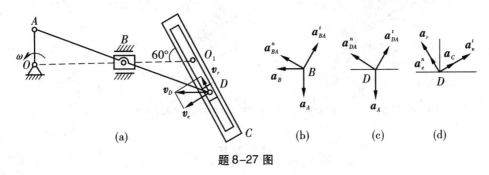

题 8-27 图

**解：**（1）速度分析。图示瞬时，$ABD$ 做瞬时平动，角速度 $\omega_{AB} = 0$，$v_A = v_B = v_D = \omega OA = 0.5$ m/s；以滑块 $D$ 为动点，$O_1C$ 为动系，速度分析如图（a），
$$v_r = v_D \cos 60° = 0.25 \text{ m/s}, \quad v_e = v_D \sin 60° = 0.433 \text{ m/s},$$

$O_1C$ 的角速度为 $\omega_1 = \dfrac{v_e}{O_1D} = 6.186$ rad/s（顺时针）。

（2）加速度分析。以 $A$ 为基点研究 $B$，加速度分析如图（b），
$$\vec{a}_B = \vec{a}_A + \vec{a}^n_{BA} + \vec{a}^t_{BA}, \quad a^n_{BA} = 0, a_A = \omega^2 OA = 5 \text{ m/s}^2,$$

向 $\boldsymbol{a}_A$ 方向投影得
$$0 = a_A - a^t_{BA}\cos 30°, \quad a^t_{BA} = \frac{a_A}{\cos 30°} = 5.774 \text{ m/s}^2,$$

所以杆 $AB$ 的角加速度为
$$\alpha_{AB} = \frac{a^t_{BA}}{AB} = 57.74 \text{ rad/s}^2（逆时针转向）。$$

以 $A$ 为基点研究 $D$，加速度分析如图（c）（$\boldsymbol{a}_D$ 未画出），$\vec{a}_D = \vec{a}_A + \vec{a}^n_{DA} + \vec{a}^t_{DA}$，

以滑块 $D$ 为动点，$O_1C$ 为动系，加速度分析如图(d)($\vec{a}_a = \vec{a}_D$ 未画出)，

$\vec{a}_D = \vec{a}_r + \vec{a}_e^n + \vec{a}_e^t + \vec{a}_C$，综合(c)(d)图有 $\vec{a}_A + \vec{a}_{DA}^n + \vec{a}_{DA}^t = \vec{a}_r + \vec{a}_e^n + \vec{a}_e^t + \vec{a}_C$，

两边向 $\boldsymbol{a}_C$ 方向投影得

$$-a_A \cos 60° - a_{DA}^n \sin 30° + a_{DA}^t \cos 30° = a_C + a_e^t，$$

利用 $a_{DA}^n = 0$，$a_{DA}^t = a_{AB}$，$AD = 11.548 \ \mathrm{m/s^2}$（由几何关系求得 $BD = 121 \ \mathrm{mm}$），

$a_C = 2\omega_1 v_r = 3.093 \ \mathrm{m/s^2}$，解得 $a_e^t = 5.458 \ \mathrm{m/s^2}$，所以 $O_1C$ 的角加速度为

$$\alpha_1 = \frac{a_e^t}{O_1 D} = 77.97 \ \mathrm{rad/s^2}（逆时针）。$$

**【8-28】** 如题 8-28 图所示，轮 $O$ 在水平面上滚动而不滑动，轮心以匀速 $v_0 = 0.2 \ \mathrm{m/s}$ 运动。轮缘上固连销钉 $B$，此销钉在摇杆 $O_1A$ 的槽内滑动，并带动摇杆绕 $O_1$ 轴转动。已知：轮的半径 $R = 0.5 \ \mathrm{m}$，在图示位置时，$O_1A$ 是轮的切线，摇杆与水平面间的交角为 $60°$。求摇杆在该瞬时的角速度和角加速度。

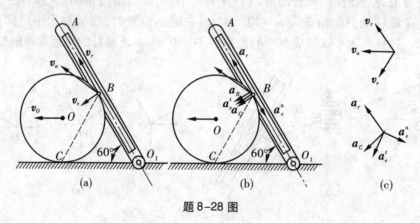

题 8-28 图

**解：**(1)研究轮。$C$ 点为速度瞬心，

轮的角速度 $\omega = \dfrac{v_O}{R} = 0.4 \ \mathrm{rad/s}$，因轮心匀速运动，所以轮的角加速度为 0；

以 $O$ 为基点研究 $B$ 进行加速度分析知 $a_B = a_{BO}^n = \omega^2 R = 0.08 \ \mathrm{m/s^2}$。

(2)以轮上的 $B$ 点为动点，$O_1A$ 为动系，速度分析如图(a)，

$v_e = v_a \cos 60° = \omega BC \cos 60° = \omega R \cos 30° \ \mathrm{m/s}$，

$v_r = v_a \sin 60° = \omega BC \sin 60° = 0.3 \ \mathrm{m/s}$，

$O_1A$ 的角速度为 $\omega_1 = \dfrac{v_e}{O_1 B} = 0.2 \ \mathrm{rad/s}$（逆时针）。

加速度分析如图(b)，$\vec{a}_B = \vec{a}_r + \vec{a}_e^n + \vec{a}_e^t + \vec{a}_C$，两边向 $\boldsymbol{a}_C$ 方向投影

$$a_B = a_C + a_e^t，\quad a_C = 2\omega_1 v_r = 0.12 \ \mathrm{m/s^2}，$$

解得 $a_e^t = -0.04 \ \mathrm{m/s^2}$，所以 $O_1A$ 的角加速度为

$$\alpha_1 = \frac{a_e^t}{O_1 B} = -0.046 \ 2 \ \mathrm{rad/s^2}（顺时针）。$$

【讨论:本题解(1)中若以 $O$ 为动点,$O_1A$ 为动系,速度、加速度分析如图(c),$v_r$、$a_r$ 与 $O_1A$ 平行,$v_e$、$a_e^t$ 与 $OO_1$ 垂直,$a_C$ 与 $a_r$ 垂直,$a_0=0$。利用投影方法求解后,结果不正确,错在哪里?

分析:错在加速度 $a_r$ 上,相对轨迹不是与 $O_1A$ 平行的直线,因此 $a_r$ 的方向未知,无法求解。本题若轮与 $O_1A$ 不是用销钉 $B$ 相连,而是靠在一起,则上述分析求解方法是对的】

**【8-29】**平面机构的曲柄 $OA$ 长为 $2l$,以匀角速度 $\omega_0$ 绕 $O$ 轴转动。在题 8-29 图示位置时,$AB=BO$,并且 $\angle OAD=90°$。求此时套筒 $D$ 相对于杆 $BC$ 的速度和加速度。

**解:**(1)求滑块 $D$ 的速度和加速度。

以 $A$ 为基点研究 $D$,速度、加速度分析如图(a)。

$$v_D = \frac{v_A}{\cos30°} = \frac{\omega_0 OA}{\cos30°} = \frac{2\omega_0 l}{\cos30°} \ , \ v_{DA} = v_A \tan30° = 2\omega_0 \, l \tan30°$$

$AD$ 的角速度 $\omega_{DA} = \dfrac{v_{DA}}{DA} = \dfrac{2}{3} \omega_0$。

将加速度 $\vec{a}_D = \vec{a}_A + \vec{a}_{DA}^n + \vec{a}_{DA}^t$ 在 $AD$ 方向投影得

$$a_D \cos30° = a_{DA}^n \ , \ a_D = \frac{a_{DA}^n}{\cos30°} = \frac{\omega_{DA}^2 AD}{\cos30°} = \frac{8}{9} \omega_0^2 \ ;$$

(2)求平动杆件 $BC$ 的速度和加速度。

以 $BC$ 上的 $B$ 点为动点,$OA$ 为动系,速度、加速度分析如图(b),

$$v_a = v_{BC} = \frac{v_e}{\cos30°} = \frac{\omega_0 OB}{\cos30°} = \frac{\omega_0 l}{\cos30°} \ , \ v_r = v_e \tan30° = \omega_0 \, l \tan30°$$

将加速度 $\vec{a}_a = \vec{a}_r + \vec{a}_e + \vec{a}_C$ 在 $\boldsymbol{a}_C$ 方向投影得 $a_a \cos30° = -a_C$,

$$a_a = a_{BC} = -\frac{a_C}{\cos30°} = -\frac{2\omega_0 v_r}{\cos30°} = -\frac{4}{3} \omega_0^2 l \ ;$$

(3)以 $AD$ 上的 $D$ 点为动点,$BC$ 为动系,速度、加速度分析如图(c),将速度、加速度在水平方向投影得

$$v_a = v_r + v_e , \ v_r = v_a - v_e = v_D - v_{BC} = 1.155\omega_0 l \ ,$$
$$a_a = a_r + a_e , \ a_r = a_a - a_e = a_D - a_{BC} = 2.222 \, \omega_0^2 \, l \ 。$$

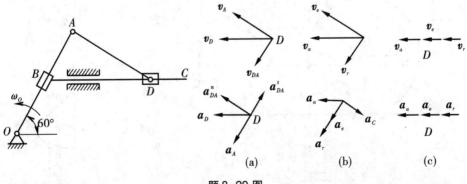

题 8-29 图

**【8-30】**为使货车车厢减速,在轨道上装有液压减速顶,如题 8-30 图所示。半径为 $R$ 的

车轮滚过时将压下减速顶的顶帽 $AB$ 而消耗能量,降低速度。如轮心的速度为 $v$,加速度为 $a$,试求 $AB$ 下降速度、加速度和减速顶对于轮子的相对滑动速度与角 $\theta$ 的关系(设轮与轨道之间无相对滑动)。

**解**:(1)速度分析:轮与地面接触点为速度瞬心,角速度 $\omega = \dfrac{v}{R}$,

以 $AB$ 上的 $A$ 为动点,轮为动系,速度分析如图(a),$v_e = 2\omega R \sin\dfrac{\theta}{2} = 2v\sin\dfrac{\theta}{2}$(轮上 $A$ 点速度),$v_e$ 与 $v_a$ 夹角为 $\dfrac{\theta}{2}$,$v_r$ 与 $v_a$ 夹角为 $90° - \theta$。利用正弦定理知

$$\frac{v_a}{\sin\left(90° + \dfrac{\theta}{2}\right)} = \frac{v_e}{\sin(90° - \theta)} = \frac{v_r}{\sin\left(\dfrac{\theta}{2}\right)},$$

解得

$$v_a = v_{AB} = v\tan\theta,\quad v_r = v\tan\frac{\theta}{2}\tan\theta;$$

(2)加速度分析如图(b)

以轮心 $O$ 为基点研究 $A$,$\vec{a}_A = \vec{a}_O + \vec{a}_{AO}^n + \vec{a}_{AO}^t$(图中 $a_A$ 未画出);

以 $AB$ 上的 $A$ 为动点,轮为动系,$\vec{a}_a = \vec{a}_r + \vec{a}_e + \vec{a}_C$(图中 $e_e = a_A$ 未画出),

利用 $a_e = a_A$ 得 $\vec{a}_a = \vec{a}_r + \vec{a}_C + \vec{a}_O + \vec{a}_{AO}^n + \vec{a}_{AO}^t$,两边向 $a_C$ 方向投影得

$$a_A \cos\theta = a_C + a_{AO}^n + a_O \sin\theta,\quad a_{AO}^n = \omega^2 R = \frac{v^2}{R},\quad a_C = 2\omega v_r;$$

解得

$$a_a = a_{AB} = a\tan\theta + \frac{v^2}{R\cos\theta}\left(1 + \tan\theta\tan\frac{\theta}{2}\right)。$$

【注意:动系为平面运动时有科氏加速度】

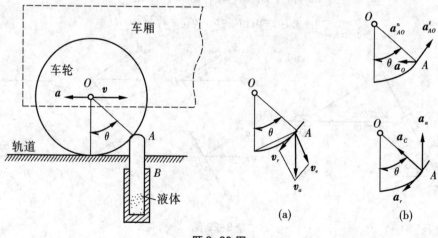

题 8-30 图

**【8-31】**已知题8-31图示机构中滑块的速度为常值，$v_A=0.2$ m/s，$AB=0.4$ m，求当$AC=CB$，$q=30°$时杆$CD$的速度和加速度。

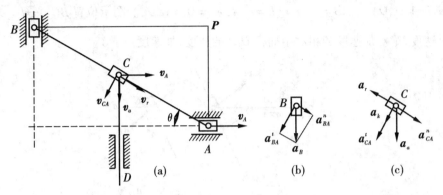

题8-31图

**解：**（1）速度分析

确定$AB$的瞬心$P$，则$AB$的角速度为$\omega_{AB}=\dfrac{v_A}{AP}=1$ rad/s（逆时针），

以$AB$上的$A$为基点，研究$AB$上的$C$点，速度分析如图（a）（$v_C$未画出），$\vec{v}_C=\vec{v}_A+\vec{v}_{CA}$；

以$CD$上的$C$为动点，$AB$为动系，速度分析如图（a）（图中$v_e=v_C$未画出），$\vec{v}_a=\vec{v}_e+\vec{v}_r$，

则$\vec{v}_a=\vec{v}_r+\vec{v}_A+\vec{v}_{CA}$，两边向$v_{CA}$方向投影得

$$v_a\cos30°=v_{CA}-v_A\cos60°=\omega_{AB}AC-v_A\cos60°，v_a=v_{CD}=0.115\text{ m/s}，$$

两边向$v_A$方向投影得

$$0=-v_{CA}\sin30°+v_A+v_r\cos30°，v_r=-0.115\text{ m/s}；$$

（2）加速度分析

以$A$为基点研究$B$，$\vec{a}_B=\vec{a}_A+\vec{a}^n_{BA}+\vec{a}^t_{BA}$（图中$a_A=0$未画出），

$$a^t_{BA}=a^n_{BA}\tan60°=\omega^2_{AB}AB\tan60°=0.693\text{ m/s}^2$$

则$AB$的角加速度为$\alpha_{AB}=\dfrac{a^t_{BA}}{AB}=1.732$ rad/s²（逆时针）；

以$A$为基点研究$AB$上的$C$点[图（c）]，$\vec{a}_C=\vec{a}_A+\vec{a}^n_{CA}+\vec{a}^t_{CA}$（图中$a_C$、$a_A=0$未画出），

以$CD$上的$C$为动点，$AB$为动系（图（c）），$\vec{a}_a=\vec{a}_r+\vec{a}_e+\vec{a}_k$（这里$\boldsymbol{a}_k$为科氏加速度，判断方向时注意前面计算的$v_r$为负值），利用$\boldsymbol{a}_e=\boldsymbol{a}_C$得

$$\vec{a}_a=\vec{a}_r+\vec{a}_k+\vec{a}^n_{CA}+\vec{a}^t_{CA}，$$

两边向$\boldsymbol{a}_C$方向投影得

$$a_A\cos30°=a_k+a^t_{CA}=2\,\omega_{AB}v_r+a_{AB}AC，$$

解得$a_a=a_{CD}=0.667$ m/s²（方向向下）。

**【注意：**同上题，动系为平面运动，产生科氏加速度，由$v_r$确定科氏加速度方向时必须用实际方向，计算科氏加速度大小时用$v_r$的绝对值；本题的科氏加速度用$a_k$表示，以免和$C$点加速度$a_C$混淆**】**

【8-32】轻型杠杆式推钢机,曲柄 $OA$ 借连杆 $AB$ 带动摇杆 $O_1B$ 绕 $O_1$ 轴摆动,杆 $EC$ 以铰链与滑块 $C$ 相连,滑块 $C$ 可沿杆 $O_1B$ 滑动;摇杆摆动时带动杆 $EC$ 推动钢材,如题8-32图,$r = 0.2$ m,$l = 1$ m,$OA = r$,$AB = \sqrt{3}\,r$,$O_1B = \dfrac{2}{3}l$,$\omega_{OA} = 0.5$ rad/s。图示位置 $BC = \dfrac{4}{3}l$。求:滑块 $C$ 的绝对速度、绝对加速度和相对于摇杆 $O_1B$ 的速度、加速度。

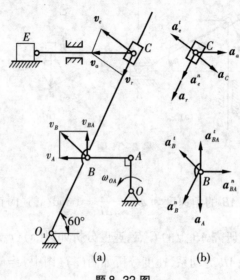

(a)　　　　(b)

题 8-32 图

**解:**(1)速度分析

以 $A$ 为基点,研究 $B$,速度分析如图(a),

$$v_{BA} = v_A \tan 30° = \frac{0.1}{\sqrt{3}} \text{ m/s},$$

$$v_B = \frac{v_A}{\cos 30°} = \frac{\omega_{OA} OA}{\cos 30°} = \frac{0.2}{\sqrt{3}} \text{ m/s},$$

$AB$ 的角速度为 $\omega_{AB} = \dfrac{v_{BA}}{AB} = \dfrac{1}{6}$ rad/s(顺时针);

$O_1C$ 的角速度为 $\omega_{O_1C} = \dfrac{v_B}{O_1B} = 0.1\sqrt{3}$ rad/s(逆时针);

以 $CE$ 上的 $C$ 为动点,$O_1C$ 为动系,速度分析如图(a),$v_e = \omega_{O_1C} O_1C = 0.2\sqrt{3}$ m/s,

$$v_a = \frac{v_e}{\sin 60°} = 0.4 \text{ m/s}, v_r = v_e \cot 60° = 0.2 \text{ m/s};$$

(2)加速度分析如图(b):以 $A$ 为基点研究 $B$,$\vec{a}_B^n + \vec{a}_B^t = \vec{a}_A + \vec{a}_{BA}^n + \vec{a}_{BA}^t$,

$$a_{BA}^n = \omega_{AB}^2 AB = 0.009\,62 \text{ m/s}^2, \quad a_B^n = \omega_{O_1C}^2 O_1B = 0.02 \text{ m/s}^2,$$

两边向 $a_{BA}^n$ 方向投影得 $\quad a_B^n \cos 60° + a_B^t \cos 30° = -a_{BA}^n$,

求出 $a_B^t = -0.0227$ m/s$^2$;$O_1C$ 的角加速度为

$$\alpha_{O_1C} = \frac{a_B^t}{O_1B} = -0.034 \text{ rad/s}^2 \text{(顺时针)};$$

以 $CE$ 上的 $C$ 为动点，$O_1C$ 为动系，加速度分析如图(b)，$\vec{a}_a = \vec{a}_r + \vec{a}_e^n + \vec{a}_e^t + \vec{a}_C$，

$a_e^n = \omega_{O_1C}^2 O_1C = 0.06 \text{ m/s}^2$，$a_e^t = \alpha_{O_1C} O_1C = -0.068 \text{ m/s}^2$，$a_C = 2\omega_{O_1C} v_r = 0.069 \text{ m/s}^2$，

两边向 $\boldsymbol{a}_C$ 方向投影得 $a_a \cos 30° = a_C - a_e^t$，则 $a_a = 0.159 \text{ m/s}^2$（方向向右），

向 $\boldsymbol{a}_r$ 方向投影得 $-a_a \sin 30° = a_r + a_e^n$，则 $a_r = 0.139 \text{ m/s}^2$（与图中方向相反）。

**【8-33】**题 8-33 图示平面机构中，杆 $AB$ 以不变的速度 $v$ 沿水平方向运动，套筒 $B$ 与杆 $AB$ 的端点铰接，并套在绕 $O$ 轴转动的杆 $OC$ 上，可沿该杆滑动。已知 $AB$ 和 $OE$ 两平行线间的垂直距离为 $b$。求在图示位置（$\gamma = 60°$，$\beta = 30°$，$OD = BD$）时杆 $OC$ 的角速度和角加速度、滑块 $E$ 的速度和加速度。

**解：**扫码进入。

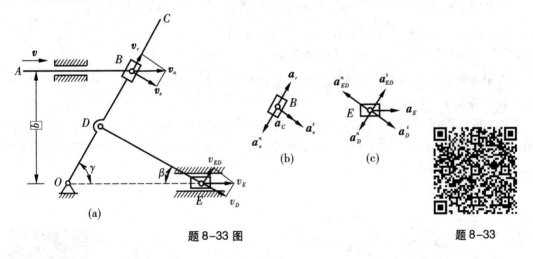

题 8-33 图　　　　　题 8-33

**【8-34】**题 8-34 图中滑块 $A$、$B$、$C$ 以连杆 $AB$、$AC$ 相铰接。滑块 $B$、$C$ 在水平槽中相对运动的速度恒为 $\dot{s} = 1.6 \text{ m/s}$。求当 $x = 50 \text{ mm}$ 时滑块 $B$ 的速度和加速度。

**解：**由几何关系求出 $CD = 90 \text{ mm}$，$AD = 120 \text{ mm}$，确定 $AB$、$AC$ 的速度瞬心为 $F$ 和 $E$ 点，如图(a)。

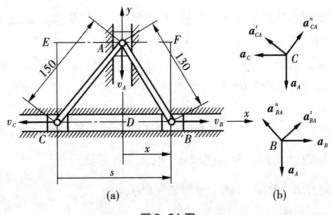

题 8-34 图

则可得到如下关系式

$$\omega_{AB} = \frac{v_A}{50} = \frac{v_B}{120}, \omega_{AC} = \frac{v_A}{90} = \frac{v_C}{120}, v_B + v_C = 1.6,$$

联立解得

$$v_B = 1.029 \text{ m/s}, \omega_{AB} = 8.57 \text{ rad/s}, \omega_{AC} = 4.76 \text{ rad/s};$$

以 $A$ 为基点分别研究 $B$ 和 $C$，加速度方向如图(b)。

将 $\vec{a}_C = \vec{a}_A + \vec{a}_{CA}^n + \vec{a}_{CA}^t$ 向 $\boldsymbol{a}_{CA}^n$ 方向投影得 $-a_C \times \frac{90}{150} = -a_A \times \frac{120}{150} + a_{CA}^n$，

$a_{CA}^n = \omega_{AC}^2 \times AC = 3.4 \text{ m/s}^2$，求出 $a_A = 4.25 + 0.75 a_C$；

将 $\vec{a}_B = \vec{a}_A + \vec{a}_{BA}^n + \vec{a}_{BA}^t$ 向 $\boldsymbol{a}_{BA}^n$ 方向投影得 $-a_B \times \frac{50}{130} = -a_A \times \frac{120}{130} + a_{BA}^n$，

$a_{BA}^n = \omega_{AB}^2 \times AB = 9.55 \text{ m/s}^2$，求出 $a_A = 10.34 + 0.417 a_B$；

所以 $a_A = 4.25 + 0.75 a_C = 10.34 + 0.417 a_B$，

由于滑块 $B$、$C$ 在水平槽中相对运动的速度恒为 $\dot{s} = 1.6 \text{ m/s}$，则 $a_B + a_C = 0$，

联立解得 $a_B = -5.27 \text{ m/s}^2$。

**【8-35】** 如题 8-35 图所示，坦克以匀速 $v_0 = 36 \text{ km/h}$ 前进，炮管以匀角速度 $\omega = 0.1 \text{ rad/s}$ 抬起，炮弹以相对速度 $v_r = 1\ 500 \text{ m/s}$ 射出炮管。已知炮筒长 $r = 5 \text{ m}$。求 $b = 30°$ 时，炮弹离开炮筒时的速度和加速度。

**解:** 扫码进入。

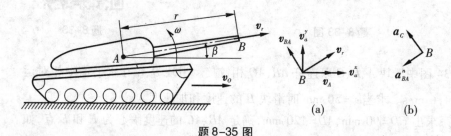

题 8-35 图      (a)      (b)            题 8-35

**【8-36】** 题 8-36 图示行星齿轮传动机构中，曲柄 $OA$ 以匀角速度 $\omega_0$ 绕 $O$ 轴转动，使与齿轮 $A$ 固结在一起的杆 $BD$ 运动。杆 $BE$ 与 $BD$ 在点 $B$ 铰接，并且杆 $BE$ 在运动时始终通过固定铰支的套筒 $C$。如定齿轮的半径为 $2r$，动齿轮半径为 $r$，且 $AB = \sqrt{5}\ r$。图示瞬时，曲柄 $OA$ 在铅直位置，$BD$ 在水平位置，杆 $BE$ 与水平线间成角 $\varphi = 45°$。求此时杆 $BE$ 上与 $C$ 相重合一点的速度和加速度。

**解:**（1）速度分析：动齿轮（以及 $AB$ 杆）的速度瞬心在两轮的啮合点，则 $AB$ 杆的角速度为 $\omega_{AB} = \frac{v_A}{r} = 3\omega_0$（逆时针），因齿轮匀速转动，$AB$ 的角加速度为 0；

以 $B$ 为基点，研究 $BC$ 上的 $C$，速度分析如图(b)。

图中 $v_B$、$v_C$ 的夹角为 $45° - \arcsin\frac{1}{\sqrt{6}} = 20.9°$，$v_B = \omega_{AB}\sqrt{6}\ r$，

$$v_C = v_B \cos 20.9° = 6.865 \omega_0 r, \quad v_{CB} = v_B \sin 20.9° = 2.621 \omega_0 r,$$

$BC$ 的角速度为 $\omega_{BC} = \dfrac{v_{CB}}{BC} = 0.618 \omega_0$（顺时针）；

（2）加速度分析：

以 $A$ 为基点，研究 $B$，加速度分析如图（a），$\vec{a}_B = \vec{a}_A + \vec{a}_{BA}$ ，

$$a_A = 3\,\omega_0^2 r, \quad a_{BA} = \omega_{AB}^2 AB = 20.12\,\omega_0^2 r;$$

以 $B$ 为基点，研究 $BC$ 上的 $C'$，速度分析如图（c）。$\vec{a}_{C'} = \vec{a}_B + \vec{a}_{C'B}^n + \vec{a}_{C'B}^t$ ，

以 $BC$ 上的 $C'$ 为动点，套筒 $C$ 为动系，加速度分析如图（c），$\vec{a}_a = \vec{a}_r + \vec{a}_C$ ，

由于 $\boldsymbol{a}_{C'} = \boldsymbol{a}_a$，则 $\vec{a}_B + \vec{a}_{C'B}^n + \vec{a}_{C'B}^t = \vec{a}_r + \vec{a}_C$，这里

$$a_C = 2\omega_{BC} v_r = 8.485\,\omega_0^2 r, \quad a_{C'B}^n = \omega_{BC}^2 BC = 1.62\,\omega_0^2 r,$$

加速度式子两边向 $\boldsymbol{a}_r$ 方向投影得

$$a_r = a_A \sin 45° - a_{BA} \sin 45° - a_{C'B}^n = -13.73\,\omega_0^2 r,$$

所以所求点的加速度为

$$a_a = a_{C'} = \sqrt{a_C^2 + a_r^2} = 16.14\,\omega_0^2 r。$$

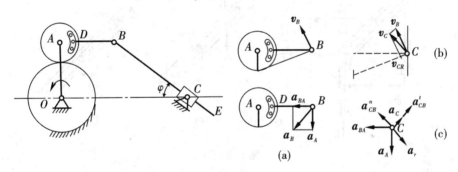

题 8-36 图

**【8-37】** 题 8-37 图中曲柄 $OA$ 长为 $r$，杆 $AB$ 长为 $a$，$B_{01}$ 长为 $b$。纯滚动圆轮半径为 $R$。$OA$ 以匀角速度 $\omega_0$ 转动。若 $\theta = 45°, \beta = 30°$，求圆轮的角速度及角加速度。

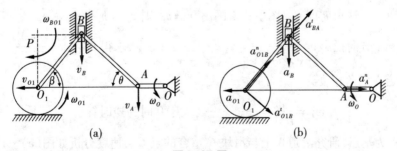

题 8-37 图

**解**：（1）速度分析如图（a）所示。$AB$ 瞬时平动，则 $\omega_{AB} = 0$，$v_B = v_A = \omega_0 r$；

$BO_1$ 的瞬心在 $P$，则 $\omega_{O_1B} = \dfrac{v_B}{PB} = \dfrac{2\sqrt{3}\,\omega_0 r}{3b}$，$v_{O_1} = \omega_{O_1B} PO_1 = \dfrac{\sqrt{3}\,\omega_0 r}{3}$，$\omega_{O_1} = \dfrac{v_{O_1}}{R} = \dfrac{\sqrt{3}\,\omega_0 r}{3R}$；

（2）加速度分析如图（b）。以 $A$ 为基点，研究 $B$，$\vec{a}_B = \vec{a}_A^n + \vec{a}_{BA}^t + \vec{a}_{BA}^n$，沿 $BA$ 投影

$a_B \sin\theta = a_A^n \cos\theta$，则 $a_B = a_A^n \cot\theta = \omega_0'^2 r$；

以 $B$ 为基点，研究 $O_1$，$\vec{a}_{O_1} = \vec{a}_B + \vec{a}_{O_1B}^t + \vec{a}_{O_1B}^n$，沿 $BO_1$ 投影

$$a_{O_1}\cos\beta = a_B\sin\beta - a_{O_1B}^n，则 a_{O_1} = a_B\tan\beta - a_{O_1B}^n\sec\beta = \omega_0^2 r\frac{\sqrt{3}}{3} - \omega_{O_1B}^2 b\frac{2}{\sqrt{3}}，$$

所以

$$\alpha_{O_1} = \frac{a_{O_1}}{R} = \frac{\sqrt{3}}{3}\frac{r}{R}\Big(1 - \frac{8r}{3b}\Big)\omega_0^2 \text{（逆时针）}。$$

**【8-38】**题 8-38 图示放大机构中，杆 Ⅰ 和 Ⅱ 分别以速度 $v_1$ 和 $v_2$ 沿箭头方向运动，其位移分别以 $x$ 和 $y$ 表示。如杆 Ⅱ 与杆 Ⅲ 平行，其间距离为 $a$，求杆 Ⅲ 的速度和滑道 Ⅳ 的角速度。

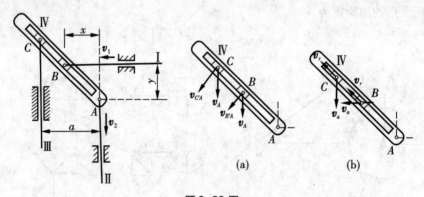

题 8-38 图

**解：**（1）以 $A$ 为基点，研究滑道 Ⅳ 上与滑块 $B$ 重合的点 $B'$，速度分析如图（a）。$\vec{v}_B' = \vec{v}_A + \vec{v}_{B'A}$，图中 $v_B'$ 未画出，$v_A = v_2$；

（2）以滑块 $B$ 为动点，滑道 Ⅳ 为动系，速度分析如图（b）。

$\vec{v}_a = \vec{v}_e + \vec{v}_r$，这里 $v_e$ 即 $v_B'$，图中 $v_e$ 未画出，$v_a = v_1$，则 $\vec{v}_a = \vec{v}_r + \vec{v}_A + \vec{v}_{B'A}$，

两边向 $v_{B'A}$ 方向投影 $v_1\dfrac{y}{\sqrt{x^2+y^2}} = v_2\dfrac{x}{\sqrt{x^2+y^2}} + v_{B'A}$，求得 $v_{B'A} = \dfrac{v_1 y - v_2 x}{\sqrt{x^2+y^2}}$，

所以滑道 Ⅳ 的角速度为

$$\omega_4 = \frac{v_{B'A}}{B'A} = \frac{v_1 y - v_2 x}{x^2 + y^2} \text{（大于 0 时为逆时针）}$$

（3）以 $A$ 为基点，研究滑道 Ⅳ 上与滑块 $C$ 重合的点 $C'$，速度分析如图（a）。

$\vec{v}_{C'} = \vec{v}_A + \vec{v}_{C'A}$，图中 $v_{C'}$ 未画出；

（4）以滑块 $C$ 为动点，滑道 Ⅳ 为动系，速度分析如图（b）。

$\vec{v}_a = \vec{v}_e + \vec{v}_r$，这里 $v_e$ 即 $v_{C'}$，图中 $v_e$ 未画出，则 $\vec{v}_a = \vec{v}_r + \vec{v}_A + \vec{v}_{C'A}$，

两边向 $v_{C'A}$ 方向投影 $v_a \dfrac{x}{\sqrt{x^2+y^2}} = v_2 \dfrac{x}{\sqrt{x^2+y^2}} + v_{C'A}$ ，而 $v_{C'A} = \omega_4 AC$ ，

解得　　$v_a = v_3 = v_1 \dfrac{ay}{x^2} + v_2 \dfrac{x-a}{x}$ 。

**【8-39】** 题 8-39 图示刨床机构，已知曲柄 $O_1 A = r$ ，以匀角速度 $\omega$ 转动，$b = 4r$ 。求在图示位置时，滑枕 $CD$ 平动的速度和加速度。

**解：**（1）以滑块 $A$ 为动点，$O_2 B$ 为动系，速度分析如图（a）

$$v_a = \omega r, \quad v_e = v_a \sin 30° = 0.5\omega r, \quad v_r = v_A \cos 30° = \omega r \cos 30° ,$$

$BO_2$ 的角速度为　　$\omega_2 = \dfrac{v_e}{O_2 A} = 0.25\omega$ （逆时针）；

加速度分析如图（b），$\vec{a}_a = \vec{a}_r + \vec{a}_e^n + \vec{a}_e^t + \vec{a}_C$ ，$a_a = \omega^2 r, a_C = 2\omega_2 v_r = 0.5\cos 30°\, \omega^2 r$ ，

加速度向 $\boldsymbol{a}_C$ 方向投影得 $a_a \cos 30° = a_C + a_e^t$ ，$a_e^t = 0.5\cos 30°\,\omega^2 r$ ，$BO_2$ 的角加速度为

$$\alpha_2 = \dfrac{a_e^t}{O_2 A} = 0.25\cos 30°\,\omega^2 \text{（逆时针）；}$$

（2）以 $B$ 为基点，研究 $C$ ，速度分析如图（c），$v_B = \omega_2 O_2 B = \omega r \cos 30°$ ，$v_C = \dfrac{v_B}{\cos 30°} = \omega r$ ，

$v_{CB} = v_B \tan 30° = 0.5\omega r, BC$ 的角速度

$$\omega_{BC} = \dfrac{v_{BC}}{BC} = 0.25\omega \text{（逆时针）；}$$

加速度分析如图（d），$\vec{a}_C = \vec{a}_B^n + \vec{a}_B^t + \vec{a}_{CB}^n + \vec{a}_{CB}^t$ ，加速度向 $a_B^t$ 方向投影得 $a_C \cos 30° = -a_{CB}^n + a_B^t$ ，

而 $a_{CB}^n = \omega_{BC}^2 BC = 0.125\omega^2 r$ ，$a_B^t = \alpha_2 O_2 B = 0.75\omega^2 r$ ，求得 $CD$ 的加速度为

$$a_C = \dfrac{5\sqrt{3}}{12}\omega^2 r \text{ 。}$$

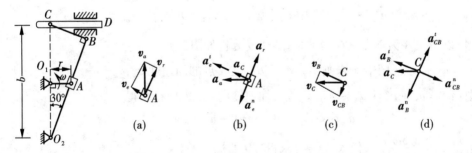

题 8-39 图

**【8-40】** 题 8-40 图示刨床机构，已知曲柄 $O_1 A = r$ ，以匀角速度 $\omega$ 转动，$b = 4r$ 。求在图示位置时，滑枕 $CD$ 平动的速度和加速度。

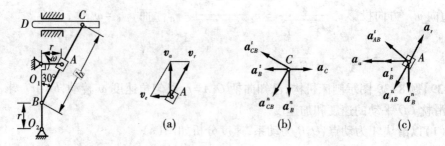

题 8-40 图

**解:**(1)以滑块 $A$ 为动点,$BC$ 为动系,速度分析如图(a)。$BC$ 为瞬时平动,则 $v_e$ 即为所求 $CD$ 的速度,也是 $B$ 点的速度。

$$v_a = \omega\, r,\quad v_e = v_a \tan 30° = \frac{\sqrt{3}}{3}\omega r\,;$$

(2)以 $B$ 为基点,研究 $C$,加速度分析如图(b),$\vec{a}_C = \vec{a}_B^n + \vec{a}_B^t + \vec{a}_{CB}^n + \vec{a}_{CB}^t$,而 $a_{CB}^n = 0$,$a_B^n = \dfrac{v_B^2}{r} = \dfrac{1}{3}\omega^2 r$,加速度向 $a_B^n$ 方向投影得

$$0 = a_B^n - a_{CB}^t \sin 30°,\quad a_{CB}^t = \frac{2}{3}\omega^2 r,$$

$BC$ 的角加速度为 $\alpha_{BC} = \dfrac{a_{CB}^t}{BC} = \dfrac{1}{6}\omega^2$(逆时针);

加速度向 $\boldsymbol{a}_C$ 方向投影得

$$a_C = -a_B^t - a_{CB}^t \cos 30°;\qquad\qquad (*)$$

(3)以 $B$ 为基点,研究 $BC$ 上的 $A$,加速度分析如图(c),

$\vec{a}_A = \vec{a}_B^n + \vec{a}_B^t + \vec{a}_{AB}^n + \vec{a}_{AB}^t$(图中 $\boldsymbol{a}_A$ 未画出),$a_{AB}^n = 0$;$a_{AB}^t = \alpha_{BC} AB = \dfrac{1}{3}\omega^2 r$,

(4)以滑块 $A$ 为动点,$BC$ 为动系,加速度分析如图(c)。

$\vec{a}_a = \vec{a}_r + \vec{a}_e$,(图中 $\boldsymbol{a}_e$ 未画出),$\boldsymbol{a}_e$ 即 $BC$ 上 $A$ 点的加速度 $\boldsymbol{a}_A$,$a_a = \omega^2 r$,

则:$\vec{a}_a = \vec{a}_r + \vec{a}_B^n + \vec{a}_B^t + \vec{a}_{AB}^n + \vec{a}_{AB}^t$,加速度向 $a_{AB}^t$ 方向投影得

$$a_a \cos 30° = -a_B^n \sin 30° + a_B^t \cos 30° + a_{AB}^t,$$

解得 $a_B^t = \dfrac{5\omega^2 r}{6\cos 30°}$,代入式($*$)求得 $CD$ 的加速度为

$$a_C = -\left(1 + \frac{2\sqrt{3}}{9}\right)\omega^2\,(负号表示方向指向左)。$$

**【注意:**用 $A$ 为动点,$BC$ 为动系时,$BC$ 作平面运动,应存在科氏加速度,但该瞬时为瞬时平动,角速度为 0,则科氏加速度为 0,求解时应考虑科氏加速度**】**

**【8-41】**题 8-41 图示刨床机构,已知曲柄 $O_1 A = r$,以匀角速度 $\omega$ 转动,$b = 4r$。求在图示位置时,滑枕 $CD$ 平动的速度和加速度。

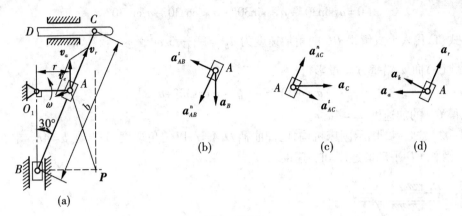

题 8-41 图

**解：**(1)研究 $BC$，瞬心为 $P$；以滑块 $A$ 为动点，$BC$ 为动系，速度分析如图(a)。

$v_a = \omega r$，$v_e$ 为 $BC$ 上 $A$ 点的速度，则由几何关系得

$$v_e = v_a = \omega r,\quad v_r = 2v_a \cos 30° = 2\omega r \cos 30°,$$

$BC$ 的角速度为 $\omega_{BC} = \dfrac{v_e}{AP} = \dfrac{1}{2}\omega$（逆时针）；

(2)以 $B$ 为基点，研究 $A$，加速度分析如图(b)，

$$\vec{a}_A = \vec{a}_B + \vec{a}_{AB}^{\,t} + \vec{a}_{AB}^{\,n}, \tag{a}$$

以 $C$ 为基点，研究 $A$，加速度分析如图(c)，

$$\vec{a}_A = \vec{a}_C + \vec{a}_{AC}^{\,t} + \vec{a}_{AC}^{\,n}, \tag{b}$$

以滑块 $A$ 为动点，$BC$ 为动系，加速度分析如图(d)。

$$\vec{a}_a = \vec{a}_r + \vec{a}_e + \vec{a}_k, \tag{c}$$

［图(b)(c)中 $\boldsymbol{a}_A$ 未画出，图(d)中 $\boldsymbol{a}_e$ 未画出，$\boldsymbol{a}_e$ 即 $BC$ 上 $A$ 点的加速度 $\boldsymbol{a}_A$，$\boldsymbol{a}_k$ 为科氏加速度，避免和 $C$ 点的加速度相混淆］。

由式(a)(b)(c)得到

$$\vec{a}_a = \vec{a}_r + \vec{a}_k + \vec{a}_B + \vec{a}_{AB}^{\,t} + \vec{a}_{AB}^{\,n}, \tag{d}$$

$$\vec{a}_a = \vec{a}_r + \vec{a}_k + \vec{a}_C + \vec{a}_{AC}^{\,t} + \vec{a}_{AC}^{\,n}, \tag{e}$$

式中各加速度的大小为

$$a_a = \omega^2 r,\ a_{AB}^n = \omega_{BC}^2 AB = \frac{1}{2}\omega^2 r,\ a_{AC}^n = \omega_{BC}^2 AC = \frac{1}{2}\omega^2 r,\ a_k = 2\omega_{BC}v_r = \sqrt{3}\,\omega^2 r,$$

$$a_{AB}^t = \alpha_{BC}AB = 2r\alpha_{BC},\ a_{AC}^t = \alpha_{BC}AC = 2r\alpha_{BC};$$

将式(d)向水平方向投影得

$$a_a = a_k \cos 30° + a_{AB}^t \cos 30° + a_{AB}^n \sin 30° - a_r \sin 30°,$$

解得

$$a_r = \sqrt{3}\,a_k + \sqrt{3}\,a_{AB}^t + a_{AB}^n - 2a_a \tag{f}$$

将式(e)向铅垂方向投影得

$$0 = a_k \sin 30° - a_{AC}^t \sin 30° + a_{AC}^n \cos 30° + a_r \cos 30°$$

将式(f)代入上式解得 $BC$ 的角加速度为 $a_{BC} = -\dfrac{3}{4}\sqrt{3}\ \omega^2$,

将式(e)向 $a_k$ 铅垂方向投影得

$$a_a \cos 30° = -a_{AC}^t - a_C \cos 30° + a_k,$$

求得 $CD$ 的加速度 $a_C = 4\omega^2 r$。

**【8-42】**题 8-42 图示刨床机构,已知曲柄 $O_1 A = r$,以匀角速度 $\omega$ 转动,$b = 4r$。求在图示位置时,滑枕 $CD$ 平动的速度和加速度。

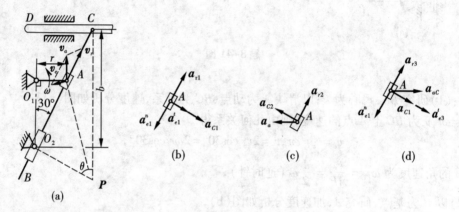

题 8-42 图

**解:**(1)研究 $BC$,瞬心为 $P$;以滑块 $A$ 为动点,$BC$ 为动系,速度分析如图(a)。

$v_a = \omega r$,$v_e$ 为 $BC$ 上 $A$ 点的速度,则由几何关系知 $O_2 P = \dfrac{8}{3} r$,$AP = \dfrac{10}{3} r$,

将速度向 $v_r$ 和垂直于 $v_r$ 的方向投影得

$$v_a \cos 30° = v_r - v_e \cos q\ ,\quad v_a \cos 60° = v_e \sin q$$

解得

$$v_e = \frac{5}{6}\omega r,\quad v_r = \frac{4 + 3\sqrt{3}}{6}\omega r,$$

$BC$ 及套筒 $O_2$ 的角速度为

$$\omega_{BC} = \frac{v_e}{AP} = \frac{\omega}{4}\ (\text{逆时针}),$$

$BC$ 上各点相对套筒的速度为

$$v_{rBC} = \omega_{BC} O_2 P = \frac{2}{3}\omega r(\text{方向从 } A \text{ 指向 } B)。$$

(2)以 $BC$ 上的 $A$ 为动点,套筒为动系,加速度分析如图(b)($a_{a1}$ 未画出),

$$\vec{a}_{a1} = \vec{a}_{r1} + \vec{a}_{e1}^n + \vec{a}_{e1}^t + \vec{a}_{C1}$$

以滑块 $A$ 为动点,$BC$ 为动系,加速度分析如图(c)。图中 $a_e$ 未画出,$a_e$ 即 $BC$ 上 $A$ 点的加速度 $a_{a1}$,$\vec{a}_a = \vec{a}_e + \vec{a}_{r2} + \vec{a}_{C2}$,则

$$\vec{a}_a = \vec{a}_{r1} + \vec{a}_{e1}^n + \vec{a}_{e1}^t + \vec{a}_{C1} + \vec{a}_{r2} + \vec{a}_{C2};$$

将上式向 $\boldsymbol{a}_{C2}$ 方向投影得 $a_a \cos 30° = -a_{e1}^t - a_{C1} + a_{C2}$，而

$$a_a = \omega^2 r, \quad a_{C1} = 2\omega_{BC} v_{rBC} = \frac{1}{3}\omega^2 r, \quad a_{C2} = 2\omega_{BC} v_r = \frac{4 + 3\sqrt{3}}{12}\omega^2 r,$$

解得 $a_{e1}^t = -\dfrac{\sqrt{3}}{4}\omega^2 r$，则 $BC$ 及套筒 $O_2$ 的角加速度为

$$\alpha_{BC} = \frac{a_{e1}^t}{O_2 A} = -\frac{\sqrt{3}}{8}\omega^2 \text{（逆时针）}。$$

（3）以 $C$ 为动点，套筒为动系，加速度分析如图（d），$\vec{a}_{aC} = \vec{a}_{r3} + \vec{a}_{e3}^n + \vec{a}_{e3}^t + \vec{a}_{C1}$，

将上式向 $\boldsymbol{a}_{C1}$ 方向投影得 $a_{aC}\cos 30° = a_{e3}^t + a_{C1}$，而 $a_{e3}^t = \alpha_{BC} O_2 C = -\omega^2 r$，

解得 $CD$ 的加速度为

$$a_{aC} = -\frac{4\sqrt{3}}{9}\omega^2 r \text{（负号表示与图示假设方向相反）}。$$

**【8-43】** 如题 8-43 图所示，半径 $R = 0.2$ m 的两个相同的大环沿地面向相反方向无滑动地滚动，环心的速度为常数；$v_A = 0.1$ m/s，$v_B = 0.4$ m/s，当 $\angle MAB = 30°$ 时，求套在这两个大环上的小环 $M$ 相对于每个大环的速度和加速度，以及小环 $M$ 的绝对速度和绝对加速度。

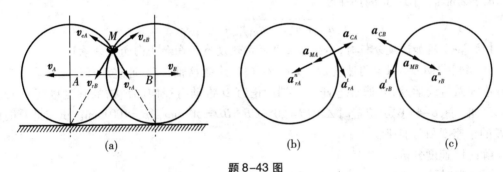

题 8-43 图

**解：**（1）以 $M$ 为动点，分别以两个圆环为动系，速度分析如图（a）。

则有速度关系 $\vec{v}_M = \vec{v}_{eA} + \vec{v}_{rA} = \vec{v}_{eB} + \vec{v}_{rB}$；

两个圆环的速度瞬心均在与地面的接触点，角速度分别为

$$\omega_A = \frac{v_A}{R} = 0.5 \text{ rad/s（逆时针）}, \quad \omega_B = \frac{v_B}{R} = 2 \text{ rad/s（顺时针）}$$

$v_{eA} = \omega_A \sqrt{3} R = 0.1\sqrt{3}$ m/s，$v_{eB} = \omega_B \sqrt{3} R = 0.4\sqrt{3}$ m/s，

则速度关系式向水平和铅垂方向投影得

$$v_{rA}\sin 30° - v_{eA}\cos 30° = -v_{rB}\cos 60° + v_{eB}\cos 30°,$$

$$-v_{rA}\cos 30° + v_{eA}\sin 30° = -v_{rB}\cos 30° + v_{eB}\cos 60°,$$

联立解得

$$v_{rA} = 0.6 \text{ m/s}, \quad v_{rB} = 0.9 \text{ m/s}, \quad v_M = 0.459 \text{ m/s};$$

（2）加速度分析，由于两圆环均作匀速滚动，所以角加速度均为 0。

分别以 $A$、$B$ 为基点，研究环上与 $M$ 重合的点 $M_1$、$M_2$，因为 $a_A=0$，$a_B=0$，则加速度分析如图(b)(c)，$a_{M1}=a_{MA}$，$a_{M2}=a_{MB}$，这里

$$a_{MA}=\omega_A^2 R=0.05 \text{ m/s}^2，a_{MB}=\omega_B^2 R=0.8 \text{ m/s}^2，$$

以小环 $M$ 为动点，两个大环为动系，加速度分析如图(b)(c)。

$$\vec{a}_M=\vec{a}_{rA}^n+\vec{a}_{rA}^t+\vec{a}_{eA}^n+\vec{a}_{CA}，\vec{a}_M=\vec{a}_{rB}^n+\vec{a}_{rB}^t+\vec{a}_{eB}^n+\vec{a}_{CB}，$$

这里 $a_{eA}$、$a_{eB}$ 即大环上 $M_1$、$M_2$ 点的加速度 $a_{M1}$、$a_{M2}$，

$$a_{CA}=2\omega_A v_{rA}=0.6 \text{ m/s}^2，a_{CB}=2\omega_B v_{rB}=3.6 \text{ m/s}^2，$$

$$a_{rA}^n=\frac{v_{rA}^2}{R}=1.8 \text{ m/s}^2，a_{rB}^n=\frac{v_{rB}^2}{R}=4.05 \text{ m/s}^2，$$

则

$$\vec{a}_M=\vec{a}_{rA}^n+\vec{a}_{rA}^t+\vec{a}_{MA}+\vec{a}_{CA}=\vec{a}_{rB}^n+\vec{a}_{rB}^t+\vec{a}_{MB}+\vec{a}_{CB}，$$

向水平和铅垂方向投影得

$$-a_{MA}\cos30°-a_{rA}^n\cos30°+a_{rA}^t\sin30°+a_{CA}\cos30°=a_{MB}\cos30°-a_{CB}\cos30°-a_{rB}^t\sin30°+a_{rB}^n\cos30°，$$

$$-a_{MA}\cos60°-a_{rA}^n\cos60°-a_{rA}^t\sin60°+a_{CA}\cos60°=-a_{MB}\cos60°+a_{CB}\cos60°-a_{rB}^t\sin60°-a_{rB}^n\cos60°，$$

联立解得　$a_{rA}^t=a_{rB}^t=2.165 \text{ m/s}^2$，将 $a_{rA}^n$、$a_{rA}^t$、$a_{rB}^n$、$a_{rB}^t$ 合成后得到 $a_{rA}=2.816 \text{ m/s}^2$，$a_{rB}=4.592 \text{ m/s}^2$，小环 $M$ 的加速度为

$$a_M=\sqrt{(a_{rA}^n+a_{MA}-a_{CA})^2+a_{rA}^{t2}}=2.5 \text{ m/s}^2。$$

【注意：本题加速度分析时，不要忘记相对加速度有切向和法向两个分量】

【8-44】曲柄 $OB$ 以匀角速度 $\omega_0=1 \text{ rad/s}$ 顺时针绕 $O$ 轴转动，通过连杆带动滑块 $A$ 在铅垂导槽内做直线运动，并通过连杆另一端的销钉 $D$ 带动有径向的滑槽的圆盘也绕 $O$ 轴转动。已知在题 8-44 图示位置时 $\angle AOB=90°$，$OB=BD=50 \text{ mm}$，$AB=100 \text{ mm}$。试求此瞬时圆盘 $E$ 的角速度和角加速度。

**解：**(1)速度分析。如图(a)

$ABD$ 瞬时平动，$v_D=v_A=v_B=\omega_O OB=50 \text{ mm/s}$；

以 $D$ 为动点，$E$ 为动系，$v_e=v_D\cos30°=25\sqrt{3} \text{ mm/s}$，则

$$\omega_E=\frac{v_e}{OD}=0.5 \text{ rad/s}（顺时针）。$$

(2)加速度分析。如图(b)

以 $B$ 为基点研究 $A$，$\vec{a}_A=\vec{a}_B^n+\vec{a}_{AB}^n+\vec{a}_{AB}^t$，沿 $AB$ 投影 $0=a_B^n+a_{AB}^t\cos30°$，则

$$a_{AB}^t=-a_B^n/\cos30°，\alpha_{ABD}=\frac{a_{AB}^t}{AB}=-\frac{a_B^n}{AB\cos30°}；$$

以 $B$ 为基点研究 $D$，$\vec{a}_D=\vec{a}_B^n+\vec{a}_{DB}^n+\vec{a}_{DB}^t=\vec{a}_B^n+\vec{a}_{DB}^t$，其中 $a_{DB}^t=\alpha_{ABD}BD=-\frac{a_B^n}{\sqrt{3}}$；

以 $D$ 为动点，$E$ 为动系，$\vec{a}_D=\vec{a}_B^n+\vec{a}_{DB}^t=\vec{a}_e^n+\vec{a}_e^t+\vec{a}_r+\vec{a}_C$，向 $\vec{a}_e^t$ 方向投影

$$-a_B^n\sin30°+a_{DB}^t\cos30°=a_e^t-a_C。$$

解得 $a_e^t=-a_B^n\sin30°+a_{DB}^t\cos30°+a_C$，因此

$$\alpha_E = \frac{a_e^t}{OD} = \frac{-a_B^n \sin 30° + a_{DB}^t \cos 30° + a_C}{2OB\cos 30°} = \frac{\sqrt{3}}{6} \text{ rad/s}^2 \text{（顺时针）}。$$

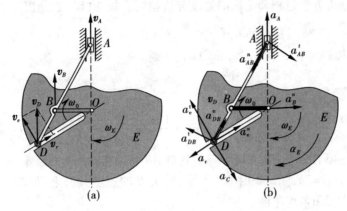

题 8-44 图

**【8-45】** 如题 8-45 图所示机构，套筒的销钉 $D$ 沿半径为 $R$ 的固定圆弧槽以速度 $v_1$ 做匀速圆周运动，另有一杆 $AB$ 穿过套筒而运动。杆的 $A$ 端沿水平直线槽以匀速 $v_2$ 运动。在图示位置销钉 $D$ 恰在圆弧的顶点，而杆 $AB$ 与铅垂线的夹角为 $q$，试求此时杆 $AB$ 的角速度与角加速度。

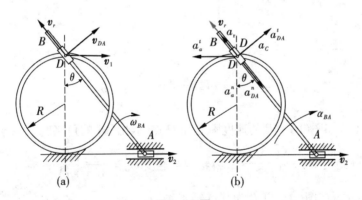

题 8-45 图

**解：**（1）速度分析。如图（a）

以 $A$ 为基点研究 $AB$ 上的 $D$，则 $\vec{v}_{D'} = \vec{v}_2 + \vec{v}_{D'A}$，

以 $D$ 为动点，$AB$ 为动系，$\vec{v}_a(=\vec{v}_1) = \vec{v}_e(=\vec{v}_{D'}) + \vec{v}_r = \vec{v}_2 + \vec{v}_{D'A} + \vec{v}_r$，向 $\vec{v}_r$ 和 $\vec{v}_{D'A}$ 方向投影

$$v_1\cos\theta = v_2\cos\theta + v_{D'A}, \quad -v_1\sin\theta = -v_2\sin\theta + v_r,$$

解得

$$v_{D'A} = (v_1 - v_2)\cos\theta, \quad v_r = (v_2 - v_1)\sin\theta,$$

因此

$$\omega_{BA} = \frac{v_{D'A}}{AD} = \frac{(v_1 - v_2)\cos\theta}{2R/\cos\theta} = \frac{(v_1 - v_2)\cos^2\theta}{2R} \text{（顺时针）} 。$$

（2）加速度分析方法过程和上面的速度分析相同。如图（b），加速度关系

$\vec{a}_a(=\vec{a}_D) = \vec{a}_e(=\vec{a}_{D'}) + \vec{a}_r + \vec{a}_C$，即 $\vec{a}_D^n = \vec{a}_{D'A}^n + \vec{a}_{D'A}^t + \vec{a}_r + \vec{a}_C$，

沿 $\vec{a}_{D'A}^t$ 方向投影得到 $-a_D^n\sin\theta = a_{D'A}^t + a_C$，则

$$a_{D'A}^t = -a_D^n\sin\theta - a_C = -\frac{v_1^2}{R}\sin\theta - 2\omega_{BA}v_r = \frac{(v_1 - v_2)^2\cos^2\theta - v_1^2}{R}\sin\theta,$$

$$\alpha_{BA} = \frac{a_{D'A}^t}{AD} = \frac{(v_1 - v_2)^2\cos^2\theta - v_1^2}{R \times 2R/\cos\theta}\sin\theta = \frac{(v_1 - v_2)^2\cos^2\theta - v_1^2}{4R^2}\sin2\theta \text{（顺时针）} 。$$

**【8-46】**题 8-46 图示机构，滑块 $B$ 通过连杆 $AB$ 带动半径为 $r$ 的齿轮 $O$ 在固定齿条上纯滚动，已知 $OA = b$，$AB = 2b$，图示瞬时 $OB$ 水平，滑块 $B$ 的速度 $v_0$ 向上，加速度 $a_0$ 向下。求该瞬时杆 $AB$ 的角速度和角加速度。

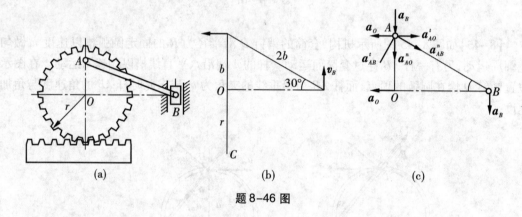

题 8-46 图

**解法步骤：**（1）如图（b），$AB$ 的速度瞬心在 $O$ 点，求出 $AB$ 的角速度

$$\omega_{AB} = \frac{\sqrt{3}v_0}{3b} \text{（逆时针）}，v_A = \frac{\sqrt{3}v_0}{3}，\text{齿轮的角速度 } \omega_0 = \frac{\sqrt{3}v_0}{3(b+r)}；$$

（2）加速度分析如图（c），以 $B$ 为基点研究 $A$，$\vec{a}_A = \vec{a}_B + \vec{a}_{AB}^n + \vec{a}_{AB}^t$，

以 $O$ 为基点研究 $A$，$\vec{a}_A = \vec{a}_O + \vec{a}_{AO}^n + \vec{a}_{AO}^t$，则 $\vec{a}_B + \vec{a}_{AB}^n + \vec{a}_{AB}^t = \vec{a}_O + \vec{a}_{AO}^n + \vec{a}_{AO}^t$

由此求得

$$a_{AB}^t = \left(a_{AO}^n - a_B - \frac{1}{2}a_{AB}^n\right) \times \frac{2}{\sqrt{3}} = \left(b\omega_0^2 - a_0 - b\omega_{AB}^2\right) \times \frac{2}{\sqrt{3}}$$

$$\alpha_{AB} = \frac{a_{AB}^t}{2b} = \frac{1}{\sqrt{3}}\left(\omega_0^2 - \frac{a_0}{b} - \omega_{AB}^2\right) = -\frac{\sqrt{3}}{3}\left[\frac{a_0}{b} + \frac{v_0^2}{3b^2} - \frac{v_0^2}{3(b+r)^2}\right]$$

**【8-47】**题 8-47 图示机构，曲轴 $OA$ 以角速度 $\omega = 2$ rad/s 绕 $O$ 轴转动，并带动边长为 1 m 的等边三角形做平面运动。图示瞬时，$OA = O_2C = 1$ m，$OA$ 水平，$AB$ 与 $O_2D$ 铅垂，$O_1$、$B$、$C$ 在一条直线上。求 $O_2D$ 的角速度。

**解法步骤:**(1)如图(b),三角形板得速度瞬心在 $P$ 点,求出滑块 $C$ 的速度 $v_C = \dfrac{2}{\sqrt{3}}$ m/s;

(2)以滑块 $C$ 为动点,$O_2 D$ 为动系,求出 $v_e = \dfrac{1}{\sqrt{3}}$ m/s,

角速度 $\omega_{O_2 D} = \dfrac{\sqrt{3}}{3}$ rad/s(逆时针)。

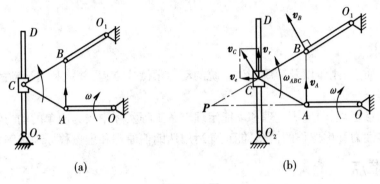

(a)　　　　　　　　(b)

题 8-47 图

**【8-48】**如题 8-48 图所示,杆 $OC$ 与轮 I 在轮心 $O$ 处铰接并以匀速 $v$ 水平向左平移,起始时点 $O$ 与点 A 相距 $l$,$AB$ 杆可绕 A 轴定轴转动,与轮 I 在 $D$ 点接触(不打滑),设轮半径为 $r$。求当 $\theta = 30°$ 时轮 I 和 $AB$ 杆的角速度。

**解法步骤:**如图(b),以 $O$ 为基点,研究 $D$,求出 $v_D = \dfrac{v}{2}$ , $v_{D_O} = \dfrac{\sqrt{3} v}{2}$ ,

则角速度 $\omega_1 = \dfrac{v_{D_O}}{r} = \dfrac{\sqrt{3} v}{2r}$ (顺时针), $\omega_{AB} = \dfrac{v_D}{AD} = \dfrac{\sqrt{3} v}{6r}$ (逆时针)。

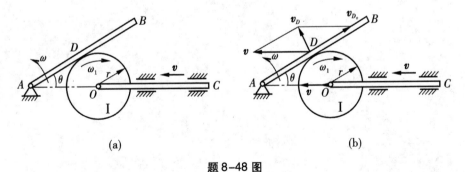

(a)　　　　　　　　(b)

题 8-48 图

# 动 力 学

❖ **基本要求**

1. 能建立质点、刚体以及简单刚体系统的动力学微分方程,并能利用运动的初始条件进行求解;
2. 能用动量定理、动量矩定理和动能定理求解工程实际中较为简单的动力学问题;
3. 掌握惯性力和虚位移的概念,能正确运用达朗伯原理和虚位移原理求解相关问题。

❖ **重点与难点**

动力学基本定理的综合应用;

❖ **动力学问题的解题步骤**

1. 选择研究对象;
2. 受力分析;
3. 运动分析;
4. 选择合适的定理列出动力学方程;
5. 必要时增加静力学或(和)运动学补充方程;
6. 解方程得出结果。

# 第9章 质点动力学的基本方程

本章的基本内容就是大家熟知的牛顿第二定律,但理论力学注重严格规范的做题方法步骤,一般不需要像物理那样进行抽象地分析和想象。

## 一、基本内容与解题指导

### 1. 基本要求与重点

掌握牛顿第二定律的直角坐标形式和自然坐标形式及其应用。

### 2. 难点

质点运动微分方程积分过程的变量变换。

### 3. 主要内容

(1)概念
惯性:质点保持静止或做匀速直线运动的属性。
质量:质点惯性大小的度量。
(2)质点运动微分方程(牛顿第二定律)

矢量形式 $\quad m\vec{a} = m\dfrac{\mathrm{d}^2\vec{r}}{\mathrm{d}t^2} = \sum \vec{F}$;

直角坐标形式 $\quad m\ddot{x} = m\dfrac{\mathrm{d}^2x}{\mathrm{d}t^2} = \sum F_x$ , $m\ddot{y} = m\dfrac{\mathrm{d}^2y}{\mathrm{d}t^2} = \sum F_y$ , $m\ddot{z} = m\dfrac{\mathrm{d}^2z}{\mathrm{d}t^2} = \sum F_z$;

自然坐标形式 $\quad ma_t = m\dfrac{\mathrm{d}v}{\mathrm{d}t} = \sum F_t$ , $ma_n = m\dfrac{v^2}{\rho} = \sum F_n$ , $0 = \sum F_b$。

### 4. 注意的问题

牛顿第二定律只适用于质点或平动刚体。

## 二、概念题

【9-1】三个质量相同的质点,在某瞬时的速度分别如概念题9-1图所示,若对它们作用了大小、方向相同的力 $F$,问质点的运动情况是否相同?

**答**:加速度相同,速度、位移和轨迹均不相同。质

概念题9-1图

点的加速度方向与力的方向相同。所以图(a)作加速直线运动;图(b)和图(c)作加速曲线运动,即沿力方向的加速运动和与力垂直方向的匀速运动的合成。

**【9-2】**质点在空间运动,已知作用力。为求质点的运动方程需要几个运动初始条件? 在平面内运动呢? 沿给定的轨道运动呢?

答:质点的加速度方向与力的方向相同。在空间运动时,三个坐标方向的加速度分量积分两次可得到相应的运动方程,因此需要沿坐标方向的三个速度初始条件和三个坐标初始条件;作平面运动时,需要沿平面坐标方向的两个速度初始条件和两个坐标初始条件;沿给定的轨道运动时,只需给出一个速度和一个坐标的初始条件(自然坐标)。

**【9-3】**某人用枪瞄准了空中一悬挂的靶体。如在子弹射出的同时靶体开始自由下落,不计空气阻力,问子弹能否击中靶体?

答:设靶体的高度为 $h$,子弹射出的速度为 $v$,倾角为 $\theta$,则子弹运动到靶体的正下方所走的水平距离为 $l = \dfrac{l_1}{\tan\theta}$,需要的时间为: $t = \dfrac{l}{v\cos\theta} = \dfrac{h}{v\sin\theta}$,在此时间内子弹上升的高度为:

$y = v\sin\theta t - \dfrac{1}{2}gt^2 = h - \dfrac{1}{2}gt^2$,而靶体下降的高度为 $y_1 = \dfrac{1}{2}gt^2$,所以 $y+y_1 = h$,说明子弹和靶体正好在空中相遇,即子弹能击中靶体。(可做出图形,帮助理解)

**【9-4】**如概念题 9-4 图所示,绳拉力 $F = 2$ kN,物重 $P_2 = 1$ kN,$P_1 = 2$ kN。若滑轮质量不计,问在图中(a)(b)两种情况下,重物 Ⅱ 的加速度是否相同? 两根绳中的张力是否相同?

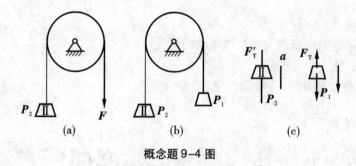

概念题 9-4 图

答:图(a):绳子拉力等于 $F = 2$ kN,重物 Ⅱ 的加速度为 $\dfrac{F - P_2}{P_2}g = g$(向上);

图(b):分别研究 $P_1$、$P_2$,受力如图(c),则 $P_1 - F_{\mathrm{T}} = \dfrac{P_1}{g}a$,$F_{\mathrm{T}} - P_2 = \dfrac{P_2}{g}a$,解得绳子拉力等于 $F_{\mathrm{T}} = \dfrac{4}{3}$ kN,重物 Ⅱ 的加速度为 $a = \dfrac{g}{3}$。

**【注意:若考虑滑轮质量,则滑轮两边绳索拉力不相同】**

**【9-5】**两个相同质量的质点,在相同的力矢作用下运动,则质点的运动速度、加速度是否相同?

答:加速度一定相同;速度不一定,因为速度由加速度积分得到,与初始速度有关。

**【9-6】**置于光滑水平面上的两个不同质量的物块 $A$、$B$,中间用不计质量的水平刚性杆相连,如概念题 9-6 图所示,用相同的水平力 $F$ 拉 $A$ 或推 $B$,则在这两种情况下刚杆的内力是否相同?

答：研究整体知，用相同的水平力 $F$ 拉 $A$ 或推 $B$，加速度相同，再研究 $A$ 或 $B$ 知刚性杆内力不同。

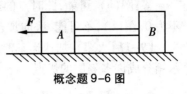

概念题 9-6 图

【9-7】在框架中垂直放置质量均为 $m$ 的两物块 $A$ 和 $B$，其间由一垂直放置的弹簧（弹簧刚度为 $k$）所隔开，如概念题 9-7 图所示，弹簧的压缩长度为 $\Delta$，如框架以加速度 $a$ 上升，则框架与物块 $A$ 及 $B$ 间的压力为多少。

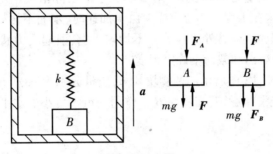

概念题 9-7 图

答：分别研究 $A$ 和 $B$，受力如图，弹簧受力 $F=k\Delta$，

对 $A$：$ma=F-mg-F_A$，得 $F_A=k\Delta-mg-ma$，同理 $F_B=k\Delta+mg+ma$。

【注意：由 $F_A$ 的结果知，当加速度 $a$ 较大时，$A$ 与框架脱离，弹簧进一步压缩，压缩量由 $k\Delta-mg-ma=0$ 求出，然后再计算 $F_B$】

【9-8】质点 $M$ 作铅垂直线运动，如受空气阻力为 $\vec{F}=-\mu\vec{v}$ 时，在如概念题 9-8 图所示向下为正向的 $x_1$ 和在正向向上的 $x_2$ 坐标下，其运动微分方程分别是什么？

答：质点受力如图，在坐标 $x_1$ 下：$m\ddot{x}_1=mg-\mu v=mg-\mu\dot{x}_1$；

在坐标 $x_2$ 下：$m\ddot{x}_2=-mg+\mu v=\mu\dot{x}_2-mg$。

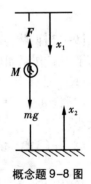

概念题 9-8 图

【9-9】质点的运动方程和运动微分方程有何区别？

答：运动方程是用数学方程描述质点在空间的位置随时间的变化关系，通常是时间的显示表达形式。运动微分方程是用位置坐标的微分形式表示的质点动力学方程。

【9-10】质点做曲线运动，试分析概念题 9-10 图示四种情况中哪些是可能的？哪些是不可能的？

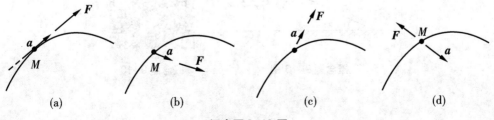

(a)  (b)  (c)  (d)

概念题 9-10 图

答:图(a),可能,此时点的速度为0,无法向加速度;图(b),可能,切向和法向加速度均不为0;图(c),不可能,法向加速度不指向曲率中心;图(d),不可能,力和加速度应同方向。

【9-11】火车在加速运动时,水箱中的水面是否保持水平?应该是什么形状?试说明将水箱分成许多隔层的优点。

答:水面不再是水平。如果处于稳定的匀加速状态,斜面与水平面的夹角为 $\arctan\dfrac{a}{g}$( $a$ 和 $g$ 分别为火车加速度和重力加速度)。对于非稳态的实际情况(比如运输中的油罐车),情形会相当复杂,当然这在工程上非常重要。由于加速时,水面不再处于水平面(未装满),所以有效容积变小,甚至溢出;另外水体分布不均匀,也会引起受力状态的不确定。故而水箱分成许多隔层可减少溢出和载荷不确定程度。

【9-12】如概念题 9-12 图所示的两物块 $A$、$B$,质量分别为 $m_1$ 和 $m_2$,$A$、$B$ 间的摩擦系数为 $f$,而 $B$ 与地面间为光滑接触,若在物块 $B$ 上作用一可大可小的水平力 $F$。试问物块 $B$ 及 $A$ 的加速度为多少?

解:扫码进入。

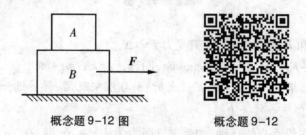

概念题 9-12 图        概念题 9-12

【9-13】两物体 $A$、$B$ 的质量分别为 $m_A$、$m_B$,棱柱体 $B$ 的倾角为 $q$,置于光滑的水平面上,受水平力 $F$ 作用如概念题 9-13 图所示。问如何计算下列情况下的力或加速度?

(1)不计 $A$、$B$ 间摩擦,使 $A$ 在 $B$ 上相对静止的 $F$ 力大小;

(2)设 $A$、$B$ 间摩擦系数 $f=0.25$,$m_A=1$ kg,$m_B=2$ kg,$\theta=30°$,使 $A$ 在 $B$ 上相对静止的 $F$ 力大小;

(3)在(2)中,设 $F=40$ N,求 $A$ 物体沿 $B$ 物体向上滑动的相对加速度和 $B$ 物体运动的加速度。

解:扫码进入。

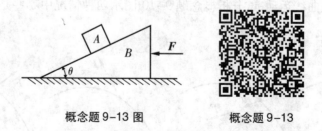

概念题 9-13 图        概念题 9-13

## 三、习题

【9-1】如题 9-1 图所示,在曲柄滑道机构中,活塞和活塞杆质量共为 50 kg,曲柄 $OA$ 长 0.3 m,绕 $O$ 轴做匀速转动,转速为 $n=120$ r/min。求当曲柄在 $\varphi=0°$ 和 $\varphi=90°$ 时,作用在构件 $BDC$ 上总的水平力。

**解:**以滑块 $A$ 为动点,$BDC$ 为动系,加速度分析如图。则 $BDC$ 的加速度为

$$a_e = a_a\cos\varphi = \left(\frac{\pi n}{30}\right)^2 OA\cos\varphi,$$ 作用在构件 $BDC$ 上总的水平力为 $F=50a_e$,

$\varphi=0°$ 时,$F=2\,369$ N(向左),$\varphi=90°$ 时,$F=0$。

【**注意:**$BDC$ 的加速度也可以利用运动方程求导的方法求解。由于 $BDC$ 作水平平动,以 $O$ 为坐标原点,建立 $BDC$ 上任意点(如 $B$、$C$ 或 $D$ 点等)的运动方程,求两次导数即得 $BDC$ 的加速度】

【9-2】质量为 $m$ 的物体放在匀速转动的水平转台上,它与转轴的距离为 $r$,如图所示。设物体与转台表面的摩擦系数为 $f$,求当物体不致因转台旋转而滑出时,水平台的最大转速。

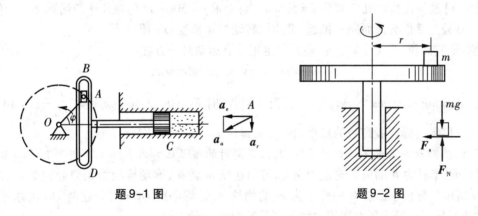

题 9-1 图　　　　　题 9-2 图

**解:**研究物块,受力如图。在法向写出质点运动微分方程 $m\left(\dfrac{\pi n}{30}\right)^2 r = F_s$,

铅垂方向平衡:$F_N = mg$,不滑动时,$F_s \leqslant f F_N$,代入数据联立解得

$$n \leqslant \frac{30}{\pi}\sqrt{\frac{gf}{r}} \text{ r/min}。$$

【9-3】题 9-3 图所示半圆形凸轮以等速 $v=0.1$ m/s 向右运动,通过杆 $CD$ 使重物 $M$ 上下运动。已知凸轮半径 $R=100$ mm。重物质量 $m=10$ kg,轮 $C$ 半径不计。求 $\varphi=45°$ 时重物 $M$ 对杆 $CD$ 的压力。

**解:**(1)求 $M$ 的加速度。

以 $C$ 为动点,凸轮为动系,速度、加速度分析如图(a)

$v_r = v/\sin\varphi = \sqrt{2}v$,$a_a\sin\varphi = a_r^n = v_r^2/R$,则 $a_M = a_a = v_r^2/(R\sin\varphi) = 2\sqrt{2}v^2/R$;

(2)研究重物,受力如图(b),则 $ma_M = mg - F_N$,

$$F_N = m(g - a_M) = m(g - 2\sqrt{2}v^2/R) = 95.17 \text{ N}。$$

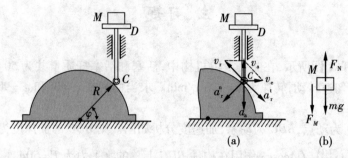

题9-3图

【9-4】飞机 $A$ 在距地面 4 000 m 高处以速度 $v = 500$ km/h 水平飞行。从飞机上投出一重物,投出时重物与飞机相对速度为零,设空气阻力不计,问欲使重物落到地面上的点 $B$,飞机应该在离该点水平距离 $x$ 为多远时投出此重物?

**解:** 飞机落到地面需要的时间为 $t = \sqrt{\dfrac{2h}{g}}$,因此水平距离 $x = vt = v\sqrt{\dfrac{2h}{g}} = 3\ 967$ m。

【9-5】振动式筛砂机按水平 $x = 50\sin\omega t$ 与铅垂 $y = 50\cos\omega t$ 的规律作简谐运动。为使筛体上的砂粒与筛面分离而向上抛起,求曲柄转动的角速度 $\omega$ 的最小值。

**解:** 研究砂粒(受力图略),铅垂方向运用质点运动微分方程

$$F_N - mg = ma = m\ddot{y} = -50\omega^2\cos\omega t,$$

则 $F_N = mg - 0.05m\omega^2\cos\omega t$,砂粒与筛面不脱离时 $F_N \geq 0$,即 $\omega\cos\omega t \leq = \sqrt{\dfrac{9}{0.05}} = 14$。

所以砂粒与筛面脱离时的最小角速度 $\omega \geq 14$ rad/s。

【注意:砂粒与筛面不脱离时 $F_N \geq 0$,而脱离时的极限压力为 $F_N = 0$,不能写为 $F_N \leq 0$】

【9-6】半径为 $R$ 的偏心轮绕 $O$ 轴以匀角速度 $\omega$ 转动,推动导板沿铅直轨道运动,如题9-6图所示。导板顶部放有一质量为 $m$ 的物块 $A$,设偏心距 $OC = e$,开始时 $OC$ 沿水平线。求:物块对导板的最大压力和使物块不离开导板的 $\omega$ 最大值。

**解:** 扫码进入。

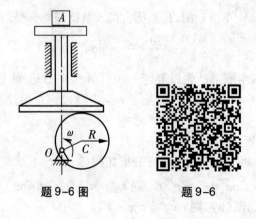

题9-6图　　　　　　题9-6

**【9-7】**在题9-7图示离心浇注装置中,电动机带动支承轮 *A*、*B* 作同向转动,管模放在两轮上靠摩擦传动而旋转。铁水浇入后,将均匀地紧贴管模的内壁而自动成型,从而可得到质量密实的管形铸件。如已知管模内径 *D* = 400 mm,试求管模的最低转速 *n*。

**解:**研究铁水,在最高位置受力如图,则

$$F_N + mg = m\left(\frac{\pi n}{30}\right)^2 \frac{D}{2}。$$

要使铁水浇入后紧贴管模的内壁,需 $F_N = -mg + m\left(\frac{\pi n}{30}\right)^2 \frac{D}{2} \geq 0$,求得 $n \geq 66.85$ r/min。

**【9-8】**题9-8图示质量为 *m* 的球 *M*,由两根各长 *l* 的杆所支持,此机构以不变的角速度 *ω* 绕铅直轴 *AB* 转动。如 *AB* = 2*a*,两杆的各端均为铰接,且杆重忽略不计,求杆的内力。

**解:**研究 *M*,受力如图,在图示水平方向(法向)和铅垂方向应用质点运动微分方程得

$$(F_A + F_B)\frac{\sqrt{l^2 - a^2}}{l} = m\omega^2\sqrt{l^2 - a^2},$$

$$(F_A - F_B)\frac{a}{l} - mg = 0,$$

解得 $F_A = \frac{ml(g + \omega^2 a)}{2a}$,$F_B = \frac{ml(-g + \omega^2 a)}{2a}$。

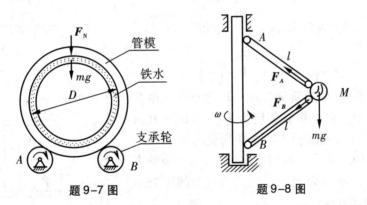

题9-7图             题9-8图

**【9-9】**车轮的质量为 *m*,沿水平路面做匀速运动,如题9-9图所示。路面有一凹坑,其形状由方程 $y = \frac{\delta}{2}\left(1 - \cos\frac{2\pi x}{l}\right)$ 确定。路面和车轮均看成刚体,车厢通过弹簧给车轮以压力 *F*。求车子经过凹坑,路面对车轮的最大和最小约束力。

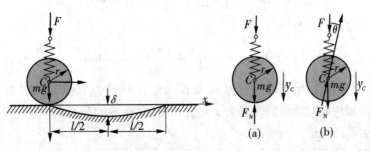

题9-9图

**解:**根据题意,$x = vt$,轮心 $C$ 的 $y$ 坐标 $y_C = y - r = \dfrac{\delta}{2}\left(1 - \cos\dfrac{2\pi x}{l}\right) - r$,

取轮子连同弹簧为研究对象,受力如图(a)。用质点运动微分方程

$$m\ddot{y}_C = mg + F - F_N, \quad F_N = mg + F - m\ddot{y}_C = mg + F - m\dfrac{\delta}{2}\left(\dfrac{2\pi v}{l}\right)^2\cos\dfrac{2\pi vt}{l},$$

当 $t = 0$ 或 $t = \dfrac{l}{v}$ 时　$F_{Nmin} = mg + F - 2m\delta\left(\dfrac{\pi v}{l}\right)^2$,

当 $t = \dfrac{l}{2v}$ 时　$F_{Nmax} = mg + F + 2m\delta\left(\dfrac{\pi v}{l}\right)^2$。

【**注意:**一般情况下,路面反力与铅垂线有夹角 $\theta$,如图(b)所示,当坑深度比较小时此夹角可近似为零,用受力图(a)代替图(b)】

【**9-10**】题 9-10 图示套管 $A$ 的质量为 $m$,受绳子牵引沿铅直杆向上滑动。绳子的另一端绕过离杆距离为 $l$ 的滑车 $B$ 而缠在鼓轮上。当鼓轮转动时,其边缘上各点的速度大小为 $v_0$。求绳子拉力与距离 $x$ 之间的关系。

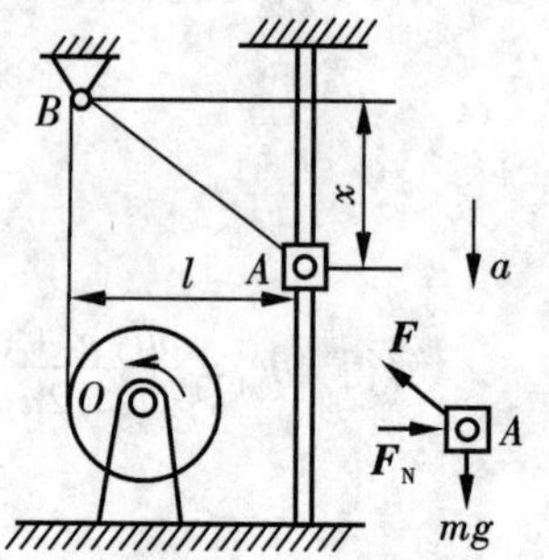

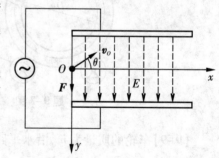

题 9-10 图

**解:**研究套管,受力如图,则 $-F\dfrac{x}{\sqrt{x^2 + l^2}} + mg = ma$,利用题 5-5

的结果知套筒 $A$ 的加速度为 $a = -\dfrac{v_0^2 l^2}{x^3}$,解得

$$F = m\left(g + \dfrac{l^2 v_0^2}{x^3}\right)\sqrt{1 + \left(\dfrac{l}{x}\right)^2}。$$

【**9-11**】题 9-11 图示质量为 $m$ 的质点 $O$ 带有电荷 $e$,质点在一均匀电场中,电场强度为 $E = A\sin kt$,其中 $A$ 和 $k$ 均为常数。如已知质点在电场中所受力为 $F = eE$,其方向与 $E$ 相同。又质点的初速度为 $v_0$,与 $x$ 轴的夹角为 $\theta$,且取坐标原点为起始位置。如重力的影响不计,求质点的运动方程。

**解:**在水平和铅垂方向写出质点运动微分方程

$$ma_x = 0, \quad ma_y = F = eA\sin kt,$$

利用初始条件 $v_{x0} = v_0\cos\theta$,$v_{y0} = -v_0\sin\theta$,积分得

$$v_x = v_0\cos\theta, \quad v_y = \dfrac{eA}{mk}(1 - \cos kt) - v_0\sin\theta,$$

再积分并利用初始条件得

$$x = v_0 t\cos\theta, \quad y = \dfrac{eA}{mk}\left(t - \dfrac{\sin kt}{k}\right) - v_0 t\sin\theta。$$

题 9-11 图

【**9-12**】题 9-12 图示质点的质量为 $m$,受指向原点 $O$ 的力 $F = kr$ 作用,力与质点到点 $O$ 的距离成正比。如初瞬时质点的坐标为 $x = x_0$,$y = 0$,而速度的分量为 $v_x = 0$,$v_y = v_0$。试求质点在水平面内运动的轨迹。

**解:**研究质点,受力如图(无重力),在 $x$ 和 $y$ 方向写出质点运动微分方程

$$ma_x = -F\frac{x}{r} = -kx, \quad ma_y = -F\frac{y}{r} = -ky,$$

在 $x$ 方向,利用速度与加速度的关系有

$$ma_x = m\frac{\mathrm{d}v_x}{\mathrm{d}t} = m\frac{\mathrm{d}v_x}{\mathrm{d}x}\frac{\mathrm{d}x}{\mathrm{d}t} = mv_x\frac{\mathrm{d}v_x}{\mathrm{d}x} = -kx, \text{即 } mv_x\mathrm{d}v_x = -kx\mathrm{d}x,$$

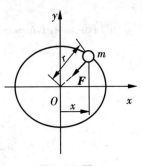

利用初始条件两边同时积分得 $\int_0^{v_x} mv_x\mathrm{d}v_x = \int_{x_0}^x -kx\mathrm{d}x$, 即 $v_x^2 = \frac{k}{m}(x_0^2 - x^2)$,

题9-12 图

所以 $\frac{\mathrm{d}x}{\mathrm{d}t} = \sqrt{\frac{k}{m}(x_0^2 - x^2)}$,利用初始条件再积分得 $x = $

$x_0\cos\sqrt{\dfrac{k}{m}}t$;

同理在 $y$ 方向得到 $y = v_0\sqrt{\dfrac{m}{k}}\sin\sqrt{\dfrac{k}{m}}t$,所以轨迹方程为

$$\left(\frac{x}{x_0}\right)^2 + \frac{k}{m}\left(\frac{y}{v_0}\right)^2 = 1。$$

**【9-13】**如题9-13 图所示一汽车转过半径为 $R$ 的圆弯。车道向圆心方向的倾斜角度为 $q$,车胎与道面间的静摩擦因数为 $f_s$。已知:$R = 20$ m,$\tan q = 2f_s = 0.5$。求汽车经过弯道时允许的最大速度。

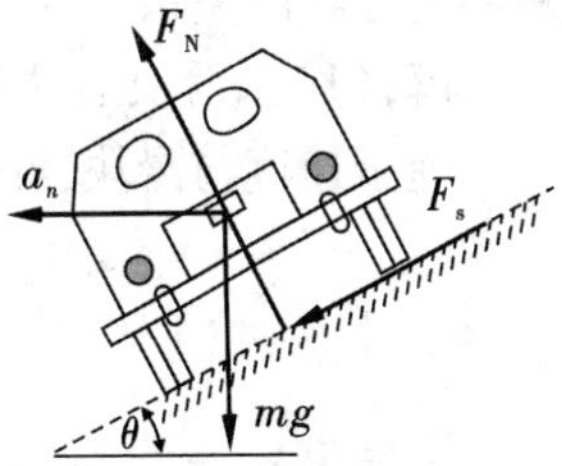

**解:**汽车受力如图。在法向( $a_n$ 法向)和铅垂方向建立质点运动微分方程

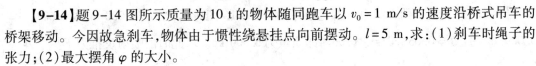

题9-13 图

$$F_N\sin\theta + F_s\cos\theta = m\frac{v^2}{R}, \quad F_N\cos\theta - F_s\sin\theta - mg = 0,$$

正常行驶 $F_s \leq F_N f_s$,解得

$$v^2 \leq gR\frac{\sin\theta + f_s\cos\theta}{\cos\theta - f_s\sin\theta} = gR\frac{3f_s}{1 - 2f_s^2} = 12.96 \text{ m/s}。$$

**【9-14】**题9-14 图所示质量为 10 t 的物体随同跑车以 $v_0 = 1$ m/s 的速度沿桥式吊车的桥架移动。今因故急刹车,物体由于惯性绕悬挂点向前摆动。$l = 5$ m,求:(1)刹车时绳子的张力;(2)最大摆角 $\varphi$ 的大小。

**解:**研究物体,受力如图。

在法向和切向写出质点运动微分方程

$$F_T - mg\cos\varphi = m\frac{v_0^2}{l}, \quad ma_t = -mg\sin\varphi,$$

(1)刹车时

$$F_T = mg\cos\varphi + m\frac{v_0^2}{l} = mg + m\frac{v_0^2}{l} = 100 \text{ kN},$$

(2)切向方程变换为

$$ma_t = m\frac{\mathrm{d}v}{\mathrm{d}t} = m\frac{\mathrm{d}v}{\mathrm{d}\varphi}\frac{\mathrm{d}\varphi}{\mathrm{d}t} = m\frac{\mathrm{d}v}{\mathrm{d}\varphi}\frac{v}{l} = -mg\sin\varphi,$$

即 $v\mathrm{d}v = -gl\sin\varphi\mathrm{d}\varphi$，积分 $\int_{v_0}^{v} v\mathrm{d}v = \int_{0}^{\varphi} -gl\sin\varphi\mathrm{d}\varphi$ 得到 $\cos\varphi = 1 + \dfrac{v^2 - v_0^2}{2gl}$，因此

$$\cos\varphi_{\max} = 1 - \frac{v_0^2}{2gl} = 0.989\,8\text{。}$$

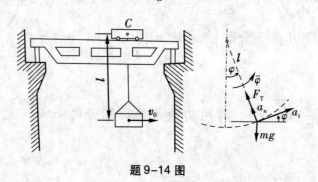

题 9-14 图

【9-15】题9-15 图所示滑块 $A$ 的质量为 $m$，因绳子的牵引而沿水平导轨滑动，绳子的另一端缠在半径为 $r$ 的鼓轮上，鼓轮以等角速度 $\omega$ 转动。若不计导轨摩擦，求绳子的拉力 $F$ 与距离 $x$ 之间的关系。

**解：**（1）求滑块运动关系。

绳子速度与滑块速度的关系 $v_B = v_A\cos\theta$，则

$$v_A = -\dot{x} = \frac{v_B}{\cos\theta} = \frac{\omega r}{\sqrt{x^2 - r^2}/x} = \frac{\omega r x}{\sqrt{x^2 - r^2}},$$

求导得 $a_A = \ddot{x} = -\dfrac{\omega^2 r^4 x}{(x^2 - r^2)^2}$。

（2）研究滑块，受力如图。写出质点运动微分方程 $ma_A = -F_\mathrm{T}\cos\varphi$，代入数值解得

$$F_\mathrm{T} = m\frac{\omega^2 r^4 x^2}{(x^2 - r^2)^{5/2}}\text{。}$$

【9-16】垂直发射的火箭由一雷达跟踪，如题 9-16 图所示，当 $r = 1\,000$ m，$\theta = 60°$，$\dot{\theta} = 0.02$ rad/s 且 $\ddot{\theta} = 0.03$ rad/s$^2$ 时，火箭的质量为 5 000 kg。求此时的喷射反推力 $F$。

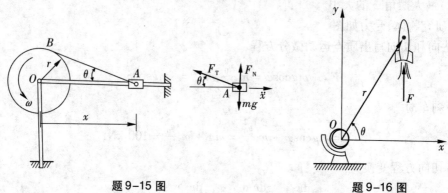

题 9-15 图　　　　　　题 9-16 图

**解**:因火箭垂直发射,则运动方程为 $x = r\cos\theta = 5\,000$, $y = x\tan\theta = 5\,000\tan\theta$,求导得

$$\dot{y} = 5\,000\sec^2\theta\dot{\theta}, \quad \ddot{y} = 5\,000\sec^2\theta(2\dot{\theta}^2\tan^2\theta + \ddot{\theta}) = 87.71\ \text{m/s}^2,$$

运用质点运动微分方程 $m\ddot{y} = F - mg$,求得

$$F = m\ddot{y} + mg = 487.55\ \text{kN}_\circ$$

**【9-17】**一物体质量 $m = 10\ \text{kg}$,在变力 $F = 100(1-t)\text{N}$ 作用下运动。设物体初速度 $v_0 = 0.2\ \text{m/s}$。开始时,力的方向与速度方向相同。问经过多少时间后物体速度为零,此前走了多少路程?

**解**:设质点位置为 $x$。由质点运动微分方程有

$$m\ddot{x} = F = 100(1 - t),$$

对其两边积分并代入初始条件有 $\dot{x} = 10(t - t^2/2) + 0.2$。

令速度为零得到经过的矢径 $t = 2.02\ \text{s}$。

对速度积分并代入初始条件有

$$x = 10(t^2/2 - t^3/6) + 0.2t,$$

代入 $t = 2.02\ \text{s}$ 得 $x = 7.07\ \text{m}$。

**【9-18】**小球 $M$ 的重量为 $G$,设以匀速 $v$,沿直管 $OA$ 运动,如题9-18图所示,同时管 $OA$ 以匀角速度 $\omega$ 绕铅垂轴 $z$ 转动。求小球对管壁的水平压力。

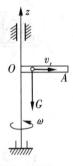

题9-18 图

**解**:加速度分析。以小球为动点,直管为动系

$$a_r = 0,\ a_e = a_e^n = \omega^2 OA\ (\text{指向转轴}),$$

$$a_C = 2\omega v_r\ (\text{垂直于管壁,指向里面})$$

则在垂直于管壁分析运用质点运动微分方程得

$$F_N = ma_C = 2m\omega v_r = 2G\omega v_r/g\ (\text{垂直于管壁,指向里面})_\circ$$

**【9-19】**质量为 $m$ 的质点在介质中以初速 $v_0$ 与水平成仰角 $\varphi$ 抛出,在重力和介质阻力的作用下运动。设阻力可视为与速度的一次方成正比,即 $\vec{F} = -kmg\vec{v}$,$k$ 为已知常数。试求该质点的运动方程和轨迹。

**解**:扫码进入。

题9-19

**【9-20】**一质点带有负电荷 $e$,其质量为 $m$,以初速度 $v_0$ 进入强度为 $H$ 的均匀磁场中,该速度方向与磁场强度方向垂直。设已知作用于质点的力为 $\vec{F} = -e(\vec{v} \times \vec{H})$,求质点的运动轨迹。

(提示:解题时宜采用在自然轴上投影的运动微分方程。)

**解**:在自然轴系下

$$m\frac{\mathrm{d}v}{\mathrm{d}t} = \sum F_t = \vec{F} \cdot \vec{\tau} = -e(\vec{v} \times \vec{H}) \cdot \vec{\tau} = 0,\ \text{则}\ v = v_0\ \text{为常数};$$

$$m\frac{v^2}{\rho} = \sum F_n = -e(\vec{v} \times \vec{H}) \cdot \vec{n} = evH,\ \text{则}\ \rho = \frac{mv^2}{evH} = \frac{mv_0}{eH}\ \text{为常数}_\circ$$

所以质点运动轨迹为圆周。

**【9-21】**销钉 $M$ 的质量为 $0.2$ kg,由水平槽杆带动,使其在半径为 $r = 200$ mm 的固定半圆槽内运动。设水平槽杆以匀速 $v = 400$ mm/s 向上运动,不计摩擦。求在概念题 9-21 图示位置时圆槽对销钉 $M$ 的作用力。

**解:**(1)以 $M$ 为动点,水平槽杆为动系,速度、加速度分析如图(a)和(b)

$v_a = \dfrac{v}{\cos 30°} = \dfrac{2v}{\sqrt{3}}$, $a_e = 0$, $a_a^n = \dfrac{v_a^2}{r} = \dfrac{4v^2}{3r}$, 加速度在铅垂方向投影得

$$a_a^n \sin 30° - a_a^t \cos 30° = 0,$$

求出 $a_a^t = a_a^n \tan 30° = \dfrac{4\sqrt{3}\,v^2}{9r}$。

(2)$M$ 受力如图(c),在水平方向应用质点运动微分方程

$- m a_a^n \cos 30° - a_a^t \sin 30° = - F \cos 30°$, 求出 $F = m a_a^n + a_a^t \tan 30° = 0.284\,4$ N。

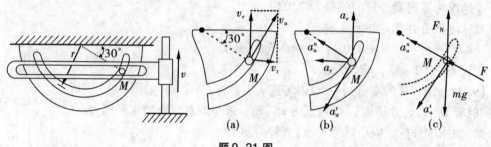

题 9-21 图

**【9-22】**质量皆为 $m$ 的 $A$ 和 $B$ 两物块以无重杆光滑铰接,置于光滑的水平及铅垂面上,如题 9-22 图所示。当 $\theta = 60°$ 时自由释放,求此瞬时杆 $AB$ 所受的力。

**解:**扫码进入。

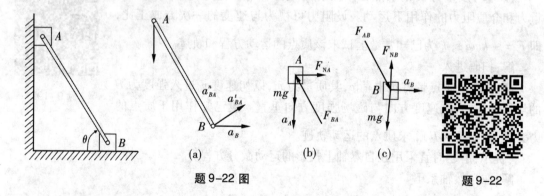

题 9-22 图

题 9-22

# 第 10 章 动量定理

## 一、基本内容、重点与难点

### 1. 基本要求与重点

(1)理解动量、冲量、质心等概念;熟练计算质点系的动量;

(2)熟练应用动量定理和质心运动定理求解动力学问题。

### 2. 难点

利用动量定理解离散质点系的动力学问题。

### 3. 主要内容

(1)动量与冲量

动量 $\vec{p} = \sum m_i \vec{v}_i = m\vec{v}_C$ ; $p_x = \sum m_i v_{ix} = mv_{Cx}$, $p_y = \sum m_i v_{iy} = mv_{Cy}$, $p_z = \sum m_i v_{iz}$

$= mv_{Cz}$ ;

冲量 $\vec{I} = \int_0^t \vec{F} \mathrm{d}t$ ; $I_x = \int_0^t F_x \mathrm{d}t$, $I_y = \int_0^t F_y \mathrm{d}t$, $I_z = \int_0^t F_z \mathrm{d}t$。

(2)动量定理与动量守恒

$$\frac{\mathrm{d}\vec{p}}{\mathrm{d}t} = \sum \vec{F} \; ; \frac{\mathrm{d}p_x}{\mathrm{d}t} = \sum F_x, \frac{\mathrm{d}p_y}{\mathrm{d}t} = \sum F_y, \frac{\mathrm{d}p_z}{\mathrm{d}t} = \sum F_z \; ;$$

$$\vec{p} - \vec{p}_0 = \sum \vec{I} \; ; p_x - p_{0x} = \sum I_x, p_y - p_{0y} = \sum I_y, p_z - p_{0z} = \sum I_z。$$

若 $\sum F_x = 0$, 则 $x$ 方向动量守恒,$p_x$=常量。

(3)质心运动定理与质心运动守恒

$$m \frac{\mathrm{d}\vec{a}_C}{\mathrm{d}t} = \sum \vec{F} \; ; m\ddot{x}_C = \sum F_x, m\ddot{y}_C = \sum F_y, m\ddot{z}_C = \sum F_z。$$

若 $\sum F_x = 0$, 则 $p_x$=常量,$x$ 方向质心运动守恒,$v_{Cx}$=常量;若初始静止,则质心 $x$ 坐标 $x_C$ 保持不变。

(4)流体对管壁的动反力(或动压力)

$\vec{F}_d = q_v \rho (\vec{v}_b - \vec{v}_a)$, 一般使用投影形式。

式中:$q_v$ 为流体在单位时间内流过截面的体积流量($\mathrm{m}^3/\mathrm{s}$);$\rho$ 为流体密度($\mathrm{kg/m}^3$);$v_b$、$v_a$ 为管

道出口和入口处流体的速度($m/s$)。

## 二、重点难点概念及解题指导

(1)动量是衡量物体机械运动强度大小的物理量;冲量衡量力在一段时间内的积累效应;

(2)动量定理建立了动量和冲量之间的动力学关系;质心运动定理和动量定理具有同样的物理意义,是动量定理的另一种表达形式,但它们解决问题的类型不完全一样;

(3)解题时应根据题目的特点选择合适的定理形式(动量定理还是质心运动定理、微分形式还是有限形式、一般形式还是守恒形式等);

(4)动量定理的解题步骤:

1)选择研究对象(一般研究整体);

2)运动分析(简单问题不必文字叙述)和受力分析(画出受力图);

3)计算动量;

4)代入动量定理求解。

(5)质心运动定理的解题步骤:

1)选择研究对象(一般研究整体);

2)运动分析(简单问题不必文字叙述)和受力分析(画出受力图);

3)建立坐标系,计算质心坐标;

4)代入质心运动定理求解(一般用直角坐标投影形式)。

(6)对外力为 0 或某个方向上外力为 0 的情况,一般用质心运动守恒形式,特别是初始静止的系统,质心坐标保持守恒。这比用动量定理的守恒形式要简单很多;

(7)注意掌握质心运动守恒概念:只是质点系总质心保持守恒,各质点之间一定存在相对运动。

## 三、概念题

**【10-1】**试求概念题 10-1 图示各均质物体的动量。设各物体质量为 $m$。

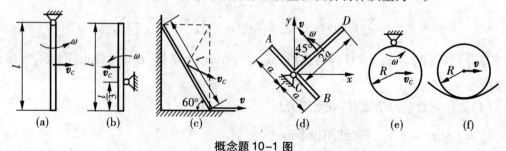

概念题 10-1 图

答:动量等于总质量与质心速度相乘,方向与质心速度方向相同。各图动量的方向与图中所标点的质心速度方向一致。大小为:

图(a),$\frac{1}{2}m\omega l$;图(b),$\frac{1}{6}m\omega l$;图(c),用瞬心法求出质心的速度为$\frac{v}{\sqrt{3}}$,动量为$\frac{mv}{\sqrt{3}}$;图

(d),将动量分为 $AB$ 和 $CD$ 部分叠加,$AB$ 部分动量为0,所以总动量为$\frac{1}{2}m\omega a$;图(e),$m\omega R$;

图(f),$mv$。

【10-2】概念题 10-2 图示轮Ⅰ、Ⅱ皆为均质圆盘,质量为 $m_1$、$m_2$,半径为 $R_1$、$R_2$,胶带为均质,总质量为 $m$。如轮Ⅰ角速度为 $\omega_1$,求此系统的动量。

答:整体质心位置不动,所以系统的总动量等于0。

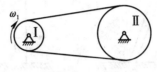

概念题 10-2 图

【10-3】炮弹飞出炮膛后,如无空气阻力,质心沿抛物线运动。炮弹爆炸后,质心运动规律不变。若有一块碎片落地,质心是否还沿原抛物线运动? 为什么?

答:由于外力将改变系统的总动量,同时改变系统总质心的原有运动规律。炮弹爆炸后有弹片落地时受到地面的作用力,改变了弹片落地前的受力,所以质心不可能再沿原来的抛物线轨迹运动。

【10-4】在光滑的水平面上放置一静止的圆盘,当它受一力偶作用时,盘心将如何运动? 盘心运动情况与力偶作用位置有关吗? 如果圆盘面内受一大小和方向都不变的力作用,盘心将如何运动? 盘心运动情况与此力的作用点有关吗?

答:由于只有外力才能改变系统的总动量和总质心的运动规律,所以圆盘受力偶作用时,盘心静止不动,且与力偶的作用位置无关;若圆盘面内受一大小和方向都不变的力作用,盘心将沿力的方向加速运动,盘心运动情况与此力的作用点位置无关(注意:圆盘整体运动情况与此力的作用点位置有关)。

【10-5】刚体受有一群力作用,不论各力作用点如何,此刚体质心的加速度都一样吗?

答:若这些力的大小和方向不变(力矢不变),不论各力的作用点如何,力系的主矢都一样,而质心的加速度只与力系的主矢有关,所以此时刚体质心的加速度一样。但若各力矢变化,刚体质心的加速度也随之变化。

【10-6】二均质直杆 $AC$ 和 $CB$,长度相同,质量分别为 $m_1$ 和 $m_2$。两杆间在点 $C$ 由铰链连接,初始时维持在铅垂面内不动,如概念题 10-6 图所示。设地面绝对光滑,两杆被释放后将分开倒向地面。问 $m_1$ 与 $m_2$ 相等或不相等时,$C$ 点的运动轨迹是否相同?

答:研究两杆组成的整体系统,水平方向不受力,质心运动守恒。当两杆质量相同时,质心在通过 $C$ 点的铅垂直线上,则 $C$ 点的运动轨迹为通过 $C$ 点的铅垂直线;当两杆质量不相同时,质心不在通过 $C$ 点的铅垂直线上,则 $C$ 点的运动轨迹为一般平面曲线。

【10-7】两物块 $A$ 和 $B$，质量分别为 $m_A$ 和 $m_B$，初始静止。如 $A$ 沿斜面下滑的相对速度为 $v_r$，如概念题 10-7 图所示。设 $B$ 向左的速度为 $v$，根据动量守恒定律，有 $m_A v_r \cos\theta = m_B v$，对吗？

答：水平方向动量守恒，系统初始静止，则总动量保持为 0。由运动学合成运动的方法可以求出 $A$ 的绝对速度的水平分量为 $v_{Ax} = v_r \cos\theta - v$，所以动量守恒：$0 = m_A (v_r \cos\theta - v) - m_B v$，即 $m_A v_r \cos\theta = (m_B + m_A) v$。

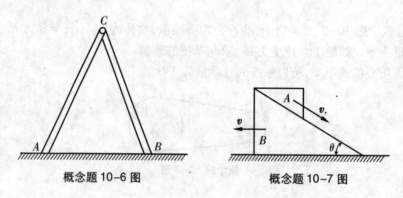

概念题 10-6 图　　　　　概念题 10-7 图

【10-8】一般地说，质心运动守恒是指质心位置保持不变即静止不动。是吗？

答：不一定。质心运动守恒是指质心运动速度不变，只有当质点系质心初始静止时，质心位置才保持守恒（静止不动）。

【10-9】一般地说，质系动量的方向不是外力系主矢的方向。是吗？

答：根据动量定理，外力主矢方向与动量变化（或增量）的方向一致，一般与动量方向不一致。

【10-10】两种不同材料的均质细杆焊接成一直杆 $AB$，以角速度 $\omega$ 绕 $A$ 轴转动，如概念题 10-10 图所示。若两段质量分别为 $m_1$、$m_2$，长度分别为 $l_1$、$l_2$，则 $AB$ 杆的动量为多少。

答：将两段杆的动量分别计算后再相加即可。

$$p = m_1 \omega \frac{l_1}{2} + m_2 \omega \left( l_1 + \frac{l_2}{2} \right)，方向水平向右。$$

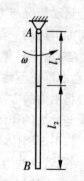

概念题 10-10 图

【10-11】一个人在磅秤上称重，设静止站立时，磅秤示数为 $W$，若此人突然下蹲，则磅秤示数如何变化？能否从示数变化幅值估出此人质心下降的加速度？

答：磅秤读数将减小，原因是突然下蹲时，人的质心突然下降，产生向下的加速度，根据质心运动定理，必然有向下的外力作用，根据作用与反作用定律，磅秤读数将减小，减小的幅值除以人的质量即可估算出此人质心下降的加速度。

【10-12】无重圆环半径为 $r$，环内一质量为 $m$ 的质点相对圆环运动，在概念题 10-12 图所示瞬时其相对速度为 $v_r$，圆环转动角速度为 $\omega$，则质点的动量大小为多少。

答：以质点为动点，圆环为动系，由速度合成定理求出质点的绝对速度为

$$v = \sqrt{(v_r + \omega\sqrt{2}r\cos45°)^2 + (\omega\sqrt{2}r\sin45°)^2} = \sqrt{(v_r + \omega r)^2 + (\omega r)^2},$$

所以动量大小为 $p = m\sqrt{(v_r + \omega r)^2 + (\omega r)^2}$。

【注意:动量计算必须用绝对速度】

【10-13】设一质量为 $m$ 的质点作圆周运动,当质点位于概念题 10-13 图示 $A$ 点时,速度大小为 $v_1$,方向垂直向上,当运动至 $B$ 点时,速度大小为 $v_2$,方向垂直向下,计算质点由 $A$ 位置运动至 $B$ 位置的时间间隔内作用于质点上的合力冲量大小和方向。

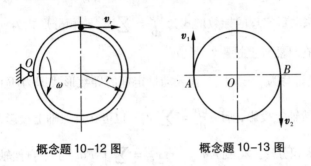

概念题 10-12 图　　　　概念题 10-13 图

答:由动量定理知,合力冲量为 $\vec{I} = m\vec{v_2} - m\vec{v_1}$,在 $v_2$ 方向投影得 $I = m(v_2 + v_1)$,方向铅直向下。

【10-14】两质点质量分别为 $m_1$、$m_2$,速度分别为 $v_1$、$v_2$,且有 $m_1v_1 = m_2v_2$,则这两质点的动量相等。这种说法对吗?

答:不对。动量是矢量,这两质点动量的大小相对,方向不一定相同。

【10-15】$A$、$B$ 两物体重皆为 $mg$,在同一时间间隔 $\Delta t$ 内,使物体 $A$ 水平移动距离 $s$,物体 $B$ 垂直移动距离 $s$,问此两物体的重力在此时间间隔中的冲量是否相同?

答:冲量只与力和时间有关,而与位移无关。因此两物体重力冲量均为 $mg\Delta t$,方向与重力方向一致。

【10-16】小球沿水平面运动,碰到垂直的墙后弹回,设碰撞前后的速度大小相等,按下式计算冲量对吗? $I = mv_2 - mv_1$,因 $v_2 = v_1$,故 $I = 0$。

答:不对。冲量计算为矢量 $\vec{I} = m\vec{v_2} - m\vec{v_1}$,在 $v_2$ 方向投影得 $I = m(v_2 + v_1) = 2mv$。

【10-17】质点作匀速圆周运动时,其动量是否有变化?

答:有变化。动量为矢量,与速度方向相同。

【10-18】一个质点以大小为 $v_0$ 的初速度垂直上抛,不计空气阻力时,它仍以大小为 $v_0$ 的速度落回原来的位置,所以说此质点的动量守恒。这种说法对吗?

答:不对。动量为矢量,动量守恒也是动量的矢量守恒,因上抛前后的速度方向相反,所以动量大小相同,方向不同,动量不守恒。

【10-19】一个汽车静止在光滑的地面上,则当发动机工作时汽车作何种运动?

答:汽车仍保持静止,因地面光滑,没有使汽车前进的外力(摩擦力)。而发动机的力是内力,内力不能改变系统的总动量。

【10-20】"质点系动量通过质心",这种说法是否恰当?

答:不太恰当。质点系动量是各质点动量的矢量和,结果等于总质量与质心速度矢量的乘积,动量(矢量)也标注在质心上,但不能说通过质心,没有严格意义上的作用点或作用线。

【**10-21**】在光滑轨道上停有一车厢,今有人在车厢一端向另一端滚动一小球,问此时车厢作何运动? 小球和车厢底板有或无摩擦,将对车厢运动有何影响?

答:以整体为研究对象,轨道光滑,水平方向质心坐标守恒,人在车厢一端向另一端滚动一小球时,总体质心位置不变,但相对车厢则移向小球滚动一方,因此车厢向后运动;小球和车厢底板有或无摩擦,对车厢运动没有影响,因为摩擦力为内力,不影响总体质心的变化。

【**10-22**】质点系动量定理的导数形式为 $\dfrac{\mathrm{d}\vec{p}}{\mathrm{d}t} = \sum \vec{F}_i^{(e)}$,积分形式为 $\vec{p}_2 - \vec{p}_1 = \sum \int_{t_1}^{t_2} \vec{F}\mathrm{d}t$,这两种形式是否可在自然轴上投影?

答:质点系动量可写为 $\vec{p} = m\vec{v}_c$,代入动量定理的导数形式即为质心运动定理,而质心运动定理可以在自然轴上投影,所以 $\dfrac{\mathrm{d}\vec{p}}{\mathrm{d}t} = \sum \vec{F}_i^{(e)}$ 也可在自然轴上投影;

将 $\vec{p} = m\vec{v}_c$ 代入积分形式得到 $m\vec{v}_{C2} - m\vec{v}_{C1} = \sum \int_{t_1}^{t_2} \vec{F}\mathrm{d}t$,由于自然轴坐标的方向随时改变,即两个不同时刻不具有相同的投影方向,因此动量定理的积分形式为 $\vec{p}_2 - \vec{p}_1 = \sum \int_{t_1}^{t_2} \vec{F}\mathrm{d}t$ 不能在自然轴上投影。

【**10-23**】质量为 $m$ 的质点 $A$ 以匀速 $v$ 沿圆周运动,如概念题10-23图所示。求在下列过程中质点所受合力的冲量:

(1)质点由 $A_1$ 运动到 $A_2$(四分之一圆周);

(2)质点由 $A_1$ 运动到 $A_3$(二分之一圆周);

(3)质点由 $A_1$ 运动一周后又返回到 $A_1$ 点。

答:设直角坐标系 $x$ 轴向右为正,$y$ 轴向上为正。

(1)$I_x = 0 - mv = -mv$,$I_y = -mv - 0 = -mv$;

(2)$I_x = -mv - mv = -2mv$,$I_y = 0 - 0 = 0$;(3)$I = 0$。

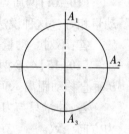

概念题 10-23 图

【**10-24**】两名宇航员初始在宇宙间是静止的。两人各自用力拉绳子的一端,其中一人使出的力气大于另一人,不计绳子的质量,请给出拔河的结果。

答:注意几个问题,(1)绳子拉力相同;(2)两人共同的质心位置不动;(3)相同拉力下,质量小的人加速度大。这样,质量小的人移向质量大的人更快距离更长,因此质量大的人拔河会"赢",与各人的拉力大小无关。

# 四、习题

【**10-1**】汽车以 36 km/h 的速度在平直道上行驶。设车轮在制动后立即停止转动。问车轮对地面的动滑动摩擦系数 $f$ 应为多大方能使汽车在制动后 6 s 停止。

解:研究汽车,设汽车质量为 $m$。

沿前进方向只有制动摩擦力,大小为 $F = -mgf$(负号表示与汽车前进方向相反),则冲量为 $I = Ft = -mgft$,代入动量定理的积分形式得 $mv - mv_0 = I$,即 $0 - mv_0 = I$,

将 $v_0 = 36$ km/h $= 10$ m/s 代入求得 $f = 0.17$。

【注意：本题也可以用质点运动微分方程(牛顿定律)解】

【**10-2**】跳伞者质量为 60 kg，自停留在高空中的直升机中跳出，落下 100 m 后，将降落伞打开。设开伞前的空气阻力略去不计，伞重不计，开伞后所受的阻力不变，经 5 s 后跳伞者的速度减为 4.3 m/s。求阻力的大小。

**解**：研究跳伞者，落下 100 m 时的速度为 $v_1 = \sqrt{2g \times 100} = 44.27$ m/s，设阻力为 $F$(向上)，则总冲量为 $I = (mg - F)t$，代入动量定理的积分形式得

$$mv_2 - mv_1 = I,\ 即\ 60 \times (4.3 - 44.27) = (60g - F) \times 5,$$

解得 $F = 1\ 067.64$ N。

【注意：本题也可以用质点运动微分方程(牛顿定律)解】

【**10-3**】题 10-3 图示浮动起重机举起质量 $m_1 = 2\ 000$ kg 的重物。设起重机质量 $m_2 = 20\ 000$ kg，杆长 $OA = 8$ m；开始时杆与铅直位置成 $60°$ 角，水的阻力和杆重均略去不计。当起重杆 $OA$ 转到与铅直位置成 $30°$ 角时，求起重机的位移。

题 10-3

**解**：扫码进入。

【**10-4**】求题 10-4 图示系统的动量。曲柄连杆机构中，曲柄、连杆和滑块的质量分别为 $m_1$、$m_2$、$m$，均质曲柄 $OA$ 长为 $r$ 以角速度 $\omega$ 绕 $O$ 轴匀速转动，均质连杆 $AB$ 长为 $l$。求 $\varphi = 0°$ 及 $90°$ 两瞬时系统的动量。

**解**：(1) $\varphi = 0°$ 时，两杆速度均向上，滑块速度为零，则

$$p = m_1\omega\frac{r}{2} + m_2\frac{\omega r}{l}\frac{l}{2} = \frac{1}{2}\omega r(m_1 + m_2)\ (向上)，$$

$\varphi = 90°$ 时，两杆速度、滑块速度均向左，则

$$p = m_1\omega\frac{r}{2} + m_2\omega r + m\omega r = \frac{1}{2}\omega r(m_1 + 2m_2 + 2m)\ (向左)。$$

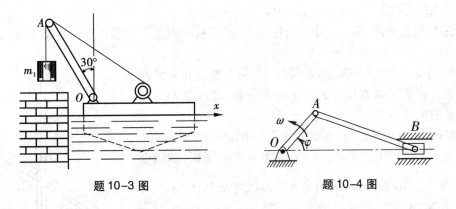

题 10-3 图　　　　　　　题 10-4 图

【**10-5**】题 10-5 图示水平面上放一均质三棱柱 $A$，在其斜面上又放一均质三棱柱 $B$。两三棱柱的横截面均为直角三角形。三棱柱 $A$ 的质量 $m_A$ 为三棱柱 $B$ 质量 $m_B$ 的 3 倍，其尺寸如题 10-5 图示。设各处摩擦不计，初始时系统静止。求当三棱柱 $B$ 沿三棱柱 $A$ 滑下接触到水平面时，三棱柱 $A$ 移动的距离。

**解**：研究整体，水平方向不受力，质心坐标守恒。建立坐标系如图，设 $A$ 向右位移 $x$，则由质心运动守恒（两状态的质心坐标相等）得

$$\frac{m_A\left(\frac{a}{3}\right)+m_B\left(\frac{2}{3}b\right)}{m_A+m_B}=\frac{m_A\left(\frac{a}{3}+x\right)+m_B\left(\frac{2b}{3}+x+a-b\right)}{m_A+m_B}$$

代入数据解得 $x=-\dfrac{a-b}{4}$（负号表示向左移动）。

**【10-6】** 题 10-6 图示坦克的履带质量为 $m_1$，两个车轮的质量均为 $m_2$，车轮被看成均质圆盘，半径为 $R$。设坦克前进速度为 $v$，试计算此质点系的动量

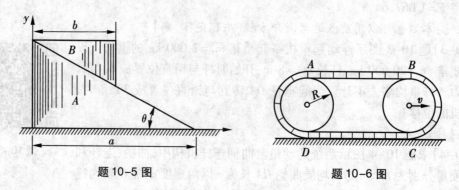

题 10-5 图          题 10-6 图

**解法 1**：分别计算系统各部分动量，然后叠加。

两轮的动量　$p_{轮}=2m_2v$（水平向右），

履带 $AB$ 部分的动量　$p_{AB}=m_{AB}(2v)$（水平向右），

履带 $CD$ 部分的动量　$p_{CD}=0$，

履带 $AD+BC$ 部分的动量（组合在一起成为圆环）　$p_{AD+BC}=m_{AD+BC}v$（水平向右），

履带总动量　$p_{履带}=p_{AB}+p_{AD+BC}=(m_{AD+BC}+2m_{AB})v=m_1v$（水平向右），

所以系统总动量　$p=p_{轮}+p_{履带}=(2m_2+m_1)v$（水平向右）。

**解法 2**：研究整体，质心在中心对称点上，直接利用质点系动量计算公式得系统总动量：

$p=mv_c=(2m_2+m_1)v$（水平向右）。

**【10-7】** 如题 10-7 图所示，均质杆 $AB$ 长 $l$，直立在光滑的水平面上。求它从铅直位置无初速地倒下时，端点 $A$ 相对图示坐标系的轨迹。

**解**：杆水平方向不受力，水平方向质心坐标守恒，则质心 $C$ 垂直下落。下落到任意位置 $\theta$ 时（如图），$A$ 点的坐标（即运动方程）为 $x=\dfrac{l}{2}\cos\theta, y=l\sin\theta$，消去 $\theta$ 即得轨迹为 $4x^2+y^2=l^2$。

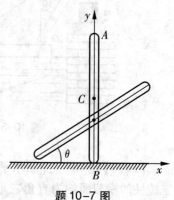

题 10-7 图

**【10-8】** 题 10-8 图所示，质量为 $m_2$ 的小球 $P$ 沿光滑大半圆柱体表面由顶点滑下，大半圆柱体质量为 $m_1$，半径为 $R$，放在光滑水平面上。初始时系统静止，求小球未脱离大半圆柱体时相对图示静坐标系的运动轨迹。

解:扫码进入。

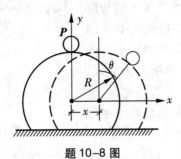

题 10-8 图　　　　题 10-8

【10-9】题 10-9 图示椭圆规尺 $AB$ 的质量为 $2m_1$,曲柄 $OC$ 的质量为 $m_1$,而块 $A$ 和 $B$ 的质量均为 $m_2$,曲柄和尺的质心均在其中点上。已知:$OC=AC=CB=l$;曲柄绕 $O$ 轴转动的角速度 $\omega$ 为常量。求 $\varphi=30°$ 时系统的动量。

解:分别计算系统各部分动量,然后叠加。在任意 $\varphi=\omega t$ 位置计算。

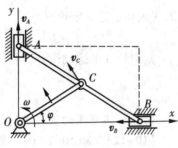

题 10-9 图

用运动学方法分析各刚体质心的加速度,方向如图,大小

$$v_C=\omega l,\ v_A=2\omega l\cos\omega t,\ v_B=2\omega l\sin\omega t。$$

因各点速度方向不一样,动量不能直接叠加,计算投影

$$p_x=-m_1\omega\frac{l}{2}\sin\omega t-2m_1\omega l\sin\omega t-2m_2\omega l\sin\omega t=-\left(\frac{5}{2}m_1+2m_2\right)\omega l\sin\omega t,$$

$$p_y=m_1\omega\frac{l}{2}\cos\omega t+2m_1\omega l\cos\omega t+2\omega l\cos\omega t=\left(\frac{5}{2}m_1+2m_2\right)\omega l\cos\omega t,$$

$\varphi=30°$ 时

$$p_x=-\omega l\left(\frac{5}{4}m_1+m_2\right),$$

$$p_y=\sqrt{3}\omega l\left(\frac{5}{4}m_1+m_2\right)。$$

【10-10】求题 10-10 图中三棱柱 $A$ 运动的加速度及地面的支持力。不计各处摩擦。

解:扫码进入。

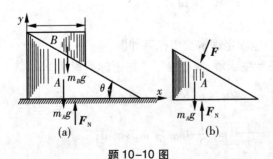

题 10-10 图　　　　题 10-10

**【10-11】**如题 10-11 图所示,质量为 $m$ 的滑块 $A$,可以在水平光滑槽中运动,具有刚性系数为 $k$ 的弹簧一端与滑块相连接,另一端固定。杆 $AB$ 长度为 $l$,质量忽略不计,$A$ 端与滑块 $A$ 铰接,$B$ 端装有质量 $m_1$ 的小球,在铅直平面内可绕点 $A$ 旋转。设在力偶 $M$ 作用下转动角速度 $\omega$ 为常数。求滑块 $A$ 的运动微分方程。

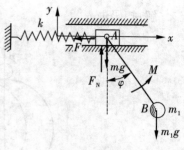

题 10-11 图

**解:**研究整体,受力如图,在水平方向用质心运动定理解。建立坐标系如图,坐标原点在弹簧原长时 $A$ 的位置。$A$ 作水平直线运动,设方程为 $x$,则可求出系统的质心坐标 $x_C = \dfrac{mx + m_1(x + l\sin\varphi)}{m_1 + m_2}$,利用 $\varphi = \omega t$,代入质心运动定理得

$$(m + m_1)\ddot{x}_C = (m + m_1)\ddot{x} - m_1 l\omega^2 \sin\varphi = -kx,$$

则滑块 $A$ 的运动微分方程为

$$\ddot{x} + \frac{k}{m + m_1}x = \frac{m_1 l\omega^2}{m + m_1}\sin\varphi。$$

**【注意:本题用动量定理解较麻烦】**

**【10-12】**在题 10-12 图示曲柄滑竿机构中,曲柄以等角速度 $\omega$ 绕 $O$ 轴转动。开始时,曲柄 $OA$ 水平向右。已知:曲柄的质量为 $m_1$,滑块 $A$ 的质量为 $m_2$,滑竿的质量为 $m_3$,曲柄的质心在 $OA$ 的中点,$OA = l$;滑竿的质心在点 $C$,而 $BC = \dfrac{l}{2}$。求:(1) 机构质量中心的运动方程;(2) 作用在点 $O$ 的最大水平力。

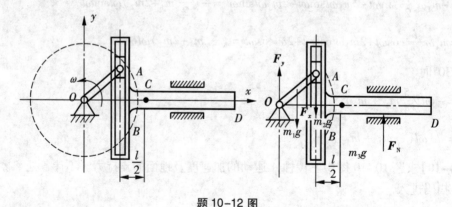

题 10-12 图

**解:**研究整体,受力如图,用质心运动定理解。坐标系如图。

(1) 系统的质心坐标为(为避免产生误解,质心坐标不加下标 $C$)

$$x = \frac{1}{m_1 + m_2 + m_3}\left[m_1\frac{l}{2}\cos\omega t + m_2 l\cos\omega t + m_3\left(l\cos\omega t + \frac{l}{2}\right)\right],$$

$$y = \frac{1}{m_1 + m_2 + m_3}\left[m_1\frac{l}{2}\sin\omega t + m_2 l\sin\omega t\right],$$

这就是机构质心的运动方程,化简以后为

$$x = \frac{m_3 l}{2(m_1 + m_2 + m_3)} + \frac{m_1 + 2m_2 + 2m_3}{2(m_1 + m_2 + m_3)} l\cos\omega t,$$

$$y = \frac{m_1 + 2m_2}{2(m_1 + m_2 + m_3)} l\sin\omega t;$$

(2)在水平方向利用质心运动定理得

$$F_x = (m_1 + m_2 + m_3)\ddot{x} = -\left(\frac{1}{2}m_1 + m_2 + m_3\right) l\omega^2 \cos\omega t,$$

所以最大水平力为 $F_{x\max} = \left(\frac{1}{2}m_1 + m_2 + m_3\right) l\omega^2$。

【注意:本题不易用动量定理解】

【10-13】已知:水的体积流量为 $q_v$ m$^2$/s,密度为 $\rho$ kg/m$^3$;水冲击叶片的速度为 $v_1$ m/s,方向沿水平向左;水流出叶片的速度为 $v_2$ m/s,与水平线成 $\theta$ 角。求题 10-13 图所示水柱对涡轮固定叶片作用力的水平分力。

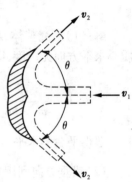

**解:** 直接利用流体对管壁的动反力公式 $\vec{F}_d = q_v \rho(\vec{v}_b - \vec{v}_a)$ 在水平方向投影得

$$F_x = q_v \rho(v_{bx} - v_{ax}) = q_v \rho(v_2\cos\theta + v_1)。$$

题 10-13 图

【10-14】题 10-14 图示移动式胶带输送机,每小时可输送 109 m$^3$ 的砂子。砂子的密度为 1 400 kg/m$^3$,输送带速度为 1.6 m/s。设砂子在入口处的速度为 $v_1$,方向垂直向下,在出口处的速度为 $v_2$,方向水平向右。如输送机不动,试问此时地面沿水平方向总的阻力有多大?

**解法1:** 研究整体,将砂子视为流体,直接利用流体的动压力公式 $\vec{F}_d = q_v \rho(\vec{v}_b - \vec{v}_a)$,在水平方向投影得

$$F_x = q_v \rho(v_{bx} - v_{ax}) = (109 \div 3\ 600) \times 1\ 400 \times (1.6 - 0) = 67.82 \text{ N}。$$

**解法2:** 研究整体,设在时间 $dt$ 内输送砂子的质量为 $dm$,则水平方向动量的变化为 $dp_x = v_2 dm$,利用动量定理得

$$F_x = \frac{dp_x}{dt} = v_2 \frac{dm}{dt} = 1.6 \times (109 \times 1\ 400 \div 3\ 600) = 67.82 \text{ N}。$$

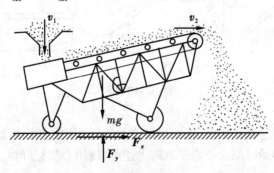

题 10-14 图

**【10-15】**题 10-15 图示曲柄连杆机构安装在平台上,平台放在光滑的水平基础上。均质曲柄 $OA$ 的质量为 $m_1$,以等角速度 $\omega$ 绕 $O$ 轴转动,均质连杆 $AB$ 的质量为 $m_2$,平台质量为 $m_3$,质心 $C_3$ 与 $O$ 在同一铅垂线上,滑块质量不计,$OA = AB = l$。初始时平台静止,曲柄和连杆在同一水平线上。求(1)平台的水平运动规律;(2)基础对平台的约束力。

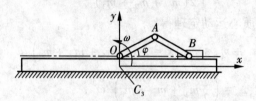

题 10-15 图

**解:**(1)研究整体,水平方向不受力,质心运动守恒,建立固定坐标系如图,由于初始时刻质心水平方向无速度,则质心坐标守恒,即初始时刻质心坐标和任意时刻质心坐标相等

$$\frac{m_1\dfrac{l}{2} + m_2\dfrac{3l}{2}}{m_1 + m_2 + m_3} = \frac{m_3 x + m_1\left(x + \dfrac{l}{2}\cos\omega t\right) + m_2\left(x + \dfrac{3l}{2}\cos\omega t\right)}{m_1 + m_2 + m_3},$$

解得平台的水平运动规律 $\quad x = \dfrac{l(m_1 + 3m_2)(1 - \cos\omega t)}{2(m_1 + m_2 + m_3)}$ ;

(2)铅垂方向利用质心运动定理(受力图未画)。

$$(m_1 + m_2 + m_3)\ddot{y}_C = F_N - (m_1 + m_2 + m_3)g,$$

而 $y_C = \dfrac{(m_1 + m_2)\dfrac{l}{2}\sin\omega t}{m_1 + m_2 + m_3}$,

解得 $\quad F_N = (m_1 + m_2 + m_3)g - (m_1 + m_2)\dfrac{\omega^2 l}{2}\sin\omega t$。

**【10-16】**题 10-16 图(a)示结构,位于铅垂面内的均质杆 $AG = 250$ mm,$BG = 400$ mm,初始时系统静止,$GG_1 = 240$ mm。求当 $A$、$B$、$G$ 在同一直线上时 $A$ 和 $B$ 各自移动的距离。

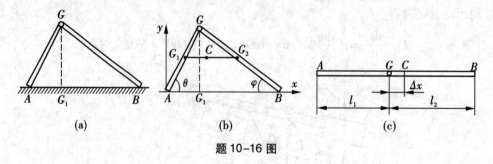

(a)　　　　(b)　　　　(c)

题 10-16 图

**解:**研究整体,水平方向不受力,质心运动守恒,建立固定坐标系如图(b)(坐标原点在初始时刻 $A$ 点),由于初始时刻质心水平方向无速度,则质心坐标守恒,初始时刻

$$x_C = \dfrac{m_1 \dfrac{l_1}{2}\cos\theta + m_2\left(l_1\cos\theta + \dfrac{l_2}{2}\cos\varphi\right)}{m_1 + m_2} = \dfrac{\dfrac{l_1^2}{2}\cos\theta + l_2\left(l_1\cos\theta + \dfrac{l_2}{2}\cos\varphi\right)}{l_1 + l_2}$$

代入数据得 $x_C = 155$ mm；

终止时刻，设 $CG = \Delta x$，则 $m_1\left(\Delta x + \dfrac{l_1}{2}\right) = m_2\left(-\Delta x + \dfrac{l_2}{2}\right)$，代入数据得 $\Delta x = 75$ mm，

因此 $A$ 点移动的距离 $s_A = l_1 + \Delta x - x_C = 170$ mm（向左），

$B$ 点移动的距离 $s_B = l_2 - \Delta x - (l_1\cos\theta + l_2\cos\varphi - x_C) = 90$ mm。

【10-17】题10-17 图示滑轮中，重物 $A$ 和 $B$ 的重量分别为 $P_1$ 和 $P_2$。若 $A$ 以加速度 $a$ 下降，不计滑轮质量，求支座 $O$ 的反力。

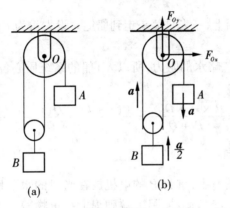

题 10-17 图

**解：** 研究整体，受力如图。

由运动学分析知 $B$ 的加速度为 $\dfrac{a}{2}$ 向上。利用质心运动定理

$$F_{Ox} = 0, \quad F_{Oy} - P_1 - P_2 = \frac{P_2}{g}\frac{a}{2} - \frac{P_1}{g}a,$$

则

$$F_{Oy} = P_1 + P_2 + \frac{a}{g}\left(\frac{P_2}{2} - P_1\right)。$$

【10-18】垂直于薄板的水流流经薄板时被分为两部分，如题10-18 图。一部分流量为 $q_{v1} = 7$ L/s，另一部分偏离了角度 $\theta$，忽略水重和摩擦，试确定角度 $\theta$ 和水对薄板的压力。已知总流量为 $q_v = 21$ L/s，水流速度 $v = v_1 = v_2 = 28$ m/s。

**解：** 受力及坐标系如图。直接利用流体对管壁的动反力公式 $\vec{F}_d = q_v\rho(\vec{v}_b - \vec{v}_a)$，在水平和铅垂方向投影得

$$-F_x = q_{v2}\rho v_2\cos\theta - q_v\rho v, \quad 0 = q_{v2}\rho v_2\sin\theta - q_{v1}\rho v_1,$$

代入数据解得 $\theta = 30°$，$F_x = 249$ N。

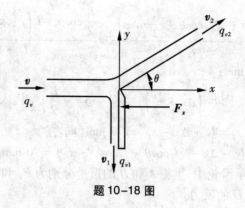

题 10-18 图

**【10-19】**在静止的小船上,一人自船头走到船尾。设人重为 $P$,船重 $Q$,船长为 $l$,水的阻力不计。求船的位移。

**解:**因小船开始静止,忽略水的阻力,所以人+船的系统质心位置不变。设人向右走,船的位移为 $x$(向右),则

$$x_C = \frac{P \times 0 + Ql/2}{P + Q} = \frac{P(x + l) + Q(x + l/2)}{P + Q},$$

解得 $\quad x = -\dfrac{Pl}{P + Q}$(向左)。

**【10-20】**如题 10-20 图所示,重为 $P$ 的电机放在光滑的水平地基上,长为 $2l$ 重为 $G$ 的均质杆的一端与电机的轴垂直地固结,另一端则焊上一重物 $Q$。如果电机转动的角速度为 $\omega$,求:(1)电机的水平运动;(2)如电机外壳用螺栓固定在基础上,则作用于螺栓的最大水平力为多少?

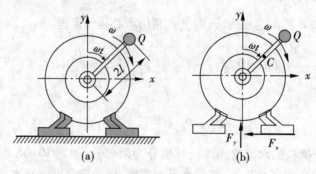

题 10-20 图

**解:**以电机初始位置建立坐标系如图(a)。

(1)设电机水平运动为 $x$,系统质心位置不变,则

$$0 = \frac{Px + G(x + l\sin\omega t) + Q(x + 2l\sin\omega t)}{P + G + Q},$$

解得 $\quad x = -\dfrac{G + 2Q}{P + G + Q}l\sin\omega t$。

（2）研究整体，受力如图（b）（重力和基础反力偶未画出），利用质心运动定理

$$x_C = \frac{Gl\sin\omega t + Q2l\sin\omega t}{P + G + Q}, \quad F_x = \frac{P + G + Q}{g}\ddot{x}_C = -\frac{G + 2Q}{g}\omega^2 l\sin\omega t, \quad F_{x\max} = \frac{G + 2Q}{g}\omega^2 l_\circ$$

**【10-21】**在立式内燃机中，其气缸、机架和轴承的质量共为 $m_O = 10\,000$ kg，活塞的质量为 $m_B = 980$ kg，其重心在十字头 $B$ 处。活塞的冲程为 0.6 m，曲柄 $OA$ 长为 $r$，转速为 300 r/min，连杆 $AB$ 的长 $l$，又有 $r/l = 1/6$。曲柄和连杆的质量可忽略不计。发动机用螺栓固定在基础上，如题 10-21 图所示。假设机器未启动时螺杆的张力为零，求发动机在基础上的最大压力之值，以及在全部螺杆上最大的拉力之值。

**解:**（1）求活塞的加速度。

由几何关系知 $l^2 = y^2 + r^2 - 2yr\cos\varphi$，求出 $y = \dfrac{2\cos\varphi + \sqrt{142 + 2\cos 2\varphi}}{2}r$，求导得到

$$\ddot{y} = -\omega^2 r\left(\cos\omega t + \frac{3 + 284\cos\omega t + \cos 4\omega t}{\sqrt{(142 + 2\cos 2\omega t)^3}}\right),$$

可求得极值点在 $\omega t = 0$ 或 $\omega t = \pi$ 处，$\ddot{y}_{\min} = -\dfrac{7}{6}\omega^2 r$，$\ddot{y}_{\max} = \dfrac{5}{6}\omega^2 r_\circ$

（2）研究内燃机，铅垂方向受力如图（a），利用质心运动定理

$$(m_O + m_B)\ddot{y}_C = m_B\ddot{y} = F_b - (m_O + m_B)g,$$

则 $\ddot{y}_{\max} = \dfrac{5}{6}\omega^2 r$ 对应的最大压力为 $F_{b\max} = m_B\ddot{y}_{\max} + (m_O + m_B)g = 349.4$ kN，

$\ddot{y}_{\min} = -\dfrac{7}{6}\omega^2 r$ 对应的最大拉力为 $F_{b\min} = m_B\ddot{y}_{\min} + (m_O + m_B)g = -230.9$ kN。

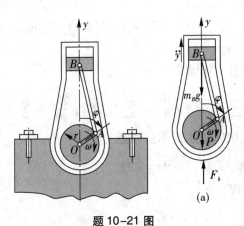

(a)

**题 10-21 图**

# 第 11 章　动量矩定理

## 一、基本内容与解题指导

### 1. 基本要求与重点

(1)理解动量矩、转动惯量等概念;熟练计算简单刚体的转动惯量;

(2)熟练应用动量矩定理、定轴转动微分方程和平面运动微分方程求解动力学问题。

### 2. 难点

质点系动量矩的计算。

### 3. 主要内容

(1)转动惯量

$$J_z = \sum m_i r_i^2 , \quad J_z = J_{z_C} + md^2 \ (z \text{ 与通过质心的轴 } z_C \text{ 平行,距离为 } d)。$$

(2)动量距

$$\vec{L}_O = \sum \vec{M}_O(m_i \vec{v}_i) = \sum (\vec{r}_i \times m_i \vec{v}_i) \ ; \ L_z = \sum M_z(m_i \vec{v}_i) = \sum (m_i v_i r_i)。$$

定轴转动刚体 $L_z = J_z \omega$。

(3)动量矩定理与动量矩守恒

$$\frac{\mathrm{d}\vec{L}_O}{\mathrm{d}t} = \sum \vec{M}_O(\vec{F}), \quad \frac{\mathrm{d}L_z}{\mathrm{d}t} = \sum M_z(\vec{F}), \quad \frac{\mathrm{d}L_C}{\mathrm{d}t} = \sum M_C(\vec{F})。$$

这里:$O$ 为固定点,$z$ 为固定轴,$C$ 为过质心的轴。

若 $\sum M_z(\vec{F}) = 0$,则动量矩守恒 $Lz = $ 常量。

(4)定轴转动微分方程

$$J_z \alpha = J_z \dot{\omega} = J_z \ddot{\varphi} = \sum M_z(\vec{F})。$$

(5)平面运动微分方程

自然坐标形式　$ma_C^n = \sum F_n, \ ma_C^t = \sum F_t, \ J_C \alpha = \sum M_C(\vec{F})$ ;

直角坐标形式　$m\ddot{x}_C = \sum F_x, \ m\ddot{y}_C = \sum F_y, \ J_C \alpha = \sum M_C(\vec{F})$。

### 4. 重点难点概念及解题指导

(1)动量矩概念的理解可参照力对点的矩和力对轴的矩,即将力矩中的"力"换成"动

量"即可;

(2)质点系动量矩的计算没有简单公式可用,不能用总动量对某点(或轴)直接求矩,即"合动量矩定理"不成立;

(3)对质心轴(不一定为固定轴)的动量矩 $L_c = J_c\omega$;

(4)平动刚体的动量矩可以用总动量直接求矩: $\vec{L}_o = \vec{r}_c \times m\vec{v}_c$,这里 $\vec{r}_c$ 为质心相对矩心的矢径;

(5)对质心 $C$ 的动量矩和对任意点 $O$ 的动量矩的关系 $\vec{L}_o = \vec{L}_c + \vec{r}_c \times m\vec{v}_c$,这里 $\vec{r}_c$ 为质心相对矩心的矢径;

(6)转动惯量是衡量物体转动惯性大小的度量,而质量是衡量物体移动惯性大小的度量;

(7)动量矩定理一般只能使用投影形式(即对轴的动量矩定理),所以很多题目直接应用定轴转动微分方程更方便;

(8)动量矩定理中的矩心只能是固定点(或固定轴)或质心(或通过质心的轴),对其他点(轴)的动量矩定理一般不成立,作题时务必注意;

(9)常见几种刚体的转动惯量

均质直杆(质量 $m$,杆长 $l$,转轴与杆轴线垂直) $J_c = \frac{1}{12}ml^2$;

均质圆环(质量 $m$,半径 $R$,转轴与圆环平面垂直) $J_c = mR^2$;

均质圆盘(质量 $m$,半径 $R$,转轴与圆盘平面垂直) $J_c = \frac{1}{2}mR^2$。

# 二、概念题

【11-1】某质点对于某定点 $O$ 的动量矩矢量表达式为

$$\vec{L}_o = 6t^2\vec{i} + (8t^3 + 5)\vec{j} - (t - 7)\vec{k},$$

式中,$t$ 为时间,$\vec{i}$、$\vec{j}$、$\vec{k}$ 为沿固定直角坐标轴的单位矢量。求此质点上的作用力对 $O$ 点的力矩。

答:直接利用动量矩定理的矢量形式即得 $\vec{M}_o(\vec{F}) = \dfrac{\mathrm{d}\vec{L}_o}{\mathrm{d}t} = 12t\vec{i} + 24t^2\vec{j} - \vec{k}$。

【11-2】某质点系对空间任一固定点的动量矩都完全相同,且不等于零。这种运动情况可能吗?

答:可能。利用关系 $\vec{L}_o = \vec{L}_c + \vec{r}_c \times m\vec{v}_c$ 知,当 $v_c = 0$ 时质点系对空间任一固定点 $O$ 的动量矩都完全相同,且等于 $\vec{L}_c$。

【11-3】有两不同物体,一为均质细杆,其质量为 $m$,长为 $l$;另一为质量 $m$ 的小球,固结于长为 $l$ 的轻杆的杆端(杆重忽略不计)。两者均铰接于固定水平面上,如概念题 11-3 图所

示,并在同微小倾斜位置释放。问哪一个先到达水平位置？为什么？

答:利用定轴转动微分方程

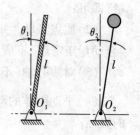

概念题 11-3 图

$$\frac{1}{3}ml^2\alpha_1 = mg\frac{l}{2}\sin\theta,\ \alpha_1 = g\frac{3}{2l}\sin\theta$$

$$ml^2\alpha_2 = mgl\sin\theta,\ \alpha_2 = g\frac{1}{l}\sin\theta。$$

$\alpha_1 > \alpha_2$,所以左边杆先到达水平位置。

【11-4】计算概念题 10-1 中图(a)(b)(d)(e)各物体对转轴的动量矩。

答:直接利用定轴转动刚体动量矩的计算公式 $J_O\omega$。

图(a),$\frac{1}{3}ml^2\omega$;

图(b),对转轴的转动惯量为 $\frac{1}{12}ml^2 + m\left(\frac{l}{6}\right)^2 = \frac{1}{9}ml^2$,所以动量矩为 $\frac{1}{9}ml^2\omega$;

图(d),对转轴的转动惯量为 $\frac{1}{12}\frac{m}{2}(2a)^2 + \frac{1}{3}\frac{m}{2}(2a)^2 = \frac{5}{6}ma^2$,动量矩为 $\frac{5}{6}ma^2\omega$;

图(e),$\frac{3}{2}mR^2\omega$。

【11-5】概念题 11-5 图示两轮的转动惯量相同。在图(a)中绳的一端挂一重物,重量等于 $P$,在图(b)中绳的一端受拉力 $F$,且 $F=P$。问两轮的角加速度是否相同？

答:不相同。研究整体,两图对转轴的动量矩不相等(图 a 包含重物的动量矩),利用对轴的动量矩定理知轮的角加速度不相同。

【11-6】如概念题 11-6 图所示,传动系统中 $J_1$、$J_2$ 为轮Ⅰ、轮Ⅱ的转动惯量,轮Ⅰ的角加速度这样计算对吗:$a_1 = \dfrac{M_1}{J_1 + J_2}$。

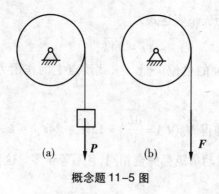

(a)　P　(b)　F

概念题 11-5 图

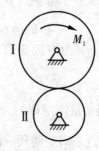

概念题 11-6 图

答:不对。这里的计算思路是研究整体,对轮Ⅰ的转轴利用动量矩定理,而轮Ⅱ的支座反力将产生外力矩,因此题中的结果不对。正确的解法应该分别研究两轮,对两转轴利用两次动量矩定理。

【注意:具有多个平行轴的传动机构,不能取整体为研究对象,必须对每一个轴分别研

究,建立动量矩定理】

【11-7】在运动学中,刚体的平面运动可分解为随基点的平移和绕基点的转动,此处的基点可以任选。在动力学中,研究刚体平面运动时却把基点选在质心上,刚体的平面运动分解为随质心的平移和绕质心的转动,此处的基点不能任选。为什么?

答:研究刚体平面运动的动力学问题时,和运动学类似,把平面运动分解为随基点的平移动力学方程和绕基点的转动动力学方程,而只有基点是质心时,平动部分才会有质心运动定理这样的简单方程形式,同时只有基点是质心时,转动部分才能写出简单的动量矩定理。否则,相应的动力学定理的表达式或者很烦琐,或者完全不能给出。

【11-8】质量为 $m$ 的均质圆盘,平放在光滑的水平面上,其受力情况如概念题11-8图所示。设开始时,圆盘静止,图中 $r=R/2$。试说明各圆盘将如何运动。

答:将力系向质心简化,得到主矢和主矩,分别利用质心运动定理和对质心的动量矩定理,主矢为0时,质心静止,主矩为0时,圆盘不转动。

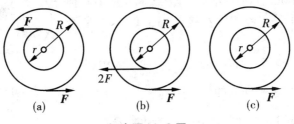

概念题 11-8 图

图(a),主矢为0,主矩逆时针转向,所以圆盘绕质心逆时针加速转动;

图(b),主矢为 $F$(向左),主矩为0,所以圆盘向左加速平动;

图(c),主矢为 $F$(向右),主矩逆时针转向,所以圆盘绕质心逆时针加速转动的同时,向右加速运动。

【知识点:质心的运动(加速度)只与外力主矢有关,转动部分(角加速度)只与外力主矩有关】

【11-9】如概念题11-9图所示,在铅垂面内,杆 $OA$ 可绕 $O$ 轴自由转动,均质圆盘可绕其质心轴 $A$ 自由转动。如 $OA$ 水平时系统为静止,问自由释放后圆盘作什么运动?

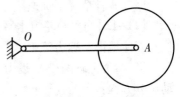

概念题 11-9 图

答:圆盘所受外力有重力和杆在 $A$ 点对圆盘的作用力,外力向质心 $A$ 简化后知主矩为0,由对质心的动量矩定理知,圆盘没有角加速度,所以圆盘随 $A$ 点一起作平动。

【11-10】无重细绳跨过不计轴承摩擦且不计质量的滑轮。两只猴子质量相同,初始静止在此细绳上,离地面高度相同。若两只猴子同时开始向上爬,且相对绳的速度大小可以相同也可以不相同,问站在地面上看两只猴子的速度如何? 在任一瞬时两只猴子离地面的高度如何? 若两只猴子开始一个向上爬,同时另一个向下爬,且相对绳的速度大小可以相同也可以不相同,问站在地面看,两只猴子的速度如何? 在任一瞬时,两只猴子离地面的高度如何?

答:研究整体系统,开始静止,对轮轴的动量矩为零,猴子对绳子的作用力为内力,不影响系统的总动量矩,即对轮轴的动量矩永远保持为零,所以两只猴子上升的绝对速度相等(否则对轮轴的动量矩之和不等于零),同时到达顶端。若加速上升,则系统总质心将有加速度,系统动量不守恒,但对轮轴仍然不产生外力矩,动量矩守恒。因此从地面看,两只猴子速度很热高度永远相同。共同上升的速度可计算如下:

设滑轮半径为 $R$,转动惯量为 $J$,猴子质量均为 $m$,左侧猴子向上爬的相对速度为 $v_1$,右侧猴子向上爬的相对速度为 $v_2$,由于两只猴子爬升的速度不同,将引起滑轮的转动,设角速度为 $\omega$(假设为顺时针),则左右侧猴子的绝对速度可表示为 $v_1 + \omega R = v_2 - \omega R$,由此求出 $\omega = \dfrac{v_2 - v_1}{2R}$,所以猴子上升的绝对速度为 $v = \dfrac{v_2 + v_1}{2}$。

【注意:动量矩定理中的速度是绝对速度,而不是猴子相对绳子爬的速度】

**【11–11】**如概念题 11–11 图所示,一半径为 $R$ 的轮在水平面上只滚动而不滑动。如不计滚动摩阻,试问在下列两种情况下,轮心的加速度是否相等?接触面的摩擦力是否相同?

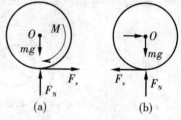

(1)在轮上作用一顺时针转向的力偶,力偶矩为 $M$;

(2)在轮心作用一水平向右的力 $F$,$F = \dfrac{M}{R}$。

概念题 11–11 图

答:受力如概念题 11–11 图,建立平面运动微分方程。

图(a),$F_s = ma$,$J_O \dfrac{a}{R} = M - F_s R$,求出

$$a = \frac{MR}{J_O + mR^2}, \quad F_s = \frac{mMR}{J_O + mR^2};$$

图(b),$F - F_s = ma$,$J_O \dfrac{a}{R} = F_s R$,再利用 $M = FR$,求出

$$a = \frac{MR}{J_O + mR^2}, \quad F_s = \frac{J_O}{R} \frac{M}{J_O + mR^2};$$

因此两种情况下加速度相同,摩擦力不相同。

**【11–12】**均质圆轮沿水平面只滚不滑,如在圆轮面内作用一水平力 $F$。问力作用于什么位置能使地面摩擦力等于零?在什么情况下,地面摩擦力能与力 $F$ 同方向?

答:参考上题图(b),设力 $F$ 的作用位置在质心 $O$ 的下方 $r$ 处,摩擦力向左,建立平面运动微分方程:

$F - F_s = ma$,$J_O \dfrac{a}{R} = F_s R - Fr$,利用 $J_O = \dfrac{1}{2} mR^2$,求出 $F_s = F \dfrac{R + 2r}{3R}$,

若摩擦力等于 0,则 $r = -\dfrac{R}{2}$,即力 $F$ 必须作用于质心 $O$ 上方 $\dfrac{R}{2}$ 处;

若摩擦力与 $F$ 同向,则 $F_s < 0$,则 $r < -\dfrac{R}{2}$,即力 $F$ 必须作用于质心 $O$ 上方 $\dfrac{R}{2}$ 以上。

【注意:本题若假设力 $F$ 作用于圆盘质心 $O$ 上方 $r$ 处建立方程,所求结果更加直观】

【11-13】如概念题 11-13 图所示，均质杆、均质圆盘质量均为 $m$，杆长为 $2R$，圆盘半径为 $R$，两者铰接于点 $A$，系统放在光滑水平面上，初始静止。现受一矩为 $M$ 的力偶作用，则下列哪些说法正确：

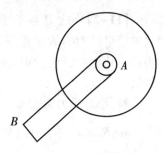

A. 如 $M$ 作用于圆盘上，则盘绕 $A$ 转动，杆不动；

B. 如 $M$ 作用于杆上，则杆绕 $A$ 转动，盘不动；

C. 如 $M$ 作用于杆上，则盘为平移；

D. 不论 $M$ 作用于哪个物体上，系统运动都一样。

概念题 11-13 图

答：研究整体，因系统初始静止，则由质心运动定理知，总质心保持静止。分别研究圆盘和杆，利用对质心的动量矩定理进行分析。如 $M$ 作用于圆盘上，则 $A$ 点不动也不受力，所以杆不动，圆盘绕 $A$ 加速转动；如 $M$ 作用于杆上，则 $A$ 点受力，圆盘质心加速运动，但对质心的矩为零，则圆盘为平移，而杆做平面运动。所以 A 和 C 正确。

【11-14】在建立平面运动微分方程求解平面运动刚体的动力学问题时，一般需建立补充方程。概念题 11-14 图中有三种情况，其（a）为圆柱沿圆柱槽作纯滚动，（b）（c）所示为 $BB_1$ 绳断开瞬时，试就此三种情况建立运动学特征量间或受力间的补充方程。

答：图（a），运动学补充方程：$a_C^t = \ddot{\theta}(R-r) = \alpha r$；

图（b），该瞬时，各点的速度为 0，$AB$ 的角速度为 0，$A$ 点的弹簧力和 $BB_1$ 断开前一样，即 $F = kd$（$d$ 为静变形）；

图（c），该瞬时，各点的速度为 0，$AB$ 的角速度为 0，$A$ 点的加速度垂直于 $AA_1$，再以 $A$ 为基点，研究 $AB$ 的质心，建立加速度关系。

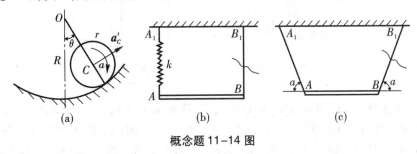

(a)　　　　　(b)　　　　　(c)

概念题 11-14 图

# 三、习题

【11-1】质量为 $m$ 的点在平面 $Oxy$ 内运动，其运动方程为 $x = a\cos\omega t$，$y = b\sin 2\omega t$，其中 $a$、$b$ 和 $\omega$ 为常量。求质点对原点 $O$ 的动量矩。

解：速度 $v_x = \dfrac{\mathrm{d}x}{\mathrm{d}t} = -a\omega\sin\omega t$，$v_y = \dfrac{\mathrm{d}y}{\mathrm{d}t} = 2b\omega\cos 2\omega t$，

动量矩为 $L_O = m(v_y x - v_x y) = 2ba\omega\cos^3\omega t$。

【注意：本题也可以用矢量形式解，$\vec{L}_O = \vec{r} \times m\vec{v} = (x\vec{i} + y\vec{j}) \times m(v_x\vec{i} + v_y\vec{j})$】

**【11-2】**小球 $M$ 系于线 $MOA$ 的一端,此线穿过一铅直小管,如题 11-2 图所示。小球绕管轴沿半径 $MC=R$ 的圆周运动,每分钟 120 转。今将线段 $AO$ 慢慢向下拉,使外面的线段缩短到 $OM_1$ 的长度,此时小球沿半径 $C_1M_1=R/2$ 的圆周运动。求小球沿此圆周每分钟的转数。

**解:**小球受力有重力和绳子的拉力,对铅垂轴 $AO$ 的矩为零,所以动量矩守恒

$$mv_0R=mv_1\frac{R}{2},\ \text{即}\ n_0R^2=n_1(\frac{R}{2})^2,n_1=480\ \text{r/min}。$$

**【11-3】**题 11-3 图示小球 $A$,质量为 $m$,连接在长 $l$ 的无重杆 $AB$ 上,放在盛有液体的容器中。杆以初角速度 $\omega_0$ 绕 $O_1O_2$ 轴转动,小球受到与速度反向的液体阻力 $F=km\omega$,$k$ 为比例常数。问经过多少时间角速度 $\omega$ 成为初角速度的一半?

**解:**对 $O_1O_2$ 轴利用动量矩定理(或定轴转动微分方程)

$$ml^2\frac{d\omega}{dt}=-km\omega l,\ \text{积分得}\ \int_{\omega_0}^{\omega}\frac{1}{\omega}d\omega=\int_0^t-\frac{k}{l}dt,$$

$$\omega=\frac{\omega_0}{2}\ \text{时}\ t=\frac{l}{k}\ln2。$$

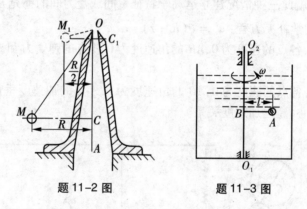

题 11-2 图　　　题 11-3 图

**【11-4】**无重杆 $OA$ 以角速度 $\omega_0$ 绕 $O$ 轴转动,质量 $m=25$ kg、半径 $R=200$ mm 的均质圆盘以三种方式安装于 $OA$ 杆的 $A$ 点,如题 11-4 图所示。在图(a)中,圆盘与 $OA$ 杆焊接在一起;在图(b)中,圆盘与 $OA$ 杆在 $A$ 点铰接,且相对 $OA$ 杆以角速度 $\omega_r$ 逆时针向转动;在图(c)中,圆盘相对 $OA$ 杆以角速度 $\omega_r$ 顺时针转动,已知 $\omega_0=\omega_r=4$ rad/s,计算在此三种情况下,圆盘对 $O$ 轴的动量矩。

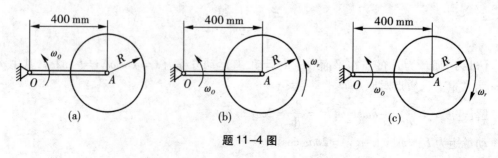

题 11-4 图

**解**:图(a),圆盘定轴转动,$L_O = J_O\omega_0 = \left(\frac{1}{2}mR^2 + mOA^2\right)\omega_0 = 18 \text{ kg} \cdot \text{m}^2/\text{s}$;

图(b),圆盘平面运动,$L_O = L_A + OAmv_A = \frac{1}{2}mR^2 \times (\omega_0 + \omega_r) + OA \times m \times \omega_0 OA = 20 \text{ kg} \cdot \text{m}^2/\text{s}$;

图(c),圆盘平动,$L_O = OAmv_A = OA \times m \times \omega_0 OA = 16 \text{ kg} \cdot \text{m}^2/\text{s}$。

**【11-5】**两球 $C$ 和 $D$ 的质量均为 $m$,用直杆连接,并将其中点 $O$ 固结在铅直轴 $AB$ 上,杆与轴的交角为 $\theta$,如题 11-5 图所示。如此杆绕 $AB$ 轴以角速度 $\omega$ 转动,求在下列情况下,质点系对 $AB$ 轴的动量矩:(1)杆重忽略不计;(2)杆为均质杆,质量为 $2m$。

**解**:质点系作定轴转动,$L_O = J_O\omega$。

(1)$J_O = 2m(l\sin\theta)^2, L_O = 2m\omega(l\sin\theta)^2$;

(2)$J_O = 2m(l\sin\theta)^2 + 2\int_0^l (x\sin\theta)^2(m/l)\,dx = \frac{8}{3}m(l\sin\theta)^2, L_O = \frac{8}{3}m\omega(l\sin\theta)^2$。

**【11-6】**如题 11-6 图所示,质量为 $m$ 的偏心轮在水平面上作平面运动。轮子轴心为 $A$,质心为 $C$,$AC = e$;轮子半径为 $R$,对轴心 $A$ 的转动惯量为 $J_A$;$C$、$A$、$B$ 三点在同一铅直线上。(1)当轮子只滚不滑时,若 $v_A$ 已知,求轮子的动量和对地面上 $B$ 点的动量矩;(2)当轮子又滚又滑时,若 $v_A$、$\omega$ 已知,求轮子的动量和对地面上 $B$ 点的动量矩。

**解**:圆盘作平面运动,动量 $p = mv_C$,

动量矩 $L_B = L_C + (R+e)mv_C = J_C\omega + (R+e)mv_C = (J_A - me^2)\omega + (R+e)mv_C$。

(1)$v_C = \frac{v_A}{R}(R+e), p = \frac{mv_A(R+e)}{R}$,

$L_B = (J_A - me^2)\frac{v_A}{R} + (R+e)m\frac{v_A}{R}(R+e) = \left(J_A - me^2 + m(R+e)^2\right)\frac{v_A}{R}$;

(2)$v_C = v_A + \omega e, p = m(v_A + \omega e)$,

$L_B = (J_A - me^2)\omega + (R+e)m(v_A + \omega e) = (J_A + mRe)\omega + m(R+e)v_A$。

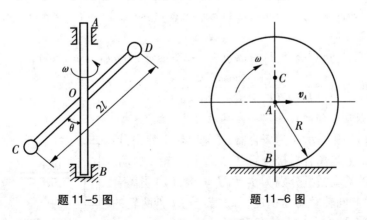

题 11-5 图　　　　　　题 11-6 图

**【11-7】**一半径为 $R$、质量 $m_1$ 的均质圆盘,可绕通过其中心 $O$ 的铅直轴无摩擦地旋转,如题 11-7 图所示。一质量为 $m_2$ 的人在盘上由点 $B$ 按规律 $s = \frac{1}{2}at^2$ 沿半径为 $r$ 的圆周行走。开始时圆盘和人静止。求圆盘的角速度和角加速度。

解:扫码进入。

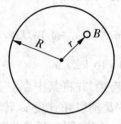

题 11-7 图　　　　题 11-7

【11-8】题 11-8 图示水平圆板可绕 $z$ 轴转动。在圆板上有一质点 $M$ 作圆周运动,已知其速度的大小为常量 $v_0$,质点 $M$ 的质量为 $m$,圆的半径为 $r$,圆心到 $z$ 轴的距离为 $l$,$M$ 点在圆板上的位置由 $\varphi$ 角确定,如图所示。如圆板的转动惯量为 $J$,并且当点 $M$ 离 $z$ 轴最远在点 $M_0$ 时,圆板的角速度为零。轴的摩擦和空气阻力略去不计,求圆板的角速度与 $\varphi$ 角的关系。

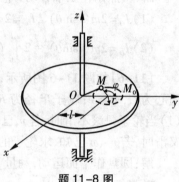

题 11-8 图

解:研究圆盘和质点 $M$ 组成的整体系统(受力未画),外力对轴 $z$ 的矩为零,动量矩守恒。

初始时刻的动量矩为 $mv_0(l+r)$,

任意位置 $\varphi$ 的动量矩为圆盘的动量矩 $J\omega$ 和质点动量矩的叠加,若以质点为动点,圆盘为动系,质点动量矩等于相对速度的动量矩与牵连速度动量矩相加。

牵连速度动量矩为

$$m\omega OM^2 = m\omega(r^2+l^2+2rl\cos\varphi),$$

相对速度动量矩(分别计算 $x$、$y$ 方向的分速度)为

$$(mv_0\cos\varphi)(l+r\cos\varphi)+(mv_0\sin\varphi)(r\sin\varphi)=mlv_0\cos\varphi+mv_0r,$$

所以动量矩守恒

$$mv_0(l+r)=J\omega+m\omega(r^2+l^2+2rl\cos\varphi)+mlv_0\cos\varphi+mv_0r,$$

求得角速度为 $\omega=\dfrac{ml(1-\cos\varphi)v_0}{J+m(l^2+r^2+2rl\cos\varphi)}$。

【注意:本题动量矩的计算有一定的技巧性,注意掌握】

【11-9】题 11-9 图示 $A$ 为离合器,开始时轮 2 静止,轮 1 具有角速度 $\omega_0$。当离合器接合后,依靠摩擦使轮 2 启动。已知轮 1 和 2 的转动惯量分别为 $J_1$ 和 $J_2$。求:(1)当离合器接合后,两轮共同转动的角速度;(2)若经过 $t$ 秒两轮的转速相同,求离合器应有多大的摩擦力矩。

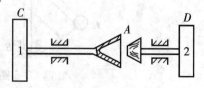

题 11-9 图

解:(1)研究轮 1 和轮 2 组成的整体系统(受力未画),对轴的动量矩守恒

$$J_1\omega_0=(J_1+J_2)\omega,解得 \omega=\frac{J_1}{J_1+J_2}\omega_0。$$

（2）研究轮 2，利用动量矩定理（或定轴转动微分方程）$J_2 \dfrac{\mathrm{d}\omega}{\mathrm{d}t} = M_f$，积分得

$$J_2\omega = M_f t,\quad M_f = \frac{J_1 J_2 \omega_0}{(J_1 + J_2)t}。$$

【注意：第（2）步也可以研究轮 1】

【11-10】题 11-10 图示直升机的机箱对 $z$ 轴的转动惯量 $J = 15\ 680\ \mathrm{kg \cdot m^2}$，主叶桨对 $z$ 轴的转动惯量 $J' = 980\ \mathrm{kg \cdot m^2}$，已知 $z$ 轴铅垂，主叶桨水平，尾桨的旋转平面铅垂且通过 $z$ 轴，$l = 5.5\ \mathrm{m}$，$C$ 为机箱的重心。

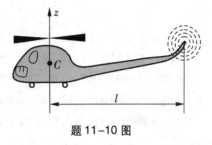

题 11-10 图

（1）试求主叶桨相对于机箱的转速由 $n_0 = 200\ \mathrm{r/min}$（此时机箱没有旋转）增至 $n_1 = 250\ \mathrm{r/min}$ 时，机箱的转速（大小和转向）；

（2）如上述匀加速过程共经历 5 s，若使机箱保持不转动，则可通过开动尾桨来实现，问加在尾部的力应当多大？

**解：**（1）忽略空气阻力，主叶桨的升力平行于 $z$ 轴，对 $z$ 轴动量矩守恒。设机箱的转速 $n$ 与主叶桨相反，则

$$n_0 J' = (n_1 - n)J' - nJ，$$

求得 $n = \dfrac{n_1 - n_0}{J' + J}J' = 2.94\ \mathrm{r/min}$。

（2）尾桨旋转导致空气沿尾桨轴线方向的作用力 $F$，对 $z$ 轴利用动量矩定理

$$J' \frac{\pi}{30} \frac{n_1 - n_0}{5} = Fl，则 J' = \frac{\pi}{30} \frac{n_1 - n_0}{5l} = 186.59\ \mathrm{N}。$$

【11-11】电动绞车提升一质量为 $m$ 的物体 $A$，在其主动轴上有不变的力矩 $M$。已知主动轴与从动轴和连同安装在这两轴上的齿轮以及其他附属零件的转动惯量分别为 $J_1$ 和 $J_2$，传动比 $z_2 : z_1 = k$，绳索缠绕在半径为 $R$ 的鼓轮上。如题 11-11 图所示，设轴承的摩擦以及绳索的质量均略去不计，求物体 $A$ 的加速度。

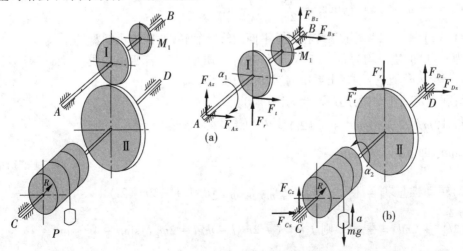

题 11-11 图

**解**:分别研究 $AB$ 和 $CD$ 轴和及其他附属零件,受力如图。分别利用定轴转动微分方程和动量矩定理

$$J_1\alpha_1 = M - F_t r_1, \quad (J_2 + mR^2)\alpha_2 = F_t' r_2 - mgR,$$

利用传动比 $k = \dfrac{z_2}{z_1} = \dfrac{r_2}{r_1} = \dfrac{\omega_1}{\omega_2} = \dfrac{\alpha_1}{\alpha_2}$ 联立求得 $\alpha_2 = \dfrac{kM - mgR}{k^2 J_1 + J_2 + mR^2}$,则重物的加速度

$$a = \alpha_2 R = \frac{kM - mgR}{k^2 J_1 + J_2 + mR^2} R。$$

**【11-12】** 如题 11-12 图所示,为求半径 $R = 0.5$ m 的飞轮 $A$ 对于通过其重心轴的转动惯量,在飞轮上绕以细绳,绳的末端系一质量为 $m_1 = 8$ kg 的重锤,重锤自高度 $h = 2$ m 处落下,测得落下时间 $t_1 = 16$ s。为消去轴承摩擦的影响,再用质量为 $m_2 = 4$ kg 的重锤作第二次试验,此重锤自同一高度落下的时间为 $t_2 = 25$ s。假定摩擦力矩为一常数,且与重锤的重量无关,求飞轮的转动惯量和轴承的摩擦力矩。

**解**:研究整体系统,设两次质量下落的加速度为 $a_1$ 和 $a_2$,

则有 $h = \dfrac{1}{2} a_1 t_1^2 = \dfrac{1}{2} a_2 t_2^2$,对转轴 $A$ 利用动量矩定理

$$(J + m_1 R^2)\frac{a_1}{R} = -M + m_1 gR, \quad (J + m_2 R^2)\frac{a_2}{R} = -M + m_2 gR,$$

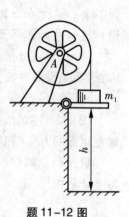

题 11-12 图

联立解得 $J = 1\,059.6$ kg $\cdot$ m$^2$, $M = 6.024$ N $\cdot$ m。

**【11-13】** 通风机的转动部分以初角速度 $\omega_0$ 绕中心轴转动,空气的阻力矩与角速度成正比,即 $M = k\omega$,其中 $k$ 为常数。如转动部分对其轴的转动惯量为 $J$,问经过多少时间其转动角速度减少为初角速度的一半?又在此时间内共转过多少转?

**解**:对转轴利用动量矩定理(或定轴转动微分方程) $J\dfrac{\mathrm{d}\omega}{\mathrm{d}t} = -k\omega$,

积分 $J\displaystyle\int_{\omega_0}^{\omega} \frac{1}{\omega}\mathrm{d}\omega = \int_0^t -k\mathrm{d}t$, $\omega = \omega_0 e^{-kt/J}$,再积分得 $\varphi = \dfrac{J\omega_0}{k}(1 - e^{-kt/J})$,

当 $\omega = \dfrac{1}{2}\omega_0$ 时 $t = \dfrac{J}{k}\ln 2, n = \dfrac{\varphi}{2\pi} = \dfrac{J}{4\pi k}\omega_0$。

**【11-14】** 题 11-14 图示系统在铅垂平面内绕 $A$ 轴转动,四个小圆盘(可视为质点)的质量均为 $m$。(1)若不计各杆的质量;(2)若四根均质杆的质量均为 $m$。试分别写出系统的运动微分方程。

**解**:利用定轴转动微分方程,受力图(略)。

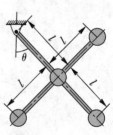

题 11-14 图

(1) $[2m(\sqrt{2}l)^2 + ml^2 + m(2l)^2]\ddot{\theta} = (-2mgl - mgl - 2mgl)\sin\theta$, 即 $\ddot{\theta} = -\dfrac{5g}{9l}\sin\theta$;

(2)转动惯量 $J_A = [2m(\sqrt{2}l)^2 + ml^2 + m(2l)^2] + \dfrac{1}{3}2m(2l)^2 +$

$\dfrac{1}{12}2m(2l)^2 + 2ml^2 = \dfrac{43}{3}ml^2$,则 $J_A\ddot{\theta} = (-2mgl - mgl - 2mgl)\sin\theta - 4mgl\sin\theta$,

即 $\ddot{\theta} = -\dfrac{27g}{43l}\sin\theta$。

【11-15】两个半径为 $r=75$ mm 的均质圆盘 $A$ 和 $B$，质量均为 4 kg，它们与小电动机 $D$ 安装在质量为 6 kg 的矩形平台上，该平台可绕中心铅垂轴 $z$ 旋转，如题 11-15 图所示。小电动机的正常转速为 180 r/min。若电动机从系统静止开始运转，假定系统的润滑状态是良好的，并略去电动机的质量。试求下列三种情况下电动机达到正常运转后，系统各部件的转速。(1)胶带平行布置；(2)胶带拆去；(3)胶带绕成 8 字形。

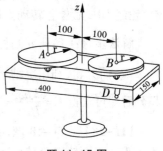

题 11-15 图

**解:** 设圆盘 $A$ 和 $B$、电动机和平台的转速分别为 $n_A$、$n_B$、$n_D$ 和 $n$，为便于分析，均假设为绕 $z$ 轴正向旋转。圆盘 $A$ 和 $B$、平台对自己转轴的转动惯量分别为

$$J_A = J_B = \frac{1}{2}mr^2 = 0.011 \ \text{kgm}^2,$$

$$J = \frac{\sqrt{0.4^2 + 0.15^2}}{12} \times 6 = 0.091 \ \text{kgm}^2$$

研究整体，对 $z$ 轴动量矩守恒

$$Jn + J_A n_A + m_A l^2 n + J_B n_B + m_B l^2 n = 0,$$

(1) $n_A = n_B = n + n_D$，求得

$$n = -\frac{J_A + J_B}{J + J_A + J_B + m_A l^2 + m_B l^2}n_D = -20.9 \ \text{r/min}, \quad n_A = n_B = 159.1 \ \text{r/min}。$$

(2) $n_A = 0, n_B = n_D + n$，求得

$$n = -\frac{J_B}{J + J_B + m_A l^2 + m_B l^2}n_D = -11.1 \ \text{r/min}, \quad n_B = 168.9 \ \text{r/min}。$$

(3) $n_A - n = -(n_B - n), n_B = n + n_D$，求得

$$n = 0, \quad n_B = -n_A = 180 \ \text{r/min}。$$

【11-16】题 11-16 图示离心式空气压缩机的转速 $n = 8\ 600$ r/min，体积流量为 $q_v = 370$ m³/min，空气密度 $\rho = 1.16$ kg/m³，第一级叶轮气道进口直径为 $D_1 = 0.335$ m，出口直径为 $D_2 = 0.6$ m。气流进口绝对速度 $v_1 = 109$ m/s，与切线成角度 $\theta_1 = 90°$；气流出口绝对速度 $v_2 = 183$ m/s，与切线成角度 $\theta_2 = 21°30'$。试求这一级叶轮的转矩。

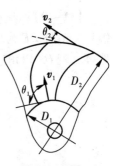

题 11-16 图

**解:** 在时间 $\mathrm{d}t$ 内流动空气的质量为 $\mathrm{d}m = \theta_v \rho \mathrm{d}t$，对转轴动量矩的变化量为

$$\mathrm{d}L = \mathrm{d}m v_2 \cos\theta_2 \frac{D_2}{2} = m v_2 \cos\theta_2 \frac{D_2}{2}\theta_v \rho \mathrm{d}t,$$

代入动量矩定理即得转矩

$$M = \frac{\mathrm{d}L}{\mathrm{d}t} = m v_2 \cos\theta_2 \frac{D_2}{2}\theta_v \rho = 365.39 \ \text{N} \cdot \text{m}。$$

【**11-17**】质量为 100 kg、半径为 1 m 的均质圆轮,以转速 $n = 120$ r/min 绕 $O$ 轴转动,如题 11-17 图所示。设有一常力 $F$ 作用于闸杆,轮经 10 s 后停止转动。已知摩擦系数 $f=0.1$,求力 $F$ 的大小。

**解法步骤:**(1)研究闸杆,求出杆对轮的压力 $F_N = \dfrac{7}{3}F$;

(2)研究轮,利用定轴转动微分方程 $Ja = -F_N fR$,利用初始条件对 $a$ 积分后即可求得 $F = \dfrac{3J\omega}{7fRt} = 269.3$ N。

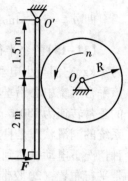

题 11-17 图

【**11-18**】题 11-18 图所示两带轮的半径各为 $R_1$ 和 $R_2$,其质量各为 $m_1$ 和 $m_2$,两轮以胶带相连接,各绕两平行的固定轴转动。如在第一个带轮上作用矩为 $M$ 的主动力偶,在第二个带轮上作用矩为 $M'$ 的阻力偶。带轮可视为均质圆盘,胶带与轮间无滑动,胶带质量略去不计。求第一个带轮的角加速度。

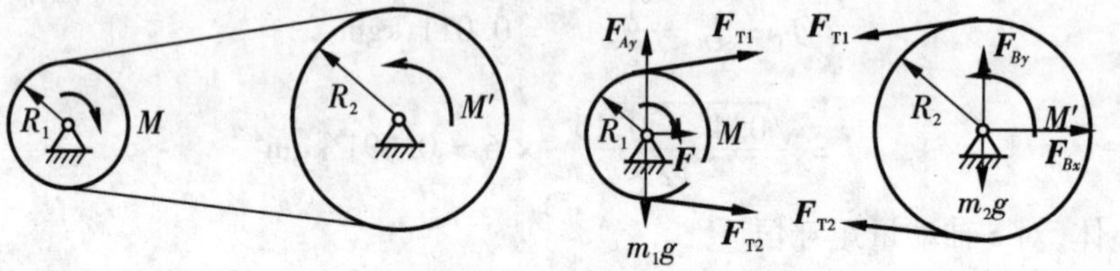

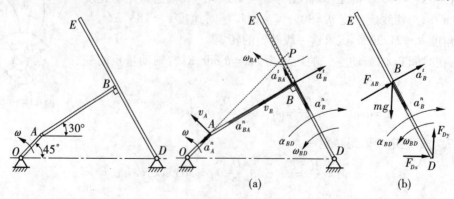

题 11-18 图

**解:**分别研究两轮,应用定轴转动微分方程得

$$J_1 a_1 = M + F_{T1}R_1 - F_{T2}R_1,\quad J_2 a_2 = -M' - F_{T1}R_2 + F_{T2}R_2,$$

由运动学传动比的概念知 $\dfrac{\alpha_1}{\alpha_2} = \dfrac{R_2}{R_1}$,联立解得

$$\alpha_1 = \frac{R_2(R_2M - R_1M')}{R_2^2 J_1 + R_1^2 J_2} = \frac{2(R_2M - R_1M')}{R_1^2 R_2(m_1 + m_2)}。$$

【**注意:不能研究整体**】

【**11-19**】四连杆机构如题 11-19 图所示。已知:$OA = 0.06$ m,$AB = 0.18$ m,$DB = BE = 0.153$ m;杆 $DE$ 为均质细杆,质量 $m = 10$ kg,杆 $OA$ 和 $AB$ 的质量可以略去不计,并忽略一切摩擦。若 $OA$ 以角速度 $\omega = 6\pi$ rad/s 匀速转动。求图示位置连杆 $AB$ 及铰链 $D$ 的约束力。

(a)

(b)

题 11-19 图

**解：**(1)运动分析如图(a)。$AB$ 的瞬心在 $P$。

$$\omega_{AB} = \frac{v_A}{PA} = \frac{\omega OA\cos 15°}{AB}, \quad v_B = \omega_{AB}PB = \omega OA\sin 15°,$$

以 $A$ 为基点研究 $B$，求得

$$a_B^t = -a_A^n\cos 15° - a_{BA}^n, \quad \alpha_{BD} = \frac{a_B^t}{BD} = \frac{-a_A^n\cos 15° - a_{BA}^n}{BD}。$$

(2)$BD$ 受力如图(b)，建立定轴转动微分方程和质心运动定理

$$\frac{1}{3}mDE^2\alpha_{BD} = F_{AB}BD - mgBD\sin 30°,$$

$$m(a_B^t\cos 30° + a_B^n\sin 30°) = F_{Dx} + F_{AB}\cos 30°,$$

$$m(a_B^t\sin 30° - a_B^n\cos 30°) = F_{Dy} + F_{AB}\sin 30° - mg。$$

解得

$$F_{AB} = -313.96 \text{ N}, \quad F_{Dx} = 38.95 \text{ N}, \quad F_{Dy} = 114.02 \text{ N}。$$

**【11-20】**长为 $l$ 重为 $P$ 的均质杆 $AB$，在 $A$ 和 $D$ 处用销钉连在圆盘上，如题 11-20 图所示。设圆盘在铅垂面内以等角速度 $\omega_0$ 顺时针转动，当杆 $AB$ 位于水平位置瞬时，销钉 $D$ 突然被抽掉，因而杆 $AB$ 可绕点 $A$ 自由转动。试求销钉 $D$ 被抽掉瞬时，杆 $AB$ 的角加速度和销钉 $A$ 处的约束力。

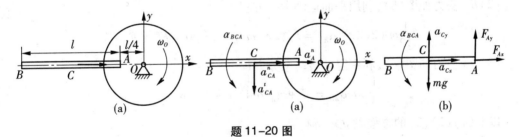

题 11-20 图

**解：**(1)运动分析。以 $A$ 为基点研究 $C$，加速度如图(a)。

$$\omega_{AB} = \omega_0, \quad a_A^n = \omega_0^2\frac{l}{4}, \quad a_{CA}^n = \omega_{AB}^2\frac{l}{2} = \omega_0^2\frac{l}{2}, \quad a_{CA}^t = \alpha_{BCA}\frac{l}{2},$$

$$a_C^x = a_A^n + a_{CA}^n = \omega_0^2\frac{3l}{4}, \quad a_C^y = -a_{CA}^t = -\alpha_{BCA}\frac{l}{2};$$

(2)$BA$ 受力如图(b)，利用平面运动微分方程

$$\frac{1}{12}\frac{P}{g}l^2\alpha_{BCA} = F_{Ay}\frac{l}{2}, \quad ma_C^x = F_{Ax}, \quad ma_C^y = F_{Ay} - mg,$$

解得

$$\alpha_{BCA} = \frac{3g}{2l}, \quad F_{Ax} = \frac{3P}{4g}\omega_0^2 l, \quad F_{Ay} = \frac{P}{4}。$$

**【11-21】**题 11-21 图示平面机构处于水平面内，均质杆 $OA$ 质量为 $m$，长为 $r$，可绕固定较支座 $O$ 作定轴转动，并通过较链 $A$ 带动长为 $2\sqrt{2}r$，质量也为 $m$ 的均质杆 $AB$ 沿套筒 $D$ 滑动。初始系统处于静止，$OA \perp OD$，且 $OA = OD = r$，摩擦不计，若在杆 $OA$ 上施加矩为 $M$ 逆时针

方向的力偶,试求施加力偶瞬时杆 $AB$ 的角加速度和套筒 $D$ 处的约束力。

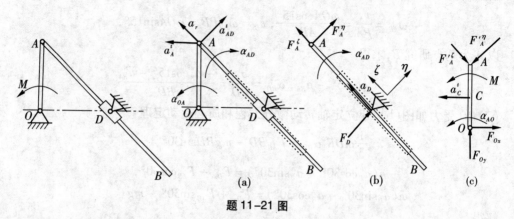

题 11-21 图

**解:**(1)运动分析。以 $A$ 为动点,套筒为动系,初始静止,各法向加速度均为零,科氏加速度也为零。加速度如图(a)。

$$\vec{a}_A^t = \vec{a}_r + \vec{a}_e(\vec{a}_{AD}^t),\ 则\ a_A^t\cos45° = a_{AD}^t,\ a_A^t\sin45° = a_r,\ 即$$

$$\alpha_{AO} = -2\alpha_{AD},\ \sqrt{2}r\alpha_{AO} = 2a_r\ ;$$

(2)$BA$ 受力如图(b),利用平面运动微分方程

$$\frac{1}{12}m\left(2\sqrt{2}r\right)^2\alpha_{AD} = F_A^\eta\sqrt{2}r,\ ma_D = F_A^\zeta,\ 0 = F_A^\eta + F_D\ ;$$

(3)$OA$ 受力如图(c),利用定轴转动微分方程

$$\frac{1}{3}mr^2\alpha_{AO} = M + F_A^\eta\cos45°r - F_A^\zeta\sin45°r\ ;$$

以上(1)(2)(3)的方程联立求解得到

$$\alpha_{AO} = \frac{M}{mr^2},\ \alpha_{AD} = -\frac{M}{2mr^2}\ F_D = \frac{\sqrt{2}\,M}{6r}。$$

**【11-22】**为求刚体对于通过重心 $G$ 的轴 $AB$ 的转动惯量,用两杆 $AD$、$BE$ 与刚体牢固连接,并借两杆将刚体活动地挂在水平轴 $DE$ 上,如题 11-22 图所示。$AB$ 轴平行于 $DE$,然后使刚体绕 $DE$ 轴作微小摆动,求出振动周期 $T$。如果物体的质量为 $m$,轴 $AB$ 与 $DE$ 间的距离为 $h$,杆 $AD$ 和 $BE$ 的质量忽略不计。求刚体对 $AB$ 轴的转动惯量。

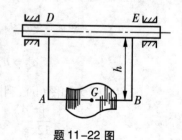

题 11-22 图

**解:**研究整体系统,设微幅摆角为 $\varphi$,对 $DE$ 轴利用定轴转动微分方程得

$$J_{DE}\ddot{\varphi} = -mgh\sin\varphi,\ 即\ \left(J_{AB} + mh^2\right)\ddot{\varphi} + mgh\varphi = 0,$$

由此方程知,摆动的周期为 $T = 2\pi\sqrt{\dfrac{J_{AB} + mh^2}{mgh}}$,

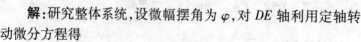

所以 $J_{AB} = mgh\left(\dfrac{T^2}{4\pi^2} - \dfrac{h}{g}\right)$。

【11-23】均质杆 $AB$ 和 $BD$ 长均为 $l$ 质量均为 $m$，$A$ 和 $B$ 点铰接，在题 11-23 图示位置平衡，现在 $D$ 端作用一水平力 $F$，求此瞬时两杆的角加速度。

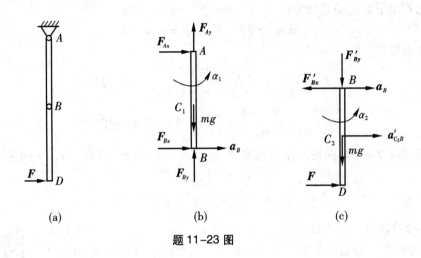

题 11-23 图

**解:**(1)研究 $AB$,受力及运动分析如图(b)。则有

$$J_A\alpha_1 = F_{Bx}l, \quad a_B = \alpha_1 l,$$

(2)研究 $BD$,受力及运动分析如图(c)。

运动分析以 $B$ 为基点研究 $C_2$,则有 $a_{C_{2x}} = a^t_{C_2B} + a_B = \alpha_2\dfrac{l}{2} + a_B$,

平面运动微分方程

$$ma_{C_{2x}} = F - F'_{Bx}, \quad J_{C_2}\alpha_2 = (F + F'_{Bx})\dfrac{l}{2},$$

联立解得

$$\alpha_1 = -\dfrac{6F}{7ml}(\text{顺时针}), \quad \alpha_2 = \dfrac{30F}{7ml}(\text{逆时针})。$$

【11-24】题 11-24 图示鼓轮 $A$ 放在齿条 $B$ 上,齿条放在光滑地面上,绳索水平。已知 $R = 1$ m,$r = 0.6$ m,$m_A = 200$ kg,轮对质心 $C$ 的回转半径 $\rho = 0.8$ m,$m_B = 100$ kg,$F = 1\,500$ N,初始静止。求(1)绳子拉力;(2)鼓轮的运动方向及在 5 s 内转过的圈数。

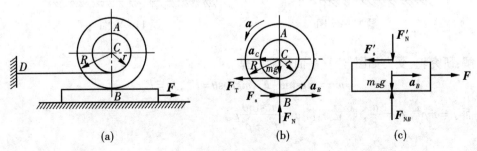

题 11-24 图

**解**:研究齿条,受力如图(c),列方程

$$m_B a_B = F - F'_s$$

研究轮,受力及运动分析如图(b),以 B 为基点研究 C,则有

$$a_C = a^t_{CB} - a_B, \quad 即 \ \alpha r = \alpha R - a_B, \quad 所以 \ a_B = \alpha(R - r),$$

对轮列出平面运动微分方程

$$m_A a_C = F_T - F_s, \quad J_C \alpha = F_s R - F_T r$$

联立解得

$$F_T = \frac{m_A(\rho^2 + Rr)F}{m_A(\rho^2 + r^2) + m_B(R + r)^2} = 1\ 722\ \text{N},$$

$$\alpha = \frac{F_T - F}{m_A r - m_B(R - r)} = 2.78\ \text{rad/s}^2(逆时针)$$

因角加速度 $\alpha > 0$,则轮向左加速滚动,$a_C = \alpha r = 1.67\ \text{m/s}^2$(向左),5 s 内转过的圈数

$$n = \frac{\varphi}{2\pi} = \frac{\frac{1}{2}\alpha t^2}{2\pi} = 5.53。$$

【11-25】如题 11-25 图所示,质量 $m = 3$ kg 且长度 $ED = EA = 200$ mm 的直角弯杆,在 D 点铰接于加速运动的板上。为了防止杆的转动,在板上 A、B 两点固定两个光滑螺栓,整个系统位于铅垂面内,板沿直线轨道运动。

(1)若板的加速度 $a = 2g$($g$ 为重力加速度),求螺栓 A 或 B 及铰 D 给予弯杆的力;

(2)若弯杆在 A、B 处均不受力,求板的加速度 $a$ 及铰 D 给予弯杆的力。

题 11-25

**解**:扫码进入。

【11-26】如题 11-26 图所示,有一轮子,轴的直径为 50 mm,无初速地沿倾角 $\theta = 20°$ 的轨道滚下,设只滚不滑,5 秒内轮心滚过的距离为 $s = 3$ m。试求轮子对轮心的惯性半径

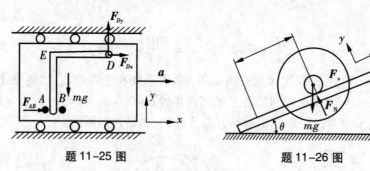

题 11-25 图 题 11-26 图

**解**:研究轮,受力如图,建立平面运动方程

$$ma = mg\sin\theta - F_s, \quad mg\cos\theta = F_N, \quad J\alpha = F_s r,$$

而 $J = m\rho^2$,$\alpha = \dfrac{a}{r}$,联立解得 $a = \dfrac{r^2\sin\theta}{r^2 + \rho^2}g$。

因加速度为常量,初始静止,可得 $s = \frac{1}{2}at^2 = \frac{1}{2}\frac{r^2\sin\theta}{r^2+\rho^2}gt^2$,

代入数据求出 $r = 90.02$ mm。

【注:本题可用"动能定理"解】

【11-27】重物 $A$ 质量为 $m_1$,系在绳子上,绳子跨过不计质量的固定滑轮 $D$,并绕在鼓轮 $B$ 上,如题 11-27 图所示。由于重物下降,带动了轮 $C$,使它沿水平轨道滚动而不滑动。设鼓轮半径为 $r$,轮 $C$ 的半径为 $R$,两者固连在一起,总质量为 $m_2$,对于其水平轴 $O$ 的回转半径为 $r$。求重物 $A$ 的加速度。

**解:**(1)研究 $A$,受力如图,建立微分方程

$$m_1 a = m_1 g - F_T,\ 求出\ F_T = m_1 g - m_1 a;$$

(2)研究轮,受力如图。

轮作平动运动,设轮心的加速度为 $a_O$,$B$ 点的切向加速度为 $a$,由运动学的概念知,轮的角加速度 $\alpha = \dfrac{a_O}{R}$,以 $O$ 为基点研究 $B$,求得加速度 $a = \dfrac{R+r}{R}a_O$。

建立平动运动微分方程

$$m_2 a_O = F'_T - F_s,\ m_2\rho^2\alpha = F_s R + F'_T r$$

联立解得
$$a = \frac{m_1(R+r)^2}{m_2(R^2+\rho^2)+m_1(R+r)^2}g。$$

【11-28】均质圆柱体 $A$ 的质量为 $m$,在外圆上绕以细绳,绳的一端 $B$ 固定不动,如题 11-28 图所示。圆柱体因重力而下降,其初速为零。求当圆柱体的轴心降落了高度 $h$ 时轴心的速度和绳子的张力。

**解:**研究圆柱体,受力如图,建立平面运动方程

$$ma = mg - F_T,\ J_A a = F_T R,$$

而 $J_A = \dfrac{1}{2}mR^2$,$\alpha = \dfrac{a}{R}$,联立解得 $F_T = \dfrac{1}{3}mg$,$a = \dfrac{2}{3}g$。

因加速度为常量,初始静止,可求得速度为

$$v = \sqrt{2ah} = \frac{2}{3}\sqrt{3gh}。$$

【注:本题可用"动能定理"解】

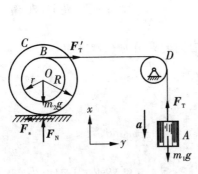
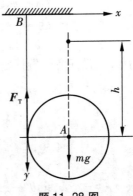

题 11-27 图　　　　　　　　题 11-28 图

【**11-29**】图示两小球 $A$ 和 $B$，质量分别为 $m_A = 2$ kg，$m_B = 1$ kg，用 $AB = l = 0.6$ m 的杆连接。在初瞬时，杆在水平位置，$B$ 不动，而 $A$ 的速度 $v_A = 0.6\pi$ m/s，方向铅直向上，如题 11-29 图所示。杆的质量和小球的尺寸忽略不计。求：(1)两小球在重力作用下的运动；(2)在 $t = 2$ s 时，两小球相对于定坐标系 $Axy$ 的位置；(3)$t = 2$ s 时杆轴线方向的内力。

**解**：研究整体，受力如图。由质心计算公式可求出质心的位置 $AC = 0.2$ m。

设角加速度为 $a$(顺时针)，建立平面运动微分方程

$$(m_A + m_B)\ddot{y}_C = -(m_A + m_B)g, \ddot{x}_C = 0, J_C\alpha = 0.4m_Bg - 0.2m_Ag,$$

运动初始条件为

$$x_C = 0.2 \text{ m}, y_C = 0, \dot{x}_C = 0, \dot{y}_C = \frac{2}{3}v_A = 0.4 \text{ pm/s}, \varphi = 0, \dot{\varphi} = \frac{v_A}{l} = \pi \text{rad/s},$$

(1)积分得运动方程 $x_C = 0.2$ m，$y_C = 0.4\pi t - 0.5gt^2$，$\varphi = \pi t$；

(2)$t = 2$ s 时，$x_C = 0.2$ m，$y_C = -17.1$ m，$\varphi = 2\pi$(水平位置)；

(3)整体水平方向质心运动守恒，即质心 $C$ 作铅垂直线运动。在任意位置写出 $A$ 的运动方程($x$ 方向)

$$x_A = 0.2 - 0.2\cos\varphi = 0.2 - 0.2\cos\pi t$$

求导得加速度 $\ddot{x}_A = 0.2\pi^2\cos\pi t$。$t = 2$ s 时，$\varphi = 2\pi$，$A$ 受力如图，利用质点运动微分方程得

$$F = m\ddot{x}_A = 3.95 \text{ N}。$$

【**11-30**】题 11-30 图示均质杆 $AB$ 长为 $l$，放在铅直平面内，杆的一端 $A$ 靠在光滑的铅直墙上，另一端 $B$ 放在光滑的水平地板上，并与水平面成 $\varphi_0$ 角。此后，令杆由静止状态倒下。求：(1)杆在任意位置时的角加速度和角速度；(2)当杆脱离墙时，此杆与水平面的夹角

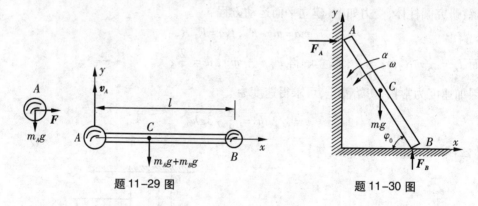

题 11-29 图　　　题 11-30 图

**解**：$AB$ 受力如图，设任意位置杆与铅垂方向的夹角为 $\theta$，建立质心 $C$ 的运动方程

$$x_C = \frac{l}{2}\sin\theta, y_C = \frac{l}{2}\cos\theta,$$

求导得

$$\dot{x}_C = \frac{l}{2}\omega\cos\theta, \dot{y}_C = -\frac{l}{2}\omega\sin\theta,$$

$$\ddot{x}_C = -\frac{l}{2}\omega^2\sin\theta + \frac{l}{2}\alpha\cos\theta, \ddot{y}_C = -\frac{l}{2}\omega^2\cos\theta - \frac{l}{2}\alpha\sin\theta,$$

建立平面运动微分方程

$$F_A = m\ddot{x}_C = -\frac{ml}{2}\omega^2\sin\theta + \frac{ml}{2}\alpha\cos\theta,$$

$$F_B - mg = m\ddot{y}_C = -\frac{ml}{2}\omega^2\cos\theta - \frac{ml}{2}\alpha\sin\theta,$$

$$\frac{1}{12}ml^2\alpha = F_B\frac{l}{2}\sin\theta - F_A\frac{l}{2}\cos\theta,$$

(1)上面三个方程联立解得

$$\alpha = \frac{3g}{2l}\sin\theta = \frac{3g}{2l}\cos\varphi,$$

由于 $\alpha = \dfrac{\mathrm{d}\omega}{\mathrm{d}t} = \dfrac{\mathrm{d}\omega}{\mathrm{d}\theta}\omega = \dfrac{3g}{2l}\sin\theta$，则

$$\int_0^\omega \omega\,\mathrm{d}\omega = \int_{90°-\varphi_0}^{90°-\varphi}\frac{3g}{2l}\sin\theta\,\mathrm{d}\theta, \quad \omega = \sqrt{\frac{3g}{l}(\sin\varphi_0 - \sin\varphi)}。$$

(2)将角速度、角加速度代入平面运动微分方程求出力

$$F_A = \frac{3mg\cos\varphi}{2}\left(\frac{3}{2}\sin\varphi - \sin\varphi_0\right),$$

脱离墙时 $F_A = 0$，$\varphi = \arcsin\left(\dfrac{2}{3}\sin\varphi_0\right)$。

【注意:(1)本题新设角度 $\theta$，这样 $\omega = \dfrac{\mathrm{d}\theta}{\mathrm{d}t}$，$\alpha = \dfrac{\mathrm{d}\omega}{\mathrm{d}t}$，如果直接用角度 $\varphi$，则其导数不等于角速度(正负号不对);(2)平面运动微分方程中质心加速度的形式和其他题不相同;(3)用下一章动能定理求本题角速度和角加速度较方便】

【11-31】如题 11-31 图所示，板的质量为 $m_1$，受水平力 $F$ 作用，沿水平面运动，板与平面间的动摩擦系数为 $f$，在板上放一质量为 $m_2$ 的均质实心圆柱，此圆柱对板只滚动而不滑动。求板的加速度。

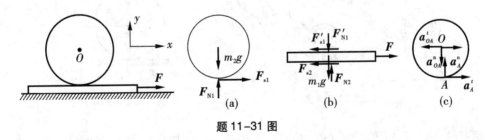

题 11-31 图

**解**:(1)研究圆柱体，受力如图(a)，设有逆时针的角加速度 $\alpha$，质心加速度为 $a_O$(向右)，建立平面运动微分方程

$$m_2 a_O = F_{s1}, \quad F_{N1} - m_2 g = 0, \quad \frac{1}{2}m_2 R^2\alpha = F_{s1}R;$$

(2)研究板，受力如图(b)，设加速度为 $a$，建立平面运动微分方程

$$m_1 a = F - F'_{s1} - F_{s2}, \quad F_{N2} - F'_{N1} - m_1 g = 0$$

（3）建立静力学和运动学补充方程，

摩擦定律 $F_{s2} = fF_{N2}$ ；以圆柱体和板的接触点 $A$ 为基点，研究 $O$，加速度分析如图（c）。加速度在水平方向投影得 $a_O = a_A^t - a_{OA}^t = a - \alpha R$ ；

（4）联立求解上述各组方程得 $a = \dfrac{F - f(m_1 + m_2)g}{m_1 + (m_2/3)}$。

【注意：本题加速度分析时，$A$ 的全加速度不等于 $a$】

【11-32】均质实心圆柱体 $A$ 和薄铁环 $B$ 的质量均为 $m$，半径都等于 $r$，两者用杆 $AB$ 铰接，无滑动地沿斜面滚下，斜面与水平面的夹角为 $\theta$，如题 11-32 图所示。如杆的质量忽略不计，求杆 $AB$ 的加速度和杆的内力。

**解：**（1）研究圆柱体 $A$，受力如图，建立平面运动微分方程

$$ma = F' + mg\sin\theta - F_{s2}, \quad \frac{1}{2}mr^2\alpha = F_{s2}r$$

由于 $a = \alpha r$，联立解得 $F' = \dfrac{3}{2}ma - mg\sin\theta$ ；

（2）研究 $B$，受力如图，建立平面运动微分方程

$$ma = -F + mg\sin\theta - F_{s1}, \quad mr^2\alpha = F_{s1}r$$

利用 $a = \alpha r$，联立解得 $a = \dfrac{4}{7}g\sin\theta$，$F = -\dfrac{1}{7}mg\sin\theta$（负号表示 $AB$ 杆受压力）。

【11-33】半径为 $r$ 的均质圆柱体的质量为 $m$，放在粗糙的水平面上，如题 11-33 图所示。设其中心 $C$ 的初速度为 $v_0$，方向水平向右，同时圆柱如图所示方向转动，其初角速度为 $\omega_0$，且有 $\omega_0 r < v_0$。如圆柱体与水平面的摩擦系数为 $f$。问：（1）经过多少时间，圆柱体才能只滚不滑地向前运动，并求此时圆柱体中心的速度；（2）圆柱体的中心移动多少距离开始作纯滚动

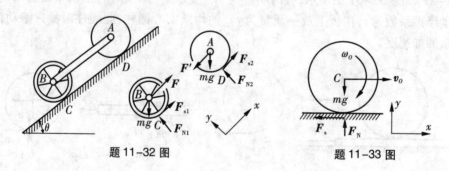

题 11-32 图　　　　　　　题 11-33 图

**解：**圆柱体受力如图，设质心的加速度为 $a$（向右），角加速度为 $\alpha$（顺时针），建立平面运动微分方程

$$ma = -F_s, \quad F_N - mg = 0, \quad \frac{1}{2}mr^2\alpha = F_s r,$$

补充摩擦定律 $F_s = F_N f$，联立解得

$$a = -gf, \quad \alpha = \frac{2gf}{r},$$

利用初始条件对 $a$ 和 $\alpha$ 积分得

$$v = v_0 - gft, \quad \omega = \omega_0 + \frac{2gft}{r},$$

再积分得圆柱体的中心移动距离 $x = v_0t - \frac{1}{2}gft^2$。

只滚不滑时 $v = \omega r$，解得

$$t = \frac{v_0 - \omega_0 r}{3fg}, \quad v = \frac{2v_0 + \omega_0 r}{3}, \quad x = \frac{5v_0^2 - 4v_0\omega_0 r - \omega_0^2 r^2}{18gf}.$$

【11-34】题 11-34 图示均质圆柱体的质量为 $m$，半径为 $r$，放在倾角为 60°的斜面上，一细绳缠绕在圆柱体上，其一端固定于点 $A$，此绳与 $A$ 相连部分与斜面平行，若圆柱体与斜面间的摩擦系数为 $f=1/3$，试求其中心沿斜面落下的加速度 $a$。

**解**：圆柱体受力如图，建立平面运动微分方程

$$ma = mg\sin60° - F - F_s, \quad F_N - mg\cos60° = 0, \quad \frac{1}{2}mr^2\frac{a}{r} = Fr - F_s r;$$

摩擦定律 $F_s = F_N f$，联立解得　　$a = 0.355\,g$。

【11-35】均质圆柱体 $A$ 和 $B$ 的质量均为 $m$，半径均为 $r$，一绳缠在绕固定轴转动的圆柱 $A$ 上，绳的另一端绕在圆柱 $B$ 上，如题 11-35 图所示。摩擦不计，求：(1)圆柱体 $B$ 下落时质心的加速度；(2)若在圆柱体 $A$ 上作用一逆时针转向，矩为 $M$ 的力偶，试问在什么条件下圆柱体 $B$ 的质心加速度将向上。

**解**：(1)研究圆柱体 $A$，受力如图，设有顺时针角加速度 $a_1$，建立定轴转动微分方程

$$J\alpha_1 = Fr,$$

研究 $B$，受力如图，设有顺时针角加速度 $a_2$，质心加速度 $a$，建立平面运动微分方程

$$ma = -F' + mg, \quad J\alpha_2 = F'r;$$

加速度分析：以 $B$ 轮和绳索相切的点为基点，研究 $B$，将加速度关系在铅垂方向投影得 $a = (\alpha_1 + \alpha_2)r$。联立解得　　$a = \frac{4}{5}g$。

(2)方法步骤同(1)，圆柱体 $A$ 的方程变为 $J\alpha_1 = -M + Fr$，其他方程不变，解得

$$a = \frac{4}{5}\left(mg - \frac{M}{2r}\right).$$

若 $B$ 的质心加速度向上，则 $a<0$，即 $M>2mgr$。

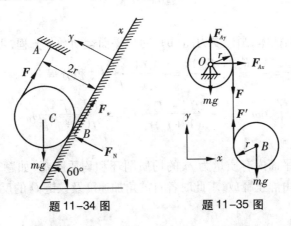

题 11-34 图　　　　　　题 11-35 图

【11-36】如题 11-36 图(a)所示,均质圆柱体的质量为 4 kg,半径为 0.5 m,置于两光滑的斜面上。设有与圆柱体轴线成垂直,且沿圆柱体的切线方向的力 $F = 20$ N 作用。求圆柱的角加速度及斜面的约束力。

解法步骤:研究圆柱体,画出受力图(b),写出平面运动微分方程即可解得

$$\alpha = \frac{2Fr}{mr^2} = 20 \text{ rad/s}^2, \quad F_1 = \frac{\sqrt{2}}{2}(mg - F) = 13.6 \text{ N}, \quad F_2 = \frac{\sqrt{2}}{2}(mg + F) = 41.9 \text{ N}。$$

【注意:质心加速度为零。】

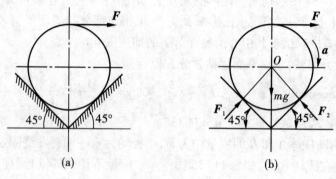

(a) 　　　　　(b)

题 11-36 图

【11-37】均质圆柱体的质量为 $m$,半径为 $r$,置于如题 11-37 图(a)所示位置。设摩擦因数均为 $f$,若给圆柱以初角速度 $\omega_0$,导出到圆柱体停止所需时间的表达式。

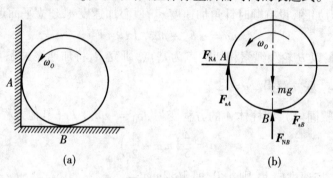

(a) 　　　　　(b)

题 11-37 图

解法步骤:研究圆柱体,画出受力图(b),写出平面运动微分方程,再增加两个摩擦定律,联立求解即可解得 $\dfrac{\mathrm{d}\omega}{\mathrm{d}t} = -\dfrac{(F_{sA} + F_{sB})r}{J_O} = -\dfrac{2f(1+f)g}{(1+f^2)r}$,积分得

$$\int_{\omega_0}^{0} \mathrm{d}\omega = \int_0^t -\frac{2f(1+f)g}{(1+f^2)r}\mathrm{d}t, \quad t = \frac{(1+f^2)r}{2f(1+f)g}\omega_0。$$

【注意:质心加速度为零】

【11-38】在铅垂平面内有质量为 $m$ 的均质圆环和均质圆盘,如题 11-38 图(a)(b)所示。当 $OC$ 为水平时由静止释放,求此时各自的角加速度及铰链 $O$ 的反力。

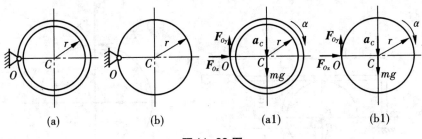

题 11-38 图

**解法步骤:**画出受力图(a1)和(b1),写出平面运动微分方程或定轴转动微分方程+质心运动定理即可解得

(1) $\alpha = \dfrac{g}{2r}$, $F_{Ox} = 0$, $F_{Oy} = \dfrac{1}{2}mg$；

(2) $\alpha = \dfrac{2g}{3r}$, $F_{Ox} = 0$, $F_{Oy} = \dfrac{1}{3}mg$。

【注意:此时质心加速度只有切向分量,法向分量为零(因为角速度为零)】

【11-39】如题 11-39 图(a),一刚性均质杆重 $P=200$ N,当杆位于水平位置时,铅垂弹簧拉伸了 76 mm,弹簧刚度系数为 8 750 N/m。求当约束 $A$ 突然移去时支座 $B$ 处的约束力。

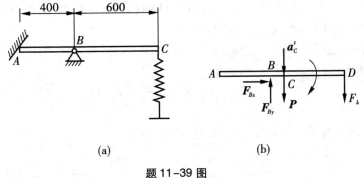

题 11-39 图

解法步骤:受力图及运动分析如图(b)。

(1)写出定轴转动微分方程求出　$\alpha = \dfrac{0.6F_k + 0.1P}{J_B} = 220 \text{ rad/s}^2$($F_k$ 为弹簧拉力)；

(2)写出质心运动定理求出　$F_{Bx} = 0$, $F_{By} = F_k + P - \dfrac{P}{g} \times 0.1 \times \alpha = 416$ N。

【注意:此时质心加速度只有切向分量,法向分量为零(因为角速度为零)】

【11-40】如题 11-40 图(a)所示不均匀飞轮的质量为 20 kg,对于通过质心 $C$ 的回转半径为 $\rho = 65$ mm,假如 100 N 的力作用于手动闸上,若此时飞轮有一逆时针的 5 rad/s 的角速度,而闸块和飞轮之间的摩擦因数 $f = 0.4$。求此时铰链 $B$ 作用于飞轮的水平和铅垂约束力。

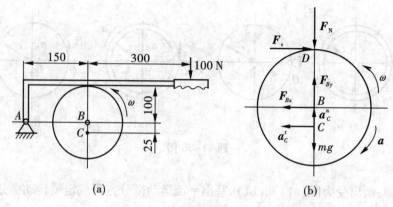

题 11-40 图

**解法步骤:**(1)研究手动闸,列出对 A 点的力矩平衡方程,并补充摩擦定律,求出 $F_N = 236.8$ N,$F_s = 94.72$ N;

(2)研究飞轮,受力图及运动分析如图(b)。写出定轴转动微分方程求出角加速度 $\alpha = 97.65$ rad/s²;

写出质心运动定理求出 $F_{Bx} = F_s + ma_C^t = 144$ N,$F_{By} = F_N + mg + ma_C^n = 445$ N。

**【11-41】** 均质圆轮的质量为 $m$,半径为 $R$,在轮的中心有一半径为 $r$ 的轴,轴上绕两条绳索,绳端各作用一不变的水平力 $F_1$ 和 $F_2$,如题 11-41 图(a)所示。设轮对其中心 $O$ 的转动惯量为 $J$,且轮只滚不滑,求轮中心 $O$ 的加速度。

**解法步骤:**研究圆轮,画出受力图(b),写出平面运动微分方程,再增加纯滚动的条件 $a_0 = \alpha R$,联立求解可得

$$a_0 = \frac{(F_1 - F_2)R^2 + (F_1 + F_2)Rr}{J + mR^2}。$$

【注意:本题可对瞬心用动量矩定理,这样更简单】

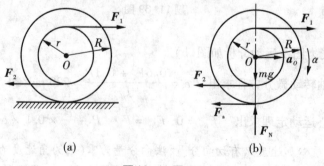

题 11-41 图

**【11-42】** 题 11-42 图示火箭装备两台发动机 A 和 B,为了矫正火箭的航向,需加大发动机 A 的推力,已知火箭的质量为 100 000 kg,可视为 60 m 长的均质杆。在为增加推力时,各

发动机的推力均为 2 000 kN，现要求火箭在 1 s 内转 1°，求发动机 $A$ 需增加的推力。

**解**：要求火箭在 1 s 内转 1°，则角度和角加速度之间满足 $\varphi = \dfrac{1}{2}\alpha t^2$，即

$$\alpha = \frac{2\varphi}{t^2} = \frac{2 \times \dfrac{\pi}{180}}{1^2} = \frac{\pi}{90}\ \text{rad/s}^2;$$

相对质心的动量矩定理    $J_C\alpha = \Delta F \times 0.3$，

所以    $\Delta F = \dfrac{J_C\alpha}{0.3} = \dfrac{\dfrac{1}{12}ml^2\alpha}{0.3} = 3\ 491$ kN。

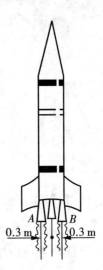

题 11–42 图

**【11–43】** 如题 11–43 图所示，均质杆 $AB$ 长 $l$ 重 $P$，一端与可在倾角为 $\theta = 30°$ 的斜槽中滑动的滑块铰接，而另一端用细绳相系。在图示位置，$AB$ 杆水平且处于静止状态，夹角 $\beta = 60°$，假设不计滑块质量和各处摩擦，求当突然剪断细绳的瞬时滑槽的约束力以及杆的角加速度。

**解**：画出 $AB$ 的受力图和运动分析图(b)(以 $A$ 为基点研究 $C$)。

$$a_C^x = a_A\cos\theta,\ a_C^y = a_A\sin\theta + a_{CA}^t = a_A\sin\theta + \frac{l}{2}\alpha_{AB}\ (向下),$$

平面运动微分方程

$$ma_C^x = F_{NA}\sin\theta,\ ma_C^y = mg - F_{NA}\cos\theta,\ J_C\alpha_{AB} = F_{NA}\cos\theta \times \frac{l}{2},$$

联立解得

$$\alpha_{AB} = \frac{18g}{13l},\ F_{NA} = \frac{2\sqrt{3}}{13}P。$$

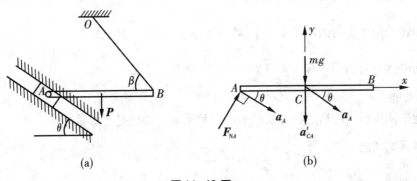

(a)　　　　　　(b)

题 11–43 图

# 第 12 章 动能定理

## 一、基本内容与解题指导

### 1. 基本要求与重点

(1) 熟练计算力的功和质点系的动能、势能；

(2) 熟练应用动能定理、功率方程和机械能守恒定律求解动力学问题。

### 2. 难点

动力学普遍定理的综合应用。

### 3. 基本内容

(1) 力的功

衡量力在一段路程内的累积效应。功是代数量。

$$W = \int_{M_1}^{M_2} \vec{F} \cdot \mathrm{d}\vec{r} = \int_{M_1}^{M_2} (F_x \mathrm{d}x + F_y \mathrm{d}y + F_z \mathrm{d}z) ;$$

重力的功 $W = mg(z_{C1} - z_{C2})$ ；

弹性力的功 $W = \dfrac{1}{2}k(\delta_1^2 - \delta_2^2)$ ；

定轴转动刚体上力的功 $W = \int_{\varphi_1}^{\varphi_2} M_z(\vec{F}) \mathrm{d}\varphi$ ；

平面刚体上力的功 $W = \int_{C_1}^{C_2} \vec{F'_R} \cdot \mathrm{d}\vec{r} + \int_{\varphi_1}^{\varphi_2} M_C(\vec{F}) \cdot \mathrm{d}\varphi$ 。

(2) 动能

动能是从运动角度描述物体机械能的一种形式。动能是代数量。

质点系的动能 $T = \sum \dfrac{1}{2}m_i v_i^2$ ；

平移刚体 $T = \dfrac{1}{2}mv_C^2$ ；

定轴转动刚体 $T = \dfrac{1}{2}J_z\omega^2$ ；

平面运动刚体 $T = \dfrac{1}{2}mv_C^2 + \dfrac{1}{2}J_C\omega^2$（$C$ 为质心）$= \dfrac{1}{2}J_P\omega^2$（$P$ 为速度瞬心）。

(3) 功率

功率是力在单位时间内所做的功。

$$P = \frac{\delta W}{\mathrm{d}t} = \vec{F} \cdot \vec{v} = F_t v = M_z \omega。$$

（4）动能定理

$$T_2 - T_1 = \sum W。$$

（5）功率方程

$$\frac{\mathrm{d}T}{\mathrm{d}t} = \sum P。$$

（6）势能与机械能守恒定律

有势力的功只与物体运动的始末位置有关，而与物体内各点轨迹的形状无关。

势能 $V$：物体在势力场中某位置的势能等于有势力从该位置到任选的零势能位置所做的功。

机械能守恒定律：质点系在有势力作用下机械能（动能与势能之和）保持不变。

4. 解题指导

（1）基本形式的动能定理和功率方程本质是一样的，但由于定理形式的不同，求解问题的类型和难易程度也不一样。对于求速度或角速度的题目，并且已知系统在两个不同时刻的运动状态，一般用动能定理较方便；若求解加速度或角加速度，并且系统没有明显给出两个时刻的运动状态，一般应当用功率方程。

（2）大部分约束为理想约束，即约束力不做功，因此利用动能定理或功率方程解题时，一般不需要画受力图。

# 二、概念题

【12-1】公式 $W_{12} = \int_{M_1}^{M_2} (F_x \mathrm{d}x + F_y \mathrm{d}y + F_z \mathrm{d}z)$ 是否可理解为计算功的投影式？如果 $x$、$y$、$z$ 轴不互相垂直，该式对吗？

答：不能理解为计算功的投影式，因为功为代数量，不存在投影的概念。由于 $W_{12} = \int_{M_1}^{M_2} \vec{F} \mathrm{d}\vec{r} = \int_{M_1}^{M_2} (F_x \mathrm{d}x + F_y \mathrm{d}y + F_z \mathrm{d}z)$，如果 $x$、$y$、$z$ 轴不互相垂直，该式是不成立的。

【12-2】弹簧由其自然位置拉长 10 mm 或压缩 10 mm，弹簧力做功是否相等？拉长 10 mm 和再拉长 10 mm，这两个过程中位移相等，弹性力做功是否相等？

答：弹性力做功公式 $W_{12} = \frac{1}{2}k(\delta_1^2 - \delta_2^2)$ 中 $\delta_1$、$\delta_2$ 为弹簧在两位置的静变形量，所以弹簧由其自然位置拉长 10 mm 或压缩 10 mm，弹簧力做功一样；而拉长 10 mm 和再拉长 10 mm，其静变形是不一样的，所以弹性力做功不一样。

【12-3】自行车加速前进时，地面对后轮的摩擦力向前，故此力做正功，对吗？

答：摩擦力作用位置没有位移，所以做功为零。

【12-4】三个质量相同的质点，同时由点 $A$ 以大小相同的初速度 $v_0$ 抛出，但其方向各不相同，如概念题 12-4 图所示。如不计空气阻力，这三个质点落到水平面 $H-H$ 时，三者的速

度大小是否相等？三者重力的功是否相等？三者重力的冲量是否相等？

答：重力为有势力，做功的多少只与位置有关，而与运动路线无关，因此本题三个质点重力做功相同；根据动能定理知，落地时的速度大小相同；而冲量是力与时间的乘积，三个质点落地时间不同，所以冲量不同。

【12-5】均质圆轮无初速地沿斜面纯滚动，轮心降落同样高度而到达 $A$ 平面，如概念题 12-5 图所示。忽略滚动摩阻和空气阻力，问到达水平面时，轮心的速度 $v$ 与圆轮半径大小是否有关？当轮半径趋于零时，与质点滑下结果是否一致？轮半径趋于零，还能只滚不滑吗？

答：扫码进入。

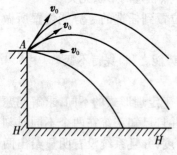

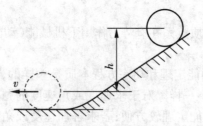

概念题 12-4 图　　　　　　　概念题 12-5 图　　　　　　概念题 12-5

【12-6】小球连一不可伸缩的细绳，绳绕于半径为 $R$ 的圆柱上，如概念题 12-6 图所示。如小球在光滑面上运动，初始速度 $v_0$ 垂直于细绳。问小球在以后的运动中动能不变吗？对圆柱中心轴 $z$ 的动量矩守恒吗？小球的速度总是与细绳垂直吗？

答：小球所受力做功为零，所以动能不变；小球绳索拉力对轴 $z$ 的矩不为零，所以动量矩不守恒；因绳索不可伸缩，小球不会沿绳索轴线向外或向内运动，即小球的速度总是与细绳垂直。

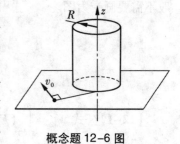

概念题 12-6 图

【12-7】运动员起跑时，什么力使运动员的质心加速运动？什么力使运动员的动能增加？产生加速度的力一定做功吗？

答：运动员起跑时，在前进方向上只有地面摩擦力作用，根据质心运动定理知，是地面摩擦力使运动员的质心加速运动；根据动能定理，使动能增加的力是能做功的力，而所受的外力（重力、地面反力、摩擦力）均不做功，因此使运动员动能增加的力是身体内部的作用力；产生加速度的力不一定做功（如地面静摩擦力）。

【知识点：(1)外力可以改变动量和动量矩，但不一定改变动能；(2)内力不影响整体系统的动量和动量矩，但可以在系统内部各质点或刚体之间传递能量，即内力可以做功；(3)很多机器（如汽车），没有外力，系统整体将无法运动（运动状态不能改变），没有内力将无法获取运动的能量，内力是运动的内因，外力是运动的外因，内力（内因）必须通过外力（外因）才能发挥作用；(4)不产生位置变化的静摩擦力不做功，动摩擦力做功。】

【12-8】为什么说没有指明零势能点的势能的数值是没有意义的？

**答**：根据势能的定义，势能是在势力场中质点从某位置运动到零势能点有势力所做的功，所以若不指明零势能点，就不会有势能的数值，给出势能的数值是无意义的。

【12-9】在求解系统动力学问题时，动量、动量矩和动能定理中，哪个定理取整个系统为研究对象的机会多一些？

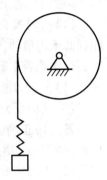

**答**：动能定理取整个系统为研究对象的机会最多，因为多数系统的约束力不做功，而拆分之后的约束力有时候就做功了，增加了未知量和计算量；其次是动量定理，拆分之后同样增加了多余未知量；而动量矩定理很少研究整个系统，因为复杂系统的动量矩不容易计算。

【12-10】重物质量为 $m$，悬挂在刚性系数为 $k$ 的弹簧上，如概念题 12-10 图所示。弹簧与缠绕在鼓轮上的绳子连接。问重物匀速下降时，重力势能和弹性力势能有无改变？

概念题 12-10 图

**答**：根据势能的定义，由于重力做正功，所以重力势能将减小；弹簧的变形量不变，则弹性力势能不变。

【12-11】试证明力 $F$ 的功以极坐标表示为 $W = \int_{r_0}^{r} F_r \mathrm{d}r + \int_{\varphi_0}^{\varphi} F_\varphi r \mathrm{d}\varphi$，其中 $F_r$ 和 $F_\varphi$ 为力 $F$ 在径向及其垂直方向的投影。

**答**：扫码进入。

【12-12】试总结质心在质点系动力学中有什么特殊的意义。

概念题 12-11

**答**：(1)动量的计算只与质心的速度有关；

(2)外力将影响质心的运动；

(3)平面运动刚体的运动微分方程包括质心运动定理和绕质心的动量矩定理；

(4)平面运动刚体的动能等于随质心的平动动能和绕质心的转动动能之和；

(5)重力的功等于质心的高度变化与总重量的乘积。

【12-13】如概念题 12-13 图所示，管内有一小球，管壁光滑，初始时小球静止。当管 $OA$ 在水平面内绕轴 $O$ 转动时，小球向管口运动。小球在水平面内只受垂直于管壁的侧向力作用，为什么动能会增加？是什么力做了功？

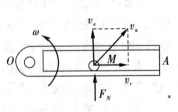

概念题 12-13 图

**答**：小球受力 $F_N$ 的功

$$W = \int_{\vec{r_1}}^{\vec{r_2}} \vec{F_N} \mathrm{d}\vec{r} = \int_{t_1}^{t_2} \vec{F_N} \vec{v} \mathrm{d}t$$

$$= \int_{t_1}^{t_2} \vec{F_N} (\vec{v_e} + \vec{v_r}) \mathrm{d}t = \int_{t_1}^{t_2} F_N v_e \mathrm{d}t = \int_{t_1}^{t_2} F_N \omega r \mathrm{d}t。$$

【12-14】两个均质圆盘，质量相同，半径不同，初始时平置于光滑水平面上。如在此两圆盘上同时作用有相同的力偶，在下述情况下比较两圆盘的动量、动量矩和动能的大小。(1)经过同样的时间间隔；(2)转过同样的角度。

**答**：动量相同(因为在运动平面内没有外力作用)；

根据动量矩定理 $J\alpha = M$，利用初始条件求出角速度 $\omega = \alpha t = \dfrac{Mt}{J}$，动量矩为 $Jw = Mt$，由此

可知(1)在相同的时间间隔内动量矩相同,(2)转过同样的角度用的时间不同,所以动量矩不同;动能为 $\frac{1}{2}J\omega^2 = \frac{M^2 t^2}{2J}$,(1)因转动惯量不同,所以在相同的时间间隔内动能不相同,(2)转过同样的角度,外力矩做功相同,动能的增量相同,初始条件相同时,则动能相同。

**【12-15】**概念题 12-15 图示一质点与弹簧相连,在铅垂平面内的粗糙圆槽内滑动,若质点获得一初速恰好使它在圆槽中滑动一周,则下列说法是否正确?

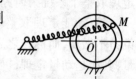

(1)弹簧力做的功为零;(2)重力做的功为零;

(3)法向反力做的功为零;(4)摩擦力做的功为零。

答:(1)正确。弹性力为有势力,做功只与弹簧初始和终止位置

概念题 12-15 图

的静变形有关,质点滑动一周,弹簧的静变形一样;

(2)正确。重力也是有势力;

(3)正确。在法向反力方向上没有位移;

(4)错。动摩擦力做功。

**【12-16】**试比较下面两种情况下圆盘的动能是否相同?

(1)质量为 $m$ 的均质圆盘,半径为 $R$,以角速度 $\omega$ 绕中心转动;

(2)由两个均质半圆盘拼接而成的圆盘,半径为 $R$,总质量为 $m$。由于密度不同,其质心偏离几何中心 $e$,圆盘以角速度 $w$ 绕中心转动。

答:圆盘定轴转动,动能为 $T = \frac{1}{2}J\omega^2$。

(1) $J = \frac{1}{2}mR^2$,$T = \frac{1}{4}mR^2\omega^2$;

(2) $J = J_C + me^2$,$T = \frac{1}{2}(J_C + me^2)\omega^2$。(或 $T = \frac{1}{2}mv_C^2 + \frac{1}{2}J_C\omega^2$)。

**【12-17】**物体从高处自由下落,其能量随高度的变化为如概念题 12-17 图所示的三条直线,则直线 1、直线 2、直线 3 分别表示什么能量的变化(动能、势能、机械能)。

答:直线 1 表示机械能的变化(有势力场,机械能守恒);直线 2 表示势能的变化(势能与高度成正比);直线 3 表示动能的变化(高度越大,速度越小)。

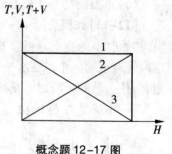

概念题 12-17 图

**【思考:动能** $= \frac{1}{2}mv^2$,**直线 3 是否应该为曲线而不是直线?】**

**【12-18】**试比较概念题 12-18 图示两种情况下弹性力的功是否相等?并计算之。

(1)弹簧原长 $2l$,刚度为 $k$,两端固定于水平位置,在弹簧的中点挂一重物,重物下降 $x$;

(2)若将上述弹簧一分为二,中间系一重物,重物仍下降 $x$。

答:利用公式 $W = \frac{1}{2}k(\delta_1^2 - \delta_2^2)$。

（1）$W = \dfrac{1}{2}k\left[0 - \left(2\sqrt{x^2 + l^2} - 2l\right)^2\right] = -2k\left(\sqrt{x^2 + l^2} - l\right)^2$ ；

（2）$W = 2 \times \dfrac{1}{2}k\left[0 - \left(\sqrt{x^2 + l^2} - l\right)^2\right] = -k\left(\sqrt{x^2 + l^2} - l\right)^2$

【12-19】均质球以一直径为轴,以一定的角速度 $\omega$ 转动,不计阻力,若使该球冷却,其半径为原来的 $\dfrac{1}{n}$ ,试问该球动能增加到原来的多少倍? 此能量又是从哪里来的?

答:扫码进入。

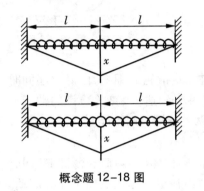

概念题 12-18 图　　　　　概念题 12-19

【12-20】两均质圆轮,其质量、半径均完全相同。轮 $A$ 绕其几何中心旋转,轮 $B$ 的转轴偏离几何中心。

（1）若两轮以相同的角速度转动,问它们的动能是否相同?

（2）若在两轮上施加力偶矩相同的力偶,不计重力,问它们的角加速度是否相?

答:（1）$T = \dfrac{1}{2}J\omega^2$ ,因转动惯量 $J$ 不同,所以动能不同;

（2）$J\alpha = M$ ,因转动惯量 $J$ 不同,所以角加速度不同。

【12-21】如概念题 12-21 图所示,一人用恒力拉动绳子,匀速走过路程 $s$ ,从而提起质量为 $m$ 的重物,初始时拉力与竖直线成 $\alpha$ 角,人肩至滑轮高度为 $h$ ,则人的拉力所做的功为多少?

答:扫码进入。

概念题 12-21

【12-22】如概念题 12-22 图所示,半径为 $R$ 的圆轮与半径为 $r$ 的圆轮固接在一起形成鼓轮,在半径为 $r$ 的圆轮上绕以细绳,并作用着常力 $F$ ,鼓轮纯滚动,则鼓轮向左运动还是向右运动? 当轮心 $C$ 移动距离 $s$ 时,如何计算力 $F$ 的功比较方便? 力 $F$ 做的功为多少?

答:当力 $F$ 的作用线方向在 $A$ 点上方时鼓轮向右运动,否则向左运动。

力 $F$ 做的功通过功率计算比较方便 $P = \vec{F} \cdot \vec{v} = \vec{F} \cdot (\vec{v}_C + \vec{v}_r)$ ,即

$$P = \vec{F} \cdot \vec{v}_C + \vec{F} \cdot \vec{v}_r = F \cdot v_C \cos\theta - F \cdot v_r$$
$$= F \cdot v_C \cos\theta - F \cdot (v_C/R)r$$
$$= F v_C (\cos\theta - r/R)$$

所以力 $F$ 做的功 $W = F_s(\cos\theta - r/R)$

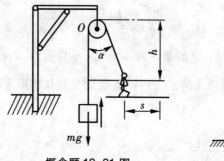
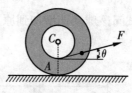

概念题 12-21 图          概念题 12-22 图

**【12-23】**甲乙两人重量相同,沿绕过无重滑轮的细绳,由静止起同时向上爬升,如甲比乙更努力上爬,问:(1)谁先到达上端?(2)谁的动能最大?(3)谁做的功多?(4)如何对甲、乙两人分别应用动能定理?

答:扫码进入。

概念题 12-23

**【12-24】**质量、半径均相同的均质球、圆柱体、厚圆筒和薄圆筒,同时由静止开始,从同一高度沿完全相同的斜面在重力作用下向下作纯滚动。问到达底部瞬时:

(1)重力的冲量是否相同?(2)重力的功是否相同?(3)动量是否相同?(4)动能是否相同?(5)对各自质心的动量矩是否相同?

对上面各问题,若认为不相同,则必须将其由大到小排列。

答:转动惯量由大到小依次为薄壁筒、厚壁筒、圆柱、球;

到达底部瞬时,设下落高度为 $h$,由动能定理求得速度为 $v^2 = \dfrac{2mgh}{m + (J_C/R^2)}$,取最大最小

两个物体,薄壁筒 $v^2 = gh$,均质球 $v^2 = \dfrac{10}{7}gh$,因此速度由大到小依次为球、圆柱、厚壁筒、薄壁筒;

(1)重力的冲量由大到小依次为薄壁筒、厚壁筒、圆柱、球(力与时间相乘);

(2)重力的功相同;

(3)动量由大到小依次序与(1)相反;

(4)动能相同(由动能定理分析,重力做功相同);

(5)对各自质心的动量矩,取最大最小两个物体,球 $J_C\omega = \sqrt{\dfrac{8}{35}}mR\sqrt{gh}$,薄壁筒 $J_C\omega = mR\sqrt{gh}$,因此由大到小次序为薄壁筒、厚壁筒、圆柱、球。

**【12-25】**在上题中,若从静止开始,各物体沿完全相同的斜面向下作纯滚动,经过完全相同的时间 $t$,试回答上题中提出的五个问题。

答:利用平面运动微分方程可求得质心加速度为 $a = \dfrac{mg\sin\varphi}{m + (J_C/R^2)}$(其中 $\varphi$ 为斜面倾角,

$R$ 为半径），由初始至时间 $t$ 获得的速度为 $v = \dfrac{mg\sin\varphi}{m + (J_c/R^2)}t$，取最大最小两个物体，薄壁筒

$v = \dfrac{1}{2}g\sin\varphi t$，均质球 $v = \dfrac{5}{7}g\sin\varphi t$，因此相同时间内的速度和下落的高度由大到小依次为

球、圆柱、厚壁筒、薄壁筒。因此：

（1）重力的冲量相同；

（2）（3）（4）重力的功、动量和动能由大到小次序为球、圆柱、厚壁筒、薄壁筒；

（5）对各自质心的动量矩分析方法同上题，由大到小的次序与（2）相反。

**【12-26】**两个均质圆盘质量相同，$A$ 盘半径为 $R$，$B$ 盘半径为 $r$，且 $R>r$。两盘由同一时刻，从同一高度无初速的沿完全相同的斜面在重力作用下向下作纯滚动。

（1）哪个圆盘先到达底部？

（2）比较这两个圆盘：A. 由初始至到达底部，哪个圆盘受重力冲量较大？B. 到达底部瞬时，哪个动量较大？C. 到达底部瞬时，哪个动能较大？D. 到达底部瞬时，哪个圆盘对质心的动量矩较大？

**答**：由动能定理知，两盘质心的速度相同，因此：

（1）两盘质心同时到达底部。

（2）A. 两盘重力冲量相等（重力乘以时间）；B. 两盘动量相等；C. 两盘动能相等；D. $A$ 盘对质心动量矩较大（动量矩 $= J_c\omega = \dfrac{1}{2}mvR$）。

**【12-27】**两个质量、半径都完全相同的均质圆盘 $A$ 和 $B$，盘 $A$ 上缠绕无重细绳，在绳端作用力 $F$，轮 $B$ 在质心处作用力 $F$，两力相等，且都与斜面平行，如概念题 12-27 图所示。设两轮在力 $F$ 及重力作用下，无初速从同一高度沿完全相同的斜面向上作纯滚动。问：

（1）若两轮轮心都走过相同的路程 $s$，那么力的功是否相同？两圆盘的动能、动量及对盘心的动量矩是否相同？

（2）若从初始起经过相同的时间 $t$，那么力的功是否相同？两圆盘的动能、动量及对盘心的动量矩是否相同？

（3）两圆盘哪个先升到斜面顶点？

（4）两圆盘与斜面间的摩擦力是否相等？

（5）若两圆盘沿斜面连滚带滑的运动，动滑动摩擦因数皆为 $f$，试回答上面的问题（1）～（4）。

（6）若斜面绝对光滑，试回答上面的问题（1）～（4）。

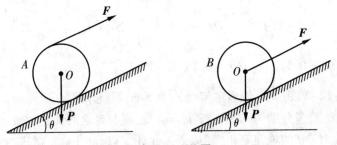

概念题 12-27 图

答:(1)力的功不同(因为两力 $F$ 作用点运动的距离不同);因两力 $F$ 的功不同,而其他力的功相同,由动能定理知两盘的动能不同;因此两盘质心的速度不同,所以动量及对盘心的动量矩也都不同。

(2)利用平面运动微分方程知,两盘质心的加速度不同,经过相同的时间 $t$ 轮心的速度和运动的距离也不同,因此力的功、两盘的动能、动量及对盘心的动量矩都不同。

(3)由(2)的方法分析知 $A$ 盘的质心加速度大,所以 $A$ 盘先升到斜面顶点。

(4)由(2)的方法分析知两盘的摩擦力不等。

(5)当连滚带滑上行时,两轮摩擦力相等(因法向反力相等),由平面运动微分方程知质心加速度相等,但角加速度不等。因而当轮心走过相同路径时,所需时间相同,同时到达顶点。力的功、盘的动能、对盘心的动量矩不等,但动量相等。

(6)当斜面绝对光滑时,结论是(5)的特例,摩擦力为零。

【12-28】无重细绳 $OA$ 一端固定于 $O$ 点,另一端系一质量为 $m$ 的小球 $A$(小球尺寸不计),在光滑的水平面内绕 $O$ 点运动($O$ 点也在此平面上)。该平面上另一点 $O_1$ 是一销钉(尺寸不计),当绳碰到 $O_1$ 后,$A$ 球即绕 $O_1$ 转动,如概念题 12-28 图所示。问:在绳碰到 $O_1$ 点前后瞬间下述各说法对吗?

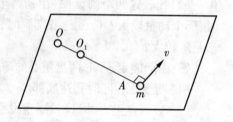

**概念题 12-28 图**

(1)球 $A$ 对 $O$ 点的动量矩守恒;

(2)球 $A$ 对 $O_1$ 点的动量矩守恒;

(3)绳索张力不变;

(4)球 $A$ 的动能不变。

答:球只受到绳子拉力作用,在绳碰到 $O_1$ 点前后瞬间,绳受力方向没有改变,但大小发生了改变(由质点运动微分方程知),球运动速度大小和方向都没有改变,所以,(1)(2)(4)都正确,而(3)错误。

# 三、习题

【12-1】题 12-1 图示弹簧原长 $l=100$ mm,刚性系数 $k=4.9$ kN/m,一端固定在点 $O$,此点在半径为 $R=100$ mm 的圆周上。如弹簧的另一端由点 $B$ 拉至点 $A$ 和由点 $A$ 拉至点 $D$,$AC \perp BC$,$OA$ 和 $BD$ 为直径。分别计算弹簧力所做的功。

**解:** $W_{BA}=\dfrac{k}{2}\left[(OB-0.1)^2-(OA-0.1)^2\right]=-20.3$ J;

$W_{AD}=\dfrac{k}{2}\left[(OA-0.1)^2-(OD-0.1)^2\right]=20.3$ J。

【12-2】如题 12-2 图所示,圆盘的半径 $r=0.5$ m,可绕水平轴 $O$ 转动。在绕过圆盘的绳上吊有两物块 $A$、$B$,质量分别为 $m_A=3$ kg,$m_B=2$ kg,绳与盘之间无相对滑动。在圆盘上作用一力偶,力偶矩按 $M=4f$ 的规律变化($M$ 以 N·m 计,$f$ 以 rad 计)。试求由 $f=0$ 到 $f=2p$ 时,

力偶 $M$ 与物块 $A$、$B$ 的重力所的功之总和。

**解**：$W = \int_0^{2\pi} 4\varphi \mathrm{d}\varphi + m_A g \times 2\pi r - m_B g \times 2\pi r = 109.7 \text{ J}$。

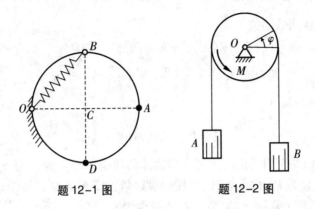

题 12-1 图　　　　　题 12-2 图

**【12-3】**如题 12-3 图所示,用跨过滑轮的绳子牵引质量为 2 kg 的滑块 $A$ 沿倾角为 30° 的光滑斜槽运动。设绳子拉力 $F = 20$ N。计算滑块由位置 $A$ 至位置 $B$ 时,重力与拉力 $F$ 所做的总功。

**解**：重力和力 $F$ 的功

$$W_1 = -mgAB\cos 30° = -mg(6\cot 45° - 6\cot 60°)\sin 30° = -24.85 \text{ J},$$

$$W_2 = \int_A^B (F_x \mathrm{d}x + F_y \mathrm{d}y) = \int_A^B F_x \mathrm{d}x = \int_0^{6-6\tan 30°} F \frac{6-x}{\sqrt{6^2 + (6-x)^2}} \mathrm{d}x = 31.11 \text{ J},$$

总功 $W = W_1 + W_2 = 6.26 \text{ J}$。

【注：力 $F$ 的功也可以按常力功的公式计算 $W_2 = F\left(\dfrac{6}{\sin 45°} - \dfrac{6}{\sin 60°}\right) = 31.11 \text{ J}$】

**【12-4】**如题 12-4 图所示,坦克的履带质量为 $m$,两个车轮的质量均为 $m_1$。车轮被看成均质圆盘,半径为 $R$,两车轮轴间的距离为 $pR$。设坦克前进速度为 $v$,计算此质点系的动能

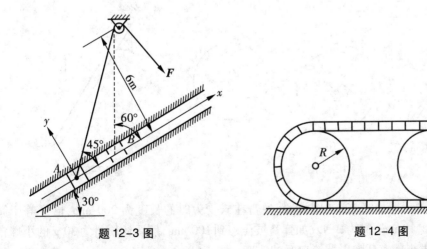

题 12-3 图　　　　　题 12-4 图

**解:**车轮(平面运动)动能 $T_1 = 2 \times \frac{1}{2} m_1 v^2 + 2 \times \frac{1}{2} \times \frac{1}{2} m_1 R^2 \times \left(\frac{v}{R}\right)^2 = \frac{3}{2} m_1 v^2$;

履带上边部分(平动)的动能 $T_2 = \frac{1}{2} \frac{m}{4} (2v)^2 = \frac{1}{2} m v^2$;

履带与地面接触部分动能为零;

履带与两轮接触部分(合在一起视为平面运动圆环)的动能

$$T_3 = \frac{1}{2} \frac{m}{2} v^2 + \frac{1}{2} \left(\frac{m}{2}\right) R^2 \left(\frac{v}{R}\right)^2 = \frac{1}{2} m v^2,$$

所以总动能为

$$T = \left(\frac{3}{2} m_1 + m\right) v^2。$$

**【12-5】**计算题12-5图示情况下各均质物体的动能:(a)重为$P$、长为$l$的直杆以角速度$w$绕$O$轴转动;(b)重为$P$、半径为$r$的均质圆盘以角速度$w$绕$O$轴转动;(c)重为$P$、半径为$r$的均质圆轮在水平面上作纯滚动,质心$C$的速度为$v$。

**解:**(a)定轴转动 $T = \frac{1}{2} J_O \omega^2 = \frac{1}{2} \frac{1}{3} \frac{P}{g} l^2 \omega^2 = \frac{P}{6g} l^2 \omega^2$,

(b)定轴转动 $T = \frac{1}{2} J_O \omega^2 = \frac{1}{2} \left(\frac{1}{2} \frac{P}{g} R^2 + \frac{P}{g} e^2\right) \omega^2 = \frac{P}{4g} (R^2 + 2e^2) \omega^2$,

(c)平面运动 $T = \frac{1}{2} J_O \omega^2 + \frac{1}{2} \frac{P}{g} v^2 = \frac{1}{2} \frac{1}{2} \frac{P}{g} R^2 \left(\frac{v}{R}\right)^2 + \frac{1}{2} \frac{P}{g} v^2 = \frac{3}{4} \frac{P}{g} v^2$。

**【12-6】**长为$l$、质量为$m$的均质杆$OA$以球铰链$O$固定,并以等角速度$\omega$绕铅直线转动,如题12-6图所示。如杆与铅直线的交角为$q$,求杆的动能。

**解:**杆做定轴转动,先求转动惯量。

$$J = \int_0^l (x\sin\theta)^2 \left(\frac{m}{l}\right) dx = \frac{1}{3} m l^2 \sin^2\theta,$$

动能 $T = \frac{1}{2} J \omega^2 = \frac{1}{6} m l^2 \omega^2 \sin^2\theta。$

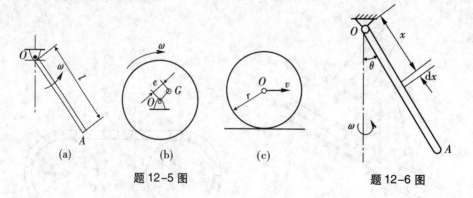

题 12-5 图　　　　题 12-6 图

**【12-7】**自动弹射器如题12-7图放置,弹簧在未受力时的长度为200 mm,恰好等于筒长。欲使弹簧改变10 mm,需力2 N。如弹簧被压缩到100 mm,然后让质量为30 g的小球自弹射器中射出。求小球离开弹射器筒口时的速度。

**解:**利用动能定理解。动能和功为

$$T_2 = \frac{1}{2}mv^2 = 0.015v^2, \quad T_1 = 0,$$

$$W = \frac{1}{2} \times \frac{2}{0.01}(0.1^2 - 0) - 0.03g \times 0.1\sin 30° = 0.985\ 3\ \text{J},$$

所以 $T_2 - T_1 = W$,求得速度 $v = 8.1\ \text{m/s}$。

**【12-8】**题 12-8 图示凸轮机构位于水平面内,偏心轮 $A$ 使从动杆 $BD$ 作往复运动,与杆相连的弹簧保证杆始终与偏心轮接触,其刚度系数为 $k$,当杆在极左位置时弹簧不受压力。已知偏心轮重 $P$、半径为 $r$,偏心距 $OM = r/2$,不计杆重及摩擦,要使从动杆由极左位置移至极右位置,偏心轮的初角速度至少应为多少?

**解:**在极左位置和极右位置之间应用动能定理

$$T_1 = \frac{1}{2}J_O\omega^2 = \frac{1}{2}\left(\frac{1}{2}\frac{P}{g}r^2 + \frac{P}{g}OA^2\right)\omega^2 = \frac{3P}{8g}r^2\omega^2, \quad T_2 = 0,$$

$$W = \frac{1}{2}k(0 - r^2) = -\frac{1}{2}kr^2,$$

所以 $T_2 - T_1 = W$,求得角速度 $\omega = 2\sqrt{\dfrac{gk}{3P}}$。

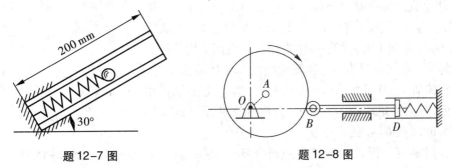

題 12-7 图　　　　　　　　　　題 12-8 图

**【12-9】**质量为 2 kg 的物块 $A$ 在弹簧上处于静止,如题 12-9 图所示。弹簧的刚度系数 $k = 400\ \text{N/m}$。现将质量为 4 kg 的物块 $B$ 放置在物块 $A$ 上,刚接触就释放它。求:(1)弹簧对两物块的最大作用力;(2)两物块得到的最大速度。

**解:**扫码进入。

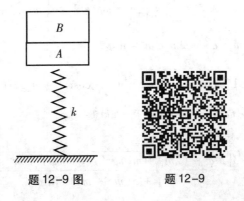

題 12-9 图　　　　　　題 12-9

**【12-10】**题 12-10 图示曲柄连杆机构位于水平面内,曲柄重 $P$、长为 $r$,连杆重 $Q$、长为 $l$,滑块重 $G$。曲柄及连杆可视为均质细长杆,今在曲柄上作用一不变矩为 $M$ 的力偶,当 $\angle BOA = 90°$ 时点 $A$ 的速度为 $v$。求当曲柄转至水平位置时点 $A$ 速度。

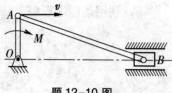

题 12-10 图

**解:**在两位置之间应用动能定理,

$$T = T_{OA} + T_{AB} + T_B, \quad W = M\pi/2。$$

$$T_1 = \frac{1}{2} \frac{1}{3} \frac{P}{g} r^2 \left(\frac{v}{r}\right)^2 + \frac{1}{2} \frac{Q}{g} v^2 + \frac{1}{2} \frac{G}{g} v^2,$$

$$T_2 = \frac{1}{2} \frac{1}{3} \frac{P}{g} r^2 \left(\frac{v_A}{r}\right)^2 + \frac{1}{2} \frac{1}{3} \frac{Q}{g} l^2 \left(\frac{v_A}{l}\right)^2,$$

所以 $T_2 - T_1 = W$,求得速度

$$v = \sqrt{\frac{3gM\pi + (P + 3Q + 3G)v^2}{P + Q}}。$$

**【12-11】**如题 12-11 图所示的平面对称机构为一测速仪的自动装置。它由两个曲柄连杆机构 $O_1A_1B_1$ 和 $O_2A_2B_2$ 及滑块 $D$ 组成。其中 $O_1O_2 = O_1A_1 = O_2A_2 = A_1B_1 = A_2B_2 = B_1B_2 = r$。在 $A_1$ 与 $A_2$ 之间连有一弹簧,其刚度系数为 $k$。当曲柄 $O_1A_1$ 与 $O_2A_2$ 垂向下时,弹簧 $A_1A_2$ 为原长。设四个均质杆的质量均为 $m_1$,滑块质量为 $m_2$,弹簧的质量及摩擦略去不计。今从静止位置 $\varphi = 0$ 开始,在曲柄 $O_1A_1$ 与 $O_2A_2$ 上分别作用一个力偶,其力偶矩均为 $M = $ 常量,方向如图所示。试求当夹角为 $\varphi$ 时曲柄 $O_1A_1$ 的角速度。

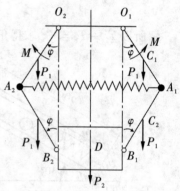

题 12-11 图

**解:**(1)速度分析。以 $A_1$ 为基点研究 $B_1$ 求得 $\omega_{A_1B_1} = \omega$,

$v_D = 2v_{A_1}\sin\varphi,$

$$v_{C_2}^2 = \left(\omega r - \frac{\omega r}{2}\right)^2 \cos^2\varphi + \left(\omega r + \frac{\omega r}{2}\right)^2 \sin^2\varphi = \frac{1}{4}\omega^2 r^2(\cos^2\varphi + 9\sin^2\varphi),$$

(2)在两位置之间应用动能定理,利用对称性,$T = 2T_{O_1A_1} + 2T_{A_1B_1} + T_D$,$T_1 = 0$;

$$T_2 = 2 \times \frac{1}{2} \times \frac{1}{3} m_1 r^2 \omega^2 + 2 \times \frac{1}{2} \times \frac{1}{12} m_1 r^2 \omega^2 + 2 \times \frac{1}{2} m_1 v_{C_2}^2 + \frac{1}{2} m_2 v_D^2$$

$$= \left(\frac{2}{3} + 2\sin^2\varphi\right) m_1 r^2 \omega^2 + 2m_2 r^2 \omega^2 \sin^2\varphi,$$

$$W = 2M\varphi - 2m_1 g \frac{r}{2}(1 - \cos\varphi) - 2m_1 g \frac{3r}{2}(1 - \cos\varphi) - m_2 g 2r(1 - \cos\varphi) - \frac{k}{2}(2r\sin\varphi)^2$$

$$= 2M\varphi - 2(2m_1 + m_2)gr(1 - \cos\varphi) - 2kr^2 \sin^2\varphi,$$

所以 $T_2 - T_1 = W$,求得角速度

$$\omega = \frac{1}{r} \sqrt{\frac{3[M\varphi - (2m_1 + m_2)gr(1 - \cos\varphi) - kr^2 \sin^2\varphi]}{m_1 + 3(m_1 + m_2)\sin^2\varphi}}。$$

【**12-12**】平面机构由两均质杆 $AB$、$BO$ 组成,两杆的质量均为 $m$,长度为 $l$,在铅垂平面内运动。在杆 $AB$ 上作用一不变的力偶矩 $M$,从题 12-12 图示位置由静止开始运动。不计摩擦,试求当滚子 $A$ 即将碰到铰支座 $O$ 时 $A$ 端的速度。

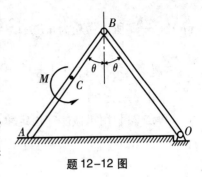
题 12-12 图

**解**:在两个时刻之间应用动能定理。

初始静止,终止时刻,利用瞬心法知 $AB$ 杆的瞬心在 $B$ 点上方 $l$ 处,$v_B = \dfrac{v_A}{2}$,$AB$ 杆的质心 $C$ 点的速度 $v_C = \dfrac{3}{4} v_A$,所以动能和功

$$T_1 = 0, \quad T_2 = \frac{1}{2}\left(\frac{1}{3}ml^2\right)\left(\frac{v_B}{l}\right)^2 + \frac{1}{2}\left(\frac{1}{12}ml^2\right)\left(\frac{v_A}{2l}\right)^2 + \frac{1}{2}mv_C^2 = \frac{1}{3}mv_A^2,$$

$$W = M\theta - 2mg\left(\frac{l}{2} - \frac{l}{2}\cos\theta\right),$$

代入动能定理求得

$$v_A = \sqrt{\frac{3}{m}\left[M\theta - mgl(1 - \cos\theta)\right]}。$$

【**12-13**】链条长 $l$,质量为 $m$,展开放在光滑的桌面上,如题 12-13 图所示。开始时链条静止,并有长度为 $a$ 的一段下垂。求链条离开桌面时的速度。

**解**:扫码进入。

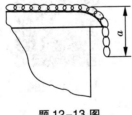
题 12-13 图

题 12-13

【**12-14**】链条全长 $l = 1$ m,单位长的质量为 $r = 2$ kg/m,悬挂在半径为 $R = 0.1$ m,质量 $m = 1$ kg 的滑轮上,在题 12-14 图示位置自静止开始下落(给以初始扰动)。设链条与滑轮无相对滑动,滑轮为均质圆盘,求链子离开滑轮时的速度。

**解法 1**:利用动能定理。取开始和离开滑轮两个时刻。

与轮接触部分的链条和其他部分的链条做功分别计算,铅垂部分链条的长度为 $l - \pi R$,重心下降高度为 $\dfrac{1}{4}(l - \pi R)$,所以做功为 $(l - \pi R)\rho g \dfrac{l - \pi R}{4}$;

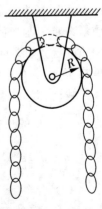
题 12-14 图

轮上链条原来质心位置为 $\dfrac{2R}{\pi}$(在圆心上方),下降高度为 $\dfrac{2R}{\pi} + (l -$

$\pi R) + \dfrac{\pi R}{2}$，所以做功为 $\pi R\rho g\left[\dfrac{2R}{\pi} + (l - \pi R) + \dfrac{\pi R}{2}\right]$。代入动能定理得

$$\frac{1}{2}\rho l v^2 + \frac{1}{2} \times \frac{1}{2}mR^2\left(\frac{v}{R}\right)^2 - 0 = (l - \pi R)\rho g\frac{l - \pi R}{4} + \pi R\rho g\left[\frac{2R}{\pi} + (l - \pi R) + \frac{\pi R}{2}\right]$$

求出 $v = 2.51$ m/s。

**解法 2**：利用机械能守恒定律。取滑轮中心为零势能点，则初始和终止时刻机械能为

$$T_1 + V_1 = 0 - (l - \pi R)\rho g\frac{l - \pi R}{4} + \pi R\rho g\frac{2R}{\pi}$$

$$T_2 + V_2 = \frac{1}{2}\rho l v^2 + \frac{1}{2} \times \frac{1}{2}mR^2\left(\frac{v}{R}\right)^2 - l\rho g\frac{l}{2}$$

机械能守恒 $T_1 + V_1 = T_2 + V_2$，求得 $v = 2.51$ m/s。

【本题求解中显然用机械能守恒较方便】

【**12-15**】题 12-15 图示一 U 形管，断面积 $S = 100$ mm²，内盛液体，液体单位体积的质量为 $r$。原来液体两表面高度差为 $h$，此时液体运动速度为零。由于重力的影响，液体在管内运动。设管与液体间无摩擦，求液面的运动。

**解**：扫码进入。

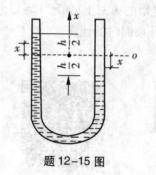

题 12-15 图

题 12-15

【**12-16**】在题 12-16 图示滑轮组中悬挂两个重物，其中 $M_1$ 的质量为 $m_1$，$M_2$ 的质量为 $m_2$。定滑轮 $O_1$ 的半径为 $r_1$，质量为 $m_3$；动滑轮 $O_2$ 的半径为 $r_2$，质量为 $m_4$。两轮都视为均质圆盘。如绳重和摩擦略去不计，并设 $m_2 > 2m_1 - m_4$。求重物 $M_2$ 由静止下降距离 $h$ 时的速度。

**解**：设 $M_2$ 的速度为 $v$，则轮 $O_2$ 的轮心速度为 $v$，角速度为 $\dfrac{v}{r_2}$，轮 $O_1$ 的角速度为 $2\dfrac{v}{r_1}$，$M_1$ 的速度为 $2v$。动能和功

$$T_2 - T_1 = \frac{1}{2}m_2v^2 + \frac{1}{2}m_4v^2 + \frac{1}{2} \times \frac{1}{2}m_4r_2^2\left(\frac{v}{r_2}\right)^2 +$$

$$\frac{1}{2} \times \frac{1}{2}m_3r_1^2\left(\frac{2v}{r_1}\right)^2 + \frac{1}{2}m_1(2v)^2 - 0$$

$$W = (m_2 + m_4)gh - m_1g2h$$

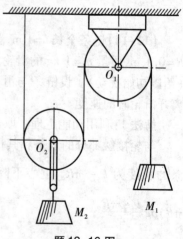

题 12-16 图

$T_2 - T_1 = W$,解得

$$v = \sqrt{\frac{4gh(m_2 - 2m_1 + m_4)}{2m_2 + 8m_1 + 4m_3 + 3m_4}}。$$

【注意:本题也可以用机械能守恒定律解】

【**12-17**】两个质量均为 $m_2$ 的物体用绳连接,此绳跨过滑轮 $O$,如题 12-17 图所示,在左方物体上放有一带孔的薄圆板而在右方物体上放两个相同的圆板;圆板的质量均为 $m_1$。此质点系由静止开始运动,当右方物体和圆板落下距离 $x_1$ 时,重物通过一固定圆环板,而其上质量为 $2m_1$ 的薄板则被搁住,摩擦和滑轮质量不计。如该重物继续下降了距离 $x_2$ 时速度为零,求 $x_2$ 和 $x_1$ 的比。

**解**:扫码进入。

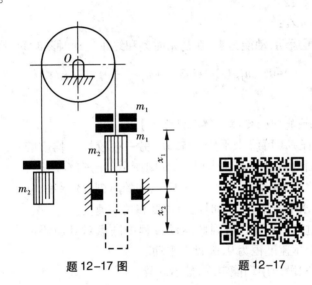

题 12-17 图          题 12-17

【**12-18**】题 12-18 图所示系统从静止开始释放,此时弹簧的初始伸长量为 100 mm。设弹簧的刚度系数 $k = 0.4$ N/mm,滑轮重 120 N,对中心轴的回转半径为 450 mm,轮半径为 500 mm,$A$ 物重 200 N。求滑轮下降 25 mm 时滑轮中心的速度和加速度。

**解**:在初始和滑轮下降 25 mm 后时间段内用动能定理,然后求导

$$\frac{1}{2}(m_A + m_0)v^2 + \frac{1}{2}m_0\rho^2\left(\frac{v}{R}\right)^2 - 0$$

$$= (m_A + m_0)gh + \frac{1}{2}k[\delta_0^2 - (\delta_0 + 2h)^2]$$

$$\left(m_A + m_0 + m_0\frac{\rho^2}{R^2}\right)a = (m_A + m_0)g - 2k(\delta_0 + 2h)$$

代入数据求得 $v = 0.51$ m/s,$a = 4.70$ m/s$^2$。

【注意:本题用机械能守恒定律求解也很方便】

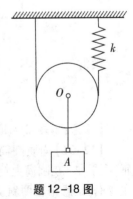

题 12-18 图

【**12-19**】均质连杆 $AB$ 质量为 $m_1 = 4$ kg，长 $l = 600$ mm。均质圆盘质量为 $m_2 = 6$ kg，半径 $r = 100$ mm。弹簧刚度为 $k = 2$ N/mm，不计套筒 $A$ 及弹簧的质量。如连杆在题 12-19 图示位置被无初速释放后，$A$ 端沿光滑杆滑下，圆盘做纯滚动。求：(1) 当 $AB$ 达水平位置而接触弹簧时，圆盘与连杆的角速度；(2) 弹簧的最大压缩量 $d$。

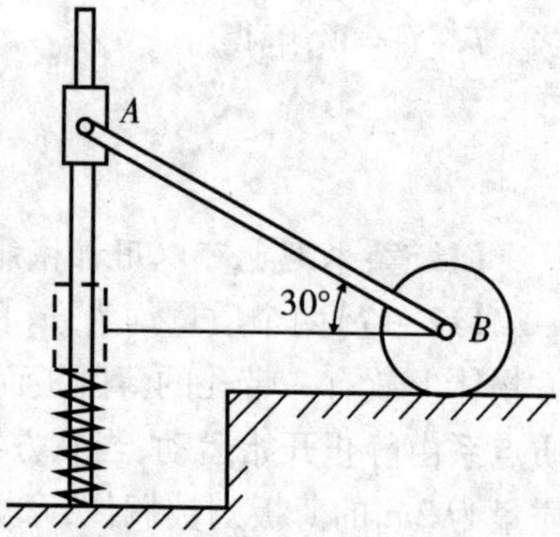

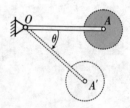

题 12-19 图

**解：**(1) 设此时 $AB$ 的角速度为 $\omega_{AB}$，由运动学的概念知，此时 $AB$ 的速度瞬心为 $B$，即 $B$ 点的速度为零，所以圆盘的角速度 $\omega_B = 0$。用动能定理

$$\frac{1}{2} m_1 \left( \omega_{AB} \frac{l}{2} \right)^2 + \frac{1}{2} \frac{1}{12} m_1 l^2 \omega_{AB}^2 - 0 = m_1 g \left( \frac{l}{2} \right) \sin 30°,$$

求得 $\omega_{AB} = 4.95$ rad/s；

(2) 此时系统不再运动，动能为零，在初始时刻和终止运动时刻时间段用动能定理

$$0 - 0 = m_1 g \left( \frac{l}{2} \right) \sin 30° + m_1 g \left( \frac{\delta}{2} \right) - \frac{1}{2} k d^2,$$

求得 $d = 87.1$ mm。

【注意：本题用机械能守恒定律求解也很方便】

【**12-20**】均质细杆 $OA$ 可绕水平轴 $O$ 转动，另一端铰接一均质圆盘，圆盘可绕 $A$ 在垂面内自由转动，如题 12-20 图所示。已知 $OA$ 长 $l$，质量为 $m_1$，圆盘半径为 $R$，质量为 $m_2$。摩擦不计，初始时刻 $OA$ 水平，杆和圆盘静止。求杆与水平线成 $q$ 角瞬时的角速度和角加速度。

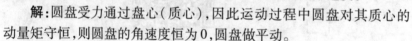

**解：**圆盘受力通过盘心（质心），因此运动过程中圆盘对其质心的动量矩守恒，则圆盘的角速度恒为 0，圆盘做平动。

题 12-20 图

在初始和终止时间段内用动能定理，然后求导

$$\frac{1}{2} m_2 (\omega l)^2 + \frac{1}{2} \frac{1}{3} m_1 l^2 \omega^2 - 0 = m_2 g l \sin\theta + m_1 g \frac{l}{2} \sin\theta$$

$$(m_2 + m_1/3) l \alpha = (m_2 + m_1/2) g \cos\theta,$$

求得

$$\omega = \sqrt{\frac{6m_2 + 3m_1}{3m_2 + m_1} \frac{g}{l} \sin\theta}, \quad \alpha = \frac{6m_2 + 3m_1}{6m_2 + 2m_1} \frac{g}{l} \cos\theta。$$

【注意：本题用机械能守恒定律求解也很方便】

【**12-21**】均质圆筒重 $P_1$，沿两块斜板滚动而不滑动。在圆筒上绕以细绳，绳端挂一重 $P_2$ 的物体 $A$，悬吊在两斜板之间，如题 12-21 图所示。求能使圆筒向上滚动之倾角 $q$，以及此情形的圆筒中心轴的速度与上升路程 $l$ 的关系。初始圆筒静止。

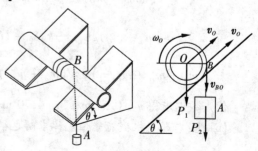

题 12-21 图

**解：**(1) 求能使圆筒向上滚动之倾角 $q$。此时所有力的矩之和应为顺时针转向，则

$P_2R(1 - \sin\theta) > P_1R\sin\theta,$ 即 $\sin\theta < \dfrac{P_2}{P_1 + P_2}$。

（2）在初始与上升路程 $l$ 时间段内用动能定理

$$\frac{1}{2}\frac{P_2}{g}v_O^2 + \frac{1}{2}\frac{P_2}{g}R^2\left(\frac{v_O}{R}\right)^2 + \frac{1}{2}\frac{P_1}{g}v_A^2 - 0 = -P_1l\sin\theta + P_2l(1 - \sin\theta),$$

利用运动学关系 $\vec{v}_B = \vec{v}_O + \vec{v}_{BO}$ 知

$$v_{Ax} = v_{Bx} = v_O\cos\theta,\ v_{Ay} = v_{By} = v_O\sin\theta - v_{BO} = v_O\sin\theta - v_O,\ v_A^2 = v_{Ax}^2 + v_{Ay}^2,$$

代入解得

$$v_O = \sqrt{\frac{P_2 - (P_1 + P_2)\sin\theta}{P_1 + P_2 - P_2\sin\theta}gl}。$$

【注意：本题用机械能守恒定律求解也很方便。在（1）的求解中，可计算势能，令其小于零（机械能守恒，此时动能增加）】

【12-22】力偶矩 $M$ 为常量，作用在绞车的鼓轮上，使轮转动，如题 12-22 图所示。轮的半径为 $r$，质量为 $m_1$。缠绕在鼓轮上的绳子系一质量为 $m_2$ 的重物，使其沿倾角为 $q$ 的斜面上升。重物与斜面间的滑动摩擦系数为 $f$，绳子质量不计，鼓轮可视为均质圆柱。在开始时，此系统处于静止。求鼓轮转过 $\varphi$ 角时的角速度和角加速度。

解：扫码进入。

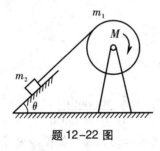

题 12-22 图　　　　　　题 12-22

【12-23】题 12-23 图示带式运输机的轮 $B$ 受恒力偶 $M$ 的作用，使胶带运输机由静止开始运动。若被提升物体 $A$ 的质量为 $m_1$，轮 $B$ 和轮 $C$ 的半径均为 $r$，质量均为 $m_2$，并视为均质圆柱。运输机胶带与水平线成交角 $q$，它的质量忽略不计，胶带与轮之间没有相对滑动。求物体 $A$ 移动距离 $s$ 时的速度和加速度。

解法同上题。

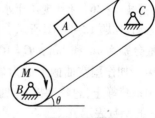

题 12-23 图

速度 $v = \sqrt{\dfrac{2(M - m_1gr\sin\theta)}{r(m_1 + m_2)}}$，

加速度 $a = \dfrac{M - m_1gr\sin\theta}{r(m_1 + m_2)}$。

【12-24】周转齿轮传动机构放在水平面内，如题 12-24 图所示。已知动齿轮半径为 $r$，质量为 $m_1$，可看成为均质圆盘；曲柄 $OA$ 质量为 $m_2$，可看成为均质杆；定齿轮半径为 $R$。在曲柄上作用一不变的力偶，其矩为 $M$，使此机构由静止开始运动。求曲柄转过 $\varphi$ 角后的角速度和角加速度。

**解**:在两位置之间用动能定理。

$$\frac{1}{2}\frac{1}{3}m_2(R+r)^2\omega^2 + \frac{1}{2}m_1[\omega(R+r)]^2 +$$

$$\frac{1}{2}\frac{1}{2}m_1r^2\left(\frac{\omega(R+r)}{r}\right)^2 - 0 = M\varphi,$$

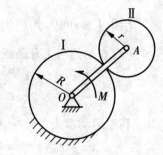

题 12-24 图

解出角速度,然后求导并利用 $\omega = \dfrac{\mathrm{d}\varphi}{\mathrm{d}t}$ 得角加速度

$$\omega = \frac{2}{R+r}\sqrt{\frac{3M\varphi}{9m_1+2m_2}}, \quad \alpha = \frac{6M}{(R+r)^2(9m_1+2m_2)}°$$

**【12-25】**题 12-25 图示机构中,直杆 $AB$ 质量为 $m$,楔块 $C$ 质量为 $m_C$,倾角为 $q$,当 $AB$ 杆铅垂下降时,推动模块水平运动,不计各处摩擦,求楔块 $C$ 与 $AB$ 杆的加速度。

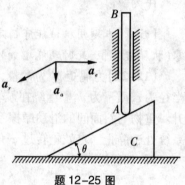

题 12-25 图

**解**:先进行加速度分析,以 $AB$ 上的 $A$ 为动点,楔块 $C$ 为动系,加速度分析如图,则 $a_a = a_e\tan\theta$,这里的 $a_a$、$a_e$ 为 $AB$ 和 $C$ 的加速度,同理速度也有类似的关系 $v_a = v_e\tan\theta$。

利用功率方程解。任意时刻的动能和功率

$$T = \frac{1}{2}mv_{AB}^2 + \frac{1}{2}m_Cv_C^2, \quad P = mgv_{AB},$$

代入功率方程 $\dfrac{\mathrm{d}T}{\mathrm{d}t} = P$ 得

$$mv_{AB}a_{AB} + m_Cv_Ca_C = mgv_{AB},$$

利用前面的速度、加速度关系求得

$$a_C = \frac{mg\tan\theta}{m_C + m\tan^2\theta}, \quad a_{AB} = \frac{mg\tan^2\theta}{m_C + m\tan^2\theta}°$$

**【注意:本题没有明显给出两个时刻,又只求加速度量(或角加速度),此类问题适合用功率方程求解,而用动能定理就不太方便】**

**【12-26】**椭圆规位于水平面内,由曲柄 $OC$ 带动规尺 $AB$ 运动,如题 12-26 图所示。曲柄和椭圆规尺都是均质杆,质量分别为 $m_1$ 和 $2m_1$,$OC = AC = BC = l$,滑块 $A$ 和 $B$ 的质量均为 $m_2$。如作用在曲柄上的力偶矩为 $M$,且 $M$ 为常数,设 $\varphi = 0$ 时系统静止,忽略摩擦,求曲柄的角速度和角加速度(以转角 $\varphi$ 的函数表示)。

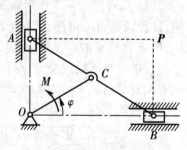

题 12-26 图

**解**:先进行速度分析,$P$ 为 $AB$ 的速度瞬心

$$v_C = \omega l, \quad \omega_{AB} = \frac{v_C}{PC} = \omega, \quad v_A = \omega_{AB}2l\cos\varphi, \quad v_B = \omega_{AB}2l\sin\varphi,$$

在两位置之间用动能定理

$$\frac{1}{2}\frac{1}{3}m_1l^2\omega^2 + \frac{1}{2}2m_1v_C^2 + \frac{1}{2}\frac{1}{12}2m_1\omega_{AB}^2 + \frac{1}{2}m_2v_A^2 + \frac{1}{2}m_2v_B^2 - 0 = M\varphi°$$

解出角速度,然后求导并利用 $\omega = \dfrac{\mathrm{d}\varphi}{\mathrm{d}t}$ 得角加速度

$$\omega = \frac{1}{l}\sqrt{\frac{2M\varphi}{3m_1 + 4m_2}}, \ \alpha = \frac{M}{l^2(3m_1 + 4m_2)}。$$

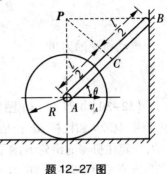

【12-27】均质细杆长 $l$，质量为 $m_1$，上端 $B$ 靠在光滑的墙上，下端 $A$ 以铰链与均质圆柱的中心相连。圆柱质量为 $m_2$，半径为 $R$，放在粗糙的地面上，自题 12-27 图示位置由静止开始滚动而不滑动，杆与水平线的交角 $q=45°$。求点 $A$ 在初瞬时的加速度

**解:** 如图，设任意位置 $q$ 时 $A$ 的速度向右，$P$ 为 $AB$ 的速度瞬心，则 $AB$ 的角速度 $\omega_{AB} = \dfrac{v_A}{PA} = \dfrac{v_A}{l\sin\theta}$，质心 $C$ 的速度 $v_C =$

题 12-27 图

$\omega_{AB}PC = \dfrac{v_A}{2\sin\theta}$。

利用功率方程解。任意时刻的动能和功率

$$T = \frac{1}{2}m_2 v_A^2 + \frac{1}{2}\frac{1}{2}m_2 R^2\left(\frac{v_A}{R}\right)^2 + \frac{1}{2}m_1 v_C^2 + \frac{1}{2}\frac{1}{12}m_1 l^2 \omega_{AB}^2, \ P = -m_1 g v_C \cos\theta,$$

代入功率方程 $\dfrac{\mathrm{d}T}{\mathrm{d}t} = P$ 并利用 $\dfrac{\mathrm{d}\theta}{\mathrm{d}t} = \omega_{AB}$，然后将 $\theta = 45°$ 及此时 $v_A = 0$ 代入求得加速度

$$a_A = -\frac{3m_1 g}{4m_1 + 9m_2}（负号表示实际方向向左）。$$

【注意:(1)求解时 $A$ 的速度若假设向左，则求导过程中容易出现正负号错误;(2)本题也可以在任意位置和初始位置之间用用动能定理解,最后将初始位置的条件代入即可,用动能定理不如用功率方程方便】

【12-28】用动能定理求解题 11-27。

**解:** 利用功率方程解。任意时刻的动能和功率

$$T = \frac{1}{2}m_1 v^2 + \frac{1}{2}m_2\left(\frac{v}{R+r}R\right)^2 + \frac{1}{2}m_2 \rho^2 - \left(\frac{v}{R+r}\right)^2, \ P = m_1 g v,$$

代入功率方程 $\dfrac{\mathrm{d}T}{\mathrm{d}t} = P$ 求得加速度

$$a = \frac{m_1(R+r)^2}{m_2(R^2 + \rho^2) + m_1(R+r)^2}g。$$

【注意:本题也可以在任意位置和初始位置之间用用动能定理解,显然不如用功率方程方便】

【12-29】在题 12-29 图示车床上车削直径 $D=48$ mm 的工件,主切削力 $F=7.84$ kN。若主轴转速 $n=240$ r/min,电动机转速为 1 420 r/min,主传动系统的效率 $h=0.75$,求机床主轴、电动机主轴分别受的力矩和电动机的功率。

**解:** 机床主轴受的力矩

$$M_{轴} = \frac{FD}{2} = 188.2 \ \mathrm{Nm},$$

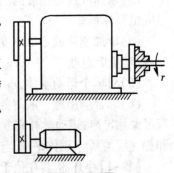

题 12-29 图

电动机的功率

$$P_{电机} = \frac{P_轴}{\eta} = \frac{M_轴 \, \omega_轴}{\eta} = 188.2 \times \frac{\dfrac{\pi \times 240}{30}}{0.75} = 6.31 \text{ kW},$$

电动机受的力矩

$$M_{电机} = \frac{P_{电机}}{\omega_{电机}} = 42.4 \text{ Nm}。$$

【12-30】如题 12-30 图所示,测量机器功率的动力计,由胶带 ACDB 和杠杆 BF 组成。胶带具有铅直的两段 AC 和 BD,并套住机器的滑轮 E 的下部,杠杆支点为 O。借升高或降低支点 O,可以变更胶带的张力,同时变更轮与胶带间的摩擦力。杠杆上挂一质量为 3 kg 的重锤,使杠杆 BF 处于水平的平衡位置。如力臂 $l = 500$ mm,发动机转数 $n = 240$ r/min,求发动机的功率。

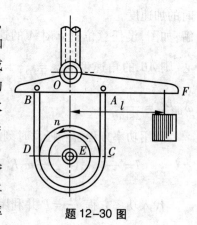

题 12-30 图

**解**:杠杆平衡时,利用对支点 O 的平衡方程可写出胶带张力的关系 $F_B R = F_A R + 3gl$,胶带张力的力矩和摩擦力矩平衡,而摩擦力矩的功率由发动机提供,所以胶带张力的功率等于电动机功率,即

$$P = (F_B - F_A) R \frac{\pi n}{30} = 3gl \frac{\pi n}{30} = 369.5 \text{ W}。$$

# 四、动力学综合应用题

动力学基本定理的综合应用作题方法指导:

(1)求约束反力的问题:首选动量定理和质心运动定理,一般取整体为研究对象;对质点的问题,可用质点运动微分方程即牛顿定律。

(2)求内力的问题:研究对象必须是包含所求内力的物体或物体系,首选动量定理;对转动物体首选动量矩定理或定轴转动微分方程。

(3)求速度或角速度的问题:首选动能定理(研究整体);其次可选质心运动守恒(或动量守恒)、动量矩守恒。

(4)求加速度或角加速度的问题:首选功率方程(研究整体);其次可选动能定理、动量定理、动量矩定理。

(5)对单个运动刚体,求力或加速度,首选平面运动微分方程。

(6)综合应用题一般需要增加静力学补充方程和运动学补充方程。静力学补充方程一般是摩擦定律;运动学补充方程则根据具体问题的结构形式和要求,增加不同点的速度关系和加速度关系("刚体平面运动"中的加速度分析用得较多)。

【综-1】小环 M 套在位于铅直面内的大圆环上,并与固定于点 A 的弹簧连接,如题综-1 图所示。大圆环的半径 $r = 200$ mm,小环的质量为 $m = 5$ kg,在初瞬时,$AM = 200$ mm,并为弹簧的原长。小环初速为零,弹簧重量略去不计。小环无摩擦地沿大圆环滑下,欲使小环在最低点时对大圆环的压力等于零,弹簧的刚性系数应多大?

**解:** 在初始位置和最低位置应用动能定理

$$\frac{1}{2}mv^2 - 0 = mg\frac{3}{2}r + \frac{1}{2}k(0 - r^2);$$

小球在最低位置受力如图,在法向写出质点运动微分方程

$$m\frac{v^2}{r} = F + F_N - mg;$$

而弹簧拉力 $F = kr$,令 $F_N = 0$,联立解得 $k = 490$ N/m。

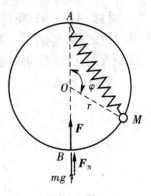

题综-1 图

**【综-2】** 滑块 $M$ 的质量为 $m$,在半径为 $R$ 的光滑圆周上无摩擦地滑动,此圆周在铅直面内,如题综-2 图所示。滑块 $M$ 上系有一刚性系数为 $k$ 的弹性绳 $MOA$,此绳穿过光滑的固定环 $O$,并固结在点 $A$。已知当滑块在点 $O$ 时线的张力为零。开始时滑块在点 $B$,处于不稳定的平衡状态;当它受到微小振动时,即沿圆周滑下。试求下滑速度 $v$ 与 $\varphi$ 角的关系和圆环的支反力。

**解:** 在最高位置和任意位置应用动能定理

$$\frac{1}{2}mv^2 - 0 = mg2R\cos^2\varphi + \frac{1}{2}k\left[(2R)^2 - (2R\sin\varphi)^2\right];$$

解得

$$v = 2\cos^2\varphi\sqrt{\frac{mg + kR}{m}R};$$

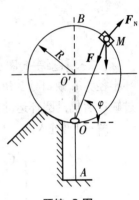

题综-2 图

滑块在任意位置受力如图,在法向写出质点运动微分方程

$$m\frac{v^2}{R} = F\cos(90° - \varphi) + mg\cos[2(90° - \varphi)] - F_N;$$

而弹簧拉力 $F = k2R\sin\varphi$,解得

$$F_N = 2kR\sin^2\varphi - mg\cos2\varphi - 4(mg + kR)\cos^2\varphi.$$

**【综-3】** 题综-3 图示一撞击试验机,主要部分为一质量为 $m = 20$ kg 的铜铸物,固定在杆上,杆重和轴承摩擦均忽略不计。铜铸物的中心到铰链 $O$ 的距离为 $l = 1$ m,铜铸物由最高位置 $A$ 无初速地落下。试求轴承反力与杆的位置 $\varphi$ 之间的关系。并讨论 $\varphi$ 等于多少时杆受力为最大或最小。

**解:** 在最高位置和任意位置应用动能定理

$$\frac{1}{2}mv^2 - 0 = mgl(1 - \cos\varphi),\ 求得\ v = \sqrt{2gl(1 - \cos\varphi)};$$

重物在任意位置受力如图,在法向写出质点运动微分方程

$$m\frac{v^2}{l} = F_n + mg\cos\varphi,\ 解得\ F_n = 20g(2 - 3\cos\varphi).$$

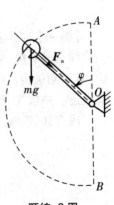

题综-3 图

当 $\varphi = \pi$ 时,$F_{n\max} = 100g = 980$ N;当 $\varphi = \arccos\frac{2}{3}$ 时,$F_{n\min} = 0$。

**【注意:杆自重不计时,只受法向力;所求的力为杆作用于重物的力,即轴承反力】**

**【综-4】**一小球质量为 $m$，用不可伸长的线拉住，在光滑的水平间上运动，如题综-4 图所示。线的另一端穿过一孔以等速 $v$ 向下拉动。设开始时球与孔间的距离为 $R$，孔与球间的线段是直的，而球在初瞬时速度 $v_0$ 垂直于此线段。试求小球的运动方程和线的张力 $F$。

**解:**扫码进入。

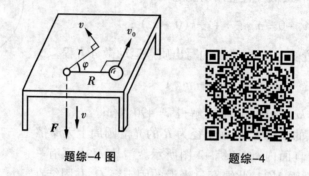

题综-4 图　　　　　　　题综-4

**【综-5】**题综-5 图示小球从点 $A$ 沿光滑斜面滑下，沿着具有一缺口的圆环轨道运动，圆环半径为 $r$，缺口处 $\angle BOC = \angle BOD = \theta$。设小球的初速度为零，问小球自多高处滑下，方能越过缺口后仍沿圆环运动？欲使高度 $h$ 最小，$\theta$ 角的值应为多大？

**解:**扫码进入。

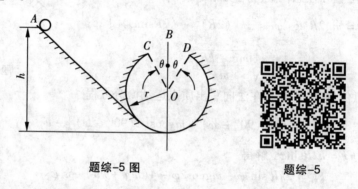

题综-5 图　　　　　　　题综-5

**【综-6】**如题综-6 图所示重物 $M$ 的质量为 $m$，用线悬于固定点 $O$，线长为 $l$。起初线与铅直线交成 $\theta$ 角，重物初速等于零。重物运动后，线 $OM$ 碰到铁钉 $O_1$，其位置由极坐标 $h = OO_1$ 和 $\beta$ 角确定。铁钉和重物的尺寸忽略不计。问 $\theta$ 角至少应多大，重物可绕铁钉划过一圆周轨迹。并求线 $OM$ 在碰到铁钉后和碰前瞬时张力的变化。

**解:**扫码进入。

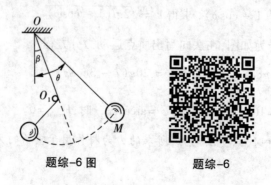

题综-6 图　　　　　　题综-6

【综-7】正方形均质板的质量为 40 kg,在铅直平面内以三根软绳拉住,板的边长 $b = 100$ mm,如题综-7 图所示。求:(1)当软绳 $FG$ 剪断后,木板开始运动的加速度以及 $AD$ 和 $BE$ 两绳的张力;(2)当 $AD$ 和 $BE$ 两绳位于铅直位置时,板中心 $C$ 的加速度和两绳的张力。

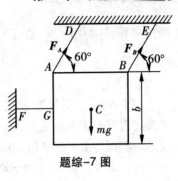

题综-7 图

**解:**板作平动,角速度和角加速度为零。

(1)此时板的速度为 0,所以板的法向加速度(沿 $AD$ 方向)为 0。

受力如图,在法向和切向建立平面运动微分方程

$$0 = F_A + F_B - mg\cos 30°, \quad ma_t = mg\sin 30°,$$

$$0 = [F_B\sin 60° - F_A\sin 60° - (F_A + F_B)\cos 60°]\frac{b}{2},$$

解得

$$a = a_t = \frac{g}{2} = 4.9 \text{ m/s}^2; F_A = 72 \text{ N}, F_B = 268 \text{ N}.$$

(2)设 $AD$ 的长度为 $l$,在初始位置和任意位置(设 $AD$ 与 $AB$ 的夹角为 $\theta$)间应用动能定理或机械能守恒

$$\frac{1}{2}mv^2 - 0 = mgl(\sin\theta - \sin 60°),$$

求导得切向加速度 $a_t = \dfrac{\mathrm{d}v}{\mathrm{d}t} = g\cos\theta$,而法向加速度 $a_n = \dfrac{v^2}{l} = 2g(\sin\theta - \sin 60°)$,

所以 $\theta = 90°$ 时 $a_t = 0, a = a_n = 2.63 \text{ m/s}^2$;在最低位置建立平面运动微分方程

$$ma_n = F_A + F_B - mg, 0 = [F_B - F_A]\frac{b}{2},$$

解得 $F_A = F_B = 248.5$ N。

【注:可在任意位置建立平面运动微分方程,再分别将两个所求位置条件代入即可,这样更简单。】

【综-8】题综-8 图示三棱柱 $A$ 沿三棱柱 $B$ 的光滑斜面滑动,$A$ 和 $B$ 的质量各为 $m_1$ 与 $m_2$,三棱柱 $B$ 的斜面与水平面成 $\theta$ 角。如开始时物系静止,忽略摩擦,求运动时三棱柱 $B$ 的加速度。

**解:**(1)如图,以 $A$ 为动点,$B$ 为动系,则

$$v_{Ax} = v_r\cos\theta - v_B, \quad v_{Ay} = -v_r\sin\theta;$$

(2)研究整体,水平方向动量守恒

$$m_1v_{Ax} - m_2v_B = 0, 求得 \quad v_r = \frac{m_1 + m_2}{m_1\cos\theta}v_B;$$

(3)设 $A$ 相对 $B$ 滑动距离 $s$,利用动能定理

$$\frac{1}{2}m_1v_A^2 + \frac{1}{2}m_2v_B^2 - 0 = m_1gs\sin\theta,$$

题综-8 图

两边求导,并利用 $v_A^2 = v_{Ax}^2 + v_{Ay}^2$, $v_r = \dfrac{\mathrm{d}s}{\mathrm{d}t}$,得

$$a_B = \frac{m_1 g \sin 2\theta}{2(m_2 + m_1 \sin^2\theta)} \circ$$

**【综-9】** $A$ 物质量为 $m_1$,沿楔状物 $D$ 的斜面下降,同时借绕过滑车 $C$ 的绳使质量为 $m_2$ 的物体 $B$ 上升,如题综-9 图所示。斜面与水平成 $\theta$ 角,滑轮和绳的质量和一切摩擦均略去不计。求楔状物 $D$ 作用于地板凸出部分 $E$ 的水平压力。

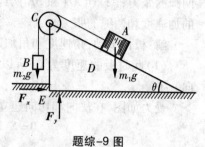

题综-9 图

**解:**(1)研究整体,设 $A$ 下滑的速度、加速度为 $v$ 和 $a$。任意时刻的动能和功率

$$T = \frac{1}{2}(m_1 + m_2)v^2 , \quad P = m_1 g v \sin\theta - m_2 g v ;$$

功率方程 $\dfrac{\mathrm{d}T}{\mathrm{d}t} = P$,即 $(m_1 + m_2)va = m_1 g v \sin\theta - m_2 g v$,则

$$a = \frac{m_1 \sin\theta - m_2}{m_1 + m_2} g ;$$

(2)在水平方向应用动量定理。受力如图,

动量 $p_x = m_1 v \cos\theta$,则 $\dfrac{\mathrm{d}p_x}{\mathrm{d}t} = m_1 a \cos\theta = F_x$,所以

$$F_x = \frac{m_1 \sin\theta - m_2}{m_1 + m_2} m_1 g \cos\theta \circ$$

**【综-10】** 如题综-10 图所示,轮 $A$ 和轮 $B$ 可视为均质圆盘,半径均为 $R$,质量均为 $m_1$。绕在两轮上的绳索中间连着物块 $C$,设物块 $C$ 的质量为 $m_2$,且放在理想光滑的水平面上。今在轮 $A$ 上作用一不变的力偶 $M$,求轮 $A$ 与物块之间那段绳索的张力。

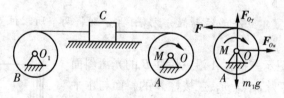

题综-10 图

**解:**(1)研究整体,设 $A$ 的角速度、角加速度为 $\omega$ 和 $\alpha$。任意时刻的动能和功率

$$T = 2 \times \frac{1}{2} \cdot \frac{1}{2} m_1 R^2 \omega^2 + \frac{1}{2} m_2 (\omega R)^2 = \frac{1}{2}(m_1 + m_2) R^2 \omega^2 , \quad P = M\omega ,$$

功率方程 $\dfrac{\mathrm{d}T}{\mathrm{d}t} = P$,即 $(m_1 + m_2)R^2\omega\alpha = M\omega$,则 $\alpha = \dfrac{M}{(m_1 + m_2)R^2}$;

(2)研究轮 $A$,受力如图,对 $O$ 建立定轴转动微分方程

$$J\alpha = \frac{1}{2}m_1 R^2 \alpha = M - FR, \quad 则\ F = \frac{M(m_1 + 2m_2)}{2R(m_1 + m_2)} \circ$$

**【综-11】** 题综-11 图示圆环以角速度 $\omega$ 绕铅直轴 $AC$ 自由转动。此圆环半径为 $R$,对轴

的转动惯量为 $J$。在圆环中的点 $A$ 放一质量为 $m$ 的小球。设由于微小的干扰小球离开点 $A$。圆环中的摩擦忽略不计,试求当小球到达点 $B$ 和点 $C$ 时,圆环的角速度和小球的速度。

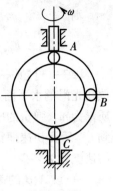

题综–11 图

**解**:研究整体,设小球到达点 $B$、$C$ 时,圆环的角速度为 $\omega_B$、$\omega_C$,小球速度为 $v_B$、$v_C$。

在 $A$、$B$ 间用动量矩守恒 $J\omega = J\omega_B + m(\omega_B R)R$,则 $\omega_B = \dfrac{J\omega}{J + mR^2}$;

在 $A$、$B$ 间用动能定理 $\dfrac{1}{2}J\omega_B^2 + \dfrac{1}{2}mv_B^2 - \dfrac{1}{2}J\omega^2 = mgR$,解得

$$v_B = \sqrt{2gR - \frac{J\omega^2}{m}\left[\frac{J^2}{(J + mR^2)^2} - 1\right]} \ ;$$

同理,在 $A$、$C$ 间用动量矩守恒 $J\omega = J\omega_C$,则 $\omega_C = \omega$,

在 $A$、$C$ 间用动能定理 $\dfrac{1}{2}J\omega_C^2 + \dfrac{1}{2}mv_C^2 - \dfrac{1}{2}J\omega^2 = 2mgR$,解得 $v_C = 2\sqrt{gR}$。

**【综–12】**题综–12 图示为曲柄滑槽机构,均质曲柄 $OA$ 绕水平轴 $O$ 以匀角速度 $\omega$ 转动。已知曲柄 $OA$ 的质量为 $m_1$,$OA = r$,滑槽 $BC$ 的质量为 $m_2$(重心在点 $D$)。滑块 $A$ 的重量和各处摩擦不计。求当曲柄转至图示位置时,滑槽 $BC$ 的加速度、轴承 $O$ 的约束反力以及作用在曲柄上的力偶矩 $M$。

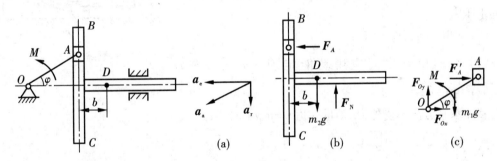

题综–12 图

**解**:(1)以 $A$ 为动点,$BCD$ 为动系,加速度分析如图(a),则 $BC$ 的加速度为

$$a_{BC} = a_e = a_a\cos\varphi = \omega^2 r\cos t \ ,$$

(2)研究 $BCD$,受力如图(b),在水平方向利用质心运动定理得

$$F_A = m_2 a_{BC} = m_2\omega^2 r\cos t \ ,$$

(3)研究 $OA$,受力如图(c),由对 $O$ 轴的动量矩定理得

$$0 = M - F_A' r\sin\omega t - m_1 g\frac{r}{2}\cos\omega t \ ,$$

所以

$$M = r\left(\frac{1}{2}m_1 g + m_2 r\omega^2\sin\omega t\right)\cos\omega t \ ,$$

在水平和铅垂方向利用质心运动定理

$$m_1\omega^2\frac{r}{2}\cos\omega t = -F_A' - F_{Ox} \ , \quad m_1\omega^2\frac{r}{2}\sin\omega t = m_1 g - F_{Oy} \ ,$$

则

$$F_{0x} = -r\omega^2 \left( \frac{1}{2} m_1 + m_2 \right) \cos\omega t, \quad F_{0y} = m_1 g - 0.5 m_1 r\omega^2 \sin\omega t。$$

【综-13】题综-13 图示弹簧两端各系以重物 $A$ 和 $B$，放在光滑的水平面上，其中重物 $A$ 的质量为 $m_1$，重物 $B$ 的质量为 $m_2$，弹簧的原长为 $l_0$，刚性系数为 $k$。若将弹簧拉长到 $l$ 然后无初速地释放，问当弹簧回到原长时，重物 $A$ 和 $B$ 的速度各为多少？

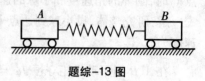
题综-13 图

**解：**设 $A$、$B$ 的速度均向右。在两位置之间应用动能定理得

$$\frac{1}{2} m_1 v_A^2 + \frac{1}{2} m_2 v_B^2 - 0 = \frac{1}{2} k (l - l_0)^2 ,$$

整体水平方向不受外力，动量守恒：$0 = m_1 v_A + m_2 v_B$，联立解得

$$v_A = \frac{\sqrt{km_2}(l - l_0)}{\sqrt{m_1(m_1 + m_2)}} , \quad v_B = -\frac{\sqrt{km_1}(l - l_0)}{\sqrt{m_2(m_1 + m_2)}} （负号表示方向向左）。$$

【综-14】质量为 $m_0$ 的物体上刻有半径为 $r$ 的半圆槽，放在光滑水平面上，原处于静止状态。有一质量为 $m$ 的小球自 $A$ 处无初速地沿光滑半圆槽下滑，如题综-14 图所示。若 $m_0 = 3m$，求小球滑到 $B$ 处时相对于物体的速度及槽对小球的正压力。

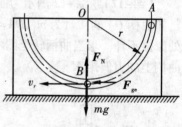
题综-14 图

**解：**设物体的速度 $v$ 向右。

（1）在两位置之间应用动能定理 $\frac{1}{2} m_0 v^2 + \frac{1}{2} m (v - v_r)^2 - 0 = mgr$，

整体水平方向不受外力，动量守恒 $0 = m_0 v + m(v - v_r)$，

联立解得 $v_r = \sqrt{\dfrac{8}{3} gr}$ ；

（2）以小球为动点，物体为动系，在 $B$ 点对小球写出法线方向的相对运动微分方程（受力如题综-14 图）：$m \dfrac{v_r^2}{r} = F_N - mg$，所以 $F_N = \dfrac{11}{3} mg$。

【综-15】均质棒 $AB$ 的质量为 $m = 4$ kg，其两端悬挂在两条平行绳上，棒处在水平位置，如题综-15 图所示。设其中一绳突然断了，求此瞬时另一绳的张力 $F$。

**解：**设 $AE$ 绳断开，并设此时质心 $C$ 点的加速度为 $a_{Cx}$、$a_{Cy}$，$AB$ 的角加速度为 $\alpha$。

研究 $AB$，受力如题综-15 图，设 $AB$ 长为 $l$，建立平面运动微分方程：

$$mg - F = ma_{Cy}, \quad \frac{1}{12} ml^2 \alpha = F \frac{l}{2},$$

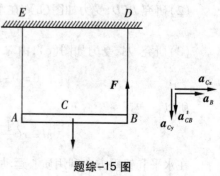
题综-15 图

以 $B$ 为基点,研究 $C$,加速度分析如图。绳刚断开时,杆 $AB$ 没有速度和角速度,$B$ 点只有垂直于 $BD$ 方向的加速度,$a_{CB}^n=0$,则 $\vec{a}_{Cx}+\vec{a}_{Cy}=\vec{a}_B+\vec{a}_{CB}^t$,向铅垂方向投影得

$$a_{Cy}=a_{CB}^t=\alpha\frac{l}{2},$$

和前面的平面运动微分方程联立求解得 $F=\frac{1}{4}mg=9.8$ N。

**【综-16】** 题综-16 图示均质杆长为 $2l$,质量为 $m$,初始时位于水平位置。如 $A$ 端脱落,杆可绕通过 $B$ 端的轴转动,当杆转到铅垂位置时,$B$ 端也脱落了。不计各种阻力,求该杆在 $B$ 端脱落后的角速度、下落高度 $h$ 后杆转了多少圈及其质心的轨迹。

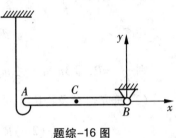

题综-16 图

**解:** (1)求 $B$ 脱落时杆的角速度。用动能定理(或机械能守恒)

$$\frac{1}{2}\frac{1}{3}m(2l)^2\omega^2-0=mgl\text{,得}\omega=\sqrt{\frac{3g}{2l}};$$

(2)$B$ 点脱落后,质心作水平匀速运动与零初速自由落体运动的平抛运动,则下落 $h$ 用时间

$$\Delta t=\sqrt{2h/g},$$

杆转过的圈数

$$n=\frac{\omega\Delta t}{2\pi}=\frac{1}{2\pi}\sqrt{\frac{h}{l}};$$

(3)$B$ 点脱落后,杆只受重力作用。建立平面运动微分方程

$$m\ddot{x}_C=0\text{,}m\ddot{y}_C=-mg\text{,}J_C\alpha=0\text{,}$$

利用初始条件积得

$$\dot{x}_C=\omega l=\sqrt{\frac{3gl}{2}}\text{,}x_C=\sqrt{\frac{3gl}{2}}\,t\text{;}\dot{y}_C=-gt\text{,}y_C=-l-\frac{1}{2}gt^2\text{,}$$

所以质心 $C$ 的轨迹为 $x_C^2+3ly_C+3l^2=0$。

**【综-17】** 题综-17 图示机构中,物块 $A$、$B$ 的质量均为 $m$,两均质圆轮 $C$、$D$ 的质量均为 $2m$,半径均为 $R$。$C$ 轮铰接于无重悬臂梁 $CK$ 上,$D$ 为动滑轮,梁的长度为 $3R$,绳与轮间无滑动。系统由静止开始运动,求:(1)$A$ 物块上升的加速度;(2)$HE$ 段绳的拉力;(3)固定端 $K$ 处的约束反力。

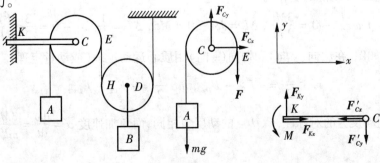

题综-17 图

**解:**(1)设 $A$ 上升的速度为 $v$,加速度为 $a$,则由运动学的概念知:$B$ 下降的速度为 $\dfrac{v}{2}$,轮 $C$ 的角速度为 $\dfrac{v}{R}$,轮 $D$ 的角速度为 $\dfrac{v}{2R}$。

研究整体,利用功率方程。任意时刻的动能

$$T=\frac{1}{2}mv^2+\frac{1}{2}m\left(\frac{v}{2}\right)^2+\frac{1}{2}\times\frac{1}{2}(2m)R^2\left(\frac{v}{R}\right)^2+\frac{1}{2}\times\frac{1}{2}(2m)R^2\left(\frac{v}{2R}\right)^2+\frac{1}{2}(2m)\left(\frac{v}{2}\right)^2=\frac{3}{2}mv^2$$

功率 $\qquad P=-mgv+3mg\left(\dfrac{v}{2}\right)=\dfrac{1}{2}mgv$,

则 $\dfrac{\mathrm{d}T}{\mathrm{d}t}=P$,即 $3mva=\dfrac{1}{2}mgv$,所以 $a=\dfrac{1}{6}g$;

(2)研究轮 $C$ 及物块 $A$,受力如图,对 $C$ 点用动量矩定理

$$\left(\frac{1}{2}(2m)R^2+mR^2\right)\left(\frac{a}{R}\right)=FR-mgR \text{,得 } F=\frac{4}{3}mg \text{ ;}$$

在水平和铅垂方向用动量定理

$$F_{Cx}=0 \text{ , } F_{Cy}-F-3mg=ma \text{ ,}$$

得 $F_{Cy}=4.5mg$;

(3)研究 $CK$,受力如图,静力平衡

$$\sum F_x=0 \quad F_{Kx}-F'_{Cx}=0,\ F_{Kx}=0,$$

$$\sum F_y=0 \quad F_{Ky}-F'_{Cy}=0,\ F_{Ky}=-4.5mg,$$

$$\sum M_K(F)=0 \quad M-F'_{Cy}3R=0,\ M=13.5mgR。$$

**【综-18】**题综-18 图示均质直杆 $OA$,长为 $l$,质量为 $m$,在常力偶的作用下在水平面内从静止开始绕 $z$ 轴转动,设力偶矩为 $M$。求:(1)经过时间 $t$ 后系统的动量、对 $z$ 轴的动量矩和动能的变化;(2)轴承的动反力。

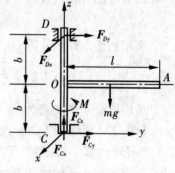

**解:**(1)对轴 $z$ 建立定轴转动微分方程

$$\frac{1}{3}ml^2\frac{\mathrm{d}\omega}{\mathrm{d}t}=M,$$

利用初始条件积分得 $\qquad \omega=\dfrac{3Mt}{ml^2}$。

**题综-18 图**

动量、动量矩和动能的变化为

$$\Delta p=m\omega\frac{l}{2}-0=\frac{3Mt}{2ml} \text{ , } \Delta L=J\omega-0=Mt \text{ , } \Delta T=\frac{1}{2}J\omega^2-0=\frac{3}{2}\frac{M^2t^2}{ml^2}\text{。}$$

(2)受力如图,在法向($y$ 向)和切向($x$ 向)用质心运动定理(或动量定理)

$$m\omega^2\frac{l}{2}=-F_{Cy}-F_{Dy} \text{ , } m\alpha\frac{l}{2}=-F_{Cx}-F_{Dx},$$

利用本题动反力的对称性,$C$、$D$ 点的动反力相同,而角加速度 $\alpha=\dfrac{\mathrm{d}\omega}{\mathrm{d}t}=\dfrac{3M}{ml^2}$,所以

$$F_{Cx} = F_{Dx} = -\frac{3M}{4l}, \quad F_{Cy} = F_{Dy} = -\frac{9M^2 t^2}{4ml^3}。$$

**【注意：(1)**动反力的方向随转动位置的不同而变化；**(2)**计算动反力时不考虑静反力；**(3)**本题动反力对称，而全反力不对称**】**

**【综-19】**将长 $l$ 的均质细杆的一段平放在水平桌面上，使其质心 $C$ 与桌缘的距离为 $a$，如题综-19 图所示。若当杆与水平面之夹角超过 $\theta_0$ 时杆开始相对桌缘移动，试求动摩擦因数 $f$。

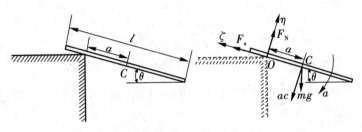

**题综-19 图**

**解：**根据题意，$\theta < \theta_0$ 时杆绕桌缘作定轴转动。利用定轴转动微分方程

$$J_O \alpha = \left(\frac{1}{12}ml^2 + ma^2\right)\alpha = mga\cos\theta,$$

求得角加速度 $\alpha = \frac{12a}{l^2 + 12a^2}g\cos\theta$，设初始 $\theta = 0$ 时静止，积分得 $\omega^2 = \frac{24a}{l^2 + 12a^2}g\sin\theta$

在切向和法向利用质心运动定理

$$m\omega^2 a = F_s - mg\sin\theta, \quad m\alpha a = -F_N + mg\cos\theta,$$

求得

$$F_s = \frac{l^2 + 36a^2}{l^2 + 12a^2}mg\sin\theta, \quad F_N = \frac{l^2}{l^2 + 12a^2}mg\cos\theta,$$

$\theta = \theta_0$ 时 $F_s = fF_N$ 得

$$f = \frac{l^2 + 36a^2}{l^2}\tan\theta_0。$$

**【综-20】**滚子 $A$ 质量为 $m_1$，沿倾角为 $\theta$ 的斜面向下滚动而不滑动，如题综-20 图所示。滚子借一跨过滑轮 $B$ 的绳提升质量为 $m_2$ 的物体 $C$，同时滑轮 $B$ 绕 $O$ 轴转动。滚子 $A$ 与滑轮 $B$ 的质量相等，半径相等，且都为均质圆盘。求滚子重心的加速度和系在滚子上绳的张力。

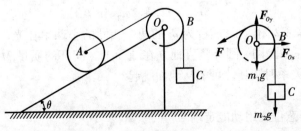

**题综-20 图**

**解**:(1)研究整体,用功率方程解。设滚子 $A$ 下降的速度为 $v$,则任意时刻的动能

$$T = \frac{1}{2}m_1v^2 + \frac{1}{2} \times \frac{1}{2}m_1R^2\left(\frac{v}{R}\right)^2 + \frac{1}{2}m_2v^2 + \frac{1}{2} \times \frac{1}{2}m_1R^2\left(\frac{v}{R}\right)^2 = \left(m_1 + \frac{m_2}{2}\right)v^2,$$

功率 $P = m_1gv\sin\theta - m_2gv$,代入功率方程 $\dfrac{\mathrm{d}T}{\mathrm{d}t} = P$

$$2\left(m_1 + \frac{m_2}{2}\right)va = m_1gv\sin\theta - m_2gv,$$

则

$$a = \frac{m_1\sin\theta - m_2}{2m_1 + m_2}g\,;$$

(2)研究滑轮 $B$ 和物体 $C$,受力如图。对 $O$ 轴写出动量矩定理

$$\frac{1}{2}m_1R^2\left(\frac{a}{R}\right) + m_2Ra = FR - m_2gR,$$

解得

$$F = \frac{3m_1m_2 + m_1(2m_2 + m_1)\sin\theta}{2(2m_1 + m_2)}g\,。$$

**【综-21】**题综-21 图示三棱柱体 $ABC$ 的质量为 $m_1$,放在光滑的水平面上,可以无摩擦地滑动。质量为 $m_2$ 的均质圆柱体 $O$ 由静止沿斜面 $AB$ 向下滚动而不滑动。如斜面的倾角为 $\theta$,求三棱柱体的加速度。

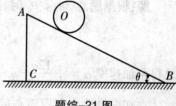

题综-21 图

**解**:设三棱柱的速度为 $v$(向左),圆柱体相对三棱柱的速度为 $v_r$(向右下),以圆柱体的轮心为动点,三棱柱为动系,可求出轮心速度为

$$v_{Ox} = v_r\cos\theta - v\ (向右),\quad v_{Oy} = v_r\sin\theta\ (向下)。$$

整体水平方向不受外力,动量守恒

$$0 = -m_1v + m_2v_{Ox},$$

任意时刻的动能和功率

$$T = \frac{1}{2}m_1v^2 + \frac{1}{2}m_2(v_{Ox}^2 + v_{Oy}^2) + \frac{1}{2}\frac{1}{2}m_2R^2\left(\frac{v_r}{R}\right)^2,\quad P = m_2gv_{Oy},$$

代入功率方程 $\dfrac{\mathrm{d}T}{\mathrm{d}t} = P$,联立求解得

$$a = \frac{m_2\sin2\theta}{3m_1 + m_2 + 2m_2\sin^2\theta}g\,。$$

**【综-22】**如题综-22 图所示,质量为 $m$ 的两个相同的小珠串在光滑圆环上,无初速地自最高处滑下,圆环竖直地立在地面上。问环的质量 $M$ 和小珠质量 $m$ 有什么关系时圆环才可能从地面跳起?

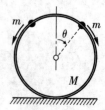

**解**:研究整体。

(1)在开始到任意位置用动能定理

题综-22 图

$$2 \times \frac{1}{2}mv^2 - 0 = 2mgr(1 - \cos\theta),$$

得 $v^2 = 2gr(1 - \cos\theta)$，而 $v = r\dot{\theta}$，则 $a_t = \dfrac{\mathrm{d}v}{\mathrm{d}t} = \dfrac{gr\sin\theta\dot{\theta}}{v} = g\sin\theta$。

（2）铅垂方向利用动量定理。

$$\frac{\mathrm{d}p_y}{\mathrm{d}t} = \frac{\mathrm{d}}{\mathrm{d}t}(-2mv\sin\theta) = F_N - Mg - 2mg,$$

即

$$F_N = (M + 2m)g - 2ma_t\sin\theta - 2mv\cos\theta\dot{\theta} = Mg - 4mg\cos\theta + 6mg\cos^2\theta。$$

当 $\cos\theta = 1/3$ 时 $F_{Nmin} = Mg - 2mg/3$，圆环从地面跳起的临界条件是 $F_{Nmin} = 0$，则 $M < 2m/3$。

**【综-23】**在题综-23 图示机构中，沿斜面纯滚动的圆柱体 $O'$ 和鼓轮 $O$ 为均质物体，质量均为 $m$，半径均为 $R$。绳子不能伸缩，其质量略去不计。粗糙斜面的倾角为 $\theta$，不计滚动摩擦。如在鼓轮上作用一常力偶 $M$。求:（1）鼓轮的角加速度;（2）轴承 $O$ 的水平反力。

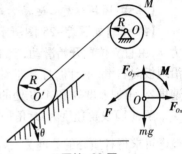

**题综-23 图**

**解:**（1）设鼓轮的角速度为 $\omega$，角加速度为 $\alpha$，任意时刻系统的动能和功率

$$T = \frac{1}{2} \times \frac{1}{2}mR^2\omega^2 + \frac{1}{2} \times \frac{1}{2}mR^2\omega^2 + \frac{1}{2}m(R\omega)^2 = mR^2\omega^2,$$

$$P = M\omega - mg(\omega R)\sin\theta,$$

代入功率方程 $\dfrac{\mathrm{d}T}{\mathrm{d}t} = P$，求得

$$\alpha = \frac{M - mgR\sin\theta}{2mR^2}。$$

（2）研究鼓轮，受力如图。对 $O$ 轴利用定轴转动微分方程

$$\frac{1}{2}mR^2\alpha = M - FR,$$

求出绳索拉力 $F = \dfrac{1}{4R}(3M + mgR\sin\theta)$。

在水平方向利用质心运动定理 $0 = F_{Ox} - F\cos\theta$，所以

$$F_{Ox} = \frac{1}{8R}(6M\cos\theta + mgR\sin2\theta)。$$

**【综-24】**题综-24 图示质量为 $m$、半径为 $r$ 的均质圆柱，开始时其质心位于与 $OB$ 同一高度的点 $C$。设圆柱由静止开始沿斜面滚动而不滑动，当它滚到半径为 $R$ 的圆弧 $AB$ 上时，求在任意位置上对圆弧的正压力和摩擦力。

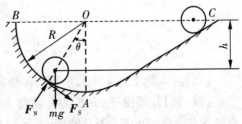

**题综-24 图**

**解:**（1）设任意位置圆柱体质心的速度为 $v$，在初始位置和任意位置之间应用动能定理（或机

械能守恒定律)

$$\frac{1}{2}mv^2 + \frac{1}{2} \times \frac{1}{2}mR^2\left(\frac{v}{R}\right)^2 - 0 = mg(R - r)\cos\theta,$$

求得 $v^2 = \frac{4}{3}g(R - r)\cos\theta$，求导并利用 $v = \frac{\mathrm{d}\theta}{\mathrm{d}t}(R - r)$ 得切向加速度 $a_t = -\frac{2}{3}g\sin\theta$；

（2）圆柱体在任意位置受力如图，在质心运动的法向和切向应用质心运动定理

$$F_{\mathrm{N}} - mg\cos\theta = \frac{mv^2}{R - r}, \quad -F_{\mathrm{s}} - mg\sin\theta = ma_t,$$

求得

$$F_{\mathrm{N}} = \frac{7}{3}mg\cos\theta, \quad F_{\mathrm{s}} = -\frac{1}{3}mg\sin\theta（负号表示图中假设方向相反）。$$

【注意：圆柱体质心运动的轨迹是以 $O$ 为圆心，$R-r$ 为半径的圆】

【综-25】如题综-25 图所示，均质细杆 $AB$ 长 $l$，质量为 $m$，由直立位置开始滑动，上端 $A$ 沿墙壁向下滑，下端 $B$ 沿地板向右滑，不计摩擦。求细杆在任一位置 $\varphi$ 时的角速度 $\omega$、角加速度 $\alpha$ 和 $A$、$B$ 处的反力。

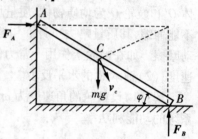

题综-25 图

**解：**（1）设角速度为 $\omega$，角加速度为 $\alpha$。则由运动学的概念可求得杆质心的速度为 $\frac{1}{2}\omega l$。利用动能定理（或机械能守恒定律）有

$$\frac{1}{2}m\left(\frac{\omega l}{2}\right)^2 + \frac{1}{2} \times \frac{1}{12}ml^2\omega^2 - 0 = mg\frac{l}{2}(1 - \sin\varphi),$$

求得 $\omega = \sqrt{\frac{3g}{l}(1 - \sin\varphi)}$，求导并利用 $\omega = -\frac{d\varphi}{dt}$ 得角加速度 $\alpha = \frac{3g}{2l}\cos\varphi$；

（2）杆受力如图，在水平和铅垂方向应用动量定理

$$F_A = \frac{\mathrm{d}p_x}{\mathrm{d}t} = \frac{\mathrm{d}}{\mathrm{d}t}(mv_C\sin\varphi) = \frac{\mathrm{d}}{\mathrm{d}t}\left(m\omega\frac{l}{2}\sin\varphi\right) = \frac{ml}{2}[\alpha\sin\varphi - \omega^2\cos\varphi]$$

$$= \frac{3mg}{4}\cos\varphi(3\sin\varphi - 2),$$

$$mg - F_B = \frac{\mathrm{d}p_y}{\mathrm{d}t} = \frac{\mathrm{d}}{\mathrm{d}t}(mv_C\cos\varphi) = \frac{\mathrm{d}}{\mathrm{d}t}\left(m\omega\frac{l}{2}\cos\varphi\right)$$

$$= \frac{ml}{2}[\alpha\cos\varphi + \omega^2\sin\varphi] = \frac{3mg}{4}(1 + 2\sin\varphi - 3\sin^2\varphi),$$

求得

$$F_B = \frac{mg}{4}\left[1 + 9\sin\varphi\left(\sin\varphi - \frac{2}{3}\right)\right]。$$

【注意：本题中角度 $\varphi$ 求导等于负的角速度】

【综-26】均质细杆 $AB$ 长为 $l$，质量为 $m$，起初紧靠在铅垂墙壁上，由于微小干扰，杆绕 $B$ 点倾倒如题综-26 图。不计摩擦，求：（1）$B$ 端未脱离墙时 $AB$ 杆的角速度、角加速度及 $B$ 处的反力；（2）$B$ 端脱离墙壁时的 $\theta_1$ 角；（3）杆着地时质心的速度及杆的角速度。

**解:**(1)设角速度为 $\omega$(顺时针),角加速度为 $\alpha$(顺时针)。$B$ 端未脱离墙时,$AB$ 相当于绕 $B$ 点定轴转动。由动能定理

$$\frac{1}{2} \times \frac{1}{3}ml^2\omega^2 - 0 = mg\frac{l}{2}(1 - \cos\theta),$$

求得 $\omega = \sqrt{\dfrac{3g(1 - \cos\theta)}{l}}$,求导并利用 $\omega = \dfrac{\mathrm{d}\theta}{\mathrm{d}t}$,得

$$\alpha = \frac{3g}{2l}\sin\theta ;$$

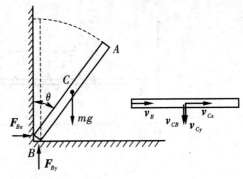

题综-26 图

在水平和铅垂方向用质心运动定理(或动量定理)

$$F_{Bx} = ma_{Cx} = -m\omega^2\frac{l}{2}\sin\theta + m\alpha\frac{l}{2}\cos\theta = \frac{3}{4}mg\sin\theta(3\cos\theta - 2)$$

$$F_{By} - mg = ma_{Cy} = -m\omega^2\frac{l}{2}\cos\theta - m\alpha\frac{l}{2}\sin\theta = -\frac{3}{4}mg(3\sin^2\theta + 2\cos\theta - 2)$$

$$F_{By} = mg - \frac{3}{4}mg(3\sin^2\theta + 2\cos\theta - 2)$$

(2)$B$ 脱离墙时 $F_{Bx}=0$,得 $\theta_1 = \arccos\dfrac{2}{3}$。

(3)杆脱离墙后,水平方向不受力,质心运动守恒,质心水平方向的速度为刚脱离墙时的速度,即 $v_{Cx} = \omega\dfrac{l}{2}\cos\theta_1 = \dfrac{1}{3}\sqrt{gl}$;杆着地时,以 $B$ 为基点研究 $C$、$B$ 点的速度沿水平方向,速度分析如图,则 $\vec{v}_{Cx} + \vec{v}_{Cy} = \vec{v}_B + \vec{v}_{CB}$,在铅垂方向投影得 $v_{Cy} = v_{CB} = \omega_2\dfrac{l}{2}$。

在 $AB$ 杆刚脱离墙($\theta=\theta_1$)和刚着地时间段内用动能定理

$$\frac{1}{2}m(v_{Cx}^2 + v_{Cy}^2) + \frac{1}{2} \times \frac{1}{12}ml^2\omega_2^2 - \frac{1}{2}m\left(\frac{\omega l}{2}\right)^2 - \frac{1}{2} \times \frac{1}{12}ml^2\omega^2 = mg\frac{l}{2}\cos\theta_1,$$

联立解得

$$v_C = \sqrt{v_{Cx}^2 + v_{Cy}^2} = \frac{1}{3}\sqrt{7gl} , \quad \omega_2 = \sqrt{\frac{8g}{3l}} 。$$

【**注意:** $AB$ 杆为脱离墙时的角速度、角加速度也可以用对 $B$ 点的动量矩定理求解】

【**综-27**】如题综-27 图所示,两质量皆为 $m$、长度皆为 $l$ 的相同均质杆 $AB$ 与 $BC$,在点 $B$ 用光滑铰链连接。在两杆中点之间又连有一无质量的弹簧,弹簧刚度为 $k$,原长为 $l/2$,初始时将此两杆拉成一直线,静止放在光滑的水平面上,求杆受微小干扰而合拢成互相垂直时,$B$ 点的速度和各自的角速度。

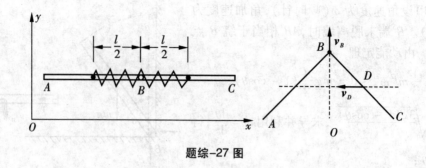

题综-27 图

**解:** 整体在水平面内不受力,所以在图示 $x$ 和 $y$ 方向质心运动守恒,由结构的对称性知, $B$ 点的速度沿 $y$ 方向,两杆的质心沿 $x$ 方向运动,如题综-27 图所示。

应用动能定理(或机械能守恒)

$$2\left[\frac{1}{2}mv_D^2 + \frac{1}{2} \times \frac{1}{12}ml^2\omega^2\right] - 0 = \frac{1}{2}k\left[\left(\frac{l}{2}\right)^2 - \left(\frac{\sqrt{2}l}{2} - \frac{l}{2}\right)^2\right],$$

由运动学的概念知,在图示位置 $v_D = v_B$, $\omega = \dfrac{v_B}{(l/2)\cos45°} = \dfrac{2\sqrt{2}\,v_B}{l}$,代入求得

$$v_B = \frac{l}{2}\sqrt{\frac{3(\sqrt{2}-1)k}{5m}}, \quad \omega = \sqrt{\frac{6(\sqrt{2}-1)k}{5m}}。$$

【综-28】在题综-28 图示传动装置的带轮 $B$ 上作用一不变的力矩 $M$,使机构由静止开始运动,已知被提升的重物 $A$ 重 $P$,带轮 $B$ 和 $C$ 半径为 $r$,均重 $P_1$,并视为均质圆柱体,且 $B$ 轮上部胶带的拉力很小,可忽略不计,胶带与水平方向的夹角为 $\theta$。求下部胶带的拉力。

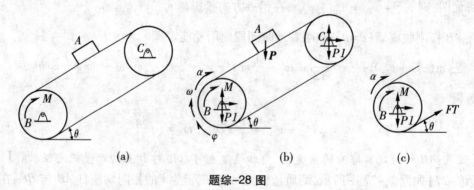

(a)          (b)          (c)

题综-28 图

**解法步骤:** (1)研究整体,利用功率方程求出轮的角加速度 $\alpha = \dfrac{M - mgr\sin\theta}{r(m + m_1)}$;

(2)研究 $B$ 轮,受力如图(c),利用定轴转动微分方程求出下部胶带的拉力

$$F_T = \frac{(2P + P_1)M + PP_1r\sin\theta}{2r(P + P_1)}。$$

【综-29】在题综-29 图示系统中,半径为 $r$ 的纯滚动均质圆轮与物块 $A$ 的质量均为 $m$,与倾角为 $\theta$ 的斜面之间的摩擦因数为 $f$,不计 $OA$ 的质量。求:(1)$O$ 点的加速度;(2)$OA$ 杆

的内力。

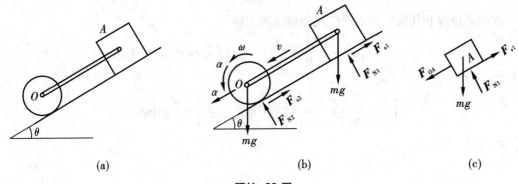

(a)          (b)          (c)

题综-29 图

**解法步骤**:(1)研究整体,利用功率方程得到
$$5ma_O = 4mg\sin\theta - 2F_{s1},$$

(2)研究 $A$,受力如图(c),在沿斜面和垂直斜面方向利用牛顿定律,并补充摩擦定律 $F_{s1} = f_s F_{N1}$,联立求出 $O$ 点的加速度和 $OA$ 杆的内力
$$a = \frac{2}{5}(2\sin\theta - f\cos\theta)g, \quad F_{OA} = \frac{1}{5}(3f\cos\theta - \sin\theta)mg。$$

【综-30】如题综-30 图所示,重 $P_1$ 长为 $l$ 的均质杆 $AB$ 与重为 $P$ 的楔块用光滑铰链 $B$ 相连,楔块置于光滑水平面上。初始 $AB$ 杆处于铅垂位置,系统静止,在微小扰动下,杆 $AB$ 绕铰链 $B$ 摆动,楔块水平运动。当 $AB$ 摆至水平位置时,求:(1)$AB$ 杆的角加速度;(2)铰链 $B$ 对 $AB$ 杆的约束力。

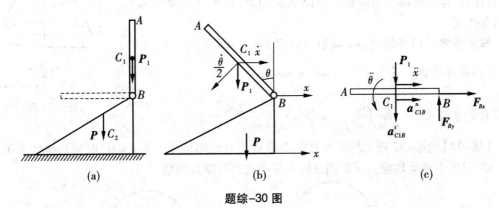

(a)          (b)          (c)

题综-30 图

**解法步骤**:(1)任意位置速度分析如图(b)。设楔块速度为 $\dot{x}$,以 $B$ 为基点研究 $C_1$,则 $\vec{v}_{C_1} = \vec{v}_B + \vec{v}_{C_1B}$,而 $v_B = \dot{x}$,$v_{C_1B} = \frac{l}{2}\dot{\theta}$,可求出 $\vec{v}_{C_1}$。

研究整体,水平方向动量守恒
$$\frac{P}{g}\dot{x} + \frac{P_1}{g}v_{C_{1x}} = \frac{P}{g}\dot{x} + \frac{P_1}{g}\left(\dot{x} - \frac{l}{2}\dot{\theta}\cos\theta\right) = 0,$$

则

$$\dot{x} = \frac{P_1 l\cos\theta}{2(P + P_1)}\dot{\theta},$$

在初始位置和任意位置之间应用动能定理求得

$$\frac{l}{3}\dot{\theta}^2 - \frac{P_1 l \cos^2\theta}{4(P + P_1)}\dot{\theta}^2 = g(1 - \cos\theta),$$

求导得

$$\left[\frac{2l}{3} - \frac{P_1 l}{4(P + P_1)}(2\cos^2\theta - \sin\theta)\right]\ddot{\theta} = g\sin\theta,$$

$\theta = \dfrac{\pi}{2}$ 时

$$\alpha_{AB} = \ddot{\theta} = \frac{2l}{3g}。$$

(2)研究 $AB$，受力及加速度分析如图(c)，$\vec{a}_{C_1} = \vec{a}_{C_1x} + \vec{a}_{C_1y} = \vec{a}_B + \vec{a}^n_{C_1B} + \vec{a}^t_{C_1B}$，则

$$a_{C_1x} = a_B + a^n_{C_1B} = \ddot{x} + \frac{l}{2}\dot{\theta}^2，\quad a_{C_1y} = a^t_{C_1B} = \frac{l}{2}\ddot{\theta},$$

利用质心运动定理求得

$$F_{Bx} = \frac{PP_1}{2(P + P_1)}，\quad F_{By} = \frac{P_1}{4}。$$

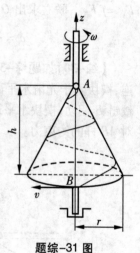

题综-31 图

**【综-31】**题综-31 图示正圆锥体可绕其中心铅垂轴 $z$ 自由转动，转动惯量为 $J_z$，当它处于静止状态时，一质量为 $m$ 的小球自圆锥顶 $A$ 无初速地沿圆锥表面的光滑螺旋槽滑下，滑至锥底 $B$ 时小球沿水平方向脱离椎体。忽略一切摩擦。求刚脱离的瞬时，小球的速度和椎体的角速度。

**解法步骤:**(1)系统对轴 $z$ 动量矩守恒 $J_z\omega - mvr = 0$；

(2)动能定理 $\dfrac{1}{2}J_z\omega^2 + \dfrac{1}{2}mv^2 = mgh$；

联立解得 $v = \sqrt{\dfrac{2ghJ_z}{mr^2 + J_z}}$，$\omega = mr\sqrt{\dfrac{2gh}{(mr^2 + J_z)J_z}}$。

**【综-32】**题综-32 图示均质圆柱体 $C$ 自桌角 $O$ 滚离桌面。当 $\theta = 0°$ 时其初速度为0；当 $\theta = 30°$ 时发生滑动现象。试求圆柱体与桌面之间的摩擦因数。

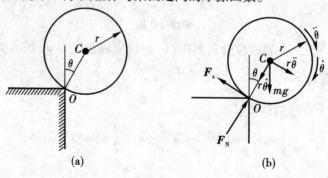

(a)        (b)

**题综-32 图**

**解法步骤:**(1)在 $0 \sim \theta < 30°$ 应用动能定理 $\frac{1}{2}J_O\dot{\theta}^2 - 0 = mgr(1 - \cos\theta)$,求得

$$r\dot{\theta}^2 = \frac{4}{3}g(1 - \cos\theta) , \quad r\ddot{\theta} = \frac{2}{3}g\sin\theta;$$

(2)在法向和切向应用质心运动定理 $\begin{cases} mr\ddot{\theta} = mg\sin\theta - F_s \\ mr\dot{\theta}^2 = mg\cos\theta - F_N \end{cases}$ ,将 $\theta = 30°$ 代入解得

$$f = \frac{F_{smax}}{F_N} = \frac{1}{7\sqrt{3} - 8} = 0.242_\circ$$

**【综-33】**均质直杆 $OA$ 长 $l$,质量 $m$,可绕水平轴 $O$ 自由摆动。直杆 $A$ 端有一销钉,可在水平连杆 $AB$ 的 $A$ 端滑槽中滑动,如题综-33 图所示。连杆 $AB$ 的 $B$ 端还有一滑槽,槽中插有销钉 $D$,此销钉随同圆轮运动,轮绕水平轴 $O_1$ 以角速度 $\omega$ 作匀速转动,并带动 $AB$ 连杆作简谐运动。销钉 $D$ 至转轴 $O_1$ 的距离为 $r$,连杆 $AB$ 的质量及一切摩擦均忽略。试求水平轴 $O$ 处的约束力。

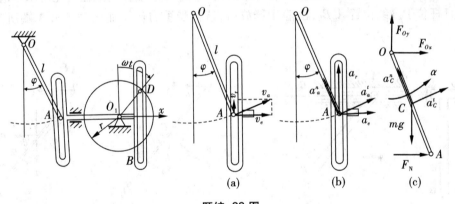

题综-33 图

**解:**(1)运动分析。$AB$ 平动,则

$$x_D = r\sin\omega t , \quad v_{AB} = v_D = \omega r\cos\omega t , \quad a_{AB} = a_D = -\omega^2 r\sin\omega t,$$

以销钉 $A$ 为动点,$AB$ 为动系,速度如图(a),则

$$v_a = \frac{v_e}{\cos\varphi} = \frac{\omega r\cos\omega t}{\cos\varphi} , \quad \omega_{OA} = \frac{v_a}{l} = \frac{\omega r\cos\omega t}{l\cos\varphi},$$

加速度如图(b),在水平方向投影有 $a_a^t\cos\varphi - a_a^n\sin\varphi = a_e = -r\omega^2\sin\omega t$ ,则

$$a_a^t = a_a^n\tan\varphi - r\omega^2\frac{\sin\omega t}{\cos\varphi} = \left(\frac{\omega r\cos\omega t}{l\cos\varphi}\right)^2 l\tan\varphi - r\omega^2\frac{\sin\omega t}{\cos\varphi} , \quad \alpha_{OA} = \frac{a_a^t}{l},$$

(2)研究 $OA$,受力如图(c),用定轴转动微分方程和质心运动定理有

$$\frac{1}{3}ml^2\alpha_{OA} = F_N l\cos\varphi - mg\frac{l}{2}\sin\varphi,$$

$$ma_{Cx} = m\left(\alpha_{OA}\frac{l}{2}\cos\varphi - \omega_{OA}^2\frac{l}{2}\sin\varphi\right) = F_{Ox} + F_N$$

$$ma_{Cy} = m(\alpha_{OA}\frac{l}{2}\sin\varphi + \omega_{OA}^2\frac{l}{2}\cos\varphi) = F_{Oy} - mg,$$

代入角速度、角加速度结果,即可联立求得 $F_{Ox}$ 和 $F_{Oy}$。

【综-34】题综-34 图示均质圆盘的质量为 $m$ 半径为 $r$,从 $\theta = 0$ 的位置释放后沿半径为 $R$ 的导向装置只滚不滑。求圆盘与导轨之间的正压力。

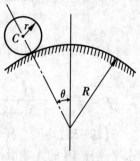

解法步骤:(1)利用动能定理求得

$$v^2 = \frac{4}{3}g(R + r)(1 - \cos\theta),$$

(2)沿法向利用质心运动定理求得

$$F_N = \frac{mg}{3}(7\cos\theta - 4),$$

题综-34 图

圆盘脱离导轨时 $F_N < 0$,$\cos\theta < \frac{4}{7}$,因此只有 $\cos\theta > \frac{4}{7}$ 时结果才有效。

【综-35】题综-35 图示均质直杆 $AB$ 长为 $l$,质量为 $m$,$A$ 端被约束在一光滑水平滑道内,开始时直杆位于虚线位置 $A_0B_0$,由静止释放后,该杆受重力作用而运动。求 $A$ 端所受的约束力。

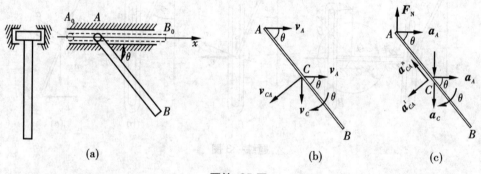

题综-35 图

解法步骤:(1)速度分析如图(b),加速度分析如图(c),$AB$ 杆水平方向质心运动守恒,质心 $C$ 速度和加速度方向铅垂向下。以 $A$ 为基点研究 $C$ 得

$$v_C = v_{CA}\cos\theta = l\dot\theta\cos\theta, \quad a_C = a_{CA}^t\cos\theta - a_{CA}^n\sin\theta = l\ddot\theta\cos\theta - l\dot\theta^2\sin\theta,$$

(2)由动能定理求得 $l\dot\theta^2 = \dfrac{6g\sin\theta}{1 + 3\cos^2\theta}$;

(3)受力如图(c)。利用平面运动微分方程求得 $F_N = \dfrac{mg(4 + 3\sin^2\theta)}{(1 + 3\cos^2\theta)^2}$。

【综-36】质量分别为 $m_1$ 及 $m_2$ 的两滑块,可分别在两互相平行的水平光滑导杆上运动,导杆的距离为 $d$,如题综-36 图所示。一刚度系数为 $k$ 自然长度为 $l_0$ 的弹簧将两滑块连接在一起。设初始时 $m_1$ 位于 $x_1 = 0$ 处,$m_2$ 位于 $x_1 = l$ 处,初速度均为 0。求释放后两滑块能获得的最大速度。

**解法步骤**:研究整体。(1)水平方向动量守恒 $=0$,当弹簧恢复到原长时滑块速度最大,设为 $v_1$(向右)和 $v_2$(向左),则 $m_1 v_1 - m_2 v_2 = 0$;

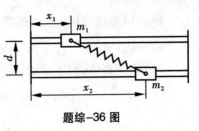

题综-36 图

(2)机械能守恒 $0 + \dfrac{k}{2}\left(\sqrt{l^2 + d^2} - l_0\right)^2 = \dfrac{1}{2}m_1 v_1^2 + \dfrac{1}{2}m_2 v_2^2 + 0$;

联立解得 $v_1 = \sqrt{\dfrac{m_2 k\left(\sqrt{l^2 + d^2} - l_0\right)^2}{m_1(m_1 + m_2)}}$,$v_2 = \sqrt{\dfrac{m_1 k\left(\sqrt{l^2 + d^2} - l_0\right)^2}{m_1(m_1 + m_2)}}$。

**【综-37】**质量相同的三质点 $A$、$B$、$C$ 以等距离系于软绳上,然后将此系统放在光滑水平面上,如题综-37 图所示。设质点 $B$ 在垂直于绳的方向以速度 $v$ 开始运动(在水平面内)。求质点 $A$、$C$ 相遇时的速度。

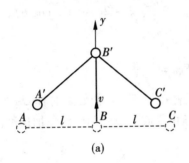 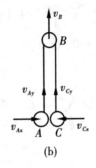

题综-37 图

**解法步骤**:速度分析如图(b)。

(1)水平 $x$ 方向动量守恒有 $v_{Ax} = -v_{Cx}$;由对称性和速度投影定理知 $v_{Ay} = v_{Cy} = v_B$;

$y$ 方向动量守恒有 $mv = mv_B + mv_{Ay} + mv_{Cy} = 3mv_B$,则 $v_B = \dfrac{v}{3}$;

(2)机械能(动能)守恒 $\dfrac{1}{2}mv^2 = \dfrac{1}{2}mv_B^2 + \dfrac{1}{2}mv_A^2 + \dfrac{1}{2}mv_C^2$,$v_A = v_C$,解得 $v_A = \dfrac{2v}{3}$。

**【综-38】**如题综-38 图所示,质量 $m_1$ 半径 $R$ 的均质圆盘铰接在质量为 $m_2$ 的滑块上,且 $m_1 = m_2 = m$。滑块可在光滑地面上滑动,圆盘靠在光滑的墙壁上。初始时 $\theta_0 = 0$,系统静止。滑块受到微小扰动后向右滑动。试求圆盘脱离墙壁时的 $\theta$ 以及此时地面的支持力。

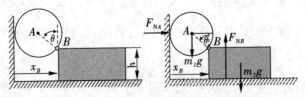

题综-38 图

**解:**(1)速度分析。$A$ 点速度向下,$B$ 点速度向右。

$x_B = R + R\sin\theta$,$v_B = R\cos\theta\dot\theta$,由速度投影定理有 $v_A = v_B\tan\theta = \dot\theta R\sin\theta$。

(2)研究整体,利用动能定理。

$$\frac{1}{2}mv_B^2 + \frac{1}{2}mv_A^2 + \frac{1}{2}\frac{1}{2}mR^2\dot\theta^2 - 0 = mgR(1 - \cos\theta),$$

求得 $\dot\theta^2 = \frac{4g}{3R}(1 - \cos\theta)$,$\ddot\theta = \frac{2g}{3R}\sin\theta$。

(3)研究整体,利用动量定理,受力如图。

$$p_x = m_2v_B = m\dot\theta R\cos\theta,\quad p_y = -m_1v_A = -m\dot\theta R\sin\theta,$$

$$\frac{\mathrm{d}p_x}{\mathrm{d}t} = mR(\ddot\theta\cos\theta - \dot\theta^2\sin\theta) = F_{NA},\quad \frac{\mathrm{d}p_y}{\mathrm{d}t} = -mR(\ddot\theta\sin\theta + \dot\theta^2\cos\theta) = F_{NB} - 2mg,$$

求得

$$F_{NA} = \frac{2mg}{3}\sin\theta(3\cos\theta - 2),\quad F_{NB} = \frac{2mg}{3}(2 - 2\cos\theta + 3\cos^2\theta),$$

脱离墙壁时 $F_{NA} = 0$,得

$$\cos\theta = \frac{2}{3},\quad F_{NB} = \frac{4mg}{3}。$$

**【综-39】**质量均为 $m$ 长度均为 $l$ 的两均质杆铰接于 $A$。初始瞬时杆 $OA$ 处于铅垂位置,两杆夹角为45°,如题综-39 图所示。试求由静止释放的瞬时两杆的角加速度。

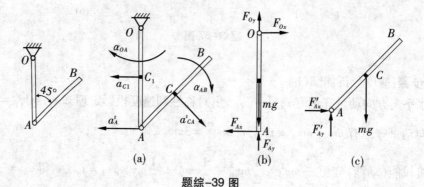

题综-39 图

**解:**(1)初始瞬时加速度分析如图(a)。

$$a_A = \alpha_{OA}l,\quad a_{Cx} = -a_A + a_{CA}^t\sin45° = -\alpha_{OA}l + \alpha_{AB}\frac{\sqrt{2}l}{4},\quad a_{Cy} = -a_{CA}^t\cos45° = -\alpha_{AB}\frac{\sqrt{2}l}{4},$$

(2)分别研究 $OA$ 和 $AB$,受力如图(b)和(c),利用定轴转动微分方程和平面运动微分方程

$$\frac{1}{3}ml^2\alpha_{OA} = F_{Ax}l,\quad \frac{1}{12}ml^2\alpha_{AB} = F_{Ay}\frac{l}{2}\sin45° - F_{Ax}\frac{l}{2}\cos45°,\quad ma_{Cx} = F_{Ax},\quad ma_{Cy} = F_{Ay} - mg,$$

联立解得

$$F_{Ax} = \frac{3}{23}mg \ , \quad F_{Ax} = \frac{11}{23}mg \ , \quad \alpha_{AB} = \frac{24\sqrt{2}}{23}\frac{g}{l} \ , \quad \alpha_{OA} = \frac{9}{23}\frac{g}{l} \ 。$$

**【综–40】**如题综–40 图所示,平面机构处于水平面内,均质杆 $OA$ 质量为 $m$,长为 $r$,可绕固定铰支座 $O$ 作定轴转动,并通过铰链 $A$ 带动长为 $2\sqrt{2}r$,质量也为 $m$ 的均质杆 $AB$ 沿套筒 $D$ 滑动。初始系统处于静止,$OA \perp OD$,且 $OA = OD = r$,摩擦不计,若在杆 $OA$ 上施加矩为 $M$ 逆时针方向的常力偶,当杆 $OA$ 逆时针转过 $90°$ 时(即 $A$、$O$、$D$ 三点共线),试求杆 $AB$ 的角速度、角加速度和套筒 $D$ 处的约束力。

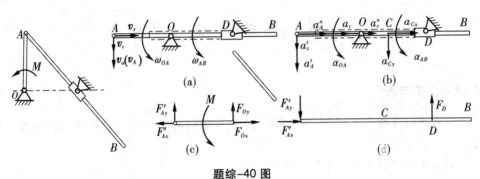

题综–40 图

**解:**(1)运动分析,以 $A$ 为动点,套筒为动系。速度分析如图(a)

$$v_e = v_a = v_A = \omega_{OA}r = \omega_{AB}2r,$$

加速度分析如图(b)。$\vec{a}_A^t + \vec{a}_A^n = \vec{a}_r + \vec{a}_e^n + \vec{a}_e^t + \vec{a}_C$,而 $a_C = 0$,则 $a_A^t = a_e^t$,即 $\alpha_{OA} = 2\alpha_{AB}$。

以 $AB$ 的质心 $C$ 为动点,套筒为动系。$\vec{a}_{Cx} + \vec{a}_{Cy} = \vec{a}_r + \vec{a}_e^n + \vec{a}_e^t + \vec{a}_C$,同样 $a_C = 0$,投影得 $a_{Cy} = a_e^t = \alpha_{AB}(2 - \sqrt{2})r$。

(2)研究整体,用动能定理

$$\frac{1}{2}\frac{1}{3}mr^2\omega_{OA}^2 + \frac{1}{2}\left[\frac{1}{12}m(2\sqrt{2}r)^2 + m(2r - \sqrt{2}r)^2\right]\omega_{AB}^2 - 0 = M\frac{\pi}{2},$$

求得

$$\omega_{AB} = \frac{1}{2r}\sqrt{\frac{2 + \sqrt{2}}{2}\frac{M\pi}{m}} \ , \quad v_A^2 = \frac{2 + \sqrt{2}}{2}\frac{M\pi}{m} \ 。$$

(3)研究 $OA$,受力如图(c),利用定轴转动微分方程

$$\frac{1}{3}mr^2\alpha_{OA} = M + F_{Ay}r 。$$

(4)$BA$ 受力如图(d),利用平面运动微分方程

$$\frac{1}{12}m(2\sqrt{2}r)^2\alpha_{AB} = F_{Ay}\sqrt{2}r + F_D(2 - \sqrt{2})r \ , \quad ma_{Cy} = F_{Ay} - F_D 。$$

以上(1)~(4)的方程联立求解得到

$$\alpha_{AB} = \frac{(2 + \sqrt{2})M}{4mr^2} \quad F_D = \frac{(1 - \sqrt{2})M}{6r} \ 。$$

# 第 13 章　达朗贝尔原理

达朗贝尔原理属于分析力学的基础内容,其基本思想是用静力学平衡的概念求解动力学问题。

## 一、基本要求、重点与难点

### 1. 基本要求与重点

(1)正确理解惯性力的概念;熟练掌握平动、定轴转动和平面运动刚体惯性力系的简化结果;

(2)能运用达朗贝尔原理求解动力学问题。

### 2. 难点

(1)惯性力系的简化;

(2)惯性积和惯性主轴的概念以及轴承动反力的计算。

### 3. 主要内容

(1)惯性力的概念

质点的惯性力:当质点受到外力作用而改变运动状态时,由于质点的惯性而产生的对施力体的反抗力。

大小:$F_1 = ma$。方向:与加速度 $a$ 反向。作用点:作用于施力体。

(2)刚体惯性力系的简化

| 刚体运动类型 | 惯性力主矢 | 惯性力主矩 | 说　明 |
|---|---|---|---|
| 平动 | $\vec{F}_{IR} = -m\vec{a}_C$ $C$ 为质心 作用于简化中心 | $\vec{M}_{IC} = 0$ | 平动刚体只有作用于质心的惯性力主矢 |
| 定轴转动 | | $M_{IO} = M_{Iz}$ $= -J_z\alpha$ $M_{IC} = -J_C\alpha$ | 刚体质量具有垂直于转轴的对称面,将惯性力向对称面与转轴的交点 $O$ 或质心 $C$ 简化 |
| 平面运动 | | $M_{IC} = -J_C\alpha$ | 刚体质量具有对称面,且作平行于此对称面的平面运动。将惯性力向对称面内的质心 $C$ 简化 |

(3)达朗贝尔原理

质点系的主动力、约束反力和附加惯性力形式上组成平衡力系:

$$\sum \vec{F}^{(e)} + \sum \vec{F}_I = 0, \quad \sum \vec{M}_O(\vec{F}^{(e)}) + \sum \vec{M}_O(\vec{F}_I) = 0$$

和静力学平衡方程类似,具体可使用直角坐标或自然坐标投影形式。达朗贝尔原理也称为动静法方程。

(4)绕定轴转动刚体的轴承动约束力(非重点)

动约束力与静约束力:轴承的动约束力可以分解为附加动约束力和静约束力两部分。静约束力无法消除。

附加动约束力的消除条件:惯性力系的主矢等于0,惯性力系对旋转平面内的两个坐标轴的主矩等于0。也可表述为转轴通过质心,刚体对转轴的惯性积等于0。又可表述为刚体的转轴为中心惯性主轴。

静平衡:刚体转轴通过质心且除重力外没有其他主动力作用。此时刚体可以在任意位置静止不动。

动平衡:刚体转轴通过质心且为惯性主轴,刚体转动时不出现附加动约束力。

## 二、重点难点概念及解题指导

(1)本章的大部分题目均可以应用动力学基本定理求解;

(2)达朗贝尔原理即动静法方程只是形式上的平衡方程,并非质点或质点系真正平衡;

(3)惯性力(主矢)$\vec{F}_{IR} = -m\vec{a}_C$,负号表示惯性力的方向与加速度方向相反,即附加惯性力时,方向与加速度方向相反,但在动静法方程中不能用负号,即 $F_{IR} = ma_C$;

(4)惯性力不是真正意义上的力,是为研究问题方便而引入的概念,但惯性力有与一般真实力一样的作用效应;

(5)定轴转动刚体的惯性力可以向转轴简化,也可以向质心简化,惯性力主矢必须加在相应的简化中心。并且刚体必须有垂直于转轴的对称面,惯性力均在对称面内;

(6)平面运动刚体惯性力简化的结果为作用在质心的惯性力主矢和主矩,刚体必须有平行于运动平面的对称面,惯性力均在对称面内;

(7)由静力学中力系的简化理论知,惯性力主矢与简化中心无关,主矩与简化中心有关。但惯性力向任意点 $O$ 简化时,不能将主矩表示为 $M_{IO} = -J_O a$,此结果不成立!

(8)达朗贝尔原理作题步骤:①选择研究对象;②受力分析,画受力图(主动力和约束力);③在受力图上附加惯性力(必须单独说明、附加,因为惯性力不是真实的力);④列动静法方程,求解。

## 三、概念题

【13-1】设质点在空中运动时,只受到重力作用,问在下列三种情况下,质点惯性力的大小和方向:(1)质点作自由落体运动;(2)质点被垂直上抛;(3)质点沿抛物线运动。

答:因为质点只受到重力作用,所以三种情况的惯性力大小和方向相同,大小和重力相同,方向向上。

【13-2】能不能说动静法是把动力学问题转化为静力学问题?

答:动力学问题就是动力学问题,不可能转化为静力学问题。动静法只是附加惯性力后形式上转化为静力学问题,用静力学平衡的方法求解。

【13-3】如概念题13-3图所示,物体系统由质量分别为 $m_A$ 和 $m_B$ 的两物体 $A$ 和 $B$ 组成,放置在光滑水平面上。今在此系统上作用一力 $F$,试用动静法说明两物体 $A$ 和 $B$ 之间的相互作用力大小是否等于 $F$?

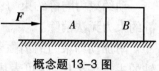

概念题 13-3 图

答:不等于 $F$。在 $A$ 和 $B$ 上惯性力的方向与 $F$ 方向相反,研究 $A$,主动力 $F$、惯性力和 $A$ 与 $B$ 间的作用力平衡,显然 $A$、$B$ 间的作用力不等于 $F$。

【13-4】概念题13-4图示平面机构中,$AC // BD$,且 $AC = BD = d$,均质杆 $AB$ 的质量为 $m$,长为 $l$。$AB$ 杆惯性力系简化结果是什么?若杆 $AB$ 是非均质杆又如何?

答:$AB$ 作平动,惯性力简化结果如图(作用于 $AB$ 的质心),$F_I^n = m\omega^2 d$,$F_I^t = m\alpha d$。在此种情况下,惯性力与杆是不是均质杆无关。

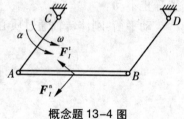

概念题 13-4 图

【13-5】质量为 $m$,长为 $l$ 的均质杆 $OA$ 绕 $O$ 轴在铅垂平面内作定轴转动。设在某瞬时杆的角速度为 $\omega$,角加速度为 $\alpha$。试判断图中所画的惯性力系的简化结果是否正确? 概念题13-5图中 $F_I^t = ma_C^t$,$F_I^n = ma_C^n$。

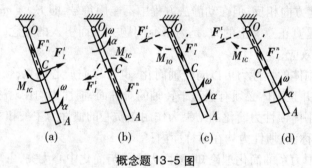

(a)　　　(b)　　　(c)　　　(d)

概念题 13-5 图

答:惯性力主矢方向与加速度方向相反,主矩方向与角加速度方向相反。

图(a),法向和切向惯性力方向均错;图(b),正确;图(c),正确;图(d),方向正确,但惯性力主矢应画在质心 $C$,因为惯性力主矩是对质心的主矩 $M_{IC}$。

【13-6】任意形状的均质等厚薄板,垂直于板面的轴都是惯性主轴吗? 通过薄板质心,但不与板面垂直的轴为什么不是惯性主轴?

答:设垂直于板面的轴为 $z$,则惯性积:$J_{xz} = \sum m_i xz$,$J_{yz} = \sum m_i yz$,因任意质量 $m_i$ 的坐标 $z$ 都等于 $0$,则惯性积为 $0$,$z$ 是惯性主轴。当 $z$ 不与板面垂直时,相对某坐标 $(x, y, z)$ 的质量 $m_i$ 不具有对称性,惯性积不等于 $0$,所以 $z$ 不是惯性主轴。但当 $z$ 在薄板面内时有可能是惯性主轴。

【13-7】质点系惯性力系的主矢等于质点系的动量对时间的导数,方向与动量变化率的方向相反? 惯性力系对定点 $O$ 的主矩等于质点系对 $O$ 点的动量矩对时间的导数,方向与动量矩变化率的方向相反。这种说法对吗?

**答**:由于惯性力主矢 $\vec{F}_I = -m\vec{a}_C$,而质点系动量为 $m\vec{v}_C$,$\dfrac{\mathrm{d}(m\vec{v}_C)}{\mathrm{d}t} = m\vec{a}_C$,所以"质点系惯性力系的主矢等于质点系的动量对时间的导数,方向与动量变化率的方向相反";

质点系动量矩定理可写为 $\dfrac{\mathrm{d}\vec{L}_O}{\mathrm{d}t} - \sum \vec{M}_O(\vec{F}) = 0$,将惯性力向 $O$ 点简化,根据达朗贝尔原理,质点系所有外力(及外力矩)与惯性力(主矢与主矩)在形式上满足平衡方程,对 $O$ 点列力矩方程有 $\sum \vec{M}_O(\vec{F}) + \sum \vec{M}_O(\vec{F}_I) + \vec{M}_{IO} = \sum \vec{M}_O(\vec{F}) + \vec{M}_{IO} = 0$,所以 $\dfrac{\mathrm{d}\vec{L}_O}{\mathrm{d}t} = -\vec{M}_{IO}$,即"惯性力系对定点 $O$ 的主矩等于质点系对 $O$ 点的动量矩对时间的导数,方向与动量矩变化率的方向相反"。

【注意:本题从"动量定理"和"动量矩定理"说明了惯性力主矢和主矩的概念,注意理解】

【13-8】为什么说应用动静法所列的"平衡方程"中,力的投影方程实际上是动量定理的另一种形式? 力矩方程实际上是动量矩定理的另一种形式?

解答参考上题【13-7】。

【13-9】概念题 13-9 图示各圆盘半径为 $r$,质量为 $m$,质心在 $C$ 点,$e$ 为质心到几何中心 $O$ 的距离,速度 $v$ 与角速度 $\omega$ 都是常数。试将惯性力系分别向 $O$ 点和 $A$ 点简化,其惯性力主矢与主矩的大小、方向(转向)如何? [图(c)(d)两种情况均为纯滚动。]

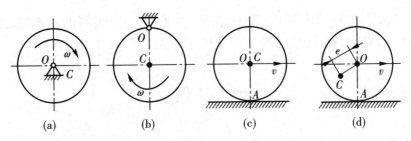

(a)　　　　　(b)　　　　　(c)　　　　　(d)

**概念题 13-9 图**

**答**:图(a),没有惯性力主矢和主矩;

图(b),主矢沿 $OC$ 指向 $C$,大小为 $m\omega^2 r$,主矩为 0;

图(c),因质心加速度和角加速度均为 0,所以没有惯性力主矢和主矩;

图(d),因 $O$ 点加速度为 0,则角加速度为 0,以 $O$ 为基点研究 $C$ 得质心 $C$ 的加速度为 $a_C = a_{CO}^n = \omega^2 e = \dfrac{v^2 e}{r^2}$,方向沿 $CO$ 指向 $O$。所以惯性力主矢大小为 $\dfrac{mv^2 e}{r^2}$,方向沿 $CO$ 指向 $C$;又由于角加速度为 0,惯性力主矩为 0,则惯性力主矢就是惯性力合力,无论向 $C$ 点、$O$ 点简化,惯性力的大小和方向都不变;若向 $A$ 点简化,则有惯性力主矢和主矩,大小和方向可利用力的平移定理将 $C$ 点的惯性力平移到 $A$ 点得到。

【讨论】(1)图(b)中,若有顺时针角加速度 $\alpha$,则惯性力主矢法向分量沿 $OC$ 指向 $C$,大小为 $m\omega^2 r$,惯性力主矢切向分量垂直于 $OC$ 指向右,大小为 $m\alpha r$,主矩为 $J_O\alpha$(逆时针转向);(2)图(d)中,若 $O$ 点有向右的加速度 $a$,则角加速度 $\alpha = \dfrac{a}{r}$,$\vec{a}_C = \vec{a}_o + \vec{a}_{CO}^n + \vec{a}_{CO}^t$,其中 $a_{CO}^n = (v/r)^2 e$($C$ 指向 $O$),$a_{CO}^t = (a/r)e$(垂直于 $CO$,顺时针)。惯性力先向 $C$ 点简化:主矢 $\vec{F}_{IR} = -m\vec{a}_C = -m\vec{a}_o - m\vec{a}_{CO}^n - m\vec{a}_{CO}^t$(分别与各项加速度反向),主矩 $M_{IC} = J_C(a/r)$(逆时针),再将此简化结果的主矢主矩向 $O$ 和 $A$ 点平移即可。注意主矢大小方向不会改变,只是作用点改变,主矩等于对质心的主矩加上作用在质心的主矢对 $O$ 和 $A$ 点的矩】

【13-10】如概念题 13-10 图所示,不计质量的轴上用不计质量的细杆固连着几个质量均等于 $m$ 的小球,当轴以匀角速度 $\omega$ 转动时,图示各种情况中哪些满足动平衡? 哪些只满足静平衡? 哪些都不满足?

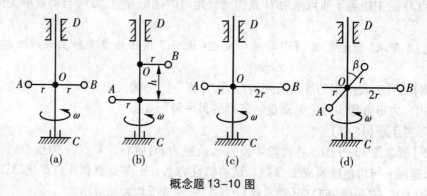

概念题 13-10 图

答:图(a)满足动平衡和静平衡;图(b)满足静平衡;图(c)和图(d)既不满足静平衡,又不满足动平衡。(注意:若转轴为铅垂轴,则均可静平衡)

## 四、习题

【13-1】题 13-1 图示由相互铰接的水平臂连成的传送带,将圆柱形零件从一高度传送到另一个高度。设零件与臂之间的摩擦系数 $f_s = 0.2$。求:(1)降落加速度 $a$ 为多大时,零件不致在水平臂上滑动;(2)比值 $h/d$ 等于多少时,零件在滑动之前先倾倒。

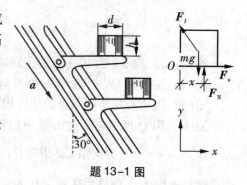

题 13-1 图

解:研究零件,受力及附加惯性力如图。动静法方程

$$\sum F_x = 0 \qquad F_s - F_I\sin30° = 0,$$

$$\sum F_y = 0 \qquad F_{\mathrm{N}} - mg + F_I \cos 30° = 0,$$

(1)不滑动的条件：$F_s \leqslant f_s F_{\mathrm{N}}$，利用 $F_I = ma$，求得 $a \leqslant 2.91 \ \mathrm{m/s^2}$；

(2)设反力 $F_{\mathrm{N}}$ 到 $O$ 点（在下角）的距离为 $x$，对 $O$ 点列力矩方程

$$F_I \sin 30° \frac{h}{2} + F_I \cos 30° \frac{d}{2} - mg \frac{d}{2} + F_{\mathrm{N}} x = 0, 不倾倒的条件为 x \geqslant 0,$$

将 $a = 2.91$ 代入求得 $h/d \leqslant 5$，所以滑动之前先倾倒的条件为 $h/d \geqslant 5$。

【13-2】题 13-2 图示振动器用于压实土壤表面，已知机座重 $G$，对称的偏心锤重 $P_1 = P_2 = P$，偏心距为 $e$，两锤以相同的匀角速度 $\omega$ 相向转动，求振动器对地面压力的最大值。

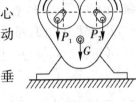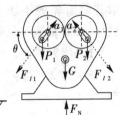

**解：**研究整体，受力及附加惯性力如图。铅垂方向列动静法方程

$$F_{\mathrm{N}} - G - P_1 - P_2 - (F_{I1} + F_{I2}) \sin \theta = 0,$$

则

题 13-2 图

$$F_{\mathrm{N}} = G + 2P + 2(P/g) \omega^2 e \sin \theta, \quad F_{\mathrm{Nmax}} = G + 2P[1 + (\omega^2 e/g)]。$$

【13-3】曲柄滑道机构如题 13-3 图所示，已知圆轮半径为 $r$，对转轴的转动惯量为 $J$，轮上作用一不变的力偶 $M$，$ABD$ 滑槽的质量为 $m$，不计摩擦。求圆轮的转动微分方程。

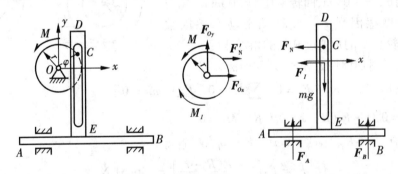

题 13-3 图

**解：**(1)先进行运动分析。如图，滑道水平平动的运动方程为 $x = r \cos \varphi$，则加速度

$$a_{AB} = \ddot{x} = -r \sin \varphi \ddot{\varphi} - r \cos \varphi \dot{\varphi}^2,$$

(2)研究滑道 $AB$，受力及附加惯性力如图，列出水平方向动静法方程 $F_{\mathrm{N}} + F_I = 0$，则

$$F_{\mathrm{N}} = -F_I = -m a_{AB} = mr(\sin \varphi \ddot{\varphi} + \cos \varphi \dot{\varphi}^2),$$

(3)研究圆轮，受力及附加惯性力如图。对转轴列出动静法力矩方程

$$M - M_I - F'_{\mathrm{N}} r \sin \varphi = 0,$$

利用 $M_I = J \ddot{\varphi}$，求得圆轮的转动方程为

$$(J + mr^2 \sin^2 \varphi) \ddot{\varphi} + mr^2 \dot{\varphi}^2 \sin \varphi \cos \varphi = M。$$

【说明：第(1)步加速度分析也可以用点的合成运动方法：轮上的销子为动点，滑道为动系】

【13-4】题 13-4 图示汽车总质量为 $m$,以速度 $v$ 作水平直线运动。汽车质心离地面的高度为 $h$,前后轴到通过质心垂线的距离分别等于 $l_1$ 和 $l_2$。汽车因故紧急刹车后滑行了距离 $s$,设刹车过程中汽车作匀减速运动,求其前后轮的正压力。并与正常行驶比较,解释汽车急刹车时的"点头"现象。

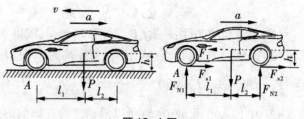

题 13-4 图

**解:**研究汽车,受力及惯性力如图,列动静法方程

$$\sum M_A = 0 \quad F_{N2}(l_1+l_2)+F_I h-Pl_1 = 0, \sum M_B = 0 \quad -F_{N1}(l_1+l_2)+F_I h+Pl_2 = 0,$$

解得

$$F_{N1} = \frac{m}{l_1+l_2}(l_2 g + ha), \quad F_{N2} = \frac{m}{l_1+l_2}(l_1 g - ha)。$$

由此可知,刹车时前轮受力增大后轮受力减小,前轴减震弹簧压缩变形增大,即出现"点头"现象。

【13-5】在轮的鼓轮上缠有绳子,用水平力 $F_T = 200$ N 拉绳子,如题 13-5 图所示。已知轮的质量 $m = 50$ kg,$R=0.1$ m,$r=0.06$ m,回转半径 $\rho = 70$ mm。轮与水平面的静摩擦因数 $f_s = 0.2$,动滑动摩擦因数 $f=0.15$。求轮心 $C$ 的加速度和轮的角加速度。

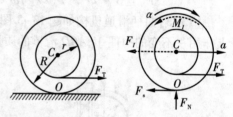

题 13-5 图

**解:**受力及附加惯性力如图,列动静法方程

$$\sum F_x = 0 \quad F_T - F_I - F_s = 0, \quad \sum F_y = 0 \quad F_N - mg = 0$$

$$\sum M_O = 0 \quad -F_T(R-r)+F_I R+M_I = 0$$

假设纯滚动有 $a = \alpha R$,且 $F_I = ma$,$M_I = m\rho^2 \alpha$,解得

$$F_s = F_T\left[1-\frac{R(R-r)}{R^2+\rho^2}\right] = 146.31 \text{ N}$$

而 $F_{smax} = F_N f_s = mg f_s = 98$N,则纯滚动假设不成立,所以鼓轮既滚又滑,$F_s = F_N f$,代入动静法方程联立求解得

$$F_I = ma = F_T - mgf, \quad M_I = m\rho^2 \alpha = mgRf - F_T r$$

则

$$a = \frac{F_T - mgf}{m} = 2.53 \text{ m/s}^2, \quad \alpha = \frac{mgRf - F_T r}{m\rho^2} = -18.98 \text{ rad/s}^2 \text{(逆时针转向)}。$$

【13-6】题 13-6 图示为均质细杆弯成的圆环,半径为 $r$,转轴 $O$ 通过圆心垂直于环面,$A$ 端自由,$AD$ 段为微小缺口,设圆环以匀角速度 $\omega$ 绕轴 $O$ 转动,环的线密度为 $\rho$,不计重力,求任意截面 $B$ 处对 $AB$ 段的约束反力。

**解:**扫码进入。

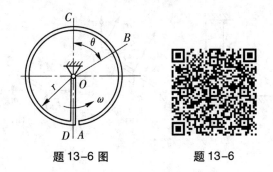

题13-6图      题13-6

【13-7】题13-7图示矩形块质量 $m_1=100$ kg，置于平台车上。车质量为 $m_2=50$ kg，此车沿光滑的水平面运动。车和矩形块在一起由质量为 $m_3$ 的物体牵引，使之作加速运动。设物块与车之间的摩擦力足够阻止相互滑动，求能够使车加速运动的质量 $m_3$ 的最大值，以及此时车的加速度大小。

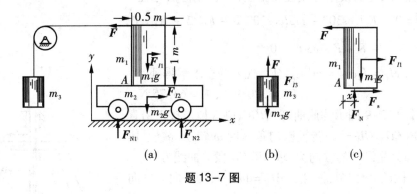

题13-7图

**解：**(1)研究 $m_3$，受力及附加惯性力如图(b)。动静法方程

$$\sum F_y = 0 \quad F+F_{I3}-m_3g=0,$$

(2)研究 $m_1+m_2$，受力及惯性力如图(a)(绳拉力仍表示为 $F$)。动静法方程

$$\sum F_x = 0 \quad -F+F_{I1}+F_{I2}=0,$$

(3)研究 $m_1$，受力及惯性力如图(c)。动静法方程

$$\sum m_A = 0 \quad F\times 1 - F_{I1}\times 0.5 + m_1g\times 0.25 + F_Nx = 0,$$

其中，$F_{I1}=m_1a$，$F_{I2}=m_2a$，$F_{I3}=m_3a$，并利用不翻倒条件：$F_N \geqslant 0$，联立解得

$$m_3 \leqslant 50 \text{ kg}, a=2.45 \text{ m/s}^2.$$

【13-8】均质细杆 $AB$ 的质量 $m=45.4$ kg，$A$ 端搁在光滑的水平面上，$B$ 端用不计质量的细绳 $DB$ 固定，如题13-8图所示。杆长 $l=3.05$ m，绳长 $h=1.22$ m。当绳子铅垂时杆与水平面的倾斜角度 $\theta=30°$，点 $A$ 以匀速度 $v_A=2.44$ m/s 向左运动。求在该瞬时：(1)杆的角加速度；(2)在 $A$ 端的水平力大小 $F$；(3)绳中的拉力大小 $F_T$。

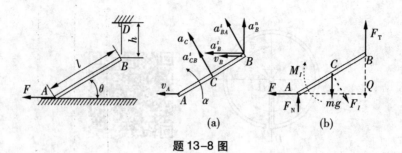

题 13-8 图

**解：**(1)运动分析如图(a)。$AB$ 瞬时平动，$v_B = v_A$。以 $A$ 为基点研究 $B$，则

$$a_{BA}^t = \frac{a_B^n}{\cos 30°} = \frac{v_B^2}{h\cos 30°}，\quad \alpha_{AB} = \frac{a_{BA}^t}{l} = \frac{v_B^2}{hl\cos 30°} = 1.85 \text{ rad/s}^2，$$

以 $A$ 为基点研究 $C$，知 $a_C = a_{CA}^t = \alpha_{AB} l/2 = 2.82 \text{ m/s}$。

(2)研究 $AB$，受力及附加惯性力如图(b)。动静法方程

$$\sum M_A = 0 \quad F_T l\cos 30° - mgl\cos 30°/2 - F_I l/2 - M_I = 0，$$

$$\sum F_x = 0 \quad -F + F_I \sin 30° = 0，$$

而 $F_I = ma_C$，$M_I = J_C \alpha_{AB} = ml^2 \alpha_{AB}/12$，代入联立求解得到

$$F_T = 320.9 \text{ N}，\quad F = 63.75 \text{ N}。$$

**【13-9】**题 13-9 图示均质曲杆 $ABCD$，刚性地连接于铅直转轴上，已知 $CO = OB = b$。转轴以匀角速度 $\omega$ 转动，欲使 $AB$ 及 $CD$ 段截面只受沿杆的轴向力，求 $AB$、$CD$ 段的曲线方程。

**解：**研究微段 $ds$ 如图，惯性力 $dF_I = dm\omega^2 x$，沿法向 $n$ 方向建立动静法方程

$$dF_I \cos\theta - dmg\sin\theta = 0，$$

即 $\tan\theta = \dfrac{\omega^2 x}{g}$，又由图中的几何关系 $\tan\theta = \dfrac{dx}{dy}$，积分得曲线方程

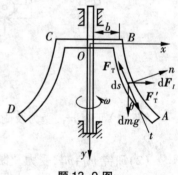

题 13-9 图

$$x = be^{\frac{\omega^2 y}{g}} \text{ 或 } y = \frac{g}{\omega^2}\ln\frac{x}{b}。$$

**【13-10】**调速器由两个质量为 $m_1$ 的均质圆盘所构成，圆盘偏心地铰接于距转动轴为 $a$ 的 $A$、$B$ 两点。调速器以等角速度 $\omega$ 绕铅直轴转动，圆盘中心到悬挂点的距离为 $l$，如题 13-10 图所示。调速器的外壳质量为 $m_2$，并放在两个圆盘上。如不计摩擦，求角速度 $\omega$ 与圆盘离铅垂线的偏角 $\varphi$ 之间的关系。

**解：**调速器匀速转动时，铅垂方向受力平衡，圆盘 $A$ 受力及附加惯性力如图。对 $A$ 点列出力矩动静法方程

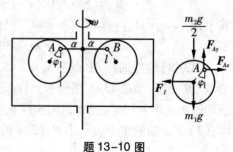

题 13-10 图

$$\left(\frac{m_2 g}{2} + m_1 g\right) l\sin\varphi - F_I l\cos\varphi = 0,$$

而 $F_I = m_1\omega^2(a + l\sin\varphi)$，解得

$$\omega^2 = g\frac{2m_1 + m_2}{2m_1(a + l\sin\varphi)}\tan\varphi。$$

**【13-11】**转速表的简化模型如题 13-11 图示。杆 $CD$ 的两端各有质量为 $m$ 的 $C$ 球和 $D$ 球，$CD$ 杆与转轴 $AB$ 铰接，质量不计。当转轴 $AB$ 转动时，$CD$ 杆的转角 $\varphi$ 就发生变化。设 $\omega = 0$ 时，$\varphi = \varphi_0$，且弹簧中无力。弹簧产生的力矩 $M$ 与转角 $\varphi$ 的关系为 $M = k(\varphi - \varphi_0)$，$k$ 为弹簧刚度。$OA = OB = b$。试求（1）角速度 $\omega$ 与角 $\varphi$ 之间的关系；（2）当系统处于图示平面时轴承 $A$ 和 $B$ 的约束力。

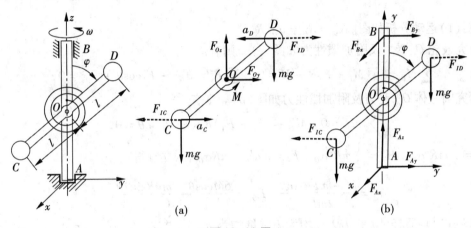

题 13-11 图

**解：**（1）研究 $CD$，受力及附加惯性力如图（a）。图示位置，匀速转动时，两球由 $\omega$ 引起的惯性力 $F_I^t = 0$，$F_I^n = m\omega^2 l\sin\varphi$（沿 $y$ 向），由 $\varphi$ 的变化引起的惯性力 $F_n^t = 0$，$F_n^n = 0$（匀速转动时 $\varphi$ 不变）。列动静法方程（对 $CD$ 杆的转轴求矩）

$$M - mgl\sin\varphi + mgl\sin\varphi - 2F_I l\cos\varphi = 0,$$

将 $M = k(\varphi - \varphi_0)$ 代入求得

$$\omega = \sqrt{\frac{k(\varphi - \varphi_0)}{ml^2\sin 2\varphi}}。$$

（2）研究整体，受力及附加惯性力如图（b）。列动静法方程

$$\sum M_y = 0 \quad F_{Bx} = 0, \quad \sum F_x = 0 \quad F_{Bx} + F_{Ax} = 0, \quad \sum F_z = 0 \quad F_{Az} - 2mg = 0,$$

$$\sum M_x = 0 \quad -2bF_{By} - F_{ID}(b + l\cos\varphi) + F_{IC}(b - l\cos\varphi) = 0, \quad \sum F_y = 0 \quad F_{By} + F_{Ay} = 0,$$

求得

$$F_{Bx} = F_{Ax} = 0, \quad F_{By} = -F_{Ay} = -\frac{ml^2\omega^2\sin 2\varphi}{2b}, \quad F_{Az} = 2mg。$$

**【13-12】**在题 13-12 图示机构中，沿斜面纯滚动的圆柱体 $O'$ 和鼓轮 $O$ 为均质物体，质量均为 $m$，半径均为 $R$。绳子不能伸缩，其质量略去不计。粗糙斜面的倾角为 $\theta$，不计滚动摩

擦。如在鼓轮上作用一常力偶 $M$。求:(1)鼓轮的角加速度;(2)轴承 $O$ 的水平反力。

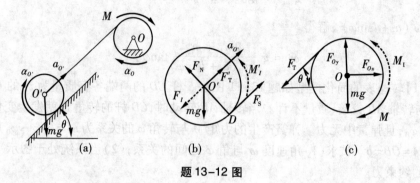

题 13-12 图

**解:**(1)运动分析如图。$\alpha'_0 = \alpha_0 = a'_0/R$

研究鼓轮 $O$,受力及附加惯性力如图(c)。则有

$$\sum M_O = 0 \quad M_I + F_\mathrm{T}R - M = 0, \quad \sum F_x = 0 \quad -F_\mathrm{T}\cos\theta + F_{Ox} = 0,$$

研究圆柱体 $O'$,受力及附加惯性力如图(b)。则有

$$\sum M_D = 0 \quad M'_I + (F_I - F'_\mathrm{T})R + mgR\sin\theta = 0,$$

而 $M_I = \dfrac{1}{2}mR^2\alpha_0$,$M'_I = \dfrac{1}{2}mR^2\alpha_0$,$F_I = ma'_0 = mR\alpha_0$,联立解得

$$\alpha_0 = \frac{M - mgR\sin\theta}{2mR^2}, \quad F_{Ox} = \frac{6M\cos\theta + mgR\sin2\theta}{8R}。$$

**【13-13】**均质杆 $AB$ 和 $BD$ 长均为 $l$ 质量均为 $m$,$A$ 和 $B$ 点铰接,在题 13-13 图示位置平衡,现在 $D$ 端作用一水平力 $F$,求此瞬时两杆的角加速度。

**解:**(1)运动分析如图(a)。初始静止,则有

$$a_C = a_{CB} + a_B = l(\alpha_{DB}/2 + \alpha_{BA});$$

(2)研究 $AB$,受力及附加惯性力如图(b)。则有

$$\sum M_A = 0 \quad -M_{IA} + F_{Bx}l = 0;$$

(3)研究 $DB$,受力及附加惯性力如图(c)。则有

$$\sum M_B = 0 \quad -F_{IC}l/2 - M_{IC} + Fl = 0,$$

$$\sum F_x = 0 \quad -F_{IC} - F'_{Bx} + F = 0,$$

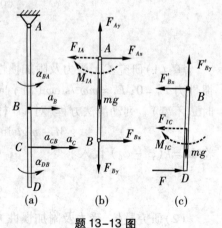

题 13-13 图

而 $M_{IA} = \dfrac{1}{3}ml^2\alpha_{BA}$,$M_{IC} = \dfrac{1}{12}ml^2\alpha_{DB}$,$F_{IC} = \dfrac{1}{2}ml(\alpha_{DB} + 2\alpha_{BA})$,联立解得

$$\alpha_{BA} = -\frac{6F}{7ml}, \quad \alpha_{DB} = \frac{30F}{7ml}。$$

**【13-14】**题 13-14 图示均质杆 $AB$ 长为 $l$,质量为 $m$,以等角速度 $\omega$ 绕铅直 $z$ 轴转动。求杆与铅直线的交角 $\beta$ 及铰链 $A$ 的反力。

**解:**先求杆 $AB$ 惯性力的合力。在距 $A$ 点 $r$ 处取微段质量 $\mathrm{d}m$,则

$$F_I = \int_{AB} \mathrm{d}F_I = \int_0^l \omega^2 r\sin\beta \frac{m}{l}\mathrm{d}r = \frac{ml\omega^2}{2}\sin\beta,$$

由 $\mathrm{d}F_I$ 的表达式知惯性力沿杆 $AB$ 成线性分布，所以惯性力合力作用于距 $A$ 点 $\frac{2}{3}l$ 处，方向垂直于 $z$ 轴向外。

研究 $AB$，受力及附加惯性力如图。动静法方程

$$\sum m_A = 0 \quad F_I \frac{2}{3}l\cos\beta - mg\frac{l}{2}\sin\beta = 0,$$

$$F_{Az} - mg = 0, \quad F_{Ax} + F_I = 0,$$

得 $\cos\beta = \dfrac{3g}{2l\omega^2}$，$F_{Ax} = -F_I$，$F_{Az} = mg$，所以

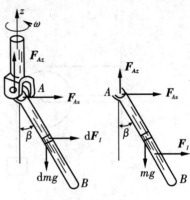

题 13-14 图

$$F_A = \sqrt{F_{Ax}^2 + F_{Az}^2} = \frac{ml\omega^2}{2}\sqrt{1 + \frac{7g^2}{4l^2\omega^4}}。$$

【注意：本题 $AB$ 虽然作定轴转动，但没有垂直于转轴的对称面，因此不能利用定轴转动刚体惯性力的简化结果】

【13-15】半径为 $r$、质量为 $m_0$ 的均质环在变力偶作用下，绕铅直轴 $z$ 以恒定的角速度 $\omega$ 转动。质量为 $m$ 的小球以恒定的相对速度 $v$ 在环管内运动，$m_0 = 2m$。题 13-15 图示瞬时，环面与 $Ayz$ 面重合，$\theta = 60°$，求此瞬时轴承 $A$、$B$ 的约束反力。

**解**：扫码进入。

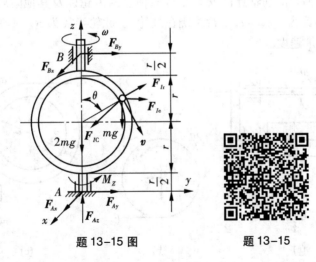

题 13-15 图　　　　题 13-15

【13-16】如题 13-16 图所示，质量为 $m_1$ 的物体 $A$ 下落时，带动质量为 $m_2$ 半径为 $R$ 的均质圆盘 $B$ 转动，不计支架和绳子的重量及轴上的摩擦，$BC = l$，求固定端 $C$ 的约束力。

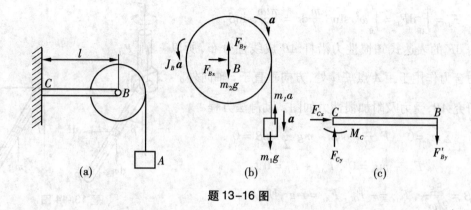

题 13-16 图

**解法步骤:**(1)研究 $A+B$,受力及附加惯性力如图(b)(惯性力直接用加速度和角加速度表示)。由达朗贝尔原理求出

$$a = \frac{2m_1}{m_2 + 2m_1}g \ , \ F_{Bx} = 0 \ , \ F_{By} = \frac{3m_1m_2 + m_2^2}{m_2 + 2m_1}g \ ;$$

(2)研究 $AB$,受力如图(c),由静力平衡方程求出

$$F_{Cx} = 0 \ , \ F_{Cy} = \frac{3m_1m_2 + m_2^2}{m_2 + 2m_1}g \ , \ M_C = \frac{3m_1m_2 + m_2^2}{m_2 + 2m_1}lg \ 。$$

**【13-17】**题 13-17 图示电动绞车提升一质量为 $m$ 的物体,在主动轴上作用一矩为 $M$ 的主动力偶,已知主动轴和从动轴连同安装在这两轴上的齿轮以及其他附属零件的转动惯量分别为 $J_1$ 和 $J_2$,传动比为 $z_2 : z_1 = i$,吊索缠绕在鼓轮上,此轮半径为 $R$。不计轴承的摩擦和吊索的质量,求重物的加速度。

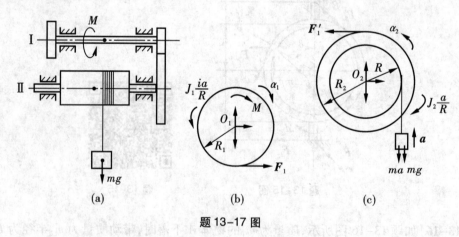

题 13-17 图

**解法步骤:**分别研究主动轴和从动轴,受力及附加惯性力如图(b)和(c)(惯性力和惯性力矩直接用加速度表示)。写出达朗贝尔原理

$$\sum M_{O_1} = 0 \quad F_t R_1 + J_1 \frac{ia}{R} - M = 0 \ , \ \sum M_{O_2} = 0 \quad F_t R_2 - J_2 \frac{a}{R} - m(a + g) = 0 \ ;$$

而 $R_2 = iR_1$，联立解出

$$a = \frac{(iM - mgR)R}{mR^2 + i^2 J_1 + J_2} \ (\text{向上})。$$

【13-18】当发射卫星实现星箭分离时，打开卫星整流罩的一种方案如题 13-18 图所示。先由释放机构将整流罩缓慢送到图示位置，然后令火箭加速，加速度为 $a$，从而使整流罩向外转。当其质心 $C$ 转到位置 $C'$ 时，$O$ 处铰链自动脱开，使整流罩离开火箭。设整流罩质量为 $m$，对轴 $O$ 的回转半径为 $\rho$，质心到轴 $O$ 的距离 $OC = r$。问整流罩脱落时，角速度为多大？

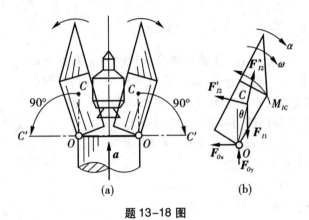

题 13-18 图

**解：**整流罩在打开过程中作平面运动。以 $O$ 为基点，研究质心 $C$，加速度为 $\vec{a_C} = \vec{a_O} + \vec{a_{CO}^t}$ $+ \vec{a_{CO}^n}$。设整流罩转动的角加速度为 $\alpha$，将其惯性力向质心 $C$ 简化（图 b）

$$M_{IC} = J_C\alpha = m(\rho^2 - r^2)\alpha，\ F_{I1} = ma_O = ma，\ F_{I2}^t = ma_{CO}^t = mr\alpha，\ F_{I2}^n = ma_{CO}^n，$$

由达朗贝尔原理

$$\sum M_O(F) = 0，\ M_{IC} + F_{I2}^t r - F_{I1} r\sin\theta = 0，$$

解出 $\alpha = \dfrac{ar}{\rho^2}\sin\theta$，则 $\displaystyle\int_0^\omega \omega \mathrm{d}\omega = \int_0^{\frac{\pi}{2}} \dfrac{ar}{\rho^2}\sin\theta \mathrm{d}\theta$，得脱落时的角速度 $\omega = \dfrac{\sqrt{2ra}}{\rho}$。

【13-19】题 13-19 图示长方形匀质平板，质量为 27 kg，由两个销 $A$ 和 $B$ 悬挂。如果突然撤去销 $B$，求在撤去销 $B$ 的瞬时平板的角加速度和销 $A$ 的约束反力。

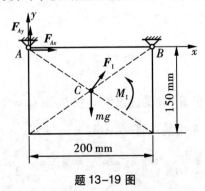

题 13-19 图

**解：**研究板，在该瞬时受力及惯性力如图，向质心简化，角速度为0，只有切向惯性力

$$F_I = ma_C = 3.375\alpha, \quad M_I = J_C a = \frac{1}{12}m(0.15^2 + 0.2^2)\alpha = 0.141\alpha,$$

建立动静法方程

$$\sum m_A = 0 \quad M_I + F_I AC - mg\frac{AB}{2} = 0, \text{求得} \alpha = 47 \text{ rad/s}^2,$$

$$\sum F_x = 0 \quad F_{Ax} + F_I \times \frac{3}{5} = 0, F_{Ax} = -95.19 \text{ N},$$

$$\sum F_y = 0 \quad F_{Ay} + F_I \times \frac{4}{5} - mg = 0, F_{Ay} = 137.68 \text{ N}。$$

**【13-20】**如题 13-20 图所示，轮轴对轴 $O$ 的转动惯量为 $J$。在轮轴上系有两个物体，质量各为 $m_1$ 和 $m_2$。若此轮轴依顺时针转向转动，试求转轴的角加速度 $\alpha$，并求轴承 $O$ 的附加动反力。

**解：**研究整体，受力及惯性力如图。动静法方程：

$$\sum m_O = 0 \quad M_I + (F_{I2} - m_2 g)r + (m_1 g + F_{I1})R = 0,$$

$$\sum F_x = 0 \quad F_{Ox} = 0, \text{即为动反力},$$

$$\sum F_y = 0 \quad F_{Oy} - F_{I1} + F_{I2} - m_1 g - m_2 g - m_3 g = 0,$$

惯性力 $F_{I1} = m_1\alpha R, F_{I2} = m_2\alpha r, M_I = Ja$，解得

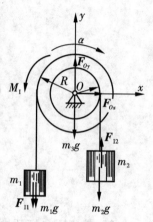

题 13-20 图

$$\alpha = \frac{m_2 gr - m_1 gR}{J + m_1 R^2 + m_2 r^2},$$

$$F_{Oy} = (m_1 + m_2 + m_3)g + \frac{(m_1 R - m_2 r)g}{J + m_1 R^2 + m_2 r^2},$$

动反力为 $F'_{Oy} = \frac{(m_1 R - m_2 r)g}{J + m_1 R^2 + m_2 r^2}$。

**【13-21】**杆 $AB$ 和 $BC$ 的单位长度质量为 $m$，连接如题 13-21 图所示。圆盘在铅垂平面内绕 $O$ 轴以等角速度 $\omega$ 转动，在图示位置时求作用在杆 $AB$ 上点 $A$ 和点 $B$ 的力。

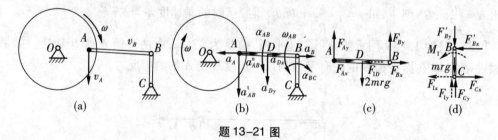

题 13-21 图

**解：**(1)运动分析。图示位置 $AB$ 的速度瞬心在 $B$，则 $v_B = 0$，$\omega_{AB} = v_A/AB = \omega/2$。

加速度分析如图(b)，以 $B$ 为基点研究 $A$，$\vec{a}_A = \vec{a}_B + \vec{a}_{AB}^n + \vec{a}_{AB}^t$，投影得到

$$\alpha_{AB} = \frac{a_{AB}^t}{AB} = 0, \quad a_B = -a_A - a_{AB}^n = -\frac{3}{2}\omega^2 r,$$

再以 $B$ 为基点研究 $AB$ 的质心 $D$，$\vec{a}_D = \vec{a}_B + \vec{a}_{DB}^n + \vec{a}_{DB}^t$，投影得到

$$a_{Dy} = 0 , \quad a_{Dx} = a_B + a_{DB}^n = -\frac{4}{5}\omega^2 r ,$$

（2）研究 $AB$，受力及惯性力如图（c）。动静法方程

$$\sum M_B = 0 \quad 2mrgr - 2rF_{Ay} = 0 ,$$

$$\sum F_y = 0 \quad -2mrg + F_{Ay} + F_{By} = 0 , \quad \sum F_x = 0 \quad F_{Ax} + F_{Bx} + F_{ID} = 0 ,$$

再研究 $CB$，受力及惯性力如图（d）。动静法方程

$$\sum M_C = 0 \quad M_I + F'_{Bx} r = 0 ,$$

而 $F_{ID} = 2mra_{Dx} = -\frac{5}{2}mr^2\omega^2$，$M_I = \frac{1}{3}mrr^2\alpha_{BC} = \frac{1}{3}mr^3\frac{a_B}{r} = -\frac{1}{2}mr^2\omega^2$，联立解得

$$F_{Ax} = -3mr^2\omega^2 , \quad F_{Ay} = mrg , \quad F_{Bx} = mr^2\omega^2/2 , \quad F_{By} = mrg 。$$

**【13-22】** 题 13-22 图示均质板质量为 $m$，放在两个均质圆柱滚子上，滚子质量均为 $\frac{m}{2}$，半径均为 $r$。如在板上作用水平力 $F$，并设滚子无滑动，求板的加速度。

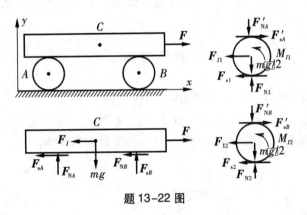

题 13-22 图

**解**：（1）设板的加速度为 $a$（向右），研究板受力及惯性力如图。动静法方程

$$\sum F_x = 0 \quad F - F_I - F_{sA} - F_{sB} = 0 ,$$

（2）研究轮 $A$，受力及附加惯性力如图。由运动学概念知，轮的质心加速度为 $\frac{a}{2}$，角加速度为 $\frac{a}{2r}$，则 $F_{I1} = \frac{1}{4}ma$，$M_{I1} = J\alpha = \frac{1}{8}mar$。动静法方程，对与地面的接触点求矩

$$M_{I1} + F_{I1}r - F'_{sA}2r = 0 ,$$

得 $F'_{sA} = \frac{3}{16}ma$，同理 $F'_{sB} = \frac{3}{16}ma$，代入（1）中的式子得 $a = \frac{8}{11}\frac{F}{m}$。

**【13-23】** 题 13-23 图示升降重物用的叉车，$B$ 为可动园滚（滚动支座），叉头 $DBC$ 用铰链 $C$ 与铅垂导杆连接，由于液压机构的作用，可使导杆在铅直方向上升或下降来提升重物。已知叉车连同导杆的质量为 1 500 kg，质心在 $G_1$，叉头与重物的共同质量为 800 kg，质心在 $G_2$，如果叉头向上的加速度使得后轮 $A$ 的约束力为 0，求这时滚轮 $B$ 的约束力。

**解法步骤**:(1)研究整体,受力及附加惯性力如图(b)。

由动静法方程 $\sum M_E = 0$ 求得 $a = \frac{7}{8}g$ ;

(2)研究 $DBC$,受力及附加惯性力如图(c)。

由 $\sum M_C = 0$ 求得 $F = \frac{2}{3}m_2(a + g) = 9.8$ N。

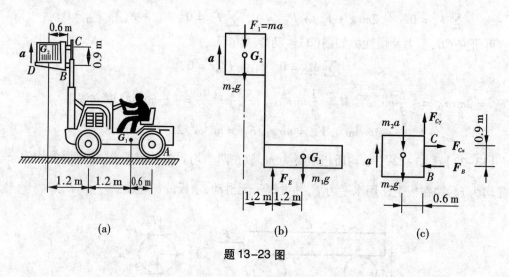

题 13-23 图

**【13-24】**铅垂面内曲柄连杆滑块机构中,均质直杆 $OA = r$、$AB = 2r$,质量分别为 $m$ 和 $2m$,滑块质量为 $m$。曲柄 $OA$ 匀速转动,角速度为 $\omega_0$。在题 13-24 图示瞬时,滑块运行阻力为 $F$。不计摩擦,求滑道对滑块的约束反力及 $OA$ 上的驱动力偶矩 $M_0$。

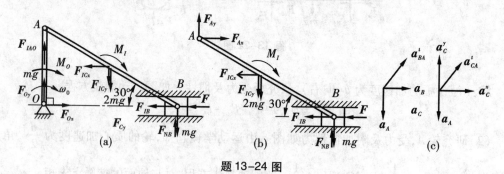

题 13-24 图

**解**:(1)运动分析。以 $A$ 为基点,研究 $B$,加速度分析如图(c)。则

$$a_B = a_A \tan 30° = \frac{1}{\sqrt{3}}\omega_0^2 r , \quad a_{BA}^t = \frac{a_A}{\cos 30°} = \frac{2}{\sqrt{3}}\omega_0^2 r , \quad \alpha = \frac{a_{BA}^t}{AB} = \frac{1}{\sqrt{3}}\omega_0^2 \text{(逆时针)},$$

以 $A$ 为基点,研究质心 $C$,加速度分析如图(c),$a_{CA}^t = \alpha AC = \frac{1}{\sqrt{3}}\omega_0^2 r$ ,则

$$a_C^x = a_{CA}^t \cos60° = \frac{1}{2\sqrt{3}}\omega_0^2 r \ , \ a_C^y = a_{CA}^t \sin60° - a_A = -\frac{1}{2}\omega_0^2 r,$$

（2）研究 $AB$ 及滑块 $C$，受力及附加惯性力如图（b）。

$F_{ICx} = 2ma_C^x$，$F_{ICy} = 2ma_C^y$，$F_{IB} = ma_B$，$M_I = Ja$，动静法方程

$\sum m_A = 0 \quad -(2mg + F_{ICy})r\cos30° - F_{ICx}r\sin30° - M_I - (F + F_{IB})2r\sin30° + (F_N - mg)2r\cos30° = 0,$

代入数据求得 $F_N = 2mg + \dfrac{2}{9}mr\omega_0^2 + \dfrac{\sqrt{3}}{3}F$；

（3）研究整体，受力及附加惯性力如图（a）。动静法方程

$$\sum m_O = 0 \quad -M_O - (2mg + F_{ICy})r\cos30° + F_{ICx}r\sin30° - M_I + (F_N - mg)2r\cos30° = 0,$$

代入数据求得 $M_O = \dfrac{2\sqrt{3}}{3}mr^2\omega_0^2 + 2mg + \dfrac{F}{\sqrt{3}}$。

【**13-25**】曲柄摇杆机构的曲柄 $OA$ 长为 $r$，质量 $m$，在力偶 $M$（随时间而变化）驱动下以匀角速度 $\omega$ 转动，并通过滑块 $A$ 带动摇杆 $BD$ 运动。$OB$ 铅垂，$BD$ 可视为质量为 $8m$ 的均质等直杆，长为 $3r$。不计滑块 $A$ 的质量和各处摩擦；题 13-25 图示瞬时，$\theta = 30°$、$OA$ 水平。求此时驱动力偶矩 $M$ 和 $O$ 处反力。

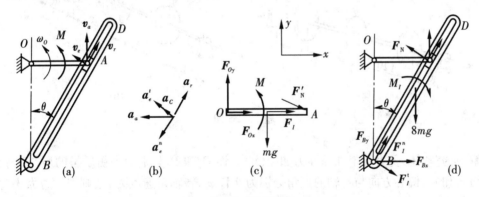

题 13-25 图

**解：**（1）运动分析。以 $A$ 为动点，$BD$ 为动系，速度分析如图（a）。则

$$v_e = v_a \sin30° = \frac{1}{2}\omega_0 r \ , \ v_r = v_a \cos30° = \frac{\sqrt{3}}{2}\omega_0 r \ , \ \omega_{BD} = \frac{v_e}{AB} = \frac{1}{4}\omega_0$$

加速度分析如图（b）。$a_C = 2\omega_{BD}v_r = \dfrac{\sqrt{3}}{4}\omega_0^2 r$，$a_a = \omega_0^2 r$，加速度向 $a_C$ 方向投影得

$a_a \cos30° = a_C + a_e^t$，求得 $a_e^t = \dfrac{\sqrt{3}}{4}\omega_0^2 r$，$BD$ 的角加速度为 $\alpha = \dfrac{a_e^t}{AB} = \dfrac{\sqrt{3}}{8}\omega_0^2$（逆时针）；

（2）研究 $BD$，受力及惯性力如图（d）。$M_I = J_B a = 3\sqrt{3}m\omega_0^2 r^2$，动静法方程

$$\sum m_B = 0 \quad F_N 2r - 8mg\frac{3}{2}r\sin30° - M_I = 0$$

代入数据求得 $F_N = 3mg + \dfrac{3\sqrt{3}}{2}mr\omega_0^2$；

（3）研究 $OA$，受力及附加惯性力如图（a）。动静法方程

$\sum m_O = 0$　$M - \dfrac{1}{2}mgr - F_N'r\sin30° = 0$，解得 $M = 2mgr + \dfrac{3\sqrt{3}}{4}mr^2\omega_0^2$；

$\sum F_x = 0$　$F_{Ox} + F_I + F_N'\cos30° = 0$，解得 $F_{Ox} = -\left(\dfrac{3\sqrt{3}}{2}mg + \dfrac{11}{4}mr\omega_0^2\right)$；

$\sum F_y = 0$　$F_{Oy} - mg - F_N'\sin30° = 0$，解得 $F_{Oy} = \dfrac{5}{2}mg + \dfrac{3\sqrt{3}}{4}mr\omega_0^2$。

**【13-26】**题 13-26 图示三圆盘 $A$、$B$、$C$ 的质量均为 12 kg，共同固结在 $x$ 轴上，若 $A$ 盘的质心 $G$ 的坐标为 $(320,0,5)$，而 $B$ 和 $C$ 盘的质心在轴上，今若使两个质量均为 1 kg 的均衡质量分别放在 $B$ 和 $C$ 盘上，问应如何放置可使轴系达到动平衡。

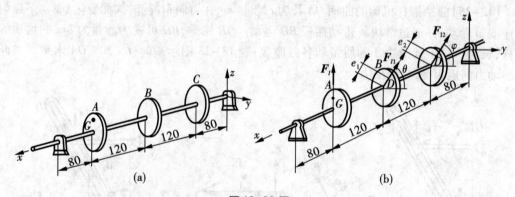

题 13-26 图

**解**：研究整体，受力及附加惯性力如图（b）。设 $D_1$ 和 $D_2$ 分别为平衡质量的质心，偏心距分别为 $e_1$ 和 $e_2$，偏心方向与 $y$ 轴的夹角分别为 $\theta$ 和 $\varphi$，转轴角速度为 $\omega$，则惯性力大小为

$$F_I = 12 \times \dfrac{5}{1\,000}\omega^2 = \dfrac{6}{100}\omega^2 \text{（平行于 $z$ 轴）}，$$

$$F_{I1} = 1 \times \dfrac{e_1}{1\,000}\omega^2 = \dfrac{e_1}{1\,000}\omega^2 \text{（与 $y$ 轴的夹角为 $\theta$）}，$$

$$F_{I2} = 1 \times \dfrac{e_2}{1\,000}\omega^2 = \dfrac{e_2}{1\,000}\omega^2 \text{（与 $y$ 轴的夹角为 $\varphi$）}，$$

根据达朗贝尔原理，轴系达到动平衡时，惯性力系应为平衡力系。于是

$\sum F_y = 0$　$F_{I1}\cos\theta + F_{I2}\cos\varphi = 0$，

$\sum F_z = 0$　$F_I + F_{I1}\sin\theta + F_{I2}\sin\varphi = 0$，

$\sum M_y = 0$　$320F_I + 200F_{I1}\sin\theta + 80F_{I2}\sin\varphi = 0$，

$\sum M_z = 0$　$200F_{I1}\cos\theta + 80F_{I2}\cos\varphi = 0$，

将惯性力数值代入解得

$$\theta = -\frac{\pi}{2}, \varphi = \frac{\pi}{2}, e_1 = 120 \text{ mm}, e_2 = 60 \text{ mm}。$$

可见，动平衡时，$D_1$ 和 $D_2$ 在 $G$ 与轴构成的平面 $xz$ 内，$D_1$ 与 $G$ 在轴的相反两侧，$D_2$ 与 $G$ 在轴的同侧，$z_{D_1} = -120 \text{ mm}, y_{D_1} = 0, z_{D_2} = 60 \text{ mm}, y_{D_2} = 0。$

**【13-27】**题 13-27 图示磨刀砂轮 Ⅰ 质量 $m_1 = 1 \text{ kg}$，其偏心距 $e_1 = 0.5 \text{ mm}$，小砂轮 Ⅱ 质量 $m_2 = 0.5 \text{ kg}$，偏心距 $e_2 = 1 \text{ mm}$，电机转子 Ⅲ 质量 $m_3 = 8 \text{ kg}$，无偏心，带动砂轮转动，转速 $n = 3\,000 \text{ r/min}$，求转动时轴承 $A$、$B$ 的附加动反力。

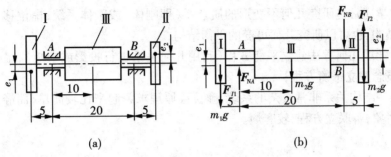

题 13-27 图

**解法步骤：**研究整体，受力及附加惯性力如图（b）。

$$F_{I1} = m_1 e_1 \omega^2 = 5\pi^2 \text{ N}, \quad F_{I2} = m_2 e_2 \omega^2 = 5\pi^2 \text{ N}$$

由动静法方程 $\sum M_A = 0$ 和 $\sum M_B = 0$ 求得 $F_{NA} = F_{NB} = \dfrac{0.3}{0.2} F_{I1} = 74\text{N}。$

# 第14章　虚位移原理

和达朗贝尔原理一样,虚位移原理也属于分析力学的基础内容,其基本思想是利用功和位移的概念求解静力学平衡问题。

和静力学相比,虚位移原理有以下特点:

(1)静力学通常是研究几何不变形的质点系(即刚体)或刚体系统;虚位移原理可以研究几何不变结构,也可以研究几何可变的平衡结构;

(2)静力学用几何方法建立平衡方程(利用几何关系进行投影或求矩);虚位移原理用位移和功的概念建立平衡方程;

(3)对某些结构关系非常复杂的系统,虚位移原理求解起来比较简单,而静力学往往要取多次研究对象,解联立方程,较麻烦。

## 一、基本要求、重点与难点

### 1. 基本要求与重点

(1)对约束方程、约束分类、虚位移、虚功等概念有清晰的认识;

(2)熟练掌握用虚速度法和约束方程求变分的方法建立虚位移之间的关系;

(3)熟练应用虚位移原理求解物体系统的平衡问题。

### 2. 难点

(1)建立不同位置虚位移之间的关系;

(2)利用虚位移原理求内力和约束反力。

## 二、主要内容

### 1. 约束及其分类

约束:限制质点或质点系的位置或运动的条件。(注意与静力学中约束的定义对比)

约束方程:表示约束对质点限制条件的数学方程。

约束主要有下面几种形式的分类:

(1)几何约束与运动约束;

(2)定常(稳定)约束与非定常(非稳定)约束;

(3)完整约束与非完整约束;

(4)单面(非固执)约束与双面(固执)约束。

本章只研究几何、定常、完整的双面约束。

## 2. 虚位移与虚功

(1)虚位移　特定时刻,在系统约束允许的条件下,质点系可能发生的任何无限小位移。

(2)建立各点虚位移之间的关系　利用约束方程,对变量求变分;虚速度法,速度与虚位移成正比。

(3)虚功　力在虚位移上做的功。

## 3. 理想约束

在质点系的任何虚位移中,所有约束反力所作的虚功之和为零。

静力学中遇到的大部分约束都是理想约束。包括光滑接触面、光滑铰链、无重刚杆、不可伸长的柔索、纯滚动圆盘等。

## 4. 虚位移原理

也称为虚功原理,质点系平衡的充要条件是所有力虚功之和为零

$$\sum \delta W_i = \sum \vec{F_i} \cdot \vec{\delta r_i} = \sum (F_{ix} \cdot \delta x_i + F_{iy} \cdot \delta y_i + F_{iz} \cdot \delta z_i) = 0 。$$

# 三、重点难点概念及解题指导

## 1. 关于约束

本章约束的定义与静力学中约束的概念有所不同,静力学中的约束一般指几何约束(限制几何位置),本章的约束既可以限制位移,又可以限制运动。几种约束概念的理解:

(1)几何约束　限制质点系各质点间的几何位置,约束方程以坐标形式给出;

(2)运动约束　限制质点系各质点间运动的运动学条件,约束方程以运动学条件给出。如速度、加速度、角速度、角加速度的关系等;

(3)定常(稳定)与非定常(非稳定)约束　若约束方程中明显包含时间 $t$,则为非定常约束,否则为定常约束。注意:对于几何可变结构,约束方程中的参数都是时间的函数,但有些显含 $t$,有些隐含 $t$;

(4)完整与非完整约束　若约束方程中不含坐标对时间的导数项或方程中的微分(导数)项可以积分为有限形式,则为完整约束,否则为非完整约束。例如,纯滚动的圆盘质心速度满足 $v_c = \omega R$,这里的 $v_c$ 和 $\omega$ 是坐标 $x_c$ 和角度 $\varphi$ 的导数,但可直接积分为 $x_c = \varphi R$,所以此运动约束为完整约束;

(5)双面(固执)与单面(非固执)约束　约束方程以等式形式给出,则为双面约束,否则为单面约束。

### 2. 虚位移概念的理解

(1)不能破坏约束(在约束允许的条件下);

(2)微小位移(是无限小量);

(3)所有可能发生的位移(不唯一,具有无穷多个);

(4)对几何可变结构,要在特定时刻(位置)分析虚位移。

### 3. 虚位移与实际位移的比较

(1)大小    虚位移为无限小,实际位移可以是小位移,也可以是大位移;

(2)方向    虚位移可假设(在约束允许的情况下),实际位移必须是实际方向;

(3)产生的条件    虚位移只与约束有关(只要约束允许),实际位移与约束、力、时间等有关。

对定常、几何约束,无限小实际位移是虚位移中的一个;对非定常约束,无限小实际位移不一定是虚位移中的一个。因为此时虚位移是将时间固定后(即某特定的时间)的可能位移,而实际位移再小也是不能固定时间的。

### 4. 虚位移的计算(各虚位移之间关系的确定)

(1)约束方程求变分。设约束方程为 $f(x_1, x_2, \cdots, x_n) = 0$,则

$$\delta f = \frac{\partial f}{\partial x_1}\delta x_1 + \frac{\partial f}{\partial x_2}\delta x_2 + \cdots + \frac{\partial f}{\partial x_n}\delta x_n = 0。$$

利用这种方法时,各处的虚位移正负号必须和相应坐标的正向一致,一般无需假设(详见后面的习题);另外由于要进行变分运算,一般不能在某特殊位置建立约束方程;

(2)虚速度法。对定常约束,广义速度与相应的广义位移成正比。

利用这种方法时,各点的虚位移假设必须互相一致即变形协调(详见后面的习题)。这和按约束方程求解时的虚位移方向一般不一致,务必注意;由于速度关系建立后,不再进行变分(或微分)运算,因此对某些特殊位置的虚位移关系的建立非常方便。

### 5. 虚功概念的理解

力在虚位移上做的功,不是真实的功,但计算方法和实功一样。

### 6. 虚位移原理求解问题的类型

(1)已知系统平衡,求主动力之间的关系;

(2)求系统在主动力作用下的平衡位置;

(3)求平衡系统的约束力或内力。

### 7. 虚位移原理作题步骤(几何可变结构)

(1)分析系统的约束情况;

(2)画出受力图(理想约束反力不画);

（3）假设各力对应的虚位移，建立虚位移之间的关系；

（4）建立虚功方程，求解。

### 8. 虚位移原理求内力或约束反力的方法步骤（几何不可变结构）

（1）解除所求内力或约束反力的约束，用相应的内力或约束反力代替，一次只能解除一个约束；

（2）假设虚位移，建立虚位移之间的关系；

（3）建立虚功方程，求解。

## 四、概念题

【14-1】试分析概念题 14-1 图中以绳子连接的单摆质点 $M$ 在图示瞬时其虚位移与可能位移之间的差别，并在图中标出。设摆长以匀速缩短。

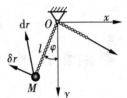

概念题 14-1 图

**解**：虚位移可以理解为特定时刻的可能位移，如图，虚位移 $\delta r$ 只能垂直于 $OM$，而可能位移 $\vec{dr}$ 则可以为任意方向（与 $OM$ 的夹角不大于 90°）。

【注意：可能位移和虚位移均不能破坏原有的约束】

【14-2】若机构处于静止平衡状态，概念题 14-2 图中所给虚位移有无错误？ 如有错误，应如何改正？

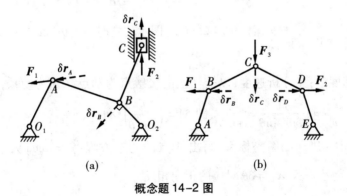

(a)            (b)

概念题 14-2 图

**答**：图（a），利用虚速度法，若认为 $B$ 处虚位移正确，则 $A$、$C$ 处虚位移有错：$A$ 处位移应垂直于 $O_1A$ 向左上方，$C$ 处虚位移应垂直向下；若认为 $C$ 处虚位移正确，则 $B$、$A$ 处虚位移有错：$B$ 处虚位移应反向，$A$ 处虚位移应垂直于 $O_1A$ 向右下方。

图（b），三处虚位移均有错，此种情况下虚位移均不能沿力的作用线。杆 $AB$，$DE$ 若运动应作定轴转动，$B$、$D$ 点的虚位移应垂直于杆 $AB$、$DE$；杆 $BC$、$DC$ 作平面运动，应按刚体平面运动的方法确定点 $C$ 虚位移指向。

【14-3】试用不同的方法确定概念题 14-3 图中各机构中虚位移 $\delta\theta$ 与力 $F$ 作用点 $A$ 虚位移的关系。

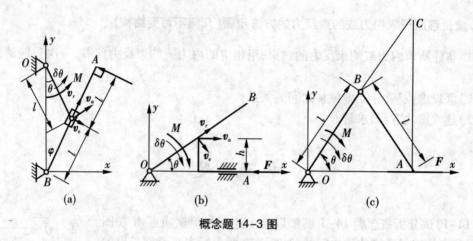

概念题 14-3 图

**答:**图(a),虚速度法:先分析速度,以滑块为动点,$AB$ 为动系,速度分析如图,则

$$v_e = v_a\cos 2\theta,\ v_A = 2v_e = 2v_a\cos 2\theta,\ \frac{v_A}{v_a} = \frac{\delta A}{l\delta\theta} = 2\cos 2\theta,$$

即 $\delta A = 2l\cos 2\theta\delta\theta$;

约束方程方法:建立如图坐标系,写出 $A$ 点的约束方程 $x_A = 2l\sin\varphi$,$y_A = 2l\cos\varphi$,求变分 $\delta x_A = 2l\cos\varphi\delta\varphi$,$\delta y_A = -2l\sin\varphi\delta\varphi$,则 $\delta A = \sqrt{\delta x_A^2 + \delta y_A^2} = 2ld\varphi$。

再通过几何关系确定 $\varphi$ 与 $\theta$ 的关系。图中 $\dfrac{\sin(\pi - \theta - \varphi)}{OB} = \dfrac{\sin\varphi}{l}$,求变分后得到 $\delta\varphi = \dfrac{-l\cos(\pi - \theta - \varphi)}{OB\cos\varphi + l\cos(\pi - \theta - \varphi)}\delta\theta$,而 $OB = 2l\cos\theta$,图示位置时 $\varphi = \theta$,$\delta\varphi = \cos 2\theta\delta\theta$,所以 $\delta A = 2l\cos 2\theta\delta\theta$。

图(b),虚速度法:先分析速度,以推杆上的接触点为动点,$OB$ 为动系,速度分析如图,则 $v_a = \dfrac{v_e}{\sin\theta} = v_A$,$\dfrac{v_A}{v_e} = \dfrac{\delta A}{h\delta\theta/\sin\theta} = \dfrac{1}{\sin\theta}$,即 $\delta A = \left(\dfrac{h}{\sin^2\theta}\right)\delta\theta$;

约束方程方法:建立如图坐标系,写出 $A$ 点的约束方程:$x_A = h\cot\theta$,求变分得 $\delta x_A = -\left(\dfrac{h}{\sin^2\theta}\right)\delta\theta$,这里负号表示 $\delta x_A$ 与 $\delta\theta$ 对应的正向相反。

图(c),虚速度法:先分析速度,确定 $AB$ 的瞬心 $C$,则 $v_A = 2v_B\sin\theta$,$\dfrac{v_A}{v_B} = \dfrac{\delta A}{l\delta\theta} = 2\sin\theta$,即 $\delta A = 2l\sin\theta\delta\theta$;

约束方程方法:建立如图坐标系,写出 $A$ 点的约束方程 $x_A = 2l\cos\theta$,

求变分:$\delta x_A = -2l\sin\theta\delta\theta$,这里负号表示 $\delta x_A$ 与 $\delta\theta$ 对应的正向相反。

【注意:求某特殊位置的虚位移关系时,应当用虚速度法,如图(a);若不是求某特殊位置虚位移的关系,虚速度法和利用约束方程求变分的方法都较方便,但正负号有时不一样,

*建立的虚功方程也不一样,如图(b)(c)】*

**【14-4】**试判断下述说法正确与否:

(1)所有几何约束都是完整约束,所有运动约束都是非完整约束。

(2)质点系在力系作用下处于平衡,因此各质点的虚位移均为零。

(3)静力学平衡方程只给出了刚体平衡的充分必要条件,而虚位移原理给出的是任意质点系平衡的充分必要条件,不仅适用于刚体,也适用于变形体。

**答:**(1)所有几何约束都是完整约束,而运动约束不一定都是非完整约束,如纯滚动圆盘。(2)错。只要约束允许,任何点的虚位移均可以不为零,与质点系是否平衡无关。(3)根据刚化原理,对于变形体,静力学平衡方程只是平衡的必要条件而非充分条件。而虚位移原理给出的是任意质点系平衡的充分必要条件。

**【14-5】**如概念题 14-5 图所示的平面平衡系统,列其整体的平衡方程时,不需计入弹簧的内力;而用虚位移原理求力 $F_1$ 和力 $F_2$ 之间的关系时必需计入弹簧力的虚功,二者有矛盾吗?

**答:**不矛盾。两种方法概念完全不同,静力学平衡方程的方法,内力成对出现,不影响整体平衡,而虚位移原理是利用功的概念建立方程,无论内力还是外力,只要力的方向上有位移,就有虚功。本题的弹簧力作功,所以必须计入虚功方程。

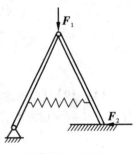

概念题 14-5 图

**【14-6】**用虚位移原理推导出刚体静力学的平衡方程。

**答:**设任意刚体上作用有力系 $(\vec{F}_1, \vec{F}_2, \cdots, \vec{F}_n)$,力 $\vec{F}_i$ 对应的虚位移为 $\delta \vec{r}_i$,将此虚位移分解为随基点 $O$ 平动的虚位移 $\delta \vec{r}_O$ 和绕基点转动的虚位移 $\delta \varphi$,则虚功之和可写为

$$\sum \delta W_i = \sum \vec{F}_i \delta \vec{r}_i = \sum \vec{F}_i \delta \vec{r}_O + \sum \vec{M}_O(\vec{F}_i) \delta \varphi = \vec{F}_R \delta \vec{r}_O + \sum \vec{r}_i \times \vec{F}_i \delta \varphi = \vec{F}_R \delta \vec{r}_O + \vec{M}_O \delta \varphi$$

这里 $\vec{F}_R$ 与 $\vec{M}_O$ 分别为力系向 $O$ 点简化的主矢和主矩,由于虚位移 $\delta \vec{r}_O$ 和 $\delta \varphi$ 相互独立,则由虚位移原理知,虚功为零的充要条件是主矢为零、主矩为零,即为刚体静力学的平衡方程。

**【14-7】**如概念题 14-7 图所示,一长为 $l$ 的杆 $AB$,在 $B$ 点固结一个质点,$A$ 端只能沿水平直线滑动,$AB$ 杆只能在铅垂平面内运动。试分别判断以下两种情况下系统的约束是否为稳定约束:

(1)设 $A$ 端按给定规律 $OA = a\sin\omega t$ 在 $O$ 点附近作简谐振动;

(2)设 $A$ 端的运动并未预先给定。

**答:**系统的约束方程为

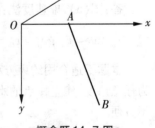

概念题 14-7 图

$$x_A = OA, \quad y_A = 0, \quad (x_B - x_A)^2 + y_B^2 = l^2$$

(1)此时约束方程中明显包含时间 $t$,所以为非稳定约束;

(2)$A$ 点只要运动,其位移一定与时间有关,则约束方程中一定包含时间 $t$,系统为非稳定约束;若 $A$ 点保持不动,则为稳定约束。

**【14-8】**假如一个质点的约束方程为 $x\dfrac{\mathrm{d}x}{\mathrm{d}t} - y\dfrac{\mathrm{d}y}{\mathrm{d}t} - \dfrac{\mathrm{d}z}{\mathrm{d}t} = 0$,问:约束是完整约束还是非完整

约束?

答:方程可简化为 $x\mathrm{d}x-y\mathrm{d}y-\mathrm{d}z=0$,所以属于完整约束。

**【14-9】**如概念题 14-9 图所示,物块 $A$ 在重力、弹性力和摩擦力作用下平衡,设给物块 $A$ 一水平向右的虚位移,弹性力的虚功如何计算? 摩擦力在此虚位移中作正功还是作负功?

答:扫码进入。

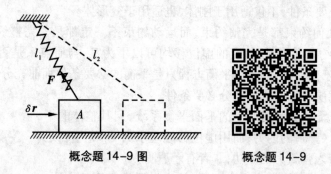

概念题 14-9 图　　　　概念题 14-9

**【14-10】**对如概念题 14-10 图所示机构,你能用哪些不同的方法确定虚位移 $\delta\theta$ 与力 $F$ 作用点 $A$ 的虚位移的关系?

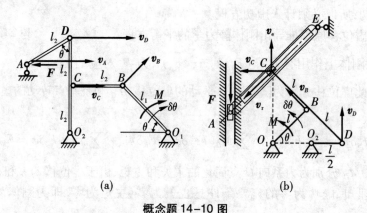

(a)　　　　　　(b)

概念题 14-10 图

答:图(a),虚速度法:用运动学方法给出各点的速度如图($AD$ 做瞬时平动)。则

$$v_B\sin\theta = v_C \ , \ v_A = v_D = 2v_C \ ,\ 所以 \ \frac{\delta A}{\delta B} = \frac{v_A}{v_B} = 2\sin\theta \ ,\ \delta A = 2\sin\theta \cdot \delta B = 2\sin\theta \cdot l_1\delta\theta\ ;$$

本题不适合用约束方程方法,否则需要将 $AD$ 与 $O_2D$ 的夹角以及 $BC$ 与 $O_1B$ 的夹角均设为任意角度,建立 $A$ 点的水平坐标与 $O_2B$ 的转角 $\theta$ 的关系,最后再回到图示特殊位置,非常不方便。

图(b),虚速度法:用运动学方法给出各点的速度如图($AE$ 做瞬时平动)。

$CD$ 的速度瞬心在 $O_1$ , $v_C = \dfrac{v_B}{l}2l\sin\theta = 2v_B\sin\theta$ ;以滑块 $C$ 为动点,$AE$ 为动系,则

$$v_A = v_e = v_C\tan\theta = 2v_B\sin\theta\tan\theta \ (假设此时 \ AE \ 与 \ O_1B \ 平行),所以$$

$$\frac{\delta A}{\delta B} = \frac{v_A}{v_B} = 2\sin\theta\tan\theta, \ \delta A = 2\sin\theta\tan\theta \cdot \delta B = 2\sin\theta\tan\theta \cdot l\delta\theta\text{。}$$

本题同样不适合用约束方程方法。

**【14-11】**试指出概念题14-11图示各系统的虚位移中哪些是正确的？哪些是错误的？

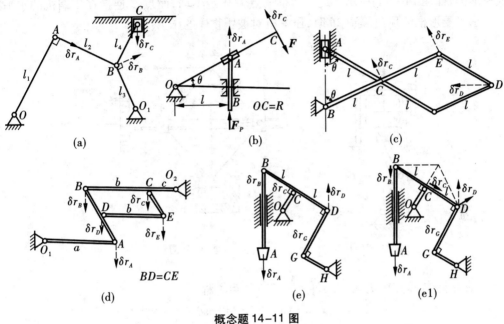

概念题 14-11 图

**答:**本题显然是用虚速度法确定虚位移的关系。

图(a),$A$、$B$两点的虚位移应为与图中相反的方向,与$C$点虚位移保持一致;

图(b)(d)正确;

图(c),$D$点虚位移不应沿水平方向;

图(e),正确图形如图(e1)。

# 五、习题

**【14-1】**题14-1图示曲柄式压榨机的销钉$B$上作用有水平力$F$,此力位于平面$ABC$内。作用线平分$\angle ABC$。设$AB=BC$,$\angle ABC=2\theta$,各处摩擦及杆重不计,求对物体的压缩力。

**解:**研究$ABC$,$C$点受力为$F_N$(向下),建立约束方程

$$x_B = -AB\cos\theta, y_C = 2AB\sin\theta,$$

求变分得$\delta x_B = AB\sin\theta\delta\theta, \delta y_C = 2AB\cos\theta\delta\theta$,虚功方程

$$F\,\mathrm{d}x_B - F_N\delta y_C = 0,$$

解得$F_N = \dfrac{1}{2}F\tan\theta$。

【注意:也可以用虚速度法(求出 $B$ 点水平速度和 $C$ 点速度的关系)建立虚位移之间的关系】

【14-2】在压缩机的手轮上作用一力偶,其矩为 $M$。手轮轴的两端各有螺距同为 $h$、但方向相反的螺纹。螺纹上各套有一个螺母 $A$ 和 $B$,这两个螺母分别与长为 $a$ 的杆相铰接,四杆形成菱形框,如题 14-2 图所示。此菱形框的点 $D$ 固定不动,而点 $C$ 连接在压缩机的水平压板上。求当菱形框的顶角等于 $2\theta$ 时,压缩机对被压物体的压力。

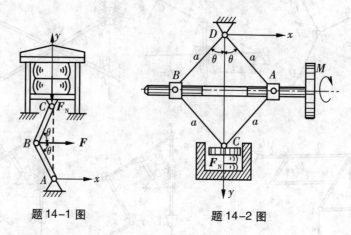

题 14-1 图 　　　　　题 14-2 图

**解:** 研究整体,$C$ 点受力为 $F_N$(向上),建立约束方程

$$x_A = a \sin\theta, \quad y_C = 2a \cos\theta,$$

求变分得 $\delta x_A = a\cos\theta\delta\theta$,$\delta y_C = -2a \sin\theta\delta\theta$,设与力偶 $M$ 相应的手轮虚位移为 $\delta\varphi$,则根据题意有 $\dfrac{\delta x_A}{\delta\varphi} = -\dfrac{h}{2\pi}$,虚功方程

$$M \, \mathrm{d}f - F_N \delta y_C = 0,$$

解得 $F_N = \dfrac{1}{h} \mathrm{p} M \cot\theta$。

【注意:也可以用虚速度法(求出手轮角速度与 $C$ 点速度的关系)建立虚位移之间的关系】

【14-3】挖土机挖掘部分如题 14-3 图。支臂 $DEF$ 不动,$A$、$B$、$D$、$E$、$F$ 为铰链,液压油缸 $AD$ 伸缩时可通过连杆 $AB$ 使挖斗 $BFC$ 绕 $F$ 转动,$EA = FB = r$。当 $\theta_1 = \theta_2 = 30°$ 时杆 $AE \perp DF$,此时油缸推力为 $F$。不计构件重量,求此时挖斗可克服的最大阻力矩 $M$。

**解:** 研究整体,假设虚位移如图,由虚速度法建立虚位移之间的关系 $\dfrac{\delta A}{\delta B} = \dfrac{v_A}{v_B} = \dfrac{EA}{EB} = \dfrac{1}{\sqrt{3}}$,虚功方程

$$M \dfrac{\delta B}{BF} - F \, \mathrm{d}A\cos30° = 0,$$

解得 $M = \dfrac{1}{2} Fr$。

【注意:本题不宜用约束方程求变分方法建立虚位移之间的关系】

【14-4】题14-4图示远距离操纵用的夹钳为对称结构。当操纵杆 $EF$ 向右移动时,两块夹板就会合拢将物体夹住。已知操纵杆的拉力为 $F$,在图示位置两夹板正好相互平行,求被夹物体所受的压力。

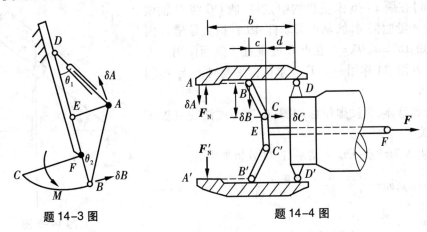

题14-3图　　　　题14-4图

**解:**研究整体,假设虚位移如图,由虚速度法建立虚位移之间的关系

$$\frac{\delta C}{\delta B} = \frac{v_C}{v_B} = \frac{e}{c}, \delta A = \delta B \frac{b}{c+d} = \frac{bc}{e(c+d)}\delta C$$

虚功方程

$$-2F_N\,\mathrm{d}A + F\,\mathrm{d}C = 0$$

解得 $F_N = \dfrac{Fe(d+c)}{2bc}$。

【注意:本题不宜用约束方程求变分方法建立虚位移之间的关系】

【14-5】如题14-5图所示两等长杆 $AB$ 与 $BC$ 在点 $B$ 用铰链连接,又在杆的 $D$、$E$ 两点连一弹簧。弹簧的刚性系数为 $k$,当距离 $AC$ 等于 $a$ 时,弹簧内拉力为零。如在点 $C$ 作用一水平力 $F$,杆系处于平衡,求距离 $AC$ 之值。

**解:**研究整体,先计算弹簧拉力与 $x$ 的关系

由三角形比例关系知 $DE = \dfrac{bx}{l}$,弹簧受力为 $F_T = \dfrac{kb(x-a)}{l}$;建立约束方程

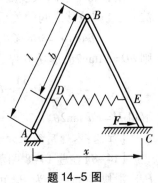

题14-5图

$$x_D = \frac{(l-b)x}{2l}, x_E = \frac{(l+b)x}{2l}, x_C = x,$$

求变分得

$$\delta x_D = \frac{l-b}{2l}\delta x, \delta x_E = \frac{l+b}{2l}\delta x, \delta x_C = \delta x,$$

虚功方程

$$F_T\,\mathrm{d}x_D - F_T\,\mathrm{d}x_E + F\,\mathrm{d}x_C = 0,$$

解得 $x = a + \dfrac{F}{k}\left(\dfrac{l}{b}\right)^2$。

【注意：也可以用虚速度法建立虚位移之间的关系，但较麻烦】

【14-6】在题 14-6 图示机构中，当曲柄 $OC$ 绕 $O$ 轴摆动时，滑块 $A$ 沿曲柄滑动，从而带动杆 $AB$ 在铅直导槽 $K$ 内移动。已知：$OC = a$，$OK = l$，在点 $C$ 处垂直于曲柄作用一力 $F_1$；而在点 $B$ 沿 $BA$ 作用一力 $F_2$。求机构平衡时 $F_2$ 与 $F_1$ 的关系。

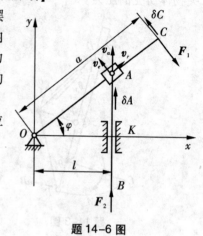

**解：**研究整体，假设虚位移如图，由虚速度法建立虚位移之间的关系。

以滑块 $A$ 为动点，$OC$ 为动系，速度分析如图，则

$$v_e = v_a\cos\varphi,\ v_C = \frac{av_e}{OA} = \frac{av_a\cos^2\varphi}{l};\ \frac{\delta C}{\delta A} = \frac{v_C}{v_A} = \frac{a}{l}\cos^2\varphi,$$

虚功方程

题 14-6 图

$$F_2\delta A - F_1\delta C = 0,$$

解得 $F_2 = \dfrac{1}{l}F_1 a\cos^2\varphi$。

【注意：本题用约束方程求变分方法建立虚位移之间的关系较麻烦】

【14-7】在题 14-7 图示机构中，曲柄 $OA$ 上作用一力偶，其矩为 $M$，另在滑块 $D$ 上作用水平力 $F$。机构尺寸如图所示。求当机构平衡时，力 $F$ 与力偶矩 $M$ 的关系。

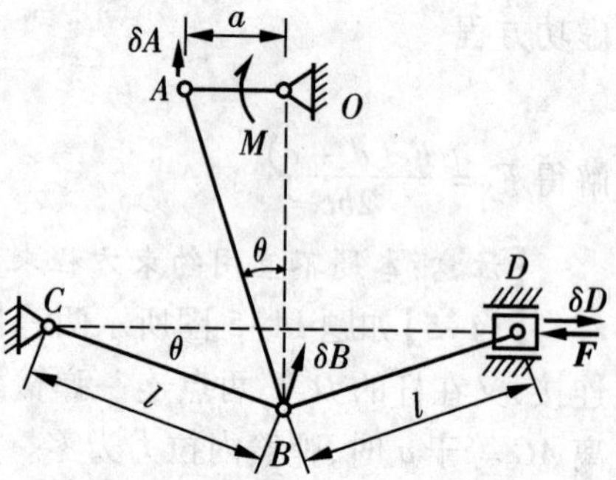

**解：**研究整体，假设虚位移如图，由虚速度法（投影法）建立虚位移之间的关系。

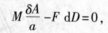

$$\delta A\cos\theta = \delta B\cos2\theta,\ \delta D\cos\theta = \delta B\sin2\theta,$$

则 $\delta D = \delta A\tan2\theta$，虚功方程

题 14-7 图

$$M\frac{\delta A}{a} - F\,\mathrm{d}D = 0,$$

解得 $M = Fa\tan2\theta$。

【注意：本题用约束方程求变分方法建立虚位移之间的关系较麻烦】

【14-8】在题 14-8 图示机构中，曲柄 $AB$ 和连杆 $BC$ 为均质杆，具有相同的长度和重量 $P_1$。滑块 $C$ 的重量为 $P_2$，可沿倾角为 $\theta$ 的导轨 $AD$ 滑动。设约束都是理想的，求系统在铅垂面内的平衡位置。

**解：**研究整体，设杆长度为 $2a$，建立约束方程

$$y_M = a\sin(\varphi + \theta),\ y_N = 2a\sin(\varphi + \theta) - a\sin(\varphi - \theta),\ y_C = 2a\sin(\varphi + \theta) - 2a\sin(\varphi - \theta),$$

求变分得

$$\delta y_M = a\cos(\varphi + \theta)\delta\varphi,\ \delta y_N = [2a\cos(\varphi + \theta) - a\cos(\varphi - \theta)]\delta\varphi,$$

$$\delta y_C = [2a\cos(\varphi + \theta) - 2a\cos(\varphi - \theta)]\delta\varphi,$$

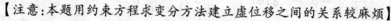

虚功方程

$$P_1\delta y_M + P_1\delta y_N + P_2\delta y_C = 0,$$

解得 $\tan\varphi = \dfrac{P_1}{2(P_1 + P_2)\tan\theta}$。

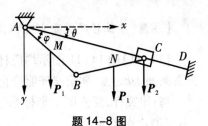

题 14-8 图

【注意:不宜用其他方法建立虚位移之间的关系】

【**14-9**】滑轮机构将两物体 $A$ 和 $B$ 悬挂如题 14-9 图。如绳和滑轮重量不计,当两物体平衡时,求重量 $P_A$ 与 $P_B$ 的关系。

**解:**研究整体,假设虚位移如图,由虚速度法建立虚位移之间的关系。

$$\delta D = 2\delta B, \delta A = \delta B + 2\delta D,$$

则 $\delta A = 5\delta B$,虚功方程

$$P_A\delta A - P_B\delta B = 0,$$

解得　$P_B = 5P_A$。

【说明:$B$ 上升 $\delta B$,则 $C$ 上升 $\delta B$,$D$ 下降 $2\delta B$,$A$ 下降 $4\delta B$ 再加上 $B$ 上升的 $\delta B$,共 $5\delta B$】

【**14-10**】题 14-10 图示滑套 $D$ 套在光滑直杆 $AB$ 上,并带动杆 $CD$ 在铅直滑道上滑动。已知 $\theta = 0°$ 时弹簧为原长,弹簧刚性系数为 5 kN/m。求在任意位置平衡时,应加多大的力偶矩 $M$。

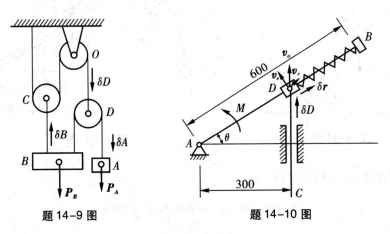

题 14-9 图　　　　　题 14-10 图

**解:**研究整体,先计算弹簧压力 $F = 5\left[0.3 - \left(0.6 - \dfrac{0.3}{\cos\theta}\right)\right] = 1.5\dfrac{1 - \cos\theta}{\cos\theta}$;

假设虚位移如图,由虚速度法建立虚位移之间的关系。以滑块 $D$ 为动点,$AB$ 为动系,速度分析如图,则

$$v_e = v_a\cos\theta, v_r = v_a\sin\theta; \frac{\delta\theta AD}{\delta r} = \frac{v_e}{v_r} = \cot\theta,$$

即 $\delta\theta = \dfrac{\cos^2\theta}{0.3\sin\theta}\delta r$,虚功方程

$$M\delta\theta - F\delta r = 0,$$

解得 $M = 0.45\dfrac{\sin\theta(1 - \cos\theta)}{\cos^3\theta}$ Nm。

【注意:虚位移的关系也可以用极坐标方法求:$AD = \dfrac{0.3}{\cos\theta}$,$\theta r = \dfrac{\mathrm{d}AD}{\mathrm{d}\theta}\delta\theta = 0.3\dfrac{\sin\theta}{\cos^2\theta}\delta\theta$】

【14-11】题14-11图示均质杆$AB$长$2l$,一端靠在光滑的铅直墙壁上,另一端放在固定光滑曲面$DE$上。欲使细杆能静止在铅直平面的任意位置,问曲面的曲线$DE$形状如何?

**解**:研究杆,建立图示坐标系,只有重力$P$作功,则虚功方程为$-P\mathrm{d}y_C = 0$,所以$y_C = $常数$= l$,写出$A$点坐标

$$x = 2l\sin\varphi,\quad y = l - l\cos\varphi,$$

则所求曲线形状为

$$x^2 + 4(l - y)^2 = 4l^2 \text{。}$$

【14-12】跨度为$l$的折迭桥由液压油缸$AB$控制铺设,如题14-12图所示。在铰链$C$处有一内部机构,保证两段桥身与铅垂线的夹角均为$\theta$。如果两段相同的桥身重量都是$P$,质心$G$位于其中点,试求平衡时液压油缸中的力$F$和角$\theta$之间的关系。

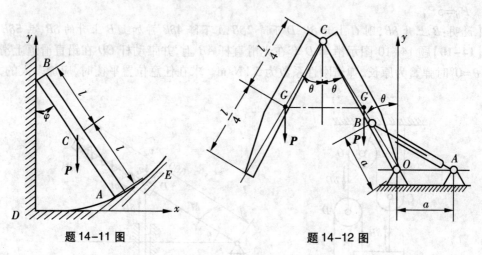

题14-11图　　　　　题14-12图

**解**:研究整体,建立约束方程

$$x_B = -a\sin\theta,\quad y_B = a\cos\theta,\quad y_G = \frac{l}{4}\cos\theta,$$

求变分得

$$\delta x_B = -a\cos\theta\delta\theta,\quad \delta y_B = -a\sin\theta\delta\theta,\quad \delta y_G = -\frac{l}{4}\sin\theta\delta\theta,$$

设$F$为拉力,虚功方程

$$-2P\delta y_G + F\cos\left(45° - \frac{\theta}{2}\right)\delta x_B - F\sin\left(45° - \frac{\theta}{2}\right)\delta y_B = 0,$$

解得　$F = \dfrac{Pl}{\sqrt{2}\,a}\tan\theta\sqrt{1 + \sin\theta}$ 。

【14-13】题14-13图示桁架中,已知$AD = DB = 6$ m,$CD = 3$ m,节点$D$处载荷为$P$。试用虚位移原理求杆3的内力。

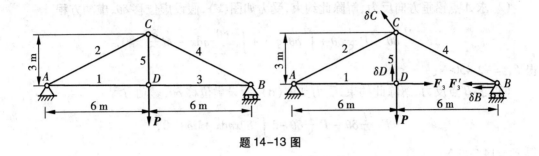

题 14-13 图

**解**：解除 3 杆约束，受力如图，假设虚位移，设 1、2 杆夹角为 $\varphi$，则 $\cos\varphi = \dfrac{2}{\sqrt{5}}$，$\sin\varphi = \dfrac{1}{\sqrt{5}}$，用虚速度（投影）法建立虚位移的关系

$$\delta D = \delta C\cos\varphi，\delta B\cos\varphi = \delta C\cos(90°-2\varphi)，$$

即 $\delta B = 2\delta D \times \tan\varphi = \delta D$，虚功方程

$$-P\delta D + F_3'\delta B = 0，$$

解得 $F_3 = P$。

**【14-14】**组合梁由铰链 $C$ 连接 $AC$ 和 $CE$ 而成，载荷分布如题 14-14 图所示。已知跨度 $l = 8$ m，$P = 4\,900$ N。均布力 $q = 2\,450$ N/m，力偶矩 $M = 4\,900$ N·m。求支座反力。

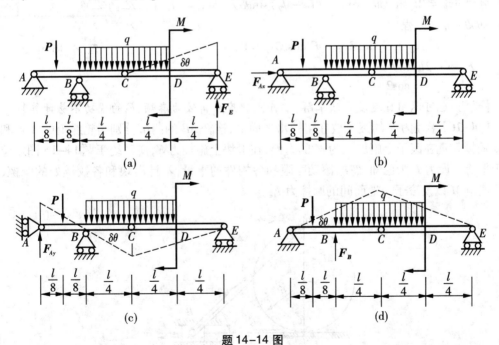

题 14-14 图

**解**：(1) 求 $A$ 点水平方向反力，解除此约束，受力如图（b），假设水平虚位移 $\delta x$，
虚功方程 $F_{Ax}\delta x = 0$，得 $F_{Ax} = 0$；

（2）求 $A$ 点铅垂方向反力，解除此约束，受力如图（c），假设虚位移 $\delta\theta$，虚功方程

$$F_{Ay}\frac{l}{4}\delta\theta - P\frac{l}{8}\delta\theta + \int_0^{\frac{l}{4}}\delta\theta xq\mathrm{d}x + \int_{\frac{l}{4}}^{\frac{l}{2}}\frac{\delta\theta}{2}xq\mathrm{d}x - M\frac{\delta\theta}{2} = 0,$$

得 $F_{Ay} = -2\ 450$ N；

（3）求 $B$ 点反力，解除此约束，受力如图（d），假设虚位移 $\delta\theta$，虚功方程

$$F_B\frac{l}{4}\delta\theta - P\frac{l}{8}\delta\theta - 2\int_{\frac{l}{4}}^{\frac{l}{2}}\delta\theta xq\mathrm{d}x + M\delta\theta = 0,$$

得 $F_B = 14\ 700$ N；

（4）求 $E$ 点反力，解除此约束，受力如图（a），假设虚位移 $\delta\theta$，虚功方程

$$F_E\frac{l}{2}\delta\theta - \int_0^{\frac{l}{4}}\delta\theta xq\mathrm{d}x - M\delta\theta = 0,$$

得 $F_E = 2\ 450$ N。

**【14-15】**题 14-15 图示机构，在力 $F_1$、$F_2$ 作用下于图示位置平衡，不计各杆自重和摩擦，$OD = BD = l_1$，$AD = l_2$。求 $F_1$ 和 $F_2$ 的比值。

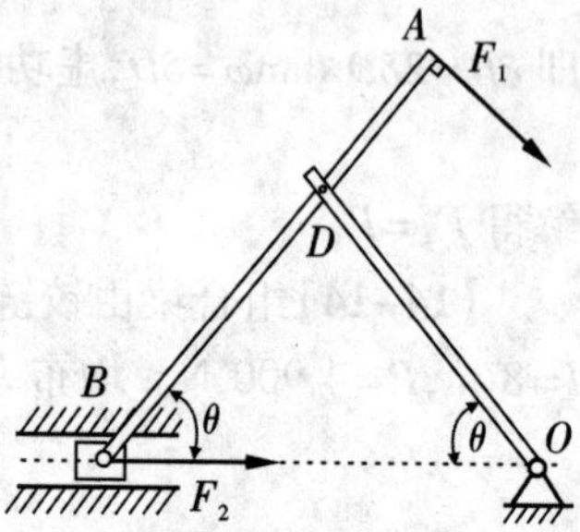

**解：**以 $O$ 为原点建立坐标系，$x$ 向右 $y$ 向上为正。约束方程
$$x_B = -2l_1\cos\theta,\ x_A = (l_2 - l_1)\cos\theta,\ y_A = (l_2 + l_1)\sin\theta,$$
求变分得 $\delta x_B = 2l_1\sin\theta\delta\theta$，$\delta x_A = (l_1 - l_2)\sin\theta\delta\theta$，$\delta y_A = (l_1 + l_2)\cos\theta\delta\theta$，虚功方程

$$F_2\delta x_B + F_1\sin\theta\delta x_A - F_1\cos\theta\delta y_A = 0,$$

解得
$$\frac{F_1}{F_2} = \frac{2l_1\sin\theta}{l_2 + l_1\cos2\theta}.$$

题 14-15 图

**【说明：**也可用虚速度方法求解，但 $A$ 点速度分析较为麻烦，$F_1$ 的虚功不易计算**】**

**【14-16】**半径为 $R$ 的滚子放在粗糙水平面上，连杆 $AB$ 的两端分别与轮缘上的 $A$ 点和滑块 $B$ 铰接。现在滚子上施加矩为 $M$ 的力偶，在滑块上施加力 $F$，使系统于题 14-16 图示位置处于平衡。设力 $F$ 为已知，忽略滚动摩阻和各构件的重量，不计滑块和各铰链处的摩擦，试求力偶矩 $M$ 以及滚子与地面间的摩擦力 $F_s$。

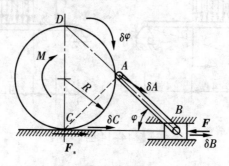

题 14-16 图

**解：**（1）假设 $C$ 点不动，滚子绕 $C$ 点产生虚位移 $\delta\varphi$ 如图

则 $\delta A = \delta\varphi CA = \delta\varphi 2R\cos\varphi$，而 $\delta A = \delta B\cos\varphi$，则 $\delta B = 2R\delta\varphi$，

虚功方程：$M\delta\varphi - F\delta B = 0$，所以 $M = 2RF$。

（2）假设滚子向右产生平动虚位移 $\delta C$ 如图

则 $\delta B = \delta C$，

虚功方程：$F_s\delta C - F\delta B = 0$，所以 $F_s = F$。

【说明：本题类似求约束反力，一次解除一个约束，假设一个虚位移】

【14-17】如题 14-17 图示杆系在铅垂面内平衡，$AB = BC = l$，$CD = DE$，且 $AB$、$CE$ 为水平，$CB$ 为铅垂。均质杆 $CE$ 和刚度为 $k_1$ 的拉压弹簧相连，重量为 $P$ 的均质杆 $AB$ 左端有一刚度为 $k_2$ 的螺线弹簧。在 $BC$ 杆上作用有水平的线性分布载荷，其最大载荷集度为 $q$。不计 $BC$ 杆的重量，试求水平弹簧的变形量 $\Delta$ 和螺线弹簧的扭转角 $\varphi$。

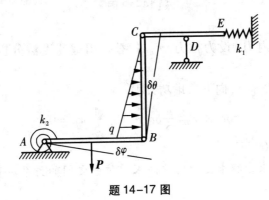

题 14-17 图

**解**：（1）假设 $k_2$ 不变形，$BC$ 产生虚位移 $\delta\theta$ 如图，并设弹簧 $k_1$ 受力为 $F$，则虚功方程

$$\int_0^l q\left(1 - \frac{x}{l}\right)\mathrm{d}x \cdot x\delta\theta - F\delta\theta\, l = 0,$$

得 $F = \dfrac{1}{6}ql$（压力），所以水平弹簧变形量：$\Delta = \dfrac{F}{k_1} = \dfrac{ql}{6k_1}$（压缩）；

（2）假设 $k_1$ 不变形，$AB$ 产生虚位移 $\delta\varphi$ 如图。虚功方程

$$-(k_2\varphi)\delta\varphi + P\delta\varphi\,\frac{l}{2} = 0,$$

所以 $\varphi = \dfrac{Pl}{2k_2}$。

【说明：同上题，一次解除一个约束，假设一个虚位移】

【14-18】编号 1、2、3 和 4 的四根杆组成平面结构如题 14-18 图所示，其中 $A$、$C$ 和 $E$ 为光滑铰链，$B$ 和 $D$ 为光滑接触，$E$ 为 $AD$ 和 $BC$ 的中点。各杆自重不计，在水平杆 2 上作用力 $F$。试分析杆 1 的内力。

**解**：截断 1 杆，用内力（设为拉力）$F_1$ 代替，则此时的可变系统中 $AB$ 始终保持水平。以 $C$ 为坐标原点建立水平 $x$ 铅垂 $y$ 坐标系。则有 $y_{AB} = y_A$，$\delta y_{AB} = \delta y_A$，虚功方程 $-F\delta y_{AB} - F_1\delta y_A = 0$，所以 $F_1 = -F$。与力 $F$ 的作用位置 $x$ 无关。

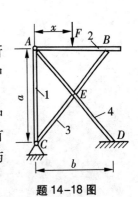

题 14-18 图

【注:本题若用静力学方法解则相当繁琐,由此可看出虚位移原理在求解某些平衡问题时的优越性】

【14-19】结构尺寸题 14-19 图所示,各杆自重不计,荷载 $F=60$ kN。求 $BD$ 杆内力。

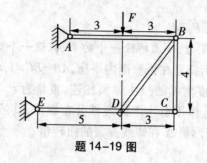

题 14-19 图

**解:** 截断 $BD$ 杆,用内力(设为拉力) $F_{BD}$ 代替。用虚速度法分析虚位移之间的关系。显然

$$2\delta r_F = \delta r_B = \delta r_C = 8\delta r_C/5(\text{向下}),\text{虚功方程}$$

$$F\delta r_F + F_{DB}\frac{4}{5}\delta r_B - F_{BD}\frac{4}{5}\delta r_D = 0,$$

解得 $F_{BD} = -5F/3 = -100$ kN。

【注:本题不能用约束方程求变分的方法求虚位移之间的关系。和上题一样,若用静力学方法解则相当烦琐】

《理论力学学习指导》勘误表